工业和信息化**精品系列**教材

大学计算机基础

(Windows 7+Office 2016)

刘志成 石坤泉 | 主编

人民邮电出版社
北京

图书在版编目（CIP）数据

大学计算机基础 : Windows 7+Office 2016 : 微课版 / 刘志成，石坤泉主编. -- 北京 : 人民邮电出版社，2021.7（2023.3重印）
工业和信息化精品系列教材
ISBN 978-7-115-56304-0

Ⅰ. ①大… Ⅱ. ①刘… ②石… Ⅲ. ①Windows操作系统－高等学校－教材②办公自动化－应用软件－高等学校－教材 Ⅳ. ①TP316.7②TP317.1

中国版本图书馆CIP数据核字(2021)第059105号

内容提要

本书以微型计算机为基础，全面系统地介绍计算机的基础知识及基本操作。全书共 12 个项目，主要包括了解并使用计算机、了解计算机新技术、学习操作系统知识、管理计算机中的资源、编辑 Word 文档、排版文档、制作 Excel 表格、计算和分析 Excel 数据、制作幻灯片、设置并放映演示文稿、认识并使用计算机网络、做好计算机维护与安全等。

本书参考全国计算机等级考试一级计算机基础及 MS Office 应用考试大纲，采用项目驱动的讲解方式来训练学生的计算机操作能力，培养学生的信息素养。书中各个任务主要以“任务要求+相关知识+任务实现”的结构进行讲解，每个项目最后设置课后练习，以便学生对所学知识进行练习和巩固。

本书适合作为普通高等学校、高职高专院校计算机基础课程的教材或参考书，也可作为计算机培训班的教材或全国计算机等级考试一级计算机基础及 MS Office 的自学参考书。

◆ 主　　编　刘志成　石坤泉
责任编辑　马小霞
责任印制　王　郁　彭志环
◆ 人民邮电出版社出版发行　　北京市丰台区成寿寺路 11 号
邮编　100164　　电子邮件　315@ptpress.com.cn
网址　https://www.ptpress.com.cn
涿州市京南印刷厂印刷
◆ 开本：787×1092　1/16
印张：15.25　　2021 年 7 月第 1 版
字数：396 千字　　2023 年 3 月河北第 5 次印刷

定价：49.80 元

读者服务热线：(010)81055256　印装质量热线：(010)81055316
反盗版热线：(010)81055315
广告经营许可证：京东市监广登字 20170147 号

前言 PREFACE

随着经济和科技的不断发展，计算机在人们的工作和生活中发挥着越来越重要的作用，甚至成为一种必不可少的工具。如今，计算机技术已广泛应用到军事、科研、经济和文化等领域，其作用和意义已超出了科学和技术层面，达到了社会文化的层面。因此，能够运用计算机进行信息处理已成为每位大学生必备的基本能力。

“大学计算机基础”作为普通高校的一门公共基础必修课程，具有很大的学习价值。从目前大多数学校对这门课程的学习和应用的调查情况来看，学生学习这门课程时普遍感到比较枯燥。本书在写作时，综合考虑目前大学计算机基础教育的实际情况和计算机技术的发展状况，结合全国计算机等级考试一级计算机基础及 MS Office 的操作要求，采用任务式的讲解方式来带动学生学习知识点，从而激发学生的学习兴趣。

本书的内容

本书紧跟当下的主流技术，讲解以下 6 个部分的内容。

- 计算机基础知识（项目一～项目四）。该部分主要包括计算机的发展历程、计算机中信息的表示和存储形式、计算机硬件、计算机的软件系统、使用鼠标和键盘、认识人工智能、认识大数据、认识云计算、认识其他新兴技术、认识 Windows 7 操作系统、了解 Windows 7 操作窗口、对话框与“开始”菜单、定制 Windows 7 工作环境、设置汉字输入法、管理文件和文件夹资源、管理程序和硬件资源等内容。
- Word 2016 办公应用（项目五、项目六）。该部分主要通过编辑学习计划、招聘启事、公司简介、图书入库单、考勤管理规范和毕业论文等，详细讲解 Word 2016 的基本操作，包括字符格式设置、段落格式设置、图片的插入与设置、表格的使用和图文混排的方法，以及编辑目录和长文档等 Word 文档制作与编辑的相关知识。
- Excel 2016 办公应用（项目七、项目八）。该部分主要通过制作学生成绩表、产品价格表、产品销售测评表、员工绩效表和销售分析表等，详细讲解 Excel 2016 的基本操作，包括输入数据、设置工作表格式、使用公式与函数进行运算、筛选和数据分类汇总、用图表分析数据等相关内容。
- PowerPoint 2016 办公应用（项目九、项目十）。该部分主要通过制作工作总结演示文稿、产品上市策划演示文稿、市场分析演示文稿和课件演示文稿，详细讲解幻灯片制作软件 PowerPoint 2016 的基本操作，包括为幻灯片添加文字、编辑图片和表格等对象，设置演示文稿，设置幻灯片的切换、添加动画效果、设置放映效果和打包演示文稿等内容。
- 网络应用（项目十一）。该部分主要讲解计算机网络基础知识、Internet 基础知识和 Internet 的应用等。
- 计算机维护与安全（项目十二）。该部分主要讲解磁盘与计算机系统的维护，以及计算机病毒的防治等知识。

本书的特色

本书具有以下特色。

（1）任务驱动，目标明确。每个项目分为几个不同的任务来完成，每个任务讲解时，先结合情景式教学模式给出“任务要求”，便于学生了解实际工作需求并明确学习目的，然后指出完成任务需要具备的相关知识，再将操作实施过程分为几个具体的操作阶段来介绍。

（2）讲解深入浅出，实用性强。本书在注重系统性和科学性的基础上，突出实用性及可操作性，对重点概念和操作技能进行详细讲解，语言流畅，深入浅出，符合计算机基础教学的规律，并满足社会人才培养的要求。

本书在讲解过程中，还通过“提示”和“注意”小栏目来为学生提供更多解决问题的方法和更为全面的知识，引导学生尝试更好、更快地完成当前工作任务及类似工作任务。

（3）配有微课视频，配套出版上机指导与习题集。本书所有操作讲解内容均已录制成视频，并上传至“微课云课堂”，读者只需扫描书中提供的二维码，便可以随时观看，轻松掌握相关知识。本书还同步推出实验教材——《大学计算机基础上机指导与习题集（Windows 7+Office 2016）（微课版）》，以加强学生实际应用技能的培养，实验教材可与本教材配套使用。

本书的平台支撑

“微课云课堂”（www.ryweike.com）目前包含近 50 000 个微课视频，在资源展现上分为“微课云”“云课堂”两种形式。“微课云课堂”的主要特点如下。

微课资源海量，持续不断更新。“微课云课堂”充分利用了出版社在信息技术领域的优势，以人民邮电出版社 60 多年的发展积累为基础，将资源经过分类、整理、加工及微课化之后提供给用户。

资源精心分类，方便自主学习。“微课云课堂”相当于一个庞大的微课视频资源库，按照门类进行一级和二级分类，以供用户查找学习。

读者可以扫描封面上的二维码或者直接登录“微课云课堂”（www.ryweike.com）→用手机号码注册→在用户中心输入本书激活码（4f707a10），将本书包含的微课资源添加到个人账户，获取永久在线观看本课程微课视频的权限。

本书提供微课视频、实例素材和效果文件、课后练习答案等教学资源，可扫描书中的二维码随时观看微课视频，获取课后练习答案。此外，为了方便教学，可以在 www.ryjiaoyu.com 网站下载本书的素材和效果文件等相关教学资源。

编者

2021 年 1 月

目录 CONTENTS

项目一

项目二

项目三

学习操作系统知识

项目四

管理计算机中的资源

项目五

编辑 Word 文档

项目八

项目九

项目一 了解并使用计算机

计算机的出现使人类迅速步入了信息社会。计算机是一门科学，同时也是一种能够按照指令，对各种数据和信息进行自动加工和处理的电子设备。因此，掌握计算机相关技术已成为各行业对从业人员的基本要求之一。本项目将通过 5 个任务来介绍计算机的基础知识，包括了解计算机的发展历程、认识计算机中信息的表示和存储形式、了解并连接计算机硬件、了解计算机的软件系统、使用鼠标和键盘等，为后面内容的学习奠定基础。

课堂学习目标

- 了解计算机的发展历程。
- 认识计算机中信息的表示和存储形式。
- 了解并连接计算机硬件。
- 了解计算机的软件系统。
- 使用鼠标和键盘。

任务一 了解计算机的发展历程

任务要求

肖磊上大学时选择了与计算机相关的专业，虽然他平时在生活中也会使用计算机，但是他知道计算机的功能很强大，远不止他目前所了解的那么简单。作为一名计算机相关专业的学生，肖磊迫切想要了解计算机是如何诞生与发展的，计算机有哪些功能和分类，计算机的未来发展又会是怎样的。

本任务要求了解计算机的诞生及发展阶段，认识计算机的特点、应用和分类，了解计算机的发展趋势等相关知识。

任务实现

（一）了解计算机的诞生及发展阶段

17 世纪，德国数学家莱布尼茨发明了二进制记数法。20 世纪初，电子技术得到飞速发展。1904 年，英国电气工程师弗莱明研制出真空二极管；1906 年，美国科学家福雷斯特发明真空三极管，为计算机的诞生奠定了基础。

20 世纪 40 年代，西方国家的工业技术迅猛发展，相继出现了雷达和导弹等高科技产品，原有的计算工具难以满足大量科技产品对复杂计算的需要，迫切需要在计算技术上有所突破。1943 年，美国宾夕法尼亚大学电子工程系的教授莫克利和他的研究生埃克特计划采用电子管（真空管）建造一台通用电子计算机。1946 年 2 月，由美国宾夕法尼亚大学研制的世界上第一台通用电子计算机——电子数字积分计算机（Electronic Numerical Integrator And Computer，ENIAC）诞生了，如图 1-1 所示。

图 1-1　世界上第一台计算机 ENIAC

ENIAC 的主要元件是电子管，每秒可完成约 5 000 次加法运算、300 多次乘法运算。ENIAC 重 30 多吨，占地约 170m²，采用了 17 000 多个电子管、1 500 多个继电器、70 000 多个电阻器和 10 000 多个电容器，每小时耗电量约为 150kW。虽然 ENIAC 的体积庞大、性能不佳，但它的出现具有跨时代的意义，它开创了电子技术发展的新时代——计算机时代。

同一时期，离散变量自动电子计算机（Electronic Discrete Variable Automatic Computer，EDVAC）研制成功，这是当时理论上最快的计算机，其主要设计理论是采用二进制和存储程序工作方式。

从第一台计算机 ENIAC 诞生至今，计算机技术成为发展最快的现代技术之一。根据计算机所采用的物理器件，可以将计算机的发展划分为 4 个阶段，如表 1-1 所示。

表 1-1　计算机发展的 4 个阶段

阶段	划分年代	采用的元器件	运算速度（每秒指令数）	主要特点	应用领域
第一代计算机	1946—1957 年	电子管	几千条	主存储器采用磁鼓，体积庞大、耗电量大、运行速度低、可靠性较差、内存容量小	国防及科学研究工作
第二代计算机	1958—1964 年	晶体管	几万~几十万条	主存储器采用磁芯，开始使用高级程序及操作系统，运算速度提高、体积减小	工程设计、数据处理
第三代计算机	1965—1970 年	中小规模集成电路	几十万~几百万条	主存储器采用半导体存储器，集成度高、功能增强、价格下降	工业控制、数据处理
第四代计算机	1971 年至今	大规模、超大规模集成电路	上千万~万亿条	计算机走向微型化，性能大幅度提高，软件也越来越丰富，为网络化创造了条件。同时计算机逐渐走向人工智能化，并采用了多媒体技术，具有听、说、读和写等功能	工业、生活等各个方面

（二）认识计算机的特点、应用和分类

随着科学技术的发展，计算机已被广泛应用于各个领域，在人们的生活和工作中起着重要的作用。下面介绍计算机的特点、应用和分类。

1．计算机的特点

计算机主要有以下 5 个特点。

- 运算速度快。计算机的运算速度指的是计算机在单位时间内执行指令的条数，一般以每秒能执行多少条指令来描述。早期的计算机由于技术的原因，工作效率较低，而随着集成电路技术的发展，计算机的运算速度得到飞速提升，目前世界上已经有运算速度超过“每秒亿亿次”的超级计算机。
- 计算精度高。计算机的计算精度取决于机器码的字长（二进制码），即常说的 8 位、16 位、32 位和 64 位等。机器码的字长越长，有效位数就越多，计算精度也就越高。

- 逻辑判断准确。除了计算功能外，计算机还具备数据分析和逻辑判断能力，高级计算机还具有推理、诊断和联想等模拟人类思维的能力。因此，计算机俗称“电脑”。而具有准确、可靠的逻辑判断能力是计算机能够实现自动化信息处理的重要保证。
- 存储能力强大。计算机具有许多存储记忆载体，可以将运行的数据、指令程序和运算的结果存储起来，供计算机本身或用户使用，还可即时输出文字、图像、声音和视频等各种信息。例如，要在一个大型图书馆使用人工查阅的方法查找图书可能会比较复杂，而采用计算机管理后，所有的图书及索引信息都被存储在计算机中，这时查找一本图书只需要几秒。
- 自动化程度高。计算机内具有运算单元、控制单元、存储单元和输入/输出单元。计算机可以按照编写的程序（一组指令）实现工作自动化，不需要人干预，而且可以反复执行。例如，企业生产车间及流水线管理中的各种自动化生产设备，正是植入了计算机控制系统，工厂生产自动化才成为可能。

提示 除了以上主要特点外，计算机还具有可靠性高和通用性强等特点。

2. 计算机的应用

在诞生初期，计算机主要应用于科研和军事等领域，负责的工作内容主要是大型的高科技研发活动。近年来，随着社会的发展和科技的进步，计算机的功能不断扩展，计算机在社会各个领域都得到了广泛的应用。

计算机的应用可以概括为以下 7 个方面。

- 科学计算。科学计算即通常所说的数值计算，是指利用计算机来完成科学研究和工程设计中提出的数学问题的计算。计算机不仅能进行数字运算，还可以解答微积分方程以及不等式。由于计算机运算速度较快，以往人工难以完成甚至无法完成的数值计算，计算机都可以完成，如气象资料分析和卫星轨道的测算等。目前，基于互联网的云计算甚至可以达到每秒 10 万亿次的超高运算速度。
- 数据处理和信息管理。数据处理和信息管理是指使用计算机来完成对大量数据进行的分析、加工和处理等工作。这些数据不仅包括“数”，还包括文字、图像和声音等数据形式。现代计算机运算速度快、存储容量大，因此在数据处理和信息加工方面的应用十分广泛，如企业的财务管理、事务管理、资料和人事档案的文字处理等。计算机在数据处理和信息管理方面的应用为实现办公自动化和管理自动化创造了有利条件。
- 过程控制。过程控制也称实时控制，是利用计算机对生产过程和其他过程进行自动监测，以及自动控制设备工作状态的一种控制方式，被广泛应用于各种工业环境中，还可以取代人在危险、有害的环境中作业。计算机作业不受疲劳等因素的影响，可完成大量有高精度和高速度要求的操作，从而节省大量的人力、物力，大大提高经济效益。
- 人工智能。人工智能（Artificial Intelligence，AI）是指设计智能的计算机系统，让计算机具有人才具有的智能特性，能模拟人类的智能活动，如“学习”“识别图形和声音”“推理过程”“适应环境”等。目前，人工智能主要应用于智能机器人、机器翻译、医疗诊断、故障诊断、案件侦破和经营管理等方面。

微课：计算机辅助

- 计算机辅助。计算机辅助也称计算机辅助工程应用，是指利用计算机协助人们完成各种设计工作。计算机辅助是目前正在迅速发展并不断取得成果的重要应用领域，主要包括计算机辅助设计（Computer Aided Design，CAD）、计算机辅助制造（Computer Aided Manufacturing，CAM）、计算机辅助工程（Computer Aided Engineering，CAE）、计算机辅助教学（Computer Aided Instruction，CAI）和计算机辅助测试（Computer Aided Testing，CAT）等。

- 网络通信。网络通信利用通信设备和线路将地理位置不同的、功能独立的多个计算机系统连接起来，从而形成计算机网络。随着 Internet 技术的快速发展，人们通过计算机网络可以在不同地区和国家间进行数据传递，并可进行各种商务活动。
- 多媒体技术。多媒体技术（Multimedia Technology）是指通过计算机对文字、数据、图形、图像、动画和声音等多种媒体信息进行综合处理和管理，使用户可以通过多种感官与计算机进行实时信息交互的技术。多媒体技术拓宽了计算机的应用领域，使计算机被广泛应用于教育、广告宣传、视频会议、服务业和文化娱乐业等领域。

3. 计算机的分类

计算机的种类非常多，划分的方法也有很多种。

微课：计算机的分类

按计算机的用途可将其分为专用计算机和通用计算机两种。其中，专用计算机是指为适应某种特殊需要而设计的计算机，如计算导弹弹道的计算机等。因为这类计算机都强化了计算机的某些特定功能，忽略了一些次要功能，所以有高速度、高效率、使用面窄和专机专用等特点。通用计算机广泛适用于一般科学运算、学术研究、工程设计和数据处理等领域，具有功能多、配置全、用途广和通用性强等特点。目前市场上销售的计算机大多属于通用计算机。

按计算机的性能、规模和处理能力，可以将计算机分为巨型机、大型机、中型机、小型机和微型机这 5 类，具体介绍如下。

- 巨型机。巨型机也称超级计算机或高性能计算机，如图 1-2 所示。巨型机是速度最快、处理能力最强的计算机之一，是为满足特殊需要而设计的。巨型机多用于国家高科技领域和尖端技术研究，是一个国家科研实力的体现，现有巨型机的运算速度大多可以达到每秒 1 万亿次以上。
- 大型机。大型机也称大型主机，如图 1-3 所示。大型机的特点是运算速度快、存储量大和通用性强，主要针对计算量大、信息流通量大、通信需求大的用户，如银行、政府部门和大型企业等。目前，生产大型机的公司主要有 IBM（International Business Machines，国际商业机器）和富士通等。

图 1-2　巨型机

图 1-3　大型机

- 中型机。中型机的性能低于大型机，其特点是处理能力强，常用于中小型企业和公司。
- 小型机。小型机是指采用精简指令集处理器，性能和价格介于微型机和大型机之间的一种高性能 64 位计算机。小型机的特点是结构简单、可靠性高和维护费用低，它常用于中小型企业。随着微型计算机的飞速发展，小型机被微型机取代的趋势已非常明显。

- 微型机。微型计算机简称微机，是应用最普遍的机型。微型机价格便宜、功能齐全，被广泛应用于机关、学校、企业、事业单位和家庭中。微型机按结构和性能可以划分为单片机、单板机、个人计算机（Personal Computer，PC）、工作站和服务器等。其中个人计算机又可分为台式计算机和便携式计算机（如笔记本电脑）两类，分别如图 1-4 和图 1-5 所示。

图 1-4　台式计算机

图 1-5　便携式计算机

提示　工作站是一种高端的通用微型计算机，它具有比个人计算机更强大的性能，通常配有高分辨率的大屏、多屏显示器及容量很大的内存储器和外存储器，并具有极强的信息功能和高性能的图形、图像处理功能，主要用于图像处理和计算机辅助设计等领域。服务器是提供计算服务的设备，它可以是大型机、小型机或高性能的微型机。在网络环境下，根据提供服务的类型，可将服务器分为文件服务器、数据库服务器、应用程序服务器和 Web 服务器等。

（三）了解计算机的发展趋势

下面从计算机的发展方向和未来新一代计算机芯片技术两个方面对计算机的发展趋势进行介绍。

1. 计算机的发展方向

计算机未来的发展呈现巨型化、微型化、网络化和智能化的四大趋势。

- 巨型化。巨型化是指计算机的计算速度更快、存储容量更大、功能更强和可靠性更高。巨型化计算机的应用领域主要包括天文、天气预报、军事和生物仿真等。这些领域需进行大量的数据处理和运算，这些数据处理和运算只有性能强的计算机才能完成。
- 微型化。随着超大规模集成电路的进一步发展，个人计算机将更加微型化。膝上型、书本型、笔记本型和掌上型等微型化计算机将不断涌现，并会受到越来越多的用户的喜爱。
- 网络化。随着计算机的普及，计算机网络也逐步深入人们的工作和生活。人们通过计算机网络可以连接全球分散的计算机，然后共享各种分散的计算机资源。计算机网络逐步成为人们工作和生活中不可或缺的事物，它可以让人们足不出户就获得大量的信息，并能与世界各地的人进行网络通信、网上贸易等。
- 智能化。早期，计算机只能按照人的意愿和指令去处理数据，而智能化的计算机能够代替人进行脑力劳动，具有类似人的智能，如能听懂人类的语言，能看懂各种图形，可以自己学习等。智能化的计算机可以进行知识的处理，从而代替人的部分工作。未来的智能化计算机将会代替甚至超越人类在某些方面的脑力劳动。

2. 未来新一代计算机的芯片技术

计算机的核心部件是芯片，计算机芯片技术的不断发展是推动计算机未来发展的动力。几十年来，计算机芯片的集成度严格按照摩尔定律发展，不过该技术的发展并不是无限的。计算机采用电流作为数据传输的载体，而电流主要靠电子的迁移产生，电子基本的通路是原子。由于晶体管计算机存在上述物理极限，因而世界上许多国家在很早的时候就开始了各种非晶体管计算机的研究，如DNA 生物计算机、光计算机、量子计算机等。这类计算机也被称为第五代计算机或新一代计算机，它们能在更大程度上模仿人类的智能，这类技术也是目前世界各国计算机技术研究的重点。

- DNA 生物计算机。DNA 生物计算机以脱氧核糖核酸（Deoxyribo Nucleic Acid，DNA）作为基本的运算单元，通过控制 DNA 分子间的生化反应来完成运算。DNA 生物计算机具有体积小、存储容量大、运算快、耗能低、并行性等优点。
- 光计算机。光计算机是以光作为载体来进行信息处理的计算机。光计算机具有的光器件的带宽非常大，能传输和处理的信息量极大；信息传输中畸变和失真小，信息运算速度高；光传输和转换时，能量消耗极低等优点。
- 量子计算机。量子计算机是遵循物理学的量子规律来进行数学计算和逻辑计算，并进行信息处理的计算机。量子计算机具有运算速度快、存储容量大、功耗低的优点。

任务二　认识计算机中信息的表示和存储形式

任务要求

肖磊知道利用计算机技术可以采集、存储和处理各种信息，也可将这些信息转换成用户可以识别的文字、声音或音视频进行输出。然而让肖磊疑惑的是，这些信息在计算机内部又是如何表示的呢？该如何对信息进行量化呢？肖磊认为，只有学习好这方面的知识，才能更好地使用计算机。

本任务要求认识计算机中的数据及其单位，了解数制及其转换，了解二进制数的运算方式，了解计算机中字符的编码规则，以及了解多媒体技术的相关知识。

任务实现

（一）计算机中的数据及其单位

在计算机中，各种信息都是以数据的形式呈现的。数据经过处理后产生的结果为信息，因此数据是计算机中信息的载体。数据本身没有意义，只有经过处理和描述，才能有实际意义。如单独一个数据“32℃”并没有什么实际意义，但将其描述为“今天的气温是 32℃”时，这条信息就有意义了。

计算机中处理的数据可分为数值数据和非数值数据（如字母、汉字和图形等）两大类，无论什么类型的数据，在计算机内部都是以二进制代码的形式存储和运算的。计算机在与外部“交流”时会采用人们熟悉和便于阅读的形式表示，如十进制数据、文字表达和图形等，它们之间的转换由计算机系统来完成。

在计算机内存储和运算数据时，通常要涉及的数据单位有以下 3 种。

- 位（bit）。计算机中的数据都以二进制代码来表示，二进制代码只有“0”和“1”两个数码，采用多个数码（0 和 1 的组合）来表示一个数。其中每一个数码称为一位，位是计算机中最小的数据单位。
- 字节（byte，B）。字节是计算机中信息组织和存储的基本单位，也是计算机体系结构的基本单位。在对二进制代码进行存储时，以 8 位二进制代码为一个单元存放在一起，称为一字节，即 1 Byte =8 bit。在计算机中，通常用 B、KB（千字节）、MB（兆字节）、GB（吉字节）或 TB（太字节）为单位来表示存储器（如内存、硬盘和 U 盘等）的存储容量或文件的大小。所谓存储容量，是指存储器中能够容纳的字节数。存储单位 B、KB、MB、GB 和 TB 的换算关系如下。

1 KB（千字节）=1 024 B（字节）=2^{10}B（字节）

1 MB（兆字节）=1 024 KB（千字节）=2^{20}B（字节）

1 GB（吉字节）=1 024 MB（兆字节）=2^{30}B（字节）

1 TB（太字节）=1 024 GB（吉字节）=2^{40}B（字节）

- 字长。人们将计算机一次能够并行处理的二进制代码的位数称为字长。字长是衡量计算机性能的一个重要指标，字长越长，数据所包含的位数越多，计算机的数据处理速度越快。计算机的字长通常是字节的整倍数，如 8 位、16 位、32 位、64 位和 128 位等。

（二）数制及其转换

数制是指用一组固定的数字符号和统一的规则来表示数值的方法。其中，按照进位方式计数的数制称为进位计数制。在日常生活中，人们习惯用的进位计数制是十进制，而计算机则使用二进制。除此以外，进位计数制还包括八进制和十六进制等。顾名思义，二进制就是逢二进一的数制。以此类推，十进制就是逢十进一，八进制就是逢八进一。

在进位计数制中，每个数码的数值大小不仅取决于数码本身，还取决于该数码在数中的位置，如十进制数 828.41，整数部分的第 1 个数码“8”处在百位，表示 800，第 2 个数码“2”处在十位，表示 20，第 3 个数码“8”处在个位，表示 8，小数点后第 1 个数码“4”处在十分位，表示 0.4，小数点后第 2 个数码“1”处在百分位，表示 0.01。也就是说，同一数码处在不同位置时，其代表的数值是不同的。数码在一个数中的位置称为数制的数位，数制中数码的个数称为数制的基数，十进制数有 0、1、2、3、4、5、6、7、8、9 共 10 个数码，其基数为 10。每个数位上的数码符号代表的数值等于该数位上的数码乘一个固定值，该固定值称为数制的位权数，数码所在的数位不同，其位权数也有所不同。

计算机中常用的几种进位数制的表示

无论在何种进位计数制中，数值都可写成按位权展开的形式，如十进制数 828.41 可写成：

828.41=8×100+2×10+8×1+4×0.1+1×0.01

或者

$828.41=8\times10^{2}+2\times10^{1}+8\times10^{0}+4\times10^{-1}+1\times10^{-2}$

上式为将数值按位权展开的表达式，其中 10^{i}称为十进制数的位权数，其基数为 10。使用不同的基数，可得到不同的进位计数制。设 R 表示基数，则称为 R 进制，使用 R 个基本的数码，R^{i}就是位权，其加法运算规则是“逢 R 进一”，则任意一个 R 进制数 D 可以展开表示为：

$$(D)_R=\sum_{i=-m}^{n-1}K_i\times R^{i}$$

上式中的 K_i为第 i 位的系数，i 的取值范围是[$-m$,$n-1$]（m 是小数部分的位数，n 是整数部分的位数），R^{i}表示第 i 位的权。

常用数制对照关系表

在计算机中，为了区分不同进制的数，可以用括号加数制基数下标的方式来表示不同数制的数。例如，$(492)_{10}$表示十进制数，$(1001.1)_{2}$表示二进制数，

$(4A9E)_{16}$表示十六进制数。也可以用带有字母的形式分别将其表示为$(492)_D$、$(1001.1)_B$和$(4A9E)_H$。在程序设计中，常在数字后直接加英文字母后缀来区别不同进制数，如492D、1001.1B等。

下面将具体介绍4种常用数制之间的转换方法。

1. 非十进制数转换为十进制数

将二进制数、八进制数和十六进制数转换成十进制数时，只需用该数制的各位数乘各自对应的位权数，然后将乘积相加。用按位权展开的方法即可得到对应的结果。

（1）将二进制数10110转换成十进制数

先将二进制数10110按位权展开，然后将乘积相加，转换过程如下所示。

$$(10110)_2=(1\times2^4+0\times2^3+1\times2^2+1\times2^1+0\times2^0)_{10}$$
$$=(16+4+2)_{10}$$
$$=(22)_{10}$$

（2）将八进制数232转换成十进制数

先将八进制数232按位权展开，然后将乘积相加，转换过程如下所示。

$$(232)_8=(2\times8^2+3\times8^1+2\times8^0)_{10}$$
$$=(128+24+2)_{10}$$
$$=(154)_{10}$$

（3）将十六进制数232转换成十进制数

先将十六进制数232按位权展开，然后将乘积相加，转换过程如下所示。

$$(232)_{16}=(2\times16^2+3\times16^1+2\times16^0)_{10}$$
$$=(512+48+2)_{10}$$
$$=(562)_{10}$$

2. 十进制数转换成其他进制数

将十进制数转换成二进制数、八进制数和十六进制数时，可将数值分成整数部分和小数部分分别转换，然后拼接起来。

例如，将十进制数转换成二进制数时，对整数部分和小数部分分别进行转换。整数部分采用“除2取余倒读”法，即将该十进制数除以2，得到一个商和余数（K_0），再将商除以2，又得到一个新的商和余数（K_1）；如此反复，直到商为0时得到余数（K_{n-1}）。然后将各次得到的余数，以最后一次的余数为最高位，最初一次的余数为最低位依次排列，即$K_{n-1}\cdots K_1K_0$，这就是该十进制数对应的二进制整数部分。

小数部分采用“乘2取整正读”法，即将十进制的小数乘2，取乘积中的整数部分作为相应二进制小数点后最高位K_{-1}，取乘积中的小数部分反复乘2，逐次得到$K_{-2}, K_{-3}, \cdots, K_{-m}$，直到乘积的小数部分为0或位数达到所需的精度要求为止，然后把每次乘积所得的整数部分由上而下（即从小数点自左往右）依次排列起来（$K_{-1}K_{-2}\cdots K_{-m}$），即所求的二进制数的小数部分。

同理，将十进制数转换成八进制数时，整数部分除8取余，小数部分乘8取整。将十进制数转换成十六进制数时，整数部分除16取余，小数部分乘16取整。

> **提示** 在进行小数部分的转换时，有些十进制小数不能转换为有限位的二进制小数，此时只有用近似值表示。例如，$(0.57)_{10}$不能用有限位二进制表示，如果要求5位小数近似值，则得到$(0.57)_{10}\approx(0.10010)_2$。

下面将十进制数225.625转换成二进制数。

用“除 2 取余倒读”法对整数部分进行转换，再用“乘 2 取整正读”法对小数部分进行转换，转换过程如下所示。

$(225.625)_{10} = (11100001.101)_2$

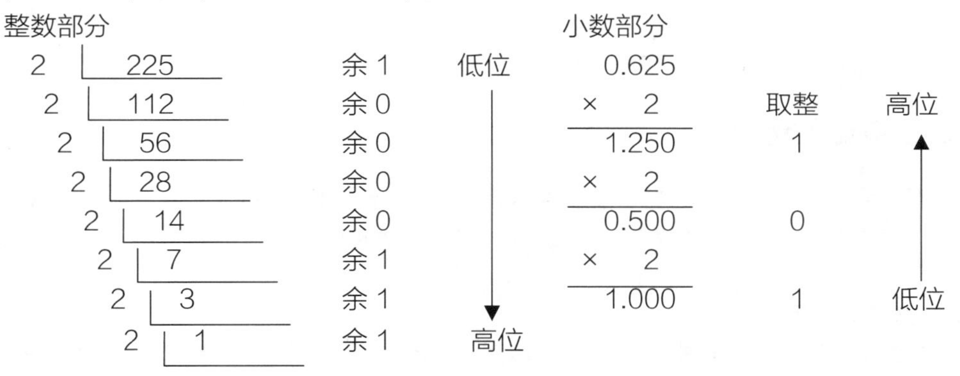

3. 二进制数转换成八进制数、十六进制数

（1）二进制数转换成八进制数

二进制数转换成八进制数采用的转换原则是“3 位分一组”，即以小数点为界。整数部分从右向左每 3 位为一组，若最后一组不足 3 位，则在最高位前面添 0 补足 3 位，然后将每组中的二进制数按权相加，得到对应的八进制数。小数部分从左向右每 3 位分为一组，最后一组不足 3 位时，尾部添 0 补足 3 位，然后按照顺序写出每组二进制数对应的八进制数即可。

将二进制数 1101001.101 转换为八进制数，转换过程如下所示。

二进制数	001	101	001	.	101
八进制数	1	5	1	.	5

得到的结果为$(1101001.101)_2 = (151.5)_8$

（2）二进制数转换成十六进制数

二进制数转换成十六进制数采用的转换原则与上面的类似，采用的转换原则是“4 位分一组”，即以小数点为界，整数部分从右向左、小数部分从左向右每 4 位一组，不足 4 位时添 0 补齐即可。

将二进制数 10111001100011101 1 转换为十六进制数，转换过程如下所示。

二进制数	0010	1110	0110	0011	1011
十六进制数	2	E	6	3	B

得到的结果为$(101110011000111011)_2 = (2E63B)_{16}$

4. 八进制数、十六进制数转换成二进制数

（1）八进制数转换成二进制数

八进制数转换成二进制数的转换原则是“一分为三”，即从八进制数的低位开始，将每一位上的八进制数写成对应的 3 位二进制数。如有小数部分，则从小数点开始，按上述方法分别向左右两边进行转换。

将八进制数 162.4 转换为二进制数，转换过程如下所示。

八进制数	1	6	2	.	4
二进制数	001	110	010	.	100

得到的结果为$(162.4)_8 = (001110010.100)_2$

（2）十六进制数转换成二进制数

十六进制数转换成二进制数的转换原则是“一分为四”，即把每一位上的十六进制数写成对应的

4 位二进制数即可。

将十六进制数 3B7D 转换为二进制数，转换过程如下所示。

十六进制数　3　B　7　D

二进制数　0011　1011　0111　1101

得到的结果为$(3B7D)_{16} = (0011101101111101)_2$

（三）二进制数的运算

计算机内部采用二进制数表示数据，主要原因是其技术实现简单、易于转换。二进制数的运算规则简单，可以方便地应用于逻辑代数分析和设计计算机的逻辑电路等。下面将对二进制数的算术运算和逻辑运算进行简要介绍。

1. 二进制数的算术运算

二进制数的算术运算也就是通常所说的四则运算，包括加、减、乘、除等，运算规则比较简单，具体如下。

- 加法运算。按“逢二进一”法，向高位进位，运算规则为 0+0=0、0+1=1、1+0=1、1+1=10。例如，$(10011.01)_2+(100011.11)_2=(110111.00)_2$。
- 减法运算。减法运算实质上是加上一个负数，主要应用于补码运算，运算规则为：0-0=0、1-0=1、0-1=1（向高位借位，结果本位为 1）、1-1=0。例如，$(110011)_2-(001101)_2=(100110)_2$。
- 乘法运算。乘法运算与我们常见的十进制数对应的乘法运算类似，运算规则为 0×0=0、1×0=0、0×1=0、1×1=1。例如，$(1110)_2\times(1101)_2=(10110110)_2$。
- 除法运算。除法运算也与十进制数对应的除法运算类似，运算规则为 0÷1=0、1÷1=1，而 0÷0 和 1÷0 是无意义的。例如，$(1101.1)_2\div(110)_2=(10.01)_2$。

2. 二进制数的逻辑运算

计算机采用的二进制数 1 和 0 可以代表逻辑运算中的“真”与“假”、“是”与“否”和“有”与“无”。二进制数的逻辑运算包括“与”“或”“非”“异或”4 种，具体介绍如下。

- “与”运算。“与”运算又被称为逻辑乘，通常用符号“×”“∧”“·”来表示。其运算规则为 0∧0=0、0∧1=1、1∧0=0、1∧1=1。通过上述运算规则可以看出，当两个参与运算的数中有一个数为 0 时，其结果也为 0，此时是没有意义的。只有当数中的数值都为 1，其结果也为 1，即所有的条件都符合时，逻辑结果才为肯定值。
- “或”运算。“或”运算又被称为逻辑加，通常用符号“+”或“∨”来表示。其运算规则为 0∨0=0、0∨1=1、1∨0=1、1∨1=1。该运算规则表明，只要有一个数为 1，运算结果就是 1。例如，假定某个公益组织规定加入该组织的成员可以是女性或慈善家，那么只要符合其中任意一个条件或两个条件都符合，就可加入该组织。
- “非”运算。“非”运算又被称为逻辑否运算，通常通过在逻辑变量上加上画线来表示，如变量为 A，则其非运算结果用 $\overline{A}$ 表示。其运算规则为 $\overline{0}=1$、$\overline{1}=0$。例如，假定 A 变量表示男性，$\overline{A}$ 就表示非男性，即女性。
- “异或”运算。“异或”运算通常用符号“⊕”表示，其运算规则为 0⊕0=0、0⊕1=1、1⊕0=1、1⊕1=0。该运算规则表明，当逻辑运算中变量的值不同时，结果为 1；当变量的值相同时，结果为 0。

（四）计算机中字符的编码规则

编码就是利用计算机中的 0 和 1 两个代码的不同长度表示不同信息的一种约定方式。由于计算机是以二进制编码的形式存储和处理数据的，因此只能识别二进制编码信息。数字、字母、符号、汉字、语音和图形等非数值信息都要用特定规则进行二进制编码后才能进入计算机。西文与中文字符由于形式不同，使用的编码也不同。

1. 西文字符的编码

计算机对字符进行编码时，通常采用 ASCII 和 Unicode 两种编码。

标准 7 位 ASCII 码

- ASCII。美国信息交换标准代码（American Standard Code for Information Interchange，ASCII）是基于拉丁字母的一套编码系统，主要用于显示现代英语和其他欧洲语言，它被国际标准化组织指定为国际标准（ISO 646 标准）。标准 ASCII 使用 7 位二进制编码来表示所有的大写和小写字母、数字 0～9、标点符号，以及在美式英语中使用的特殊控制字符，共有 2^7=128 个不同的编码值，可以表示 128 个不同字符的编码。其中，低 4 位编码 $b_3b_2b_1b_0$ 用作行编码，高 3 位 $b_6b_5b_4$ 用作列编码。在 128 个不同字符的编码中，95 个编码对应键盘上的符号或其他可显示或打印的字符，另外 33 个编码被用作控制码，用于控制计算机某些外部设备的工作情况和某些计算机软件的运行情况。例如，字母 A 的编码为二进制数 1000001，对应十进制数 65 或十六进制数 41。
- Unicode。Unicode 也是一种国际标准编码，采用 2 字节编码，几乎能够表示世界上所有的书写语言中可能用于计算机通信的文字和其他符号。目前，Unicode 在网络、Windows 操作系统和大型软件中得到应用。

2. 汉字的编码

在计算机中，汉字信息的传播和交换必须通过统一的编码，才不会造成混乱和差错。因此，计算机中处理的汉字是包含在国家或国际组织制定的汉字字符集中的汉字，常用的汉字字符集包括 GB 2312、GB 18030、GBK 和 CJK 编码等。为了使每个汉字有统一的代码，我国颁布了汉字编码的国家标准，即 GB/T 2312—1980:《信息交换用汉字编码字符集 基本集》。这个字符集是目前国内所有汉字系统的统一标准。

汉字的编码方式主要有以下 4 种。

- 输入码。输入码也称外码，是为了将汉字输入计算机而设计的代码，包括音码、形码和音形码等。
- 区位码。将 GB 2312 字符集放置在一个 94 行（每一行称为“区”）、94 列（每一列称为“位”）的方阵中，将方阵中每个汉字对应的区号和位号组合起来就可以得到该汉字的区位码。区位码用 4 位数字编码，前两位叫作区码，后两位叫作位码，如汉字“中”的区位码为 5448。
- 国标码。国标码采用 2 字节表示一个汉字，将汉字区位码中的十进制区号和位号分别转换成十六进制数，再分别加上 20H，就可以得到该汉字的国际码。例如，“中”字的区位码为 5448，区码 54 对应的十六进制数为 36，加上 20H，即为 56H。而位码 48 对应的十六进制数为 30，加上 20H，即为 50H。所以“中”字的国标码为 5650H。
- 机内码。在计算机内部进行存储与处理使用的代码称为机内码。对于汉字系统来说，汉字机内码规定在汉字国标码的基础上，每字节的最高位为 1，每字节的低 7 位为汉字信息。将国标码的两字节编码分别加上 80H（即 10000000B），便可以得到机内码，如汉字“中”的机内码为 D6D0H。

（五）多媒体技术简介

微课：多媒体技术在工作生活中的应用

多媒体（Multimedia）是由单媒体复合而成的，融合了两种或两种以上的人机交互式信息交流和传播媒体。多媒体不仅包含文本、声音、图形、图像、视频、音频和动画这些媒体信息本身，还包含处理和应用这些媒体信息的一整套技术，即多媒体技术。多媒体技术是指能够同时获取、处理、编辑、存储和演示两种以上不同类型的媒体信息的媒体技术。在计算机领域中，多媒体技术就是用计算机实时地综合处理图、文、声和像等信息的技术，这些信息在计算机内都是被转换成 0 和 1 的数字化信息来进行处理的。

1. 多媒体技术的特点

多媒体技术主要具有以下 5 个特点。

- 多样性。多媒体技术的多样性是指信息载体的多样性。计算机所能处理的信息从最初的数值、文字、图形扩展到音频和视频等多种形式的信息。
- 集成性。多媒体技术的集成性是指以计算机为中心综合处理多种信息，可集文字、声音、图形、图像、音频和视频于一体。此外，多媒体处理工具和设备的集成性能够为多媒体系统的开发与实现建立理想的集成环境。
- 交互性。多媒体技术的交互性是指用户可以与计算机进行交互操作，计算机能提供多种交互控制功能，使人们在获取信息的同时，将信息的使用行为从被动变为主动，以增强人机操作界面的交互性。
- 实时性。多媒体技术的实时性是指多媒体技术需要同时处理声音、文字和图像等多种信息，其中声音和视频还要实时处理。因而计算机应具有能够对多媒体信息进行实时处理的软硬件环境。
- 协同性。多媒体技术的协同性是指多媒体中的每一种媒体都有其自身的特性，而各媒体之间必须有机配合，并协调一致。

2. 多媒体计算机的硬件

微课：多媒体计算机的硬件

多媒体计算机的硬件除了计算机的常规硬件外，还包括声音/视频处理器、多种媒体输入/输出设备及信号转换装置、通信传输设备及接口装置等。具体来说，多媒体计算机的硬件主要包括以下 3 种。

- 音频卡。音频卡即声卡，它是多媒体技术中最基本的硬件之一，是实现声波/数字信号相互转换的一种硬件。其基本功能是把来自话筒等的原始声音信息加以转换，将其输出到耳机、扬声器、扩音机和录音机等音响设备，也可通过音乐设备数字接口（Muscial Instrument Digital Interface，MIDI）输出声音。
- 视频卡。视频卡也叫视频采集卡，用于将模拟摄像机、录像机和电视机输出的视频数据或者视频和音频的混合数据输入计算机，并转换成计算机可识别的数值数据。视频卡按照用途可以分为广播级视频采集卡、专业级视频采集卡和民用级视频采集卡。
- 各种外部设备。多媒体在信息处理过程中会用到的外部设备主要包括摄像机、数码相机、头盔显示器、扫描仪、激光打印机、光盘驱动器、光笔、鼠标、传感器、触摸屏、话筒、音箱（或扬声器）、传真机和可视电话机等。

3. 多媒体计算机的软件

多媒体计算机的软件种类较多，根据功能可以分为多媒体操作系统、多媒体处理系统和用户应用软件 3 种。

- 多媒体操作系统。多媒体操作系统应具有实时任务调度、多媒体数据转换和同步控制、对多媒体设备的驱动和控制以及图形用户界面管理等功能。目前，大部分计算机中安装的 Windows 操作系统已完全具备上述功能。
- 多媒体处理系统。多媒体处理系统主要包括多媒体创作软件、多媒体节目写作软件、多媒体播放软件等，以及其他各类多媒体处理软件，如多媒体数据库管理系统等。
- 用户应用软件。用户应用软件是根据多媒体系统终端用户的要求定制的应用软件。目前国内外已经开发出了很多服务于图形、图像、音频和视频处理的软件，通过这些软件，用户可以创建、收集和处理多媒体素材，制作出丰富多样的图形、图像和动画。目前，比较流行的应用软件有 Photoshop、Illustrator、Cinema 4D、Authorware、After Effects 和 PowerPoint 等。这些软件各有所长，在多媒体处理过程中可以综合运用。

4. 常见的多媒体文件格式

微课：常见的多媒体文件格式及应用

在计算机中，利用多媒体技术可以将声音、文字和图像等多种媒体信息进行综合式交互处理，并以不同的多媒体文件格式存储。下面介绍常用的多媒体文件格式。

- 声音文件格式。在多媒体系统中，语音和音乐是十分常见的，存储声音信息的文件格式有多种，包括 WAV、MIDI、MP3、RM、AU 和 VOC 等。
- 图像文件格式。图像是多媒体中非常基本和重要的一种数据，包括静态图像和动态图像。其中，静态图像又可分为矢量图和位图两种，动态图像又分为视频和动画两种。
- 视频文件格式。视频文件一般比其他媒体文件要大一些，占用存储空间较多。常见的视频文件格式有 AVI、MOV、MPEG、ASF、WMV 等。

任务三　了解并连接计算机硬件

任务要求

随着计算机的普及，使用计算机的人越来越多，肖磊与很多使用计算机的人一样，并不了解计算机的工作结构、计算机内部的硬件组成，以及连接计算机硬件的方法。

本任务要求认识计算机的基本结构，对微型计算机的各硬件组成，如主机及主机内部的硬件、显示器、键盘和鼠标等有基本的认识和了解，并能将这些硬件连接在一起。

任务实现

（一）计算机的基本结构

微课：计算机系统的组成

尽管各种计算机的性能和用途等方面不同，但是其基本结构都遵循冯・诺依曼体系结构，因此人们将符合这种设计的计算机称为冯・诺依曼计算机。

冯・诺依曼计算机主要由运算器、控制器、存储器、输入设备和输出设备 5 个部分组成，其基本结构如图 1-6 所示。

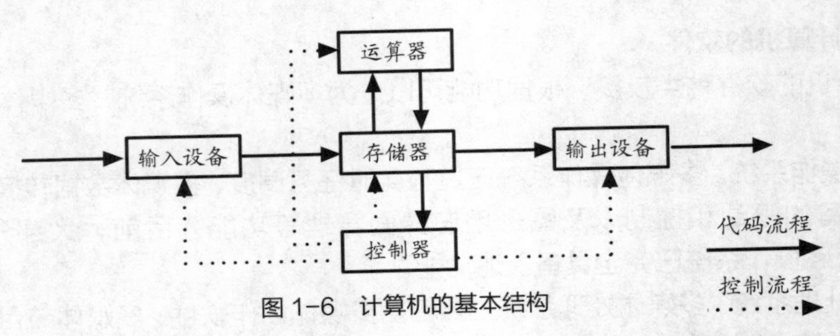

图 1-6 计算机的基本结构

从图 1-6 中可知，计算机工作的核心部分是控制器、运算器和存储器。其中，控制器是计算机的指挥中心，它根据程序执行每一条指令，并向存储器、运算器以及输入/输出设备发出控制信号，以达到控制计算机，使其有条不紊地工作的目的；运算器在控制器的控制下对存储器提供的数据进行各种算术运算（加、减、乘、除等）、逻辑运算（与、或、非、异或等）和其他处理（存数、取数等），控制器与运算器构成中央处理器（Central Processing Unit，CPU），中央处理器被称为"计算机的心脏"；存储器是计算机的记忆装置，它以二进制代码的形式存储程序和数据，它可以分为内存储器和外存储器。内存储器是影响计算机运行速度的主要因素之一。外存储器主要有光盘、硬盘和 U 盘等。存储器中能够存放的最大信息数量称为存储容量，常见的存储容量的单位有 KB、MB、GB 和 TB 等。

输入设备是计算机系统中重要的人机交互设备，用于接收用户输入的命令和程序等信息，它负责将命令转换成计算机能够识别的二进制代码，并放入内存储器中。输入设备主要包括键盘、鼠标等。输出设备用于将计算机处理的结果以人们可以识别的信息的形式输出，常用的输出设备有显示器、打印机等。

（二）计算机的硬件组成

计算机硬件是指计算机中看得见、摸得着的一些实体设备。从外观上看，微型计算机主要由主机、显示器、鼠标和键盘等组成。主机背面有许多插孔和接口，用于接通电源和连接键盘、鼠标等硬件；而主机箱内则包含主机电源、显卡、CPU、主板、内存储器和硬盘等硬件。图 1-7 所示为微型计算机的外观组成及主机内部的主要硬件。

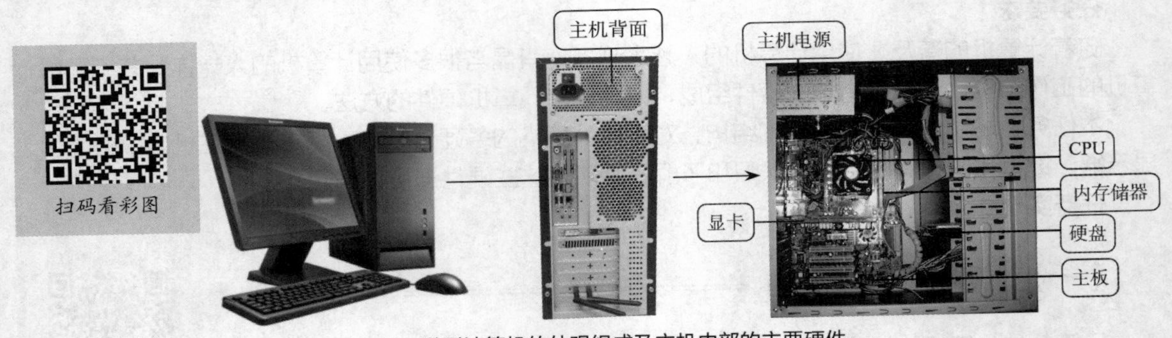

图 1-7 微型计算机的外观组成及主机内部的主要硬件

下面将按类别对微型计算机的主要硬件进行详细介绍。

1. CPU

CPU 是由大规模集成电路组成的，这些电路用于实现控制和算术逻辑运算等功能。CPU 既是计算机的指令中枢，又是系统的最高执行单位，CPU 如图 1-8 所示。CPU 主要负责执行指令，是计算机系统的核心组件，在计算机系统中占有举足轻重的地位，CPU 也是影响计算机系统运行速度的重要因素。目前，CPU 的生产厂商主要有英特尔（Intel）、超威半导体（AMD）、威盛（VIA）和龙芯（Loongson）等，市场上销售的 CPU 产品大多是由英特尔和超威半导体公司生产的。

2. 主板

主板（Main Board）也称为“主机板”或“系统板”（System Board），从外观上看，主板是一块方形的电路板，如图 1-9 所示。其上布满了各种电子元器件、插座、插槽和各种外部接口，它可以为计算机的所有部件提供插槽和接口，并通过其中的线路统一协调所有部件的工作。

随着主板制板技术的发展，主板已经能够集成很多计算机硬件，如 CPU、显卡、声卡、网卡、基本输入/输出系统（Basic Input Output System，BIOS）芯片和南北桥芯片等，这些硬件都可以集成到主板上。其中，BIOS 芯片是一块矩形的存储器，里面存有与该主板搭配的 BIOS 程序，能够让主板识别各种硬件，还可以设置引导系统的设备和调整 CPU 外频等，如图 1-10 所示。南北桥芯片通常由南桥芯片和北桥芯片组成，南桥芯片主要负责硬盘等存储设备和外设部件互连（Peripheral Component Interconnect，PCI）总线之间的数据流通，北桥芯片主要负责处理 CPU、内存储器和显卡三者间的数据交流。

图 1-8　CPU

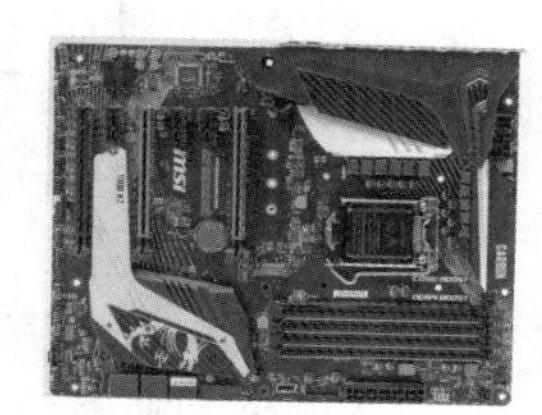

图 1-9　主板

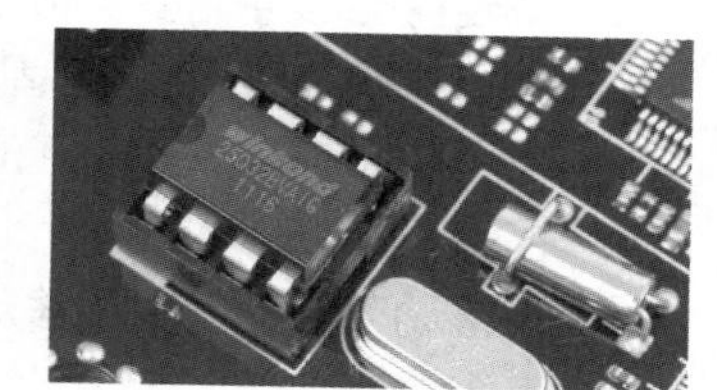
图 1-10　主板上的 BIOS 芯片

3. 总线

总线（Bus）是计算机各种功能部件之间传送信息的公共通信干线，主机的各个部件通过总线相连接，外部设备通过相应的接口电路与总线相连接，从而形成计算机硬件系统，因此，总线被形象地比喻为“高速公路”。按照为计算机传输的信息类型，可以将总线分为数据总线、地址总线和控制总线，分别用来传输数据、地址信息和控制信号。

- 数据总线。数据总线用于在 CPU 与随机存储器（Random Access Memory，RAM）之间传输需处理或存储的数据。
- 地址总线。地址总线上传输的是 CPU 向存储器、输入/输出（Input/Output，I/O）接口设备发出的地址信息。
- 控制总线。控制总线用来传输控制信号，这些控制信号包括 CPU 对内存储器和输入/输出接口的读写信号、输入/输出接口对 CPU 提出的中断请求等信号，以及 CPU 对输入/输出接口的回答与响应信号、输入/输出接口的各种工作状态信号和其他各种功能控制信号。

目前，常见的总线标准有工业标准体系结构（Industry Standard Architecture，ISA）总线、PCI 总线和扩展工业标准结构（Extended Industry Standard Architecture，EISA）总线等。

4. 存储器

计算机中的存储器包括内存储器和外存储器两种，其中，内存储器简称内存，也叫主存储器，是计算机用来临时存放数据的地方，也是 CPU 处理数据的中转站，内存的容量和存取速度会直接影响 CPU 处理数据的速度。图 1-11 所示为 DDR4 内存储器。

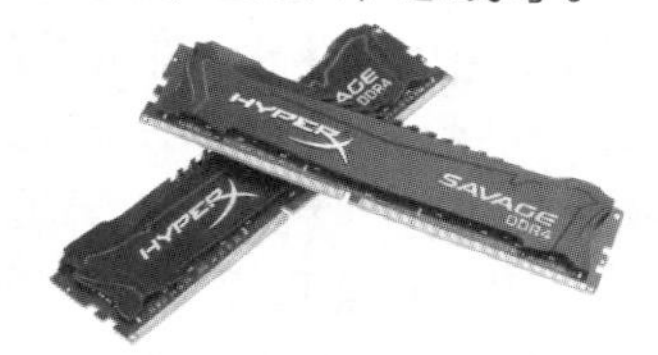

图 1-11　DDR4 内存储器

从工作原理上说，内存一般采用半导体存储单元，包括 RAM、只读存储器（Read-Only Memory，ROM）和高速缓冲存储器（Cache，简称缓存）。平常所说的内存是指随机存储器，既可以从中读取数据，又可以写入数据，当计算机断电时，存于其中的数据会丢失。只读存储器一般只能读出信息，不能写入信息，即使断电，这些数据也不会丢失，如 BIOS ROM。高速缓冲存储器是介于 CPU 与内存之间的高速存储器，通常由静态随机存取存储器（Static Random-Access Memory，SRAM）构成。

外存储器简称外存，是指除计算机内存及缓存以外的存储器，此类存储器一般断电后仍然能保存数据，常见的外存储器有硬盘和可移动存储设备（如 U 盘）等。

- 硬盘。硬盘是计算机中最大的存储设备，通常用于存放永久性的数据和程序。目前，硬盘有机械硬盘（Hard Disk Drive，HDD）和固态硬盘（Solid State Drive，SSD）两种。机械硬盘如图 1-12 所示，其内部结构比较复杂，主要由主轴电机、盘片、磁头和传动臂等部件组成。在机械硬盘中，通常将磁性物质附着在盘片上，并将盘片安装在主轴电机上，当硬盘开始工作时，主轴电机将带动盘片一起转动，盘片表面的磁头将在电路和传动臂的控制下移动，并将指定位置的数据读取出来，或将数据存储到指定的位置。硬盘容量是选购机械硬盘的主要性能指标之一，包括总容量、单片容量和盘片数 3 个参数。其中，总容量是表示机械硬盘能够存储多少数据的一项重要指标，通常以 TB 为单位，目前主流机械硬盘容量从 1TB 到 10TB 不等。固态硬盘是目前非常热门的硬盘类型，如图 1-13 所示，它是用固态电子存储芯片阵列制成的硬盘，其优点是数据写入速度和读取速度快，缺点是容量较小，价格较为昂贵。
- 可移动存储设备。可移动存储设备包括移动通用串行总线（Universal Serial Bus，USB）盘（简称 U 盘，如图 1-14 所示）和移动硬盘等。这类设备即插即用，容量也能大致满足人们的需求，是计算机必不可少的附属配件之一。

图 1-12　机械硬盘

图 1-13　固态硬盘

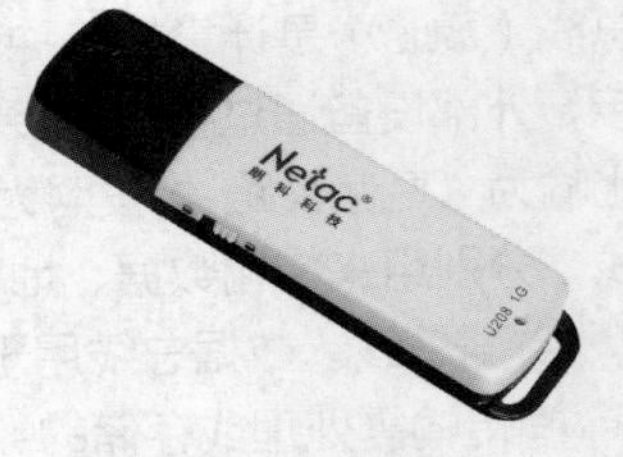

图 1-14　U 盘

5. 输入设备

输入设备是向计算机输入数据和信息的设备，是用户和计算机之间进行信息交换的主要装置，用于将数据、文本和图形等转换为计算机能够识别的二进制代码并将其输入计算机。键盘、鼠标、摄像头、扫描仪、光笔、手写输入板、游戏杆和语音输入装置等都属于输入设备。下面介绍常用的 3 种输入设备。

- 鼠标。鼠标是计算机的主要输入设备之一，因为其外形与老鼠类似，所以被称为“鼠标”。根据鼠标按键的数量可以将鼠标分为三键鼠标和两键鼠标；根据鼠标的工作原理可以将其分为机械鼠标和光电鼠标。另外，还有无线鼠标和轨迹球鼠标等。
- 键盘。键盘是计算机的另一种主要输入设备，是用户和计算机进行交流的工具，用户可以通过键盘直接向计算机输入各种字符和命令。不同生产厂商生产的键盘型号不同，目前常用的键盘有 107 个键位。
- 扫描仪。扫描仪是利用光电技术和数字处理技术，以扫描的方式将图形或图像信息转换为数字信号的设备，其主要功能是对文字和图像进行扫描与输入。

6. 输出设备

输出设备是计算机硬件系统的终端设备，用于将各种计算结果的数据或信息转换成用户能够识别的数字、字符、图像和声音等形式。常见的输出设备有显示器、打印机、绘图仪、影像输出系统、语音输出系统和磁记录设备等。下面介绍常用的 5 种输出设备。

- 显示器。显示器是计算机的主要输出设备之一，其作用是将显卡输出的信号（模拟信号或数字信号）以肉眼可见的形式表现出来。目前主要有两种显示器，一种是液晶显示器（Liquid Crystal Display，LCD），如图 1-15 所示，另一种是使用阴极射线管（Cathode Ray Tube，CRT）的显示器，如图 1-16 所示。液晶显示器是目前市场上的主流显示器，具有辐射危害小、工作电压低、功耗小、重量轻和体积小等优点，但液晶显示器的画面颜色逼真度一般不及 CRT 显示器。显示器的常见尺寸有 17 英寸（1 英寸=2.54 厘米）、19 英寸、20 英寸、22 英寸、24 英寸、26 英寸、29 英寸等。

图 1-15　液晶显示器

图 1-16　CRT 显示器

- 音箱。音箱在音频设备中的作用类似于显示器，可直接连接声卡的音频输出接口，并将声卡传输的音频信号输出为人们可以听到的声音。需要注意的是，音箱是整个音响系统的终端，只负责声音输出。音响则通常是指声音产生和输出的一整套系统，音箱是音响的一部分。
- 打印机。打印机也是计算机常见的输出设备，在办公中经常会用到，其主要功能是对文字和图像进行打印。
- 耳机。耳机是一种音频设备，它能接收媒体播放器或接收器发出的信号，利用贴近耳朵的扬声器将其转化成可以听到的音波。
- 投影仪。投影仪又称投影机，是一种可以将图像或视频投射到幕布上的设备。投影仪可以通过特定的接口与计算机相连接并播放相应的视频信号，是一种负责输出的计算机周边设备。

7. 触摸屏

触摸屏又被称为“触控屏”或“触控面板”，是一种可接收触头等输入信号的感应式液晶显示装置，当用户触摸屏幕上的图形按钮时，屏幕上的触觉反馈系统可根据预先编好的程序驱动各种连接装置，并通过液晶显示画面显示出生动的效果。

触摸屏作为一种新型的计算机输入设备，能提供目前简单、方便、自然的人机交互方式，主要应用于查询公共信息、工业控制、军事指挥、电子游戏、点歌、点菜和多媒体教学等方面。

（三）连接计算机的各组成部分

微课：连接计算机的各组成部分

购买计算机后，计算机的主机与显示器、鼠标、键盘等通常都是分开的，用户需在收到计算机后将其连接在一起，具体操作如下。

（1）将计算机各组成部分放在电脑桌的相应位置，然后将 PS/2 键盘连接线插头对准主机后的键盘接口并插入，如图 1-17 所示。

（2）如图 1-18 所示，将 USB 鼠标连接线插头对准主机后的 USB 接口并插入，然后将显示器包装箱中配置的数据线的 VGA 插头插入显卡的 VGA 接口（如果显示器的数据线是 DVI 或 HDMI 插头，对应连接主机后的接口即可），然后拧紧插头上的两颗固定螺丝。

（3）将显示器数据线的另外一个插头插入显示器后面的 VGA 接口，并拧紧插头上的两颗固定螺丝，再将显示器的电源线一头插入显示器电源接口，如图 1-19 所示。

图 1-17　连接键盘

图 1-18　连接鼠标和显卡

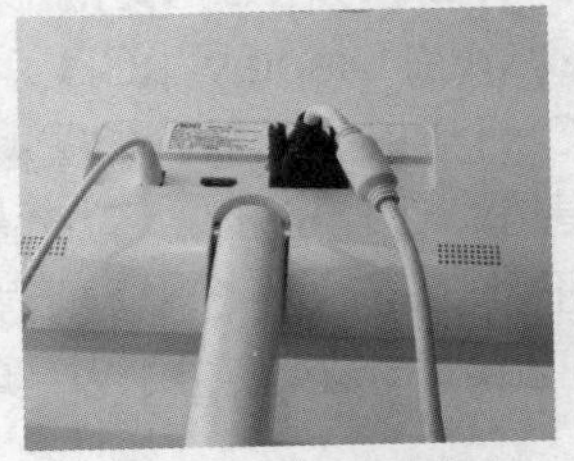

图 1-19　连接显示器

（4）检查前面安装的各种连线，确认连接无误后，将主机电源线连接到主机后的电源接口，如图 1-20 所示。

（5）将显示器电源插头插入电源插线板，如图 1-21 所示。

（6）将主机电源线插头插入电源插线板，完成连接计算机各部件的操作，如图 1-22 所示。

图 1-20　连接主机

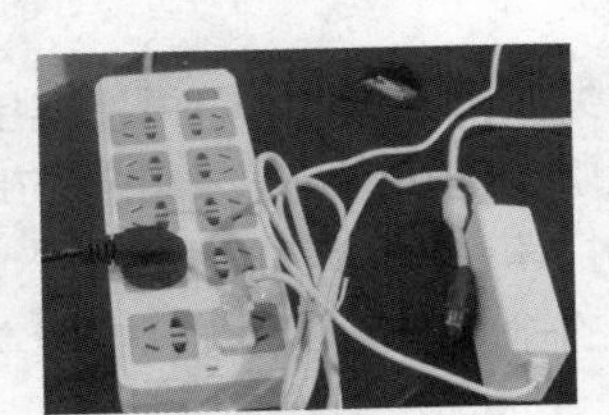

图 1-21　连接显示器电源

图 1-22　完成计算机各部件的连接

任务四　了解计算机的软件系统

任务要求

肖磊为了学习需要，购买了一台计算机。负责给他组装计算机的售后人员告诉他，新买的计算机中只安装了操作系统，没有安装其他应用软件，用户可以在需要使用时自行安装。回校后，肖磊决定先了解计算机软件的相关知识。

本任务要求了解计算机软件的定义，认识系统软件的分类，了解常用的应用软件。

任务实现

（一）计算机软件的定义

计算机软件（Computer Software）简称软件，是指计算机系统中的程序及其文档。程序是对计算任务的处理对象和处理规则的描述，是按照一定顺序执行的、能够完成某一任务的指令集合，而文档则是了解程序所需的说明性资料。

计算机之所以能够按照用户的要求运行，是因为计算机采用了程序设计语言（计算机语言），该语言是人与计算机之间进行沟通的语言，用于编写计算机程序。计算机可通过相关程序控制计算机的工作流程，从而完成特定的设计任务。可以说，程序设计语言是计算机软件的基础。

计算机软件总体分为系统软件和应用软件两大类。

（二）系统软件

系统软件是指控制和协调计算机及其外部设备，支持应用软件开发和运行的系统。其主要功能是调度、监控和维护计算机系统，同时负责管理计算机系统中各种独立的硬件，协调它们的工作。系统软件是应用软件运行的基础，所有应用软件都是在系统软件上运行的。

系统软件主要分为操作系统、语言处理程序、数据库管理系统和系统辅助处理程序等，具体介绍如下。

- 操作系统。操作系统（Operating System，OS）是计算机系统的指挥调度中心，它可以为各种程序提供运行环境。常见的操作系统有 Windows 和 Linux 等，如本书项目三将要讲解的 Windows 7 就是一种操作系统。
- 语言处理程序。语言处理程序是为用户设计的编程服务软件，可用来编译、解释和处理各种程序所使用的计算机语言，是人与计算机相互交流的工具。常见计算机语言包括机器语言、汇编语言和高级语言 3 种。由于计算机只能直接识别和执行机器语言，因此要在计算机上运行高级语言程序，就必须配备程序语言翻译程序。程序语言翻译程序本身是一组程序，高级语言都有相应的程序语言翻译程序。
- 数据库管理系统。数据库管理系统（Database Management System，DBMS）是一种操作和管理数据库的大型软件，它是位于用户和操作系统之间的数据管理软件，也是用于建立、使用和维护数据库的管理软件。数据库管理系统可以组织不同类型的数据，以使用户能够有效地查询、检索和管理这些数据。常用的数据库管理系统有 SQL Server、Oracle 和 Access 等。
- 系统辅助处理程序。系统辅助处理程序也称软件研制开发工具或支撑软件，主要有编辑程序、调试程序等，这些程序的作用是维护计算机的正常运行，如 Windows 操作系统中自带的磁盘整理程序等。

（三）应用软件

应用软件是指一些具有特定功能的软件，即为解决各种实际问题而编制的程序，包括各种程序设计语言，以及用各种程序设计语言编制的应用程序。计算机中的应用软件种类繁多，这些软件能够帮助用户完成特定的任务，如要编辑一篇文章可以使用 Word，要制作一份报表可以使用 Excel。这些软件都属于应用软件。常见的应用软件种类有办公、图形处理与设计、图文浏览、翻译与学习、多媒体播放和处理、网站开发、程序设计、磁盘分区、数据备份与恢复和网络通信等。

微课：主要应用领域的应用软件

任务五　使用鼠标和键盘

任务要求

肖磊在课余时间找了份兼职，工作中经常需要整理大量的文件资料，有中文的，也有英文的。在录入资料时，肖磊由于不太熟悉键盘和指法，因此录入速度很慢，还经常出现错误，这严重影响了工作效率。肖磊听办公室的同事说要想提高打字速度，就必须用好鼠标和键盘，熟练之后甚至可以“盲打”。

本任务要求掌握鼠标的基本操作方法，了解键盘的布局和打字的正确方法，并练习“盲打”。

任务实现

（一）鼠标的基本操作方法

操作系统进入图形化时代后，鼠标就成为计算机必不可少的输入设备之一。用户启动计算机后，首先可能使用的便是鼠标，因此鼠标的基本操作方法是初学者必须掌握的技能。

1. 手握鼠标的方法

鼠标左边的按键被称为鼠标左键，鼠标右边的按键被称为鼠标右键，鼠标中间可以滚动的按键被称为鼠标中键或鼠标滚轮。右手握鼠标的正确方法是：食指和中指自然放在鼠标的左键和右键上，拇指横向放于鼠标左侧，无名指和小指放在鼠标的右侧，拇指与无名指及小指轻轻握住鼠标，手掌心轻轻贴住鼠标后部，手腕自然垂放在桌面上，用食指控制鼠标左键，用中指控制鼠标右键和鼠标滚轮，如图 1-23 所示。当需要使用鼠标滚动页面时，滚动鼠标滚轮即可。左手握鼠标的方法与右手握鼠标的方法类似，但使用时需进行相关设置。

图 1-23 握鼠标的方法（右手）

2. 鼠标的 5 种基本操作

鼠标的基本操作包括移动定位、单击、拖动、右击和双击 5 种，具体介绍如下（这里以右手使用鼠标为例，左手操作类似）。

- 移动定位。移动定位鼠标的方法是握住鼠标，在光滑的桌面或鼠标垫上随意移动，此时在屏幕上显示的鼠标指针会同步移动。将鼠标指针移到计算机桌面上的某一对象上停留片刻，就是定位操作，被定位的对象周围通常会出现相应的提示信息。

微课：鼠标的 5 种基本操作

- 单击。单击的方法是先移动鼠标，将鼠标指针移到某个对象上，然后用食指按鼠标左键后快速松开，鼠标左键将自动弹起。单击操作常用于选择对象，被选择的对象会以高亮显示。
- 拖动。拖动是指将鼠标指针移到某个对象上后，按住鼠标左键，然后移动鼠标，把指定对象从屏幕的一个位置拖动到另一个位置，最后释放鼠标左键，这个过程也被称为拖曳。拖动操作常用于移动对象。
- 右击。右击是指单击鼠标右键，即用中指按一次鼠标右键，松开按键后鼠标右键将自动弹起。右击操作常用于打开与对象相关的快捷菜单。
- 双击。双击是指用食指快速、连续地按两次鼠标左键，双击操作常用于启动某个程序、执行某个任务和打开某个窗口或文件夹。

注意 在连续两次按鼠标左键的过程中，不能移动鼠标。另外，在移动鼠标时，鼠标指针可能不会一次就移动到指定位置，当感觉手臂伸展不方便时，可提起鼠标使其离开桌面，再把鼠标放到易于移动的位置上继续移动。在这个过程中，鼠标实际上经历了移动、提起、回位、放下、再移动等动作，鼠标指针的移动便是依靠这些动作完成的。

（二）键盘的使用

键盘是计算机中最重要的输入设备之一，因此用户需要掌握各个按键的作用和指法，才能达到快速输入的目的。

1．认识键盘的结构

以常用的 107 键键盘为例，按照各键功能的不同，可以将键盘分为功能键区、主键盘区、编辑键区、小键盘区和状态指示灯区 5 个区域，如图 1-24 所示。

- 主键盘区。主键盘区主要用于输入文字和符号，包括字母键、数字键、符号键、控制键和 Windows 功能键，共 5 排 61 个键。其中，字母键【A】～【Z】用于输入 26 个英文字母，数字键【0】～【9】用于输入相应的数字和符号。每个数字键由上、下挡两种字符组成，因此又称双字符键。单独按数字键，将输入下挡字符，即数字。按住【Shift】键再按数字键，将输入上挡字符，即特殊符号。符号键中除了键位于主键区的左上角外，其余都位于主键盘区的右侧。与数字键一样，每个符号键也由上、下挡两种不同的符号组成。各控制键和 Windows 功能键的作用如表 1-2 所示。

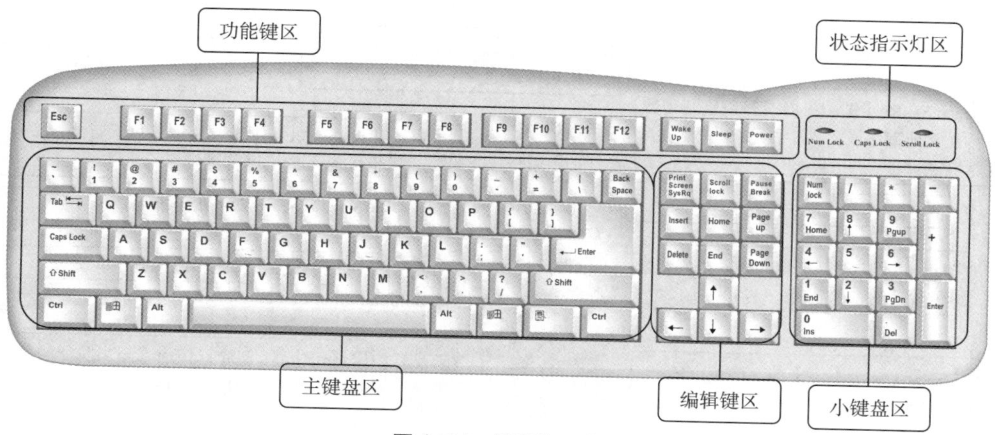

图 1-24　键盘的 5 个区域

表 1-2　各控制键和 Windows 功能键的作用

按　键	作　用
【Tab】键	也称制表定位键，Tab 是英文“Table”的缩写。每按一次该键，光标将默认向右移动 8 个字符，常用于文字处理中的对齐操作
【Caps Lock】键	又称大写字母锁定键，系统默认状态下输入的英文字母为小写，按该键后输入的字母为大写，再次按该键可取消大写锁定状态
【Shift】键	主键盘区左右各有一个，功能相同，主要用于输入上挡字符，以及输入字母键的大写英文字符。例如，按住【Shift】键再按【A】键，可以输入大写字母“A”
【Ctrl】键和【Alt】键	在主键盘区左下角和右下角各有一个，常与其他键组合使用，在不同的应用软件中，其作用也不同
【Space】键	又称空格键，位于主键盘区的下方，其上面无刻记符号，每按一次该键，将在光标当前位置产生一个空字符，同时光标将向右移动一个位置
【Backspace】键	退格键。每按一次该键，可使光标向左移动一个位置，若光标位置左边有字符，则删除该位置的字符
【Enter】键	回车键。它有两个作用：一是确认并执行输入的命令；二是在输入文字时按此键，光标移至下一行行首
Windows 功能键	主键盘左下角的键面上刻有 Windows 徽标，它被称为“开始菜单”键，在 Windows 操作系统中，按该键后将弹出“开始”菜单。主键盘右下角的键称为“快捷菜单”键，按该键后会弹出相应的快捷菜单，其功能相当于右击

- 编辑键区。编辑键区主要用于在编辑过程中控制光标，编辑键区各键的作用如图 1-25 所示。
- 小键盘区。小键盘区主要用于快速输入数字及移动光标。当要使用小键盘区的键输入数字时，应先按小键盘区左上角的【Num Lock】键，此时状态指示灯区第 1 个指示灯亮起，表示此时为数字状态，然后输入即可。
- 状态指示灯区。状态指示灯区主要用来提示小键盘区的工作状态、大小写状态及滚屏锁定键的状态。
- 功能键区。功能键区位于键盘的顶端，其中【Esc】键用于取消已输入的命令或字符串，在一些应用软件中常起到退出的作用；【F1】～【F12】键称为功能键，在不同的软件中，各个功能键的功能有所不同，一般在程序窗口中按【F1】键可以获取该程序的帮助信息；【Power】键、【Sleep】键和【Wake Up】键分别用来控制电源、转入睡眠状态和唤醒睡眠状态。

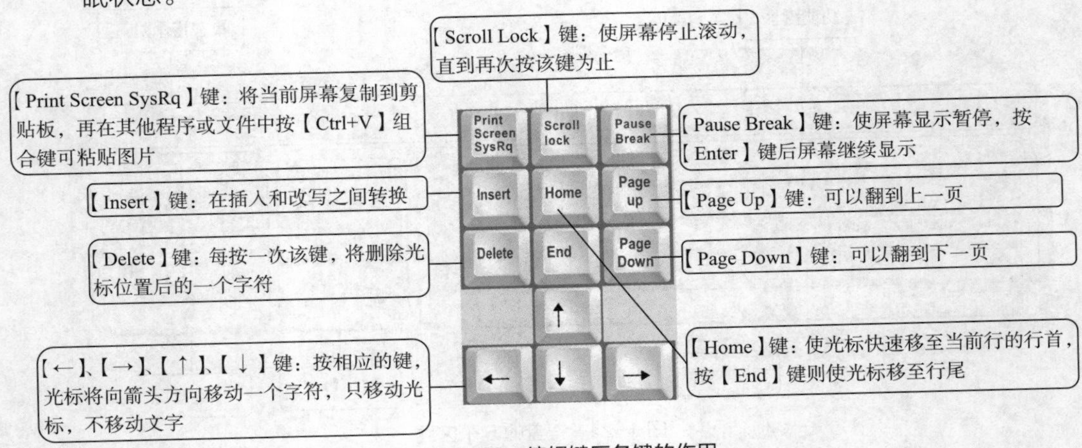

图 1-25　编辑键区各键的作用

2. 键盘的操作与指法练习

正确的打字姿势可以提高打字速度，减轻疲劳程度，这对于初学者来说非常重要。正确的打字姿势为：身体坐正，双手自然放在键盘上，腰部挺直，上身微前倾；双脚的脚尖和脚跟自然地放在地面上，大腿自然平直；座椅的高度与计算机键盘、显示器的放置高度相适应，一般以双手自然垂放在键盘上时肘关节略高于手腕为宜；显示器的高度则以操作者坐下后，其目光水平线处于屏幕上的 2/3 处为优，如图 1-26 所示。

准备打字时，将左手的食指放在【F】键上，右手的食指放在【J】键上，这两个键下方各有一个突起的小横杠，用于左右手的定位。其他手指（除拇指外）按顺序分别放置在相邻的 8 个基准键位上，双手的大拇指放在空格键上，如图 1-27 所示。8 个基准键位是指主键盘区第 2 排按键中的【A】、【S】、【D】、【F】、【J】、【K】、【L】、【;】键。

图 1-26　打字姿势

图 1-27　准备打字时手指在键盘上的位置

打字时键盘的指法分区：除拇指外，其余 8 个手指各有一定的活动范围。把字符键划分成 8 个区域，每个手指负责输入该区域的字符，如图 1-28 所示。按键的要点及注意事项如下。

- 手腕要平直，胳膊应尽可能保持不动。
- 要严格按照键位分工进行按键，不能随意按键。
- 按键时以手指指尖垂直向键位用力，并立即反弹，不可用力太大。
- 左手按键时，右手手指应放在基准键位上保持不动；右手按键时，左手手指也应放在基准键位上保持不动。
- 按键后手指要迅速返回相应的基准键位。
- 不要长时间按住一个键不放，同时按键时应尽量不看键盘，以养成“盲打”的习惯。

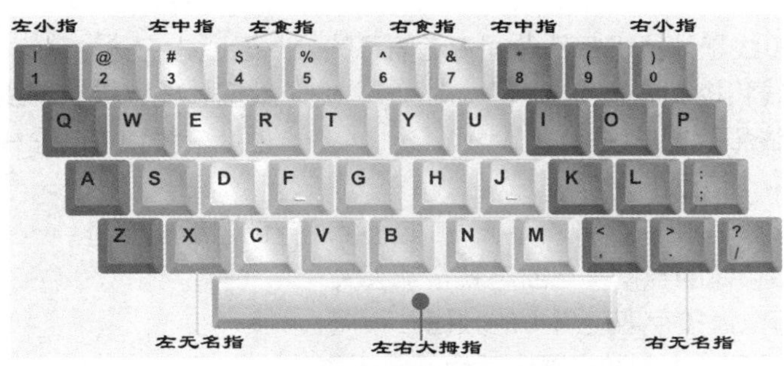

图 1-28　键盘的指法分区

为了提高录入速度，一般要求不看键盘，将手指轻放在键盘基准键位上，固定手指位置。可将视线集中于文稿，以养成科学合理的“盲打”习惯。在练习时可以一边打字一边默念，便于快速记忆各个键位。

课后练习

选择题

（1）1946 年诞生的世界上第一台电子计算机是（　　）。

A. UNIVAC-I　　B. EDVAC　　C. ENIAC　　D. IBM

（2）第二代计算机的划分年代是（　　）。

A. 1946—1957 年　　B. 1958—1964 年　　C. 1965—1970 年　　D. 1971 年至今

（3）1 KB 的准确数值是（　　）。

A. 1 024 Byte　　B. 1 000 Byte　　C. 1 024 bit　　D. 1 024 MB

（4）在关于数制的转换中，下列叙述正确的是（　　）。

A. 采用不同的数制表示同一个数时，基数（R）越大，使用的位数越少

B. 采用不同的数制表示同一个数时，基数（R）越大，使用的位数越多

C. 不同数制采用的数码是各不相同的，没有一个数码是一样的

D. 进位计数制中每个数码的数值不止取决于数码本身

（5）十进制数 55 转换成二进制数等于（　　）。

A. 111111　　B. 110111　　C. 111001　　D. 111011

（6）与二进制数 101101 等值的十六进制数是（　　）。
A. 2D　　B. 2C　　C. 1D　　D. B4
（7）二进制数 111+1 等于（　　）B。
A. 10000　　B. 100　　C. 1111　　D. 1000
（8）一个汉字的机内码与它的国标码之差是（　　）。
A. 2020H　　B. 4040H　　C. 8080H　　D. AOAOH
（9）多媒体信息不包括（　　）。
A. 动画、影像　　B. 文字、图像　　C. 声卡、光驱　　D. 音频、视频
（10）计算机的硬件系统主要包括运算器、控制器、存储器、输出设备和（　　）。
A. 键盘　　B. 鼠标　　C. 输入设备　　D. 显示器
（11）计算机的总线是计算机各部件间传递信息的公共通道，它分为（　　）。
A. 数据总线和控制总线　　B. 数据总线、控制总线和地址总线
C. 地址总线和数据总线　　D. 地址总线和控制总线
（12）下列叙述中，错误的是（　　）。
A. 内存储器一般由 ROM、RAM 和高速缓冲存储器组成
B. RAM 中存储的数据一旦断电就全部丢失
C. CPU 可以直接存取硬盘中的数据
D. 存储在 ROM 中的数据断电后也不会丢失
（13）能直接与 CPU 交换信息的存储器是（　　）。
A. 硬盘存储器　　B. 光盘驱动器　　C. 内存储器　　D. 软盘存储器
（14）英文缩写 ROM 的中文译名是（　　）。
A. 高速缓冲存储器　　B. 只读存储器　　C. 随机存取存储器　　D. 光盘
（15）下列设备组中，全部属于外部设备的一组是（　　）。
A. 打印机、移动硬盘、鼠标　　B. CPU、键盘、显示器
C. SRAM 内存条、光盘驱动器、扫描仪　　D. U 盘、内存储器、硬盘
（16）下列软件中，属于应用软件的是（　　）。
A. Windows 7　　B. Excel 2016　　C. UNIX　　D. Linux
（17）下列关于软件的叙述中，错误的是（　　）。
A. 计算机软件系统由程序和相应的文档资料组成
B. Windows 操作系统是系统软件
C. PowerPoint 2016 是应用软件
D. 使用高级程序设计语言编写的程序，要转换成计算机中的可执行程序，必须经过编译
（18）键盘上的【CapsLock】键被称为（　　）。
A. 上挡键　　B. 回车键　　C. 大写字母锁定键　　D. 退格键

项目二
了解计算机新技术

随着计算机网络的发展，计算机技术不断创新，这不仅给 IT 界带来了重大影响，而且对社会的发展起到了积极的作用。本项目将通过 4 个任务，介绍人工智能、大数据、云计算、物联网、移动互联网、虚拟现实技术、3D 打印和“互联网+”等计算机新技术及应用的相关内容。

课堂学习目标

- 认识人工智能。
- 认识大数据。
- 认识云计算。
- 认识其他新兴技术。

任务一　认识人工智能

任务要求

肖磊最近参加了一场新兴科学技术展览会，在参会过程中，他发现很多人工智能产品都能够与人流畅地交流。随着科技的发展，人工智能不再仅限于简单的人机交流层面，有些领域已经可以使用人工智能技术来代替人类完成一些高难度或高危险性的工作。肖磊了解到，人工智能是计算机科学的一个分支，它试图通过了解智能的实质，生产出一种能以与人类相似的方式做出反应的智能机器。人工智能研究的领域比较广泛，包括机器人、语言识别、图像识别以及自然语言处理等。

本任务要求了解人工智能的定义，了解人工智能的发展，熟悉人工智能在实际工作生活中的应用。

任务实现

（一）人工智能的定义

人工智能（Artificial Intelligence，AI）也叫作机器智能，是指由人工制造的系统所表现出来的智能，是研究智能程序的一门科学。人工智能研究的主要目标是用机器来模仿和执行人脑的某些智力活动，如判断、推理、识别、感知、理解、思考、规划、学习等思维活动。人工智能技术已经渗透到人们日常生活的各个方面，涉及的行业也很多，包括游戏、新闻媒体、金融等，并运用于各种领先的研究领域，如量子科学等。

提示 人工智能并不是触不可及的，微软（Microsoft）公司的 Cortana、百度公司的度秘、苹果公司的 Siri 等智能助理或智能聊天类应用，都属于人工智能的范畴，甚至一些简单的、有固定模式的资讯类新闻，也是由人工智能来完成的。

（二）人工智能的发展

1956 年夏季，以麦卡锡、明斯基、罗切斯特和香农等为首的一批年轻科学家聚在一起，共同研究和探讨用机器模拟智能的一系列有关问题，并首次提出了“人工智能”这一术语，这标志着“人工智能”这门新兴学科正式诞生。

从 1956 年正式提出人工智能算起，60 多年来，人工智能研究取得了长足的发展，成为一门广泛的交叉和前沿科学。总的说来，研究人工智能的目的就是让计算机能够像人一样去思考。当计算机出现后，人类才开始真正有了可以模拟人类思维的工具。

如今，全世界大部分大学的计算机系都在研究“人工智能”这门学科。1997 年 5 月，IBM 公司研制的深蓝（Deep Blue）计算机战胜了国际象棋大师卡斯帕罗夫。大家或许没有注意到，在某些方面，计算机可以帮助人类进行其他原本只属于人类的工作，以它的高速度和准确性为人类发展发挥着作用。

（三）人工智能的实际运用

曾经，人工智能只在一些科幻影片中出现，但伴随着技术的不断发展，人工智能在很多领域得到了不同程度的应用，如在线客服、自动驾驶、智慧生活、智慧医疗等，如图 2-1 所示。

图 2-1 人工智能的实际运用

1. 在线客服

在线客服是一种以网站为媒介、即时沟通的通信技术，主要以聊天机器人的形式自动与消费者沟通，并及时解决消费者的一些问题。聊天机器人必须善于理解人类自然语言，懂得语言所传达的意义，因此，这项技术十分依赖自然语言处理技术。一旦这些机器人能够理解不同的语言表达方式所包含的实际意义，这些机器人在很大程度上就可以用于代替人工客服了。

2. 自动驾驶

自动驾驶是正在逐渐发展的一项智能应用。自动驾驶一旦实现，将会有如下改变。

- 汽车本身的形态会发生变化。自动驾驶的汽车不再需要司机和方向盘，其形态设计可能会发生较大的变化。
- 未来的道路将发生改变。未来道路会按照自动驾驶的要求重新设计，专用于自动驾驶的车道可能变得更窄，交通信号可以更容易被自动驾驶汽车识别。
- 完全意义上的共享汽车将成为现实。大多数的汽车可以通过共享经济的模式，随叫随到。因为不需要司机，所以这些车辆可以保证 24 小时随时待命，可以在任何时间、任何地点提供高质量的租用服务。

3. 智慧生活

智慧生活是一种具有新内涵的生活方式，其实质是通过使用方便的智能家居产品，更安全、舒适、健康、方便地享受生活。智慧生活需要依托人工智能技术与智能家居终端产品来构建智能家居控制系统，从而打造出具备共同智能生活理念的智能社区。

目前，智慧生活的应用还处于不断发展的阶段，只能满足普通的沟通，但假以时日，不断提高人工智能系统的性能后，人们生活中的每一件家用电器，都会拥有足够强大的功能，为人们提供更加方便的服务。

4. 智慧医疗

智慧医疗（Wise Information Technology of 120，WIT120），是近年兴起的专有医疗名词，通过打造健康档案区域医疗信息平台，利用先进的物联网技术，实现患者与医务人员、医疗机构、医疗设备之间的互动，从而逐步实现医疗服务的自动化。

大数据和基于大数据的人工智能，能为医生辅助诊断疾病提供很好的支持。将来医疗行业将融入更多的人工智能、传感技术等高科技，使医疗服务走向真正意义的智能化。在人工智能的帮助下，我们看到的不会是医生失业，而是同样数量的医生可以服务几倍、数十倍，甚至更多的人。

提示 人工智能可以分为弱人工智能、强人工智能、超人工智能3个级别，其中，弱人工智能应用得非常广泛，比如手机的自动拦截骚扰电话、邮箱的自动过滤等功能都属于弱人工智能。强人工智能和弱人工智能的区别在于，强人工智能有自己的思考方式，能够进行推理、制定并执行计划，并且拥有一定的学习能力，能够在实践中不断进步。

任务二 认识大数据

任务要求

肖磊在使用计算机时发现，网页经常会推荐一些他曾经搜索或关注过的信息，如前段时间，他在天猫上购买了一双运动鞋，然后每次打开天猫主页时，在推荐购买区都会显示一些同类的物品。肖磊觉得这很神奇，经过了解，他才知道这是大数据技术的一种应用，它将用户的使用习惯、搜索习惯记录到数据库中，应用独特的算法计算出用户可能感兴趣或有需要的内容，然后将相同种类的商品推荐到用户眼前。

本任务要求了解大数据技术的定义和发展，了解数据的计量单位，熟悉大数据处理的基本流程和大数据的典型应用案例。

任务实现

（一）大数据的定义

数据是指存储在某种介质上、包含信息的物理符号。在网络时代，随着人们生产数据的能力和数量的飞速提升，大数据应运而生。大数据是指无法在一定时间范围内用常规软件工具进行捕捉、管理、处理的数据集合，而要想从这些数据集合中获取有用的信息，就需要对大数据进行分析，这不仅需要强大的数据分析能力，还需对数据分析算法进行深入的研究。

大数据技术是指为了传送、存储、分析和应用大数据而采用的软件和硬件技术，也可将其看作面向数据的高性能计算系统。就技术层面而言，大数据技术必须依托分布式架构来对海量的数据进行分布式挖掘，需要利用云计算的分布式处理、分布式数据库、云存储和虚拟化技术，因此，大数据技术与云计算是密不可分的。

（二）大数据的发展

在大数据行业快速发展的情况下，大数据的应用越来越广泛，各国政府相继出台的一系列政策更是加快了大数据行业的发展。大数据发展经历了图 2-2 所示的 4 个阶段。

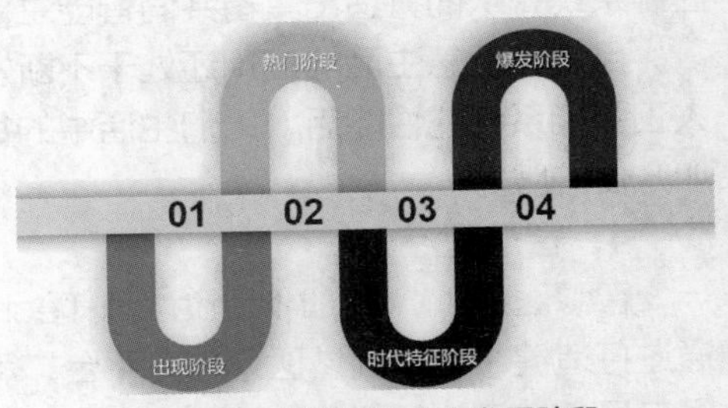

图 2-2　大数据的 4 个发展阶段

1. 出现阶段

1980 年，在阿尔文·托夫勒著的《第三次浪潮》书中将“大数据”称为“第三次浪潮的华彩乐章”。1997 年，美国研究员迈克尔·考克斯和大卫·埃尔斯沃思使用“大数据”来描述 20 世纪 90 年代的挑战。

“大数据”在云计算出现之后才凸显其真正的价值，谷歌（Google）公司在 2006 年率先提出云计算的概念。2007—2008 年随着社交网络的快速发展，“大数据”概念被注入了新的生机。2008 年 9 月《自然》杂志推出了名为“大数据”的封面专栏。

2. 热门阶段

2009 年，欧洲一些领先的研究型图书馆和科技信息研究机构建立了伙伴关系，致力于改善在互联网上获取科学数据的简易性。2010 年肯尼斯·库克尔发表了大数据专题报告《数据，无所不在的数据》。2011 年 6 月麦肯锡咨询公司发布了关于“大数据”的报告，正式定义了大数据的概念，后逐渐受到了各行各业关注。2011 年 11 月，中华人民共和国工业和信息化部发布了《物联网“十二五”发展规划》，将信息处理技术作为 4 项关键技术创新工程之一提出来，其中包括海量数据存储、图像视频智能分析、数据挖掘，这些是大数据的重要组成部分。

3. 时代特征阶段

2012 年维克托·迈尔·舍恩伯格和肯尼思·库克耶的《大数据时代》一书，把大数据的影响划分为 3 个不同的层面来分析，分别是思维变革、商业变革和管理变革。此时“大数据”这一概念乘着互联网的浪潮在各行各业中占据着举足轻重的地位。2013 年 11 月，国家统计局与阿里、百度等企业签署了战略合作框架协议，推动了大数据在政府统计中的应用。2014 年，大数据首次写入我国《政府工作报告》，大数据上升为国家战略。2015 年 8 月，国务院发布《促进大数据发展行动纲要》，这是指导我国大数据发展的国家顶层设计和总体部署。

4. 爆发阶段

2017 年，在政策、法规、技术、应用等多重因素的推动下，我国跨部门数据共享共用的格局基本形成。京、津、沪、冀、辽、贵、渝等省（直辖市）人民政府相继出台了大数据研究与发展行动计划，通过整合数据资源，来实现区域数据中心资源汇集与集中建设。

全国各省市纷纷成立了大数据管理机构，已有众多本科学校获批“数据科学与大数据技术”专业，众多专科院校开设“大数据技术与应用”专业。

（三）数据的计量单位

在研究和应用大数据时，经常会接触到数据存储的计量单位，而随着大数据的产生，数据的计量单位也在逐步发生变化。MB、GB 等常用单位已无法有效地描述大数据，典型的大数据一般会用到 PB、EB 和 ZB 这 3 种单位。常用的数据单位如表 2-1 所示。

表 2-1 常用的数据单位

数值换算	单位名称
1 024B=1KB	千字节（KiloByte）
1 024KB=1MB	兆字节（MegaByte）
1 024MB=1GB	吉字节（GigaByte）
1 024GB=1TB	太字节（TeraByte）
1 024TB=1PB	拍字节（PetaByte）
1 024PB=1EB	艾字节（ExaByte）
1 024EB=1ZB	泽字节（ZettaByte）
1 024ZB=1YB	尧字节（YottaByte）

（四）大数据处理的基本流程

大数据处理的数据源类型多种多样，在不同的场合通常需要使用不同的处理方法。在处理大数据的过程中，通常需要经过数据抽取与集成、数据分析、数据解释和展现等步骤。

- 数据抽取与集成。数据抽取与集成是大数据处理的第一步，即从抽取数据中提取出关系和实体，经过关联和聚合等操作，按照统一定义的格式对数据进行存储。如基于物化或数据仓库技术方法的引擎（Materialization or Extract-Transform-Load Engine）、基于联邦数据库或中间件方法的引擎（Federation Engine or Mediator）和基于数据流方法的引擎（Stream Engine）均是现有主流的数据抽取与集成方式。
- 数据分析。数据分析是大数据处理的核心步骤，在决策支持、商业智能、推荐系统、预测系统中应用广泛。数据分析是指从异构的数据源中获取了原始数据后，将数据导入一个集中的大型分布式数据库或分布式存储集群，进行一些基本的预处理工作，然后根据自己的需求对原始数据进行分析，如数据挖掘、机器学习、数据统计等。
- 数据解释和展现。在完成数据分析后，应该使用合适的、便于理解的展示方式将正确的数据处理结果展示给终端用户，可视化和人机交互是数据解释和展现的主要技术。

在合适的工具辅助下，再对不同类型的数据源进行数据融合、取样和多分辨率分析，按照一定的标准统一存储数据，并通过去噪等数据分析技术对其进行降维处理，然后进行分类或群集，最后抽取信息，选择可视化认证等方式将结果展示给终端用户，大数据处理的基本流程如图 2-3 所示。

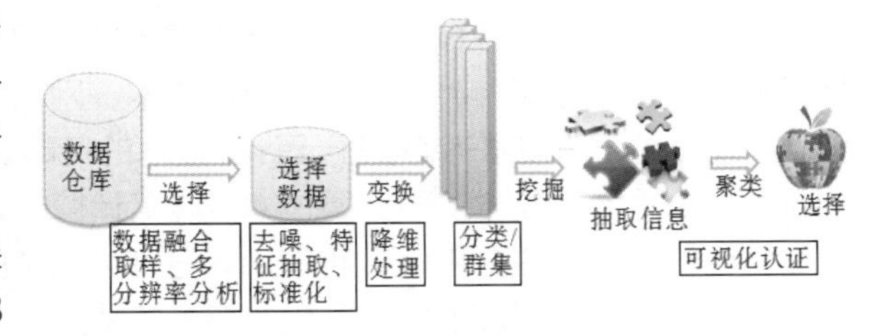

图 2-3 大数据处理的基本流程

（五）大数据的典型应用案例

在以云计算为代表的技术创新背景下，收集和处理数据变得更加简便。国务院在印发的《促进大数据发展行动纲要》中系统地部署了大数据发展工作，通过各行各业的不断创新，大数据也将创造更多价值。下面对大数据典型应用案例进行介绍。

查看大数据在行业中的应用

- 高能物理。高能物理是一个与大数据联系十分紧密的学科。科学家往往要从大量的数据中发现一些小概率的粒子事件，如比较典型的离线处理方式由探测器组负责在实验时获取数据，而最新的大型强子对撞机（Large Hadron Collider，LHC）实验每年采集的数据量高达 15PB。高能物理中的数据不仅海量，而且没有关联性。如果要从海量数据中提取有用的数据，就可使用并行计算技术对各个数据文件进行较为独立的分析处理。

- 推荐系统。推荐系统可以通过电子商务网站向用户提供商品信息和建议，如商品推荐、新闻推荐、视频推荐等。而实现推荐过程则需要依赖大数据，用户在访问网站时，网站会记录和分析用户的行为并建立模型，将该模型与数据库中的产品进行匹配后，才能完成推荐过程。为了实现这个推荐过程，需要存储海量的用户访问信息，并进行基于大量数据的分析，从而推荐与用户行为相符合的内容。
- 搜索引擎系统。搜索引擎系统是非常常见的大数据系统。为了有效地完成互联网上数量巨大的信息收集、分类和处理工作，搜索引擎系统大多基于集群架构。搜索引擎系统的发展历程为大数据研究积累了宝贵的经验。

任务三　认识云计算

任务要求

肖磊最近加入了计算机技术讨论组，在讨论组中听到了许多新名词，如云计算、云安全、云存储、云游戏等。为了了解这些新技术，肖磊开始多方查阅资料，了解这些新技术，学习相关的知识。

本任务要求了解云计算的定义、云计算的发展、云计算技术的特点，以及云计算在云安全、云存储、云游戏等领域的应用。

任务实现

（一）云计算的定义

云计算是国家战略性新兴产业，是基于互联网服务的增加、使用和交付模式。云计算通常涉及通过互联网来提供动态易扩展且经常是虚拟化的资源，是传统计算机和网络技术发展融合的产物。

云计算技术是硬件技术和网络技术发展到一定阶段出现的新技术，是对实现云计算所需的所有技术的总称。分布式计算技术、虚拟化技术、网络技术、服务器技术、数据中心技术、云计算平台技术、分布式存储技术等都属于云计算技术的范畴。云计算技术也包括新出现的 Hadoop、HPCC、Storm、Spark 等技术。云计算技术意味着计算能力也可作为一种商品通过互联网进行流通。

云计算技术中主要包括 3 种角色，分别为资源的整合运营者、资源的使用者和终端客户。资源的整合运营者负责资源的整合输出，资源的使用者负责将资源转变为满足客户需求的应用，而终端客户则是资源的最终消费者。

云计算技术作为一项应用范围广、对产业影响深的技术，正逐步向包括信息产业的各种产业渗透。产业的结构模式、技术模式和产品销售模式等都会随着云计算技术发生深刻的改变，进而影响人们的工作和生活。

（二）云计算的发展

2010 年开始，云计算作为新的技术得到了快速的发展。云计算的发展无疑会改变 IT 产业，也将深刻改变人们的工作方式和公司经营的方式。云计算的发展基本可以分为 4 个阶段。

1. 理论完善阶段

1984 年，Sun 公司的联合创始人约翰 • 盖奇（John Gage）提出了“网络就是计算机”的名言，用于描述分布式计算技术带来的“新世界”，今天的“云计算”正在将这一名言变成现实。1997 年，美国南加州大学教授拉姆纳特 K • 切拉帕（Ramnath K • Chellappa）提出了“云计算”的第一个学术定义。1999 年，马克 • 安德森（Marc Andreessen）创建了响云（LoudCloud），它是第一个商业化的基础设施即服务（Infrastructure as a Service，IaaS）平台。1999 年 3 月，赛富时（Salesforce）成立，成为最早出现的云计算服务公司。2005 年，亚马逊公司宣布推出亚马逊云计算服务（Amazon Web Services，AWS）平台。

2. 准备阶段

电信运营商、互联网企业等纷纷推出云服务，云服务形成一定规模。2008 年 10 月，微软公司发布其公共云计算平台——Windows Azure Platform，由此拉开了微软公司的云计算发展大幕。2008 年 12 月，高德纳（Gartner）咨询公司披露十大数据中心突破性技术，云计算上榜。

3. 成长阶段

云服务功能日趋完善，种类日趋多样，传统企业也开始通过自身能力扩展、收购等模式，投入云服务。2009 年 4 月，VMware 公司推出业界首款云操作系统 VMware vSphere 4。2009 年 7 月，中国首个企业云计算平台诞生。2009 年 11 月，中国移动云计算平台“大云”计划启动。2010 年 1 月，微软公司正式发布 Microsoft Azure 云服务平台。

4. 高速发展阶段

云计算行业通过深度竞争，逐渐形成了主流平台产品和标准，此时的产品功能比较健全、市场格局相对稳定，云服务进入成熟阶段。2014 年，阿里云启动“云合”计划；2015 年，华为在北京正式对外宣布“企业云”战略；2016 年，腾讯云战略升级，并宣布“出海”计划等。

2017 年，华为高调宣布发力公有云市场，成立二级部门云业务部 Cloud BU。2018 年，全球 37 家集团与天猫共建创新中心，用大数据研发全新商品，腾讯加码云计算，大金额入股网宿科技。2019 年，阿里云峰会、华为云城市峰会如期举行，5G 逐渐商用，AI、大数据等技术与云计算有了更深度的融合。2020 年，百度智能云调整架构， UCloud 上市，京东提出“京东智联云”等。

（三）云计算技术的特点

传统计算模式向云计算模式的转变如同单台发电模式向集中供电模式的转变，云计算是将计算任务分布在由大量计算机构成的资源池上，使用户能够按需获取计算能力、存储空间和信息服务。与传统的资源提供方式相比，云计算主要具有以下特点。

- 超大规模。“云”具有超大规模，谷歌云计算已经拥有 100 多万台服务器，亚马逊、IBM、微软等公司的“云”均拥有几十万台服务器。“云”能赋予用户前所未有的计算能力。
- 高可扩展性。云计算可将资源低效的分散使用转变为资源高效的集约化使用。分散在不同计算机上的资源，利用率非常低，通常会造成资源的极大浪费，而将资源集中起来后，资源的利用效率会大大提升。而资源的集中化和资源需求的不断提高，也对资源池的可扩张性提出了要求，因此云计算系统必须具备高可拓展性，才能方便新资源的加入，以及有效地应对不断增长的资源需求。
- 按需服务。对于用户而言，云计算系统最大的好处是可以适应自身对资源不断变化的需求。云计算系统按需向用户提供资源，用户只需为自己实际使用的资源量付费，而不必自己购买和维护大量固定的硬件资源。这不仅为用户节约了成本，还可促使应用软件的开发者创造出更多有趣和实用的应用。同时，按需服务让用户在服务上具有更大的选择空间，可以通过缴纳不同的费用来获取不同层次的服务。

- 虚拟化。云计算技术利用软件来实现硬件资源的虚拟化管理、调度及应用，支持用户在任意位置使用各种终端获取应用服务。通过“云”这个庞大的资源池，用户可以方便地使用网络资源、计算资源、数据库资源、硬件资源、存储资源等，这可以大大降低维护成本，提高资源的利用率。
- 通用性。云计算不针对特定的应用，在“云”的支撑下可以构造出千变万化的应用，同一个“云”可以同时支撑不同的应用运行。
- 高可靠性。在云计算技术中，用户数据存储在服务器端，应用程序在服务器端运行，计算由服务器端处理，数据被复制到多个服务器节点上。当某一个节点任务失败时，可在该节点终止，再启动另一个程序或节点，保证应用和计算正常进行。
- 低成本。“云”的自动化集中式管理使大量企业无须负担日益高昂的数据管理成本，“云”的通用性也使资源的利用率较之传统系统大幅提升，因此用户可以充分享受“云”的低成本优势。
- 潜在的危险性。云计算服务除了提供计算服务外，还能提供存储服务。那么，对于选择云计算服务的政府机构、商业机构而言，就存在数据（信息）被泄露的危险，因此这些政府机构、商业机构（特别是像银行这样持有敏感数据的商业机构）在选择云计算服务时一定要保持足够的警惕。

（四）云计算的应用

查看云计算的应用

随着云计算技术产品、解决方案的不断成熟，云计算技术的应用领域也在不断扩展，衍生出了云制造、教育云、环保云、物流云、云安全、云存储、云游戏、移动云计算等各种应用，对医药与医疗领域、制造领域、金融与能源领域、电子政务领域、教育科研领域的影响巨大，为电子邮箱、数据存储、虚拟办公等方面也提供了非常大的便利。下面介绍几种常用的云计算应用。

1. 云安全

云安全是云计算技术的重要分支，在反病毒领域获得了广泛应用。云安全技术可以通过网状的大量客户端对网络中软件的异常行为进行监测，获取互联网中木马和恶意程序的最新信息，自动分析和处理信息，并将解决方案发送到每一个客户端。

云安全融合了并行处理、网格计算、未知病毒行为判断等新兴技术和概念，理论上可以把病毒的传播范围控制在一定区域内，且整个云安全网络对病毒的上报和查杀速度非常快，在反病毒领域中意义重大，但涉及的安全问题也非常多。云安全技术在用户身份安全、共享业务安全和用户数据安全等方面的问题需要格外关注。

- 用户身份安全。用户登录到云端使用应用与服务时，系统在确保使用者身份合法之后才会为其提供服务，如果非法用户取得了用户身份，则会对合法用户的数据和业务产生危害。
- 共享业务安全。云计算通过虚拟化技术实现资源共享调用，可以提高资源的利用率，但共享也会带来安全问题。云计算不仅需要保证用户资源间的隔离，还要针对虚拟机、虚拟交换机、虚拟存储等虚拟对象提供安全保护策略。
- 用户数据安全。数据安全问题包括数据丢失、泄露、篡改等，因此必须对数据采取复制、存储加密等有效的保护措施，以确保数据安全。此外，账户、服务和通信劫持，不安全的应用程序接口，操作错误等问题也会对云安全造成隐患。

云安全系统的建立并非轻而易举，要想保证系统正常运行，不仅需要海量的客户端、专业的防病毒技术和经验、大量的资金和技术投入，还必须提供开放的系统，让大量合作伙伴加入。

2. 云存储

云存储是一种新兴的网络存储技术，可将储存资源放到“云”上供用户存取。云存储通过集群应用、网络技术和分布式文件系统等功能将网络中大量不同类型的存储设备集合起来，协同工作，共同对外提供数据存储和业务访问功能。通过云存储，用户几乎可以在任何时间、任何地点，将任何可联网的装置连接到“云”上存取数据。

在使用云存储功能时，用户只需要为实际使用的存储容量付费，不用额外安装物理存储设备，减少了托管成本。同时，存储维护工作转移至服务提供商，在人力、物力上也降低了成本。但云存储也反映了一些可能存在的问题，例如，如果用户在云存储中保存重要数据，则数据安全可能存在潜在隐患，其可靠性和可用性取决于广域网（Wide Area Network，WAN）的可用性和服务提供商的预防措施等级。对于一些具有特定记录保留需求的用户，在选择云存储服务之前还需进一步了解和掌握云存储的相关知识。

提示 

云盘也是一种以云计算为基础的网络存储技术，目前，各大互联网企业也在陆续开发自己的云盘，如百度网盘等。

3. 云游戏

云游戏是一种以云计算技术为基础的在线游戏技术，云游戏中的所有游戏都在服务器端运行，并通过网络将渲染后的游戏画面压缩，再传送给用户。

云游戏技术主要包括在云端完成游戏运行与画面渲染的云计算技术，以及玩家终端与云端间的流媒体传输技术。对于游戏运营商而言，只需花费服务器升级的成本，而不需要不断投入巨额的新主机研发费用；对于游戏用户而言，用户的游戏终端无需拥有强大的图形运算与数据处理等能力，只需拥有流媒体播放能力与获取玩家输入指令并发送给云端服务器的能力。

任务四　认识其他新兴技术

任务要求

肖磊最近对计算机新兴技术非常感兴趣，随着时代的发展，越来越多的新技术被应用到人们的工作和生活中。肖磊明白，只有不断学习新知识，才能与时俱进。

本任务要求认识计算机的其他新兴技术，如物联网、虚拟现实、增强现实、介导现实或混合现实、影像现实、3D 打印和“互联网+”等。

任务实现

（一）物联网

物联网（Internet of Things）起源于传媒领域，是信息科学技术产业的第三次革命。物联网可以将现实世界数字化，其应用范围十分广泛。下面将从物联网的定义、关键技术和应用 3 个方面来介绍物联网的相关知识。

1. 物联网的定义

物联网基于互联网、传统电信网等信息承载体，让所有具有独立功能的普通物体实现互联互通。

简单地说，物联网可以把所有能行使独立功能的物品，通过传感设备与互联网连接起来，促进信息交换，以实现智能识别和管理。

在物联网上，每个人都可以使用电子标签连接真实的物体。可以通过物联网用中心计算机对机器、设备、人员进行集中管理和控制，也可以对家庭设备、汽车进行遥控，以及搜索设备位置、防止物品被盗等，通过收集这些小的数据，最后聚集成大数据，从而实现物和物相连。

2. 物联网的关键技术

目前，物联网的发展非常迅速，尤其在智慧城市、工业、交通以及安防等领域取得了突破性的进展。未来的物联网发展，必须从低功耗、高效率、安全性等方面出发，必须重视物联网的关键技术的发展。物联网的关键技术主要有以下几项。

- 射频识别（Radio Frequency Identification，RFID）技术。RFID 技术是一种通信技术，它同时融合了无线射频技术和嵌入式技术，在自动识别、物品物流管理等方面的应用前景十分广阔。RFID 技术主要的表现形式是 RFID 标签，RFID 技术具有抗干扰性强、数据容量大、安全性高、识别速度快等优点，主要工作频率有低频、高频和超高频。但 RFID 技术还存在一些技术方面的难点，比如选择最佳工作频率和对于机密的保护等，尤其是超高频频率的技术还不够成熟，相关产品价格较高，稳定性也不理想。
- 传感器技术。传感器技术是物联网的关键技术之一，通过传感器可以把模拟信号转换成数字信号供计算机处理。目前，传感器技术的技术难点主要是应对外部环境的影响，比如，当受到自然环境中温度等因素的影响时，传感器零点漂移和灵敏度会发生变化。
- 云计算技术。云计算是把一些相关网络技术和计算机发展融合在一起的产物，具备强大的计算和存储能力。常用的搜索功能就是一种对云计算技术的应用。
- 无线网络技术。物体与物体“交流”需要高速、可进行大批量数据传输的无线网络，设备连接的速度和稳定性与无线网络的速度息息相关。目前，我们使用的大部分网络属于 4G，正在向 5G 迈进，而物联网的发展也将受益，进而取得更大的突破。
- 人工智能技术。人工智能技术是研究、开发用于模拟、延伸和扩展人类的智能的理论、方法、技术及应用系统的一门新的科学技术。人工智能技术与物联网有着十分密切的关联，物联网主要负责使物体之间相互连接，人工智能技术则可以让连接起来的物体进行学习，从而使物体实现智能化。

3. 物联网的应用

物联网蓝图逐步变成了现实，在很多场合都有物联网的影子。下面将对物联网的应用领域进行简单介绍，包括物流、交通、安防、医疗、建筑、能源环保、家居、零售等。

- 智慧物流。智慧物流是指以物联网、人工智能、大数据等信息技术为支撑，在商品的运输、仓储、配送等环节实现系统感知、全面分析和处理等功能。但物联网的应用主要体现在 3 个方面，包括仓储、运输监测和快递终端。通过物联网技术可以实现对货物以及运输车辆的监测，包括运输车辆位置、状态以及货物温、湿度，油耗及车速等。
- 智能交通。智能交通是物联网的一种重要体现形式，可以利用信息技术将人、车和路紧密结合起来，改善交通运输环境、保障交通安全并提高资源利用率。物联网技术在智能交通的应用包括智能公交车、智慧停车、共享单车、车联网、充电桩监测以及智能红绿灯等。
- 智能安防。传统安防对人员的依赖性比较大，非常耗费人力，而智能安防能够通过设备实现智能判断。目前，智能安防的核心部分是智能安防系统，该系统能对拍摄的图像进行传输与存储，并对其进行分析与处理。一个完整的智能安防系统主要包括 3 部分，即门禁、报警和监控，行业应用中主要以视频监控为主。

- 智能医疗。在智能医疗领域，新技术的应用必须以人为中心。而物联网是数据获取的主要途径，能有效地帮助医院实现对人和物的智能化管理。对人的智能化管理是通过传感器对人的生理状态（如心跳频率、血压高低等）进行监测，将获取的数据记录到电子健康文件中，方便个人或医生查阅。通过 RFID 技术能对医疗设备、物品进行监控与管理，实现医疗设备、用品可视化，主要表现为数字化医院。
- 智慧建筑。建筑是城市的基石，技术的进步促进了建筑的智能化发展，以物联网等新技术为主的智慧建筑也越来越受到人们的关注。当前的智慧建筑主要体现在节能方面，如对设备进行感知、传输信息并实现远程监控，在节约能源的同时还减少了楼宇人员的维护工作。
- 智慧能源环保。智慧能源环保属于智慧城市的一部分，其物联网应用主要集中在水能、电能、燃气、路灯等，如智能水电表能实现远程抄表。将物联网技术应用于传统的水、电、光能设备，并进行联网、监测，可提升能源的利用效率。
- 智能家居。智能家居使用智能的方法和设备，来提高人们的生活水平，使家庭变得更舒适。物联网应用于智能家居领域，能够对家居类产品的位置、状态、变化进行监测，分析其变化特征。智能家居行业的发展主要分为单品连接、物物联动和平台集成 3 个阶段。其发展的方向首先是连接智能家居单品，随后走向不同单品之间的联动，最后向智能家居系统平台发展。当前，各个智能家居类企业正处于单品连接向物物联动的过渡阶段。
- 智能零售。行业内将零售按照距离分为远场零售、中场零售、近场零售，三者分别以电商、超市和自动售货机为代表。物联网技术可以用于近场和中场零售，且主要应用于近场零售，即无人便利店和自动（无人）售货机。智能零售通过将传统的售货机和便利店进行数字化升级和改造，来打造无人零售模式。通过数据分析，智能零售可充分运用门店内的客流和活动，为用户提供更好的服务。

（二）移动互联网

移动互联网是互联网与移动通信在各自独立发展的基础上相互融合的领域，涉及无线蜂窝通信、无线局域网以及互联网、物联网、云计算等诸多领域，能广泛应用于个人即时通信、现代物流、智慧城市等场景。

1. 移动互联网的定义

移动互联网（Mobile Internet，MI）是一种通过智能移动终端，采用移动无线通信方式获取业务和服务的业务，包含终端层、软件层和应用层 3 个层面。

- 终端层，包括智能手机、平板电脑、电子书等。
- 软件层，包括操作系统、数据库和安全软件等。
- 应用层，包括休闲娱乐类、工具媒体类、商务财经类等不同应用与服务。

移动互联网具备以下几项特点。

- 便携性。移动互联网的基础网络是立体的网络，由 GPRS、3G、4G、WLAN 或 Wi-Fi 构成的无缝覆盖，移动终端通过上述任何形式可以联通网络，这些移动终端不仅可以是智能手机、平板电脑，还可以是智能眼镜、手表等各类随身物品，它们可以随时随地地使用。
- 即时性。由于便捷性，人们可以充分利用生活、工作中的碎片化时间，接受和处理互联网的各类信息，不用担心有任何重要信息、时效信息被错过。
- 感触性和定向性。感触性和定向性不仅仅体现在移动终端屏幕的感触层面，更能体现在照相、摄像、二维码扫描，以及移动感应，温度、湿度感应等无所不及的感触功能上。而基于位置的服务（Location Based Services，LBS）不仅能够定位移动终端所在的位置，而且可以根据移动终端的趋向性，确定下一步可能去往的位置。

- 隐私性。移动设备用户的隐私性远高于个人计算机（Personal Computer，PC）端用户。高隐私性决定了移动互联网终端应用的特点，即数据共享时既要保障认证客户的有效性，又要保证信息的安全性。在互联网环境下，PC 端系统的用户信息是可以被搜集的，而在无线端，移动通信用户的上网信息是保密的。

提示 *移动互联网≠移动+互联网，移动互联网是移动和互联网融合的产物，不是简单的加法。移动互联网继承了移动随时随地和互联网分享、开放、互动的优势，是整合二者优势的“升级版本”。*

2. 移动互联网的发展

作为互联网的重要组成部分，移动互联网还处在发展阶段，但从传统互联网的发展历程来看，其快速发展的临界点已经出现。在互联网基础设施完善以及移动寻址等成熟技术的推动下，移动互联网将迎来发展高潮。

- 移动互联网会超越 PC 互联网，引领发展新潮流。PC 只是互联网的终端之一，智能手机、平板电脑已成为重要终端，电视机、车载设备也可作为终端。
- 移动互联网和传统行业融合，将催生新的应用模式。在移动互联网、云计算、物联网等新技术的推动下，传统行业与互联网的融合正呈现出新的特点，平台和模式都发生了改变，如食品、餐饮、娱乐、金融、家电等传统行业的 App 和企业推广平台。
- 终端的支持是业务推广的生命线。随着移动互联网业务逐渐升温，移动终端解决方案也不断增多。例如，2011 年主流的智能手机屏幕是 3.5～4.3 英寸，而现在手机屏幕大多为 6 英寸及以上尺寸。
- 移动互联网业务的新特点为商业模式创新提供了空间。随着移动互联网发展进入快车道，移动互联网也已经融入主流生活与商业社会，如移动游戏、移动广告、移动电子商务等业务模式的流量变现能力得到快速提升。
- 目前的移动互联网领域仍然是以位置的精准营销为主，但随着大数据相关技术的发展和人们对数据挖掘的不断深入，针对用户个性化定制的应用服务和营销方式将成为发展的趋势。

在移动互联网时代，传统的信息产业运作模式正在改变，新的运作模式正在形成。对于手机厂商、互联网公司、消费电子公司以及网络运营商来说，这既是机遇，又是挑战。

3. 移动互联网的 5G 时代

移动互联网的演进历程是移动通信和互联网等技术汇聚、融合的过程，其中，不断演进的移动通信技术是其持续且快速发展的主要推动力。至今，移动通信技术已经从 1G 时代发展到 5G 万物互联的时代。

- 1G。1986 年，第一代移动通信系统（First Generation Mobile System，1G）采用模拟信号传输，即将电磁波进行频率调制后，将语音信号转换到载波电磁波上，载有信息的电磁波成功发布到空间后，由接收设备接收，并从载波电磁波上还原语音信息，完成一次通话。
- 2G。2G 采用的是数字调制技术。2G 时代的手机已经可以上网了，虽然数据传输的速度很慢（9.6～14.4kbit/s），但实现了文字信息的移动传输。
- 3G。3G 依然采用数字数据传输，但通过开辟新的电磁波频谱、制定新的通信标准，3G 的传输速度可达 384kbit/s。由于 3G 采用了更宽的频带，所以传输的稳定性也大大提高。

- 4G。4G 是在 3G 基础上发展起来的，采用了更加先进的通信协议的第四代移动通信技术。4G 在传输速度上有非常大的提升，理论上的传输速度是 3G 的 50 倍，因此 4G 网络非常流畅，缓冲高清电影、传输数据速度都非常快。
- 5G。随着移动通信系统带宽和能力的提升，移动网络的速率也从 2G 时代的 10kbit/s，发展到 4G 时代的 1Gbit/s。而 5G 将不同于传统的几代移动通信，它不仅拥有更高速率、更大带宽、更强能力的技术，而且是一个多业务、多技术融合的网络，也是面向业务应用和用户体验的智能网络，以期打造一个以用户为中心的信息生态系统。

（三）虚拟现实技术

虚拟现实技术是一种结合了仿真技术、计算机图形学、人机接口技术、图像处理与模式识别、多传感技术、人工智能等多项技术的交叉技术，虚拟现实技术的研究和开发萌生于 20 世纪 60 年代，进一步完善和应用在 20 世纪 90 年代到 21 世纪初。

1. 虚拟现实

虚拟现实（Virtual Reality，VR）是一种可以创建和体验虚拟世界的计算机仿真系统。VR 可以使计算机生成一种模拟环境，通过多源信息融合的交互式三维动态视景和实体行为的系统仿真，带给用户身临其境的体验。

虚拟现实主要包括模拟环境、感知、自然技能和传感设备等方面。其中，模拟环境是指由计算机生成的实时动态的三维立体图像；感知是指一切人所具有的感知，包括视觉、听觉、触觉、运动感知，甚至嗅觉和味觉等；自然技能是指计算机对人体行为动作数据进行处理，并对用户输入做出实时响应；传感设备是指三维交互设备。

通过虚拟现实，人们可以全角度观看电影、比赛、风景、新闻等，虚拟现实游戏技术甚至可以追踪用户的动作行为，如对用户的移动、步态等进行追踪和交互。

2. 增强现实

增强现实（Augmented Reality，AR）是一种实时计算摄影机影像位置及角度，并赋予其相应图像、视频、3D 模型的技术。虚拟现实是百分之百的虚拟世界，而增强现实则是以现实世界的实体为主体，借助数字技术让用户可以探索现实世界并与之交互。虚拟现实看到的场景、人物都是虚拟的，增强现实看到的场景、人物半真半假。现实场景和虚拟场景的结合需借助摄像头进行拍摄，在拍摄画面的基础上，结合虚拟画面进行展示和互动。

增强现实包含多媒体、三维建模、实时视频显示及控制、多传感器融合、实时跟踪及注册、场景融合等多项新技术。增强现实与虚拟现实的应用领域类似，如尖端武器、飞行器的研制与开发等，但增强现实技术对真实环境进行增强显示输出的特性，使其在医疗、军事、古迹复原、网络视频通信、电视转播、旅游展览以及建设规划等领域的表现更加出色。

3. 介导现实或混合现实

介导现实或混合现实（Mediated Reality，MR）可以看作虚拟现实和增强现实的集合，虚拟现实是纯虚拟数字画面，增强现实在虚拟数字画面上加上裸眼现实，介导现实或混合现实则在数字化现实加上虚拟数字画面。它结合了虚拟现实与增强现实的优势，利用介导现实或混合现实，用户不仅可以看到真实世界，还可以看到虚拟物体，将虚拟物体置于真实世界中，并与虚拟物体进行互动。

4. 影像现实

影像现实（Cinematic Reality，CR）是谷歌公司投资的魔法飞跃（Magic Leap）公司提出的概念，通过光波传导棱镜设计，多角度将画面直接投射于用户的视网膜，使画面直接与视网膜交互，产生真实的影像和效果。影响现实与介导现实或混合现实的理念类似，都是物理世界与虚拟世界的集合，它们所完成的任务、应用的场景、提供的内容都相似。与介导现实或混合现实的投射显示技术相比，影响现实虽然投射方式不同，但本质上仍是介导现实或混合现实的不同实现方式。

（四）3D 打印

3D 打印是一种快速成型技术，以数字模型文件为基础，运用特殊蜡材、粉末状金属或塑料等可黏合材料，通过逐层打印的方式来构造三维物体。

3D 打印需借助 3D 打印机来实现。3D 打印机的工作原理是把数据和原料放进 3D 打印机中，机器会按照程序把产品一层一层地打印出来。可用于 3D 打印的介质种类非常多，如塑料、金属、陶瓷、橡胶类物质等，还能结合不同介质，打印出不同质感和硬度的物品。3D 打印机如图 2-4 所示。

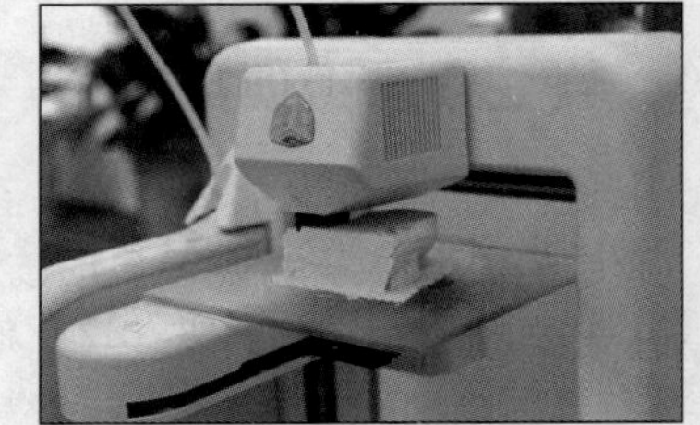

图 2-4　3D 打印机

3D 打印技术作为一种新兴的技术，在模具制造、工业设计等领域应用广泛，可在产品制造的过程中直接使用 3D 打印技术打印出零部件。同时，3D 打印技术在珠宝、鞋类、工业设计、建筑、工程施工、汽车、航空航天、医疗、教育、地理信息系统、土木工程等领域都有所应用。

（五）“互联网+”

“互联网+”即“互联网+传统行业”的简称，它利用信息通信技术和互联网平台，让互联网与传统行业深度融合，创造出新的发展业态。“互联网+”是一种新的经济发展形态，它充分发挥了互联网在社会资源配置中的优化和集成作用，将互联网的创新成果深度融合于经济、社会的各领域中，以提升全社会的创新力和生产力，形成更广泛的以互联网为基础设施和实现工具的新经济发展形态。

“互联网+”将互联网作为当前信息化发展的核心特征提取出来，并与工业、商业和金融业等服务行业全面融合。实现这一融合的关键在于创新，只有创新才能让其具有真正的价值和意义，因此，“互联网+”是创新 2.0 下的互联网发展新业态，是知识社会创新 2.0 推动下的经济社会发展新形态的演进。

1.“互联网+”的主要特征

“互联网+”主要有以下几项特征。

- 跨界融合。利用互联网与传统行业进行变革、开放和重塑融合，使创新的基础更坚实，实现群体智能，缩短从研发到产业化的路程。
- 创新驱动。创新驱动发展是互联网的特质，适合我国目前的经济发展方式，而且用互联网思维来变革求发展，也更能发挥创新的力量。
- 重塑结构。在新时代的信息革命、全球化中，互联网行业打破了原有的各种结构，使得权力、议事规则、话语权不断发生变化，“互联网+”社会治理向更好的方向发展。
- 尊重人性。对人性最大限度的尊重、对人体验的敬畏和对人创造性的重视是互联网经济的根本所在。
- 开放生态。生态的本身是开放的，而“互联网+”就是把孤岛式创新连接起来，让研发由市场主导，让创业者有机会实现价值。
- 连接一切。连接是有层次的，可连接性也可能有差异，这导致了连接的价值差别很大，但连接一切是“互联网+”的目标。

- 法制经济。“互联网+”建立在以市场经济为基础的法治经济之上，它更加注重对创新的法律保护，增加了知识产权的保护范围，使全世界对于虚拟经济的法律保护更加趋向于共通。

2.“互联网+”对消费模式的影响

“互联网+”对消费模式主要有以下影响。

- 满足了消费需求，使消费具有互动性。在“互联网+”消费模式中，互联网为消费者和商家搭建了快捷且实用的互动平台，供给方直接与需求方互动，省去了中间环节。同时，消费者还可通过互联网直接将自身的个性化需求提供给供给方，亲自参与到商品和服务的生产中，生产者则根据消费者对产品外形、性能等要求提供个性化商品。
- 优化了消费结构，使消费更具有合理性。互联网提供的快捷选择、快捷支付等，让消费者的消费习惯进入享受型和发展型消费的新阶段。同时，互联网信息技术有利于实现空间分散、时间错位之间的供求匹配，从而可以更好地提高供求双方的福利水平，优化升级基本需求。
- 扩展了消费范围，使消费具有无边界性。首先，消费者在商品服务的选择上没有了范围限制，互联网有足够的商品来满足消费者的需求。其次，互联网消费突破了空间的限制。再次，消费者的购买效率得到了充分的提高。最后，互联网提供的消费信息是无边界的。
- 改变了消费行为，使消费具有分享性。互联网的时效性、综合性、互动性和使用便利性使得消费者能方便地分享商品的价格、性能、使用感受，这些信息对消费模式转型也发挥着越来越重要的作用。
- 丰富了消费信息，使消费具有自主性。互联网把产品、信息、应用和服务连接起来，使消费者可以方便地找到同类产品的信息，并根据其他消费者的消费心得、消费评价做出是否购买的决定，强化了消费者自由选择、自主消费的权益。

3.“互联网+”的典型应用案例

“互联网+”促进了更多的互联网创业项目的诞生，使创业者可使用较少的人力、物力和财力去研究与实施行业转型。目前，通信、购物、饮食、出行、交易等行业和领域都对“互联网+”进行了实践应用。

- “互联网+通信”。互联网与通信行业的融合产生了即时通信工具，如QQ、微信等。互联网的出现并不会彻底颠覆通信行业，反而会促进运营商进行相关业务的变革升级。
- “互联网+购物”。互联网与购物进行融合产生了一系列的电商购物平台，如淘宝、京东等。互联网的出现让消费者能够更加舒适地消费，足不出户便能买到自己需要的物品。
- “互联网+饮食”。互联网与饮食行业的融合产生了一系列以线下饮食服务为主的App，如美团、大众点评等。
- “互联网+出行”。互联网与交通行业的融合产生了低碳交通工具，如共享单车等，虽然这些低碳交通工具目前在世界上的不同地方仍存在争议，但通过把移动互联网和传统的交通出行相结合，不仅改善了人们的出行方式，提高了车辆的使用率，而且推动了互联网共享经济的发展。
- “互联网+交易”。互联网与金融交易行业融合，产生了快捷支付工具，如支付宝、微信钱包等。
- “互联网+企业政府”。互联网将交通、医疗、社会保险等一系列政府服务融合在一起，让原来需要烦杂手续才能办理的业务可以通过互联网便捷完成，既节省了时间，又提高了效率。例如，阿里巴巴和腾讯等中国互联网公司通过自有的云计算服务为地方政府搭建了政务数据后台，形成了统一的数据池，以实现对政务数据的统一管理。

课后练习

查看答案与解析

选择题

（1）下列不属于云计算技术特点的是（　　）。

A．高可扩展性　　B．按需服务
C．高可靠性　　D．非网络化

（2）下列不属于典型大数据常用单位的是（　　）。

A．MB　　B．ZB　　C．PB　　D．EB

（3）AR 技术是指（　　）。

A．虚拟现实技术　　B．增强现实技术　　C．混合现实技术　　D．影像现实技术

（4）人工智能的实际应用不包括（　　）。

A．自动驾驶　　B．人工客服　　C．智慧生活　　D．智慧医疗

（5）（　　）是一种通过智能移动终端，采用移动无线通信方式获取业务和服务的业务，它包含终端、软件和应用3个层面。

A．人工智能　　B．互联网+　　C．移动互联网　　D．物联网

项目三 学习操作系统知识

操作系统是计算机软件进行工作的平台，Windows 7 是由微软公司开发的一款具有革命性变化的操作系统，也是当前主流的计算机操作系统之一，它具有操作简单、启动速度快、安全和连接方便等特点，它使计算机操作变得更加简单和快捷。本项目将通过 4 个典型任务介绍 Windows 7 操作系统，包括了解操作系统，操作窗口、对话框与“开始”菜单，定制 Windows 7 工作环境和设置汉字输入法等内容。

课堂学习目标

- 了解操作系统。
- 操作窗口、对话框与“开始”菜单。
- 定制 Windows 7 工作环境。
- 设置汉字输入法。

任务一　了解操作系统

任务要求

小赵是一名大学毕业生，应聘上了一份办公室行政工作，上班第一天发现公司计算机的所有操作系统都是 Windows 7，在界面外观上与在学校时使用的 Windows XP 操作系统有较大差异。为了日后更高效地工作，小赵决定先熟悉 Windows 7 操作系统。

本任务要求了解操作系统的概念、功能与种类，手机操作系统，Windows 操作系统的发展史，掌握启动与退出 Windows 7 的方法，并熟悉 Windows 7 的桌面组成。

任务实现

（一）了解计算机操作系统的概念、功能与种类

在认识 Windows 7 操作系统前，先了解计算机中操作系统的概念、功能与种类。

1. 操作系统的概念

操作系统是一种系统软件，用于管理计算机系统的硬件与软件资源，控制程序的运行，改善人机操作界面，为其他应用软件提供支持等，从而使计算机系统的所有资源得到最大限度的应用，并为用户提供方便、有效和友善的服务界面。操作系统是一个庞大的管理控制程序，它直接运行在计算机硬件上，是最基本的系统软件之一，也是计算机系统软件的核心，同时还是靠近计算机硬件的第一层软件，其所处的位置如图 3-1 所示。

2. 操作系统的功能

通过前面介绍的操作系统的概念可以看出，操作系统的功能是控制和管理计算机的硬件资源和

软件资源，从而提高计算机资源的利用率，方便用户使用。具体来说，它包括以下 6 个方面的管理功能。

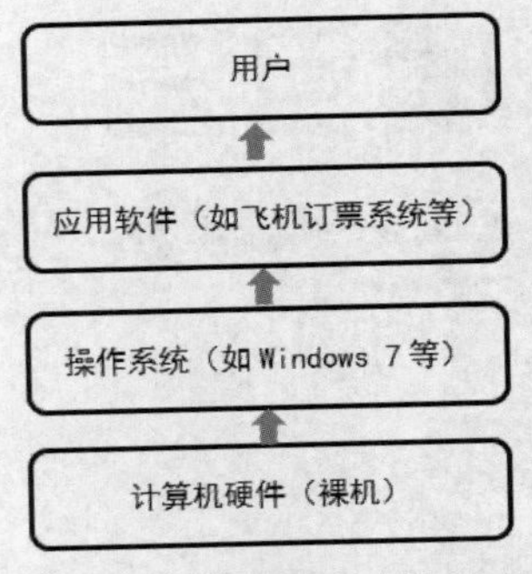

图 3-1 操作系统所处的位置

- 进程与处理机管理。通过操作系统处理机管理模块来确定对处理机的分配策略，实施对进程或线程的调度和管理。进程与处理机管理包括调度（作业调度和进程调度）、进程控制、进程同步和进程通信等内容。
- 存储管理。存储管理的实质是对存储"空间"的管理，主要是指对内存的管理。操作系统的存储管理负责将内存单元分配给需要内存的程序以便让它执行，在程序执行结束后，再将程序占用的内存单元收回以便再次使用。此外，存储管理还要保证各用户进程之间互不影响，保证用户进程不会破坏系统进程，并提供内存保护。
- 设备管理。设备管理是指对硬件设备的管理，包括对各种输入/输出设备的分配、启动、完成和回收等。
- 文件管理。文件管理又称信息管理，是指利用操作系统的文件管理子系统，为用户提供方便、快捷、共享，同时又提供保护的文件使用环境，包括文件存储空间管理、文件操作、目录管理、读写管理和存取控制等。
- 网络管理。网络管理是对硬件、软件的使用、综合与协调，从而方便地监视、测试、配置、分析、评价和控制网络资源，及时发现网络故障、处理问题，保证网络系统高效运行。
- 提供良好的用户界面。操作系统是计算机与用户之间的接口，因此，操作系统需要为用户提供良好的用户界面。

3. 操作系统的种类

操作系统可以从以下 3 个角度分类。

- 从用户角度分类，操作系统可分为 3 种：单用户、单任务操作系统（如 DOS），单用户、多任务操作系统（如 Windows 9x），多用户、多任务操作系统（如 Windows 7）。
- 从硬件的规模角度分类，操作系统可分为微型机操作系统、小型机操作系统、中型机操作系统和大型机操作系统 4 种。
- 从系统操作方式角度分类，操作系统可分为批处理操作系统、分时操作系统、实时操作系统、PC 操作系统、网络操作系统和分布式操作系统 6 种。

目前计算机上常见的操作系统有 DOS、OS/2、UNIX、Linux、Windows 和 Netware 等，虽然操作系统的形态多样，但所有的操作系统都具有并发性、共享性、虚拟性和不确定性 4 个基本特征。

> **提示** 多用户是指在一台计算机上可以建立多个用户，单用户是指在一台计算机上只能建立一个用户。如果用户在同一时间可以运行多个应用程序（每个应用程序被称作一个任务），则这样的操作系统被称为多任务操作系统；在同一时间只能运行一个应用程序，则称为单任务操作系统。

（二）了解手机操作系统

智能手机的操作系统是一种功能强大的操作系统。由于智能手机能够便捷安装或删除第三方应用程序，显示适合用户观看的网页，具有独立的操作系统和良好的用户界面，应用扩展性强，因此，它受到了用户的一致好评。使用较多的手机操作系统有 Android、iOS、Symbian、Windows Phone 和 BlackBerry OS 等。

微课：手机操作系统的发展

- Android。它是谷歌公司以 Linux 为基础开发的开放源代码操作系统，主要使用于便携设备。Android 设备包括操作系统、用户界面和应用程序，是一种融入了全部 Web 应用的单一平台，它具有触摸屏、高级图形显示和上网功能，且具有界面性能强大等优点。
- iOS。iOS 原名为 iPhone OS，其核心源自 Apple Darwin，主要应用于 iPad、iPhone 和 iPod touch。它以 Darwin 为基础，其系统架构分为核心操作系统层、核心服务层、媒体层、可轻触层 4 个层次。iOS 设备采用全触摸设计，娱乐性强，第三方软件较多，但 iOS 操作系统较为封闭，与其他操作系统的应用软件不兼容。
- Symbian。它能提供个人信息管理功能，包括联系人和日程管理等，还有众多的第三方应用软件可供选择，系统性能和易用性等非常强。但该操作系统会因为手机的具体硬件而进行相关改变，因此在不同的手机上，其界面和运行方式都有所不同，且硬件配置一般的机型操作反应慢。该操作系统对主流媒体格式的支持性较差，版本间的兼容性差。
- Windows Phone。它是微软公司发布的一款手机操作系统，可将微软公司旗下的 Xbox Live 游戏、Zune 音乐与独特的视频体验整合至手机中，具有桌面定制、图标拖曳、滑动控制等一系列更好的操作体验。但 Windows Phone 操作系统资源占用率较高，容易导致系统崩溃。
- BlackBerry OS。BlackBerry OS 内建多款实时通信软件，包括 BlackBerry Messenger、Google Talk 及 Yahoo Messenger，不过目前只能进行英文沟通，不支持显示中文，比较适用于商务场合，多媒体播放功能较弱。但 BlackBerry OS 可以自动把 Outlook 邮件转寄到 Blackberry 中，在用 Blackberry 发邮件时，它会自动在邮件结尾加上“此邮件由 Blackberry 发出”字样。

（三）了解 Windows 操作系统的发展史

微软自 1985 年推出 Windows 操作系统以来，其版本从最初运行在 DOS 下的 Windows 3.0，到现在风靡全球的 Windows XP、Windows 7、Windows 8 和最近发布的 Windows 10。Windows 操作系统的发展主要经历了 10 个阶段。

微课：Windows 操作系统的发展史

（四）启动与退出 Windows 7

在计算机上安装 Windows 7 操作系统后，启动计算机便可进入 Windows 7 的操作界面。

1. 启动 Windows 7

开启计算机主机箱和显示器的电源开关后，Windows 7 将载入内存，接着开始对计算机的主板和内存等进行检测。系统启动后将进入 Windows 7 欢迎界面，若只有一个用户且没有设置用户密码，则会直接进入系统桌面。如果系统存在多个用户且设置了用户密码，则需要选择用户并输入正确的密码才能进入系统。

微课：启动 Windows 7

2. 认识 Windows 7 桌面

启动 Windows 7 后，在屏幕上即可看到 Windows 7 桌面。在默认情况下，Windows 7 的桌面主要由桌面图标、鼠标指针、任务栏和语言栏 4 个部分组成，如图 3-2 所示。下面分别讲解这些部分。

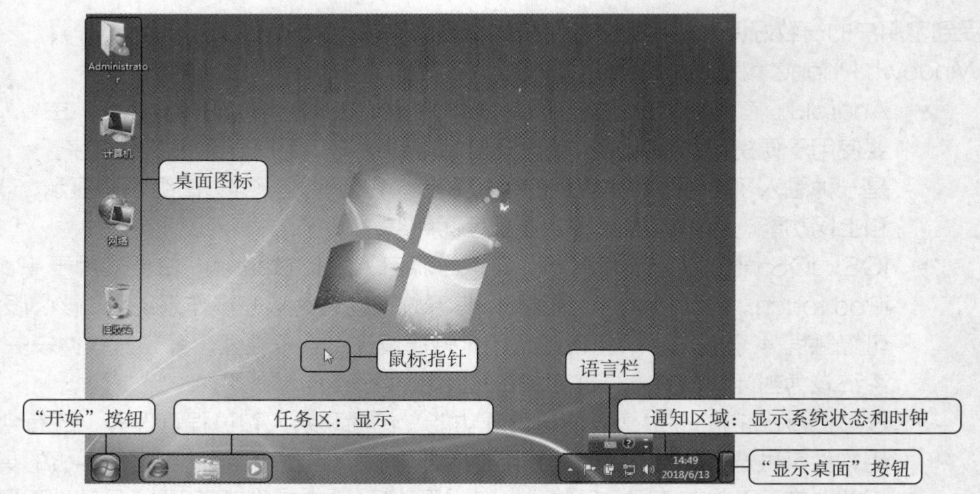

图 3-2　Windows 7 的桌面

鼠标指针形态与含义

- 桌面图标。桌面图标一般是程序或文件的快捷方式，程序或文件的快捷方式左下角有一个小箭头。安装新软件后，桌面上一般会增加相应的快捷方式，如“腾讯 QQ”的快捷方式图标为。除此之外，还包括“计算机”图标、“网络”图标、“回收站”图标和“个人文件夹”图标等系统图标。双击桌面上的某个图标可以打开该图标对应的窗口。
- 鼠标指针。在 Windows 7 操作系统中，鼠标指针在不同的状态下有不同的形状，这样可直观地提示用户当前可进行的操作或系统状态。
- 任务栏。任务栏默认情况下位于桌面的最下方，由“开始”按钮、任务区、通知区域和“显示桌面”按钮（单击可快速显示桌面）4 个部分组成。
- 语言栏。在 Windows 7 中，语言栏一般浮动在桌面上，用于选择系统所用的语言和输入法。单击语言栏右上角的“最小化”按钮，可将语言栏最小化到任务栏上，且该按钮变为“还原”按钮。

微课：退出 Windows 7

3. 退出 Windows 7

计算机操作结束后需要退出 Windows 7。下面退出 Windows 7 并关闭计算机，具体操作如下。

（1）保存文件或数据，然后关闭所有打开的应用程序。

（2）单击“开始”按钮，在打开的“开始”菜单中单击按钮即可。

（3）关闭显示器的电源。

提示　如果计算机出现死机或故障等问题，可以尝试重新启动计算机来解决。方法是：单击按钮右侧的按钮，在打开的下拉列表中选择“重新启动”选项。

任务二　操作窗口、对话框与“开始”菜单

任务要求

小赵想知道办公室的计算机中都有哪些文件和软件，于是打开“计算机”窗口，开始一一查看

各磁盘下有些什么文件，以便日后进行分类管理。后来小赵双击了桌面上的几个图标运行桌面的软件，还通过“开始”菜单启动了几个软件，这时小赵准备切换到之前的浏览窗口继续查看其中的文件，发现之前打开的窗口界面怎么也找不到了，此时该怎么办呢？

本任务要求认识 Windows 7 操作系统的窗口、对话框和“开始”菜单，掌握窗口的基本操作，熟悉对话框各组成部分的操作，同时掌握利用“开始”菜单启动程序的方法。

相关知识

（一）Windows 7 窗口

在 Windows 7 中，大多数操作都要在窗口中完成，在窗口中的相关操作一般是通过鼠标和键盘来进行的。例如，双击桌面上的“计算机”图标，将打开“计算机”窗口，如图 3-3 所示。

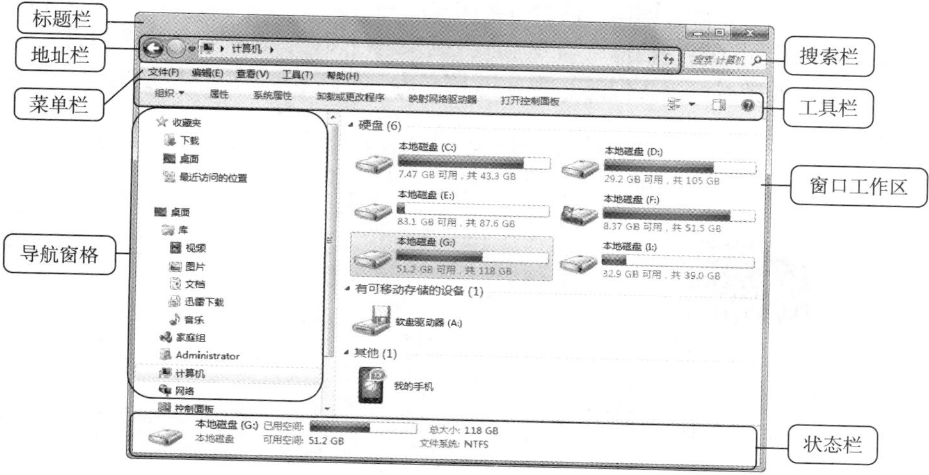

图 3-3 “计算机”窗口

图 3-3 是一个典型的 Windows 7 窗口，各个组成部分的作用如下。

- 标题栏。标题栏位于窗口顶部，右侧有控制窗口大小和关闭窗口的按钮。
- 菜单栏。菜单栏主要用于存放各种操作命令，要执行菜单栏上的操作命令，只需单击对应的菜单名称，然后在弹出的菜单中选择某个命令。在 Windows 7 中，常用的菜单类型主要有子菜单、菜单和快捷菜单（单击鼠标右键弹出的菜单），如图 3-4 所示。

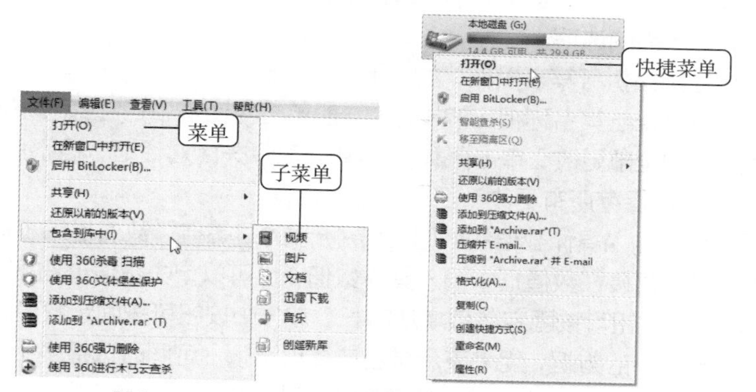

图 3-4 Windows 7 中常用的菜单类型

- 地址栏。地址栏用于显示当前窗口文件在系统中的位置。其左侧包括“返回”按钮和“前进”按钮，用于打开最近浏览过的窗口。
- 搜索栏。搜索栏用于快速搜索计算机中的文件。
- 工具栏。工具栏会根据窗口中显示或选择的对象同步变化，以便用户快速操作。单击组织▾按钮，可以在打开的下拉列表中选择各种文件管理操作，如复制和删除等操作。
- 导航窗格。单击导航窗格中的图标可快速切换或打开其他窗口。
- 窗口工作区。窗口工作区用于显示当前窗口中存放的文件和文件夹内容。
- 状态栏。状态栏用于显示计算机的配置信息或当前窗口中选择对象的信息。

（二）Windows 7 对话框

对话框实际上是一种特殊的窗口，执行某些命令后将打开一个用于对该命令或操作对象进行下一步设置的对话框，用户可在其中选择选项或输入数据来进行设置。选择不同命令打开的对话框也各不相同，但其中包含的参数类型是类似的。图 3-5 所示为 Windows 7 对话框及其组成元素的名称。

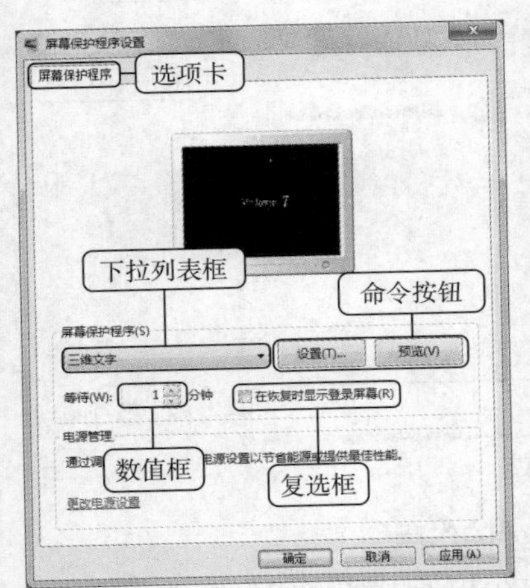

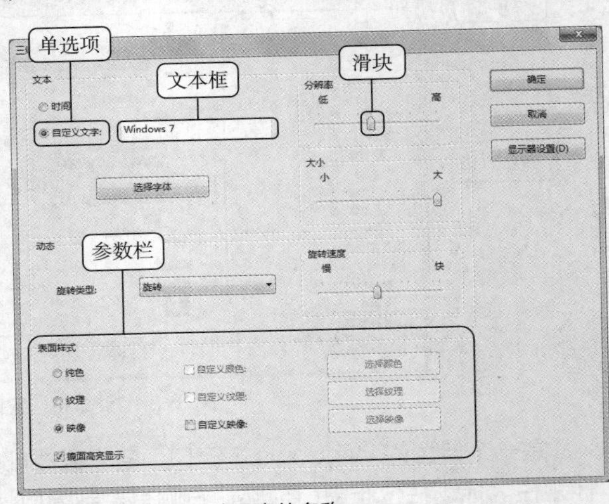

图 3-5　Windows 7 对话框及其组成元素的名称

- 选项卡。当对话框中有很多内容时，Windows 7 将对话框按类别分成几个选项卡，每个选项卡都有一个名称，并依次排列在一起，单击其中一个选项卡，将会显示其相应的内容。
- 下拉列表框。下拉列表框中包含多个选项，单击下拉列表框右侧的▾按钮，将打开一个下拉列表，从中可以选择所需的选项。
- 命令按钮。命令按钮用来执行某一操作，如设置(T)...、预览(V)和应用(A)等都是命令按钮。单击某一命令按钮将执行与其名称相应的操作：一般单击对话框中的确定按钮，表示关闭对话框，并保存所做的全部更改；单击取消按钮，表示关闭对话框，但不保存任何更改；单击应用(A)按钮，表示保存所有更改，但不关闭对话框。
- 数值框。数值框是用来输入具体数值的。图 3-5 所示的“等待”数值框用于输入屏幕保护激活的时间。用户可以直接在数值框中输入具体数值，也可以单击数值框右侧的“调整”按钮调整数值。单击▴按钮可按固定数值增加时长，单击▾按钮可按固定数值减小时长。
- 复选框。复选框是一个小的方框，用来表示是否选择该选项，可同时选择多个选项。当复选框没有被选中时，外观为☐，被选中时，外观为☑。若要单击选中或撤销选中某个复选框，只需单击该复选框（方框）即可。

- 单选项。单选项是一个小圆圈，用来表示是否选择该选项，只能选择选项组中的一个选项。当单选项没有被选中时，外观为，被选中时，外观为。若要单击选中或撤销选中某个单选项，只需单击该单选项前的圆圈即可。
- 文本框。文本框在对话框中为一个空白方框，主要用于输入文字。
- 滑块。有些选项是通过左右或上下拖动滑块来设置相应数值的。
- 参数栏。参数栏主要将当前选项卡中用于设置某一效果的参数放在一个区域，以方便使用。

（三）“开始”菜单

单击桌面任务栏左下角的“开始”按钮，即可打开“开始”菜单，计算机中几乎所有的应用都可以通过“开始”菜单执行。“开始”菜单是操作计算机的重要门户，即使桌面上没有显示的文件或程序，通过“开始”菜单也能轻松找到相应的文件或程序。“开始”菜单的主要组成部分如图 3-6 所示。

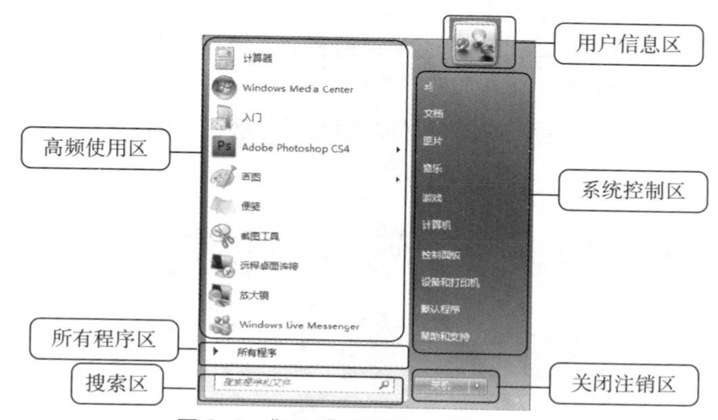

图 3-6 “开始”菜单的主要组成部分

“开始”菜单的主要组成部分的作用如下。

- 高频使用区。根据用户使用程序的频率，Windows 会自动将使用频率较高的程序显示在该区域中，以便用户能快速启动所需程序。
- 所有程序区。选择“所有程序”命令，高频使用区将显示计算机中已安装的所有程序的启动图标或程序文件夹。选择某个选项可启动相应的程序，此时“所有程序”命令也会变为“返回”命令。
- 搜索区。在搜索区的文本框中输入关键字后，系统将搜索计算机中所有与关键字相关的文件和程序等信息，搜索结果将显示在上方的区域中，单击即可打开相应的文件或程序。
- 用户信息区。用户信息区用于显示当前用户的图标和用户名，单击图标可以打开“用户帐户”窗口，通过该窗口可更改用户账户信息，单击用户名将打开当前用户的用户文件夹。
- 系统控制区。系统控制区显示了“计算机”和“控制面板”等系统选项，选择相应的选项可以快速打开或运行程序，便于用户管理计算机中的资源。
- 关闭注销区。关闭注销区用于关闭、重启和注销计算机，或者进行用户切换、锁定计算机以及使计算机进入睡眠状态等操作。单击关机按钮时将直接关闭计算机，单击右侧的按钮，在打开的下拉列表中选择所需选项，即可执行对应操作。

任务实现

（一）管理窗口

微课：打开窗口及窗口中的对象

下面将举例讲解打开窗口及其中的对象、最大化/最小化窗口、移动窗口和调整窗口大小、排列窗口、切换窗口和关闭窗口等操作。

1. 打开窗口及窗口中的对象

在 Windows 7 中，每当用户启动一个程序、打开一个文件或文件夹时都将打开一个窗口，而一个窗口中包括多个对象，打开某个对象又可能打开相应的窗口，该窗口中可能又包括其他不同的对象。

打开“计算机”窗口中“本地磁盘(C:)”下的“Windows 目录”窗口，具体操作如下。

（1）双击桌面上的“计算机”图标，或在“计算机”图标上单击鼠标右键，在弹出的快捷菜单中选择“打开”命令，打开“计算机”窗口。

（2）双击“计算机”窗口中的“本地磁盘(C:)”图标，或选择“本地磁盘(C:)”图标后按【Enter】键，打开“本地磁盘(C:)”窗口。

（3）双击“本地磁盘(C:)”窗口中的“Windows”文件夹图标，即可进入 Windows 目录，如图 3-7 所示。

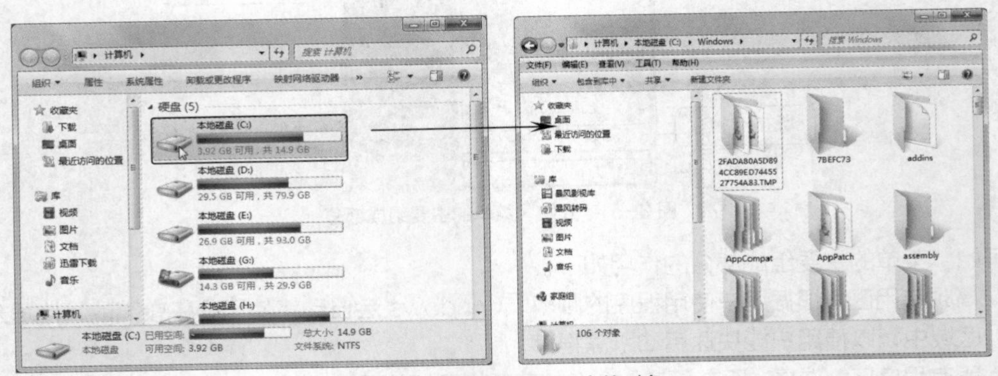

图 3-7 打开窗口及窗口中的对象

（4）单击地址栏左侧的“返回”按钮，将返回至上一级“本地磁盘(C:)”窗口。

2. 最大化/最小化窗口

最大化窗口可以将当前窗口放大到整个屏幕显示，这样可以显示更多的窗口内容，而最小化后的窗口将以标题按钮形式缩放到任务栏的任务区。

打开“计算机”窗口中“本地磁盘(C:)”下的 Windows 目录，然后将窗口最大化显示，再最小化显示，最后还原窗口，具体操作如下。

微课：最大化或最小化窗口

（1）打开“计算机”窗口，再依次双击打开“本地磁盘(C:)”下的 Windows 目录。

（2）单击窗口标题栏右上角的“最大化”按钮，此时窗口将铺满整个显示屏幕，同时“最大化”按钮将变成“还原”按钮，单击“还原”按钮即可将最大化窗口还原成原始大小。

（3）单击窗口右上角的“最小化”按钮，此时该窗口隐藏显示，并在任务栏的任务区中显示一个图标。单击该图标，窗口将还原到屏幕显示状态。

提示 双击窗口的标题栏也可最大化窗口，再次双击可恢复到原始窗口大小。

3. 移动窗口和调整窗口大小

微课：移动和调整窗口大小

打开窗口后，有些窗口会遮盖屏幕上的其他窗口内容，为了查看到被遮盖的部分，需要适当移动窗口或调整窗口大小。

将桌面上的当前窗口移至桌面的左侧位置，呈半屏显示，再调整窗口大小，具体操作如下。

（1）打开“计算机”窗口，再依次打开“库”下的“视频”。

（2）在窗口标题栏上按住鼠标左键，拖动窗口，拖动到目标位置后释放鼠标左键即可移动窗口位置。其间，将窗口向屏幕最上方拖动到顶部时，窗口会最大化显示；向屏幕最左侧拖动时，窗口会半屏显示在桌面左侧，如图 3-8 所示；向屏幕最右侧拖动时，窗口会半屏显示在桌面右侧。

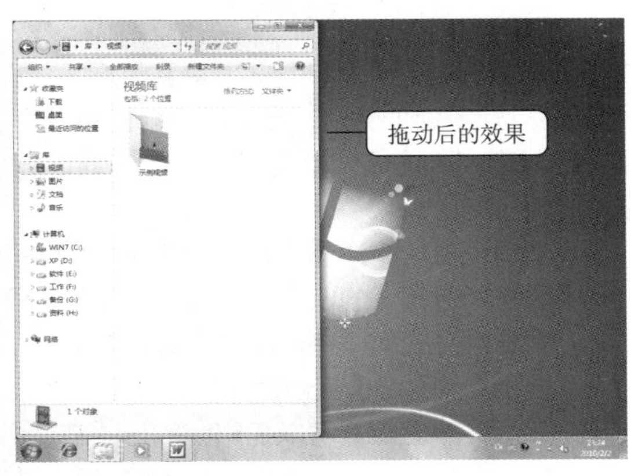

图 3-8　将窗口移至桌面左侧变成半屏显示

（3）将鼠标指针移至窗口的外边框上，当鼠标指针变为↔或↕形状时，按住鼠标左键，拖动窗口，当窗口变为需要的大小时释放鼠标左键即可调整窗口大小。

（4）将鼠标指针移至窗口的 4 个角上，当其变为⤢或⤡形状时，按住鼠标左键，拖动窗口到需要的大小时释放鼠标左键，可使窗口的长宽按比例缩放。

提示 将鼠标指针移至窗口的 4 个角上，当其变为◥或◤形状时，按住鼠标左键，拖动窗口到所需大小时释放鼠标，即可对窗口的大小进行调整。

4. 排列窗口

微课：排列窗口

在使用计算机的过程中常常需要打开多个窗口，如办公时既要用 Word 编辑文档，又要打开 IE 查询资料等。打开多个窗口后，为了使桌面更加整洁，可以对打开的窗口进行层叠、堆叠和并排等操作。

将打开的所有窗口层叠排列显示，然后撤销层叠排列，具体操作如下。

（1）在任务栏空白处单击鼠标右键，弹出图 3-9 所示的快捷菜单，选择“层叠窗口”命令，即可以层叠的方式排列窗口，层叠窗口的效果如图 3-10 所示。

（2）层叠窗口后拖动某个窗口的标题栏可以将该窗口拖至其他位置，并切换为当前窗口。

（3）在任务栏空白处单击鼠标右键，在弹出的快捷菜单中选择“撤销层叠”命令，可恢复至原来的显示状态。

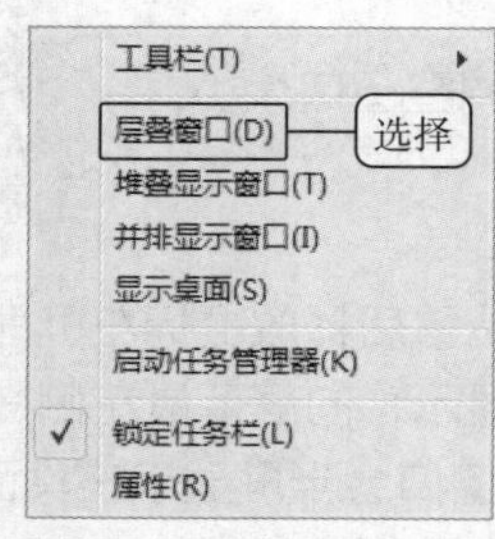

图 3-9　快捷菜单

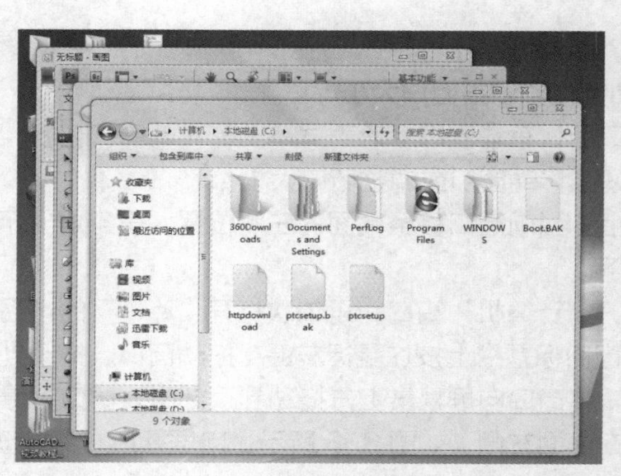

图 3-10　层叠窗口的效果

5. 切换窗口

无论打开多少个窗口，当前窗口都只有一个，且所有的操作都是针对当前窗口进行的。此时，如果需要切换成当前窗口，除了可以单击窗口进行切换外，在 Windows 7 中还提供了以下 3 种切换方法。

- 通过任务栏中的图标切换。将鼠标指针移至任务栏左侧任务区中的某个任务图标上，此时将展开所有打开的该类型文件的缩略图，单击某个缩略图即可切换到该窗口，在切换时，其他同时打开的窗口将自动变为透明效果。
- 按【Alt+Tab】组合键切换。按【Alt+Tab】组合键后，屏幕上将出现任务切换栏，系统当前打开的窗口都将以缩略图的形式在任务切换栏中排列出来。此时按住【Alt】键，再反复按【Tab】键，将显示一个蓝色方框，并在所有图标之间轮流切换，当方框移动到需要显示的窗口图标上后释放【Alt】键，即可切换到该窗口。
- 按【Win+Tab】组合键切换。在按【Win+Tab】组合键时按住【Win】键，再反复按【Tab】键，利用 Windows 7 特有的 3D 切换界面切换想打开的窗口。

6. 关闭窗口

对窗口的操作结束后要关闭窗口。关闭窗口有以下 5 种方法。

- 单击窗口标题栏右上角的“关闭”按钮。
- 在窗口的标题栏上单击鼠标右键，在弹出的快捷菜单中选择“关闭”命令。
- 将鼠标指针移动到某个任务缩略图后单击右上角的按钮。
- 将鼠标指针移动到任务栏中需要关闭窗口的任务图标上，单击鼠标右键，在弹出的快捷菜单中选择“关闭窗口”命令或“关闭所有窗口”命令。
- 按【Alt+F4】组合键。

微课：利用“开始”菜单启动程序

（二）利用“开始”菜单启动程序

启动程序有多种方法，比较常用的是在桌面上双击程序的快捷方式图标和在“开始”菜单中选择启动的程序。下面介绍从“开始”菜单中启动程序的方法。

通过“开始”菜单启动“腾讯 QQ”程序，具体操作如下。

（1）单击“开始”按钮，打开“开始”菜单，此时可以先在“开始”菜单左侧的高频使用区查看是否有“腾讯 QQ”程序选项，如果有，则选择该程序选项来启动。

（2）如果高频使用区中没有要启动的程序，则选择“所有程序”命令，在显示的列表中依次单击展开程序所在文件夹，再选择“腾讯 QQ”命令启动程序。

任务三　定制 Windows 7 工作环境

任务要求

小赵使用计算机办公有一段时间了，为了提高效率和使操作更方便，小赵准备对操作系统的工作环境进行个性化定制。图 3-11 所示为设置后的个性化桌面效果。具体要求如下。

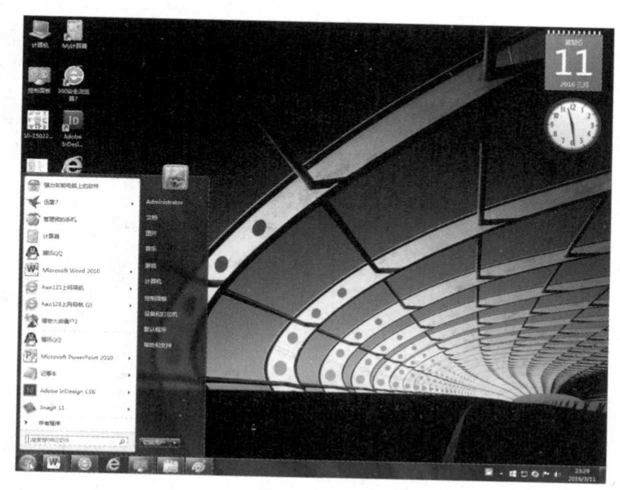

图 3-11　个性化桌面效果

- 在桌面上显示“计算机”和“控制面板”图标，然后将“计算机”图标更改为。
- 查找系统提供的应用程序“calc.exe”，并在桌面上建立名为“My 计算器”的快捷方式。
- 在桌面上添加“日历”和“时钟”桌面小工具。
- 将系统自带的“建筑”Aero 主题作为桌面背景，设置图片每隔 1 小时更换一次，图片位置为“拉伸”。
- 设置屏幕保护程序的等待时间为 60 分钟，屏幕保护程序为“彩带”。
- 设置任务栏属性，实现自动隐藏任务栏，再设置“开始”菜单属性，将“电源按钮操作”设置为“切换用户”，同时设置“开始”菜单中显示的最近打开的程序的数目为 5。
- 将“图片库”中的“小狗”图片设置为账户图像，再创建一个名为“公用”的账户。

相关知识

（一）创建快捷方式的几种方法

前面介绍了利用“开始”菜单启动程序的方法，在 Windows 7 操作系统中还可以创建快捷方式来快速启动某个程序，创建快捷方式的常用方法有两种，即创建桌面快捷方式，以及将常用程序锁定到任务栏。

1. 创建桌面快捷方式

桌面快捷方式是指图片左下角带有符号的桌面图标，双击这类图标可以快速访问或打开某个程序，因此创建桌面快捷方式可以提高办公效率。用户可以根据需要在桌面上添加应用程序（文件）或文件夹的快捷方式，其方法有以下 3 种。

- 在“开始”菜单中找到程序启动项的位置，单击鼠标右键，在弹出的快捷菜单中选择“发送到”子菜单下的“桌面快捷方式”命令。
- 在“计算机”窗口中找到文件或文件夹后，单击鼠标右键，在弹出的快捷菜单中选择“发送到”子菜单下的“桌面快捷方式”命令。

- 在桌面空白区域或“计算机”窗口中的目标位置单击鼠标右键，在弹出的快捷菜单中选择“新建”子菜单下的“快捷方式”命令，打开“创建快捷方式”对话框，单击 浏览(R)... 按钮，选择要创建快捷方式的程序（文件）或文件夹，然后单击 下一步(N) 按钮，输入快捷方式的名称，单击 完成(F) 按钮，完成创建。

2. 将常用程序锁定到任务栏

将常用程序锁定到任务栏的常用方法有以下两种。

- 在桌面上或“开始”菜单中的程序启动快捷方式上单击鼠标右键，在弹出的快捷菜单中选择“锁定到任务栏”命令，或直接将该快捷方式拖动至任务栏左侧的任务区中。
- 要将已打开的程序锁定到任务栏，可在任务栏的程序图标上单击鼠标右键，在弹出的快捷菜单中选择“将此程序锁定到任务栏”命令。

如果要将任务栏中不再使用的程序解锁（取消显示），可在要解锁程序的图标上单击鼠标右键，在弹出的快捷菜单中选择“将此程序从任务栏解锁”命令。

提示 图 3-11 所示的菜单又称为“跳转列表”，它是 Windows 7 的新增功能之一，会在该菜单上方列出用户最近使用过的程序或文件，以便用户快速打开。另外，在“开始”菜单中将鼠标指针移到程序右侧的箭头，也可以弹出对应的“跳转列表”。

（二）认识“个性化”设置窗口

在桌面上的空白区域单击鼠标右键，在弹出的快捷菜单中选择“个性化”命令，将打开“个性化”窗口，在其中可以对 Windows 7 操作系统进行个性化设置。其主要功能及参数设置如下。

- 更改桌面图标。在“个性化”窗口中单击“更改桌面图标”超链接，在打开的“桌面图标设置”对话框中的“桌面图标”栏中可以单击选中或撤销选中要在桌面上显示或取消显示的系统图标，并可更改图标的样式。
- 更改账户图片。在“个性化”窗口中单击“更改帐户图片”超链接，在打开的“更改图片”窗口中可以选择新的账户图片，新账户图片将在启动时的欢迎界面和“开始”菜单的用户账户区域中显示。
- 设置任务栏和“开始”菜单。在“个性化”窗口中单击“任务栏和「开始」菜单”超链接，在打开的“任务栏和「开始」菜单属性”对话框中分别单击各个选项卡进行设置。其中，在“任务栏”选项卡中可以设置锁定任务栏（任务栏的位置不能移动）、自动隐藏任务栏（当鼠标指向任务栏区域时才会显示）、使用小图标、任务栏的位置和是否启用 Aero Peek 预览桌面功能等。在“「开始」菜单”选项卡中主要可以设置“开始”菜单中电源按钮的用途等。
- 应用 Aero 主题。Aero 主题决定整个桌面的显示风格，Windows 7 中有多个系统主题供用户选择。其方法是：在“个性化”窗口的中间列表框中选择一种喜欢的主题，单击即可应用。应用主题后，其声音、背景和窗口颜色等都会随之改变。
- 设置桌面背景。单击“个性化”窗口下方的“桌面背景”超链接，在打开的“桌面背景”窗口中间的图片列表中可选择一张或多张图片，选择多张图片时需按住【Ctrl】键进行选择。如需将计算机中的其他图片作为桌面背景，可以单击“图片位置(L)”下拉列表框后的 浏览(B)... 按钮来选择计算机中存放图片的文件夹中的图片。选择图片后，还可设置背景图片在桌面上的位置和图片切换的时间间隔（选择多张背景图片时才需设置）。

- 设置窗口颜色。在“个性化”窗口中单击“窗口颜色”超链接，将打开“窗口颜色和外观”窗口，单击某种颜色可快速更改窗口边框、“开始”菜单和任务栏的颜色，并且可设置是否启用透明效果和设置颜色浓度等。
- 设置声音。在“个性化”窗口中单击“声音”超链接，打开“声音”对话框，在“声音方案”下拉列表框中选择一种 Windows 声音方案，或选择某个程序事件后单独设置其关联的声音。
- 设置屏幕保护程序。在“个性化”窗口中单击“屏幕保护程序”超链接，打开“屏幕保护程序设置”对话框，在“屏幕保护程序”下拉列表框中选择一个程序选项，然后在“等待”数值框中输入屏幕保护等待的时间。若单击选中“在恢复时显示登录屏幕”复选框，则表示当需要从屏幕保护程序恢复正常显示时，将显示登录 Windows 屏幕，如果用户账户设置了密码，则需要输入正确的密码才能进入桌面。

任务实现

（一）添加和更改桌面系统图标

安装好 Windows 7 后第一次进入操作系统界面时，桌面上只显示“回收站”图标，此时可以通过设置来添加和更改桌面系统图标。下面在桌面上显示“控制面板”图标，显示并更改“计算机”图标，具体操作如下。

（1）在桌面上单击鼠标右键，在弹出的快捷菜单中选择“个性化”命令，打开“个性化”窗口。

（2）单击“更改桌面图标”超链接，在打开的“桌面图标设置”对话框中的“桌面图标”栏中单击选中要在桌面上显示的系统图标复选框。若取消选中某图标则表示取消显示，这里单击选中“计算机”和“控制面板”复选框，取消选中“回收站”复选框，并取消选中“允许主题更改桌面图标”复选框，其作用是应用其他主题后，保持图标仍然不变，如图 3-12 所示。

（3）在“更改图标”对话框的列表框中选择“计算机”图标，单击更改图标(H)...按钮，在打开的“更改图标”对话框中选择图标，如图 3-13 所示。

（4）单击确定按钮，应用设置。

图 3-12　选择要显示的桌面图标

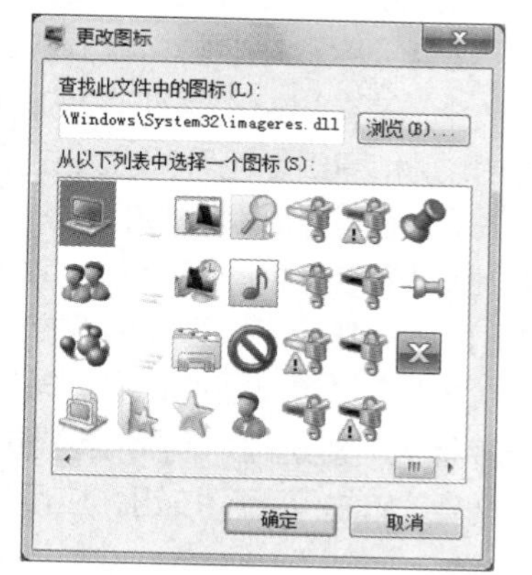

图 3-13　更改桌面图标

微课：添加和更改桌面系统图标

提示　在桌面空白区域单击鼠标右键，在弹出的快捷菜单中的“排序方式”子菜单中选择相应的命令，可以按照名称、大小、项目类型和修改日期 4 种方式自动排列桌面图标位置。

（二）创建桌面快捷方式

微课：创建桌面快捷方式

因为桌面快捷方式只是一个快速启动图标，所以它并没有改变文件原有的位置，因此删除桌面快捷方式不会删除原文件。下面为系统自带的计算器应用程序“calc.exe”创建桌面快捷方式，具体操作如下。

（1）单击“开始”按钮，打开“开始”菜单，在“搜索程序和文件”文本框中输入“calc.exe”。

（2）在搜索结果中的“calc.exe”程序选项上单击鼠标右键，在弹出的快捷菜单中选择【发送到】/【桌面快捷方式】命令。

（3）在桌面创建的图标上单击鼠标右键，在弹出的快捷菜单中选择“重命名”命令，输入“My计算器”，按【Enter】键，完成创建。

（三）添加桌面小工具

微课：添加桌面小工具

Windows 7为用户提供了一些桌面小工具，这些小工具显示在桌面上既美观又实用。下面介绍添加“时钟”和“日历”桌面小工具，具体操作如下。

（1）在桌面上单击鼠标右键，在弹出的快捷菜单中选择“小工具”命令，打开“小工具库”对话框。

（2）在其列表框中选择需要在桌面显示的小工具程序，这里分别双击“日历”和“时钟”小工具，在桌面右上角会显示出这两个小工具。

（3）显示桌面小工具后，可使用鼠标拖动小工具，将其调整到所需的位置。将鼠标指针移到工具上面，其右边会出现一个控制框，单击控制框中相应的按钮可以设置或关闭小工具。

（四）应用主题并设置桌面背景

在Windows中可为桌面背景应用主题，让其更加美观。

应用系统自带的“建筑”Aero主题，并对背景图片的参数进行相应设置，具体操作如下。

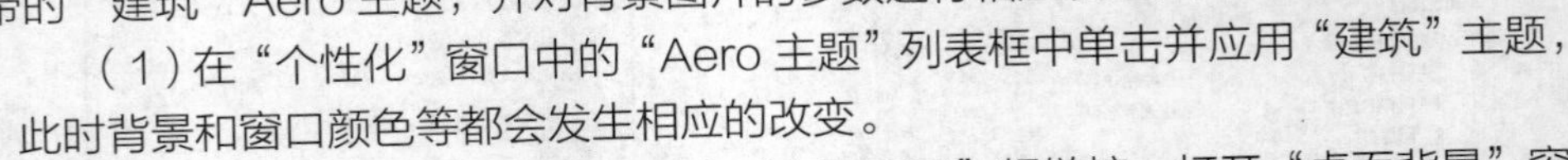

微课：应用主题并设置桌面背景

（1）在“个性化”窗口中的“Aero主题”列表框中单击并应用“建筑”主题，此时背景和窗口颜色等都会发生相应的改变。

（2）在“个性化”窗口下方单击“桌面背景”超链接，打开“桌面背景”窗口，此时列表框中的图片为“建筑”系列。单击“图片位置”下拉列表框右侧的按钮，在打开的下拉列表中选择“拉伸”选项。

（3）在“更改图片时间间隔”下拉列表框中选择“1小时”选项。若单击选中“无序播放”复选框，则将按设置的时间间隔随机切换图片，这里保持默认设置。

（4）单击保存修改按钮，应用设置，并返回“个性化”窗口。

微课：设置屏幕保护程序

（五）设置屏幕保护程序

在一段时间不操作计算机后，屏幕保护程序可以使屏幕暂停显示或以动画显示，让屏幕上的图像或字符不会长时间停留在某个固定位置，从而可以保护显示器屏幕。下面设置“彩带”样式的屏幕保护程序，具体操作如下。

（1）在“个性化”窗口中单击“屏幕保护程序”超链接，打开“屏幕保护程序设置”对话框。

（2）在“屏幕保护程序”下拉列表框中选择保护程序的样式，这里选择“彩带”。在“等待”数值框中输入屏幕保护等待的时间，这里设置为“60”分钟，单击选中“在恢复时显示登录屏幕”复选框。

（3）单击 确定 按钮，关闭对话框。

（六）自定义任务栏和“开始”菜单

设置自动隐藏任务栏并自定义“开始”菜单的功能，具体操作如下。

微课：自定义任务栏和“开始”菜单

（1）在“个性化”窗口中单击“任务栏和「开始」菜单”超链接，或在任务栏的空白区域单击鼠标右键，在弹出的快捷菜单中选择“属性”命令，打开“任务栏和「开始」菜单属性”对话框。

（2）单击“任务栏”选项卡，再单击选中“自动隐藏任务栏”复选框。

（3）单击“「开始」菜单”选项卡，在“电源按钮操作”下拉列表框中选择“切换用户”选项，如图 3-14 所示。

（4）单击 自定义(C)... 按钮，打开“自定义「开始」菜单”对话框，在“要显示的最近打开过的程序的数目”数值框中输入“5”，如图 3-15 所示。

（5）单击 确定 按钮，应用设置。

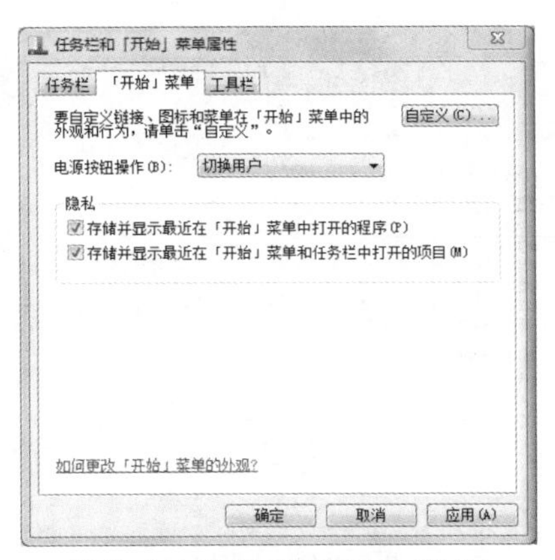

图 3-14　选择“切换用户“选项

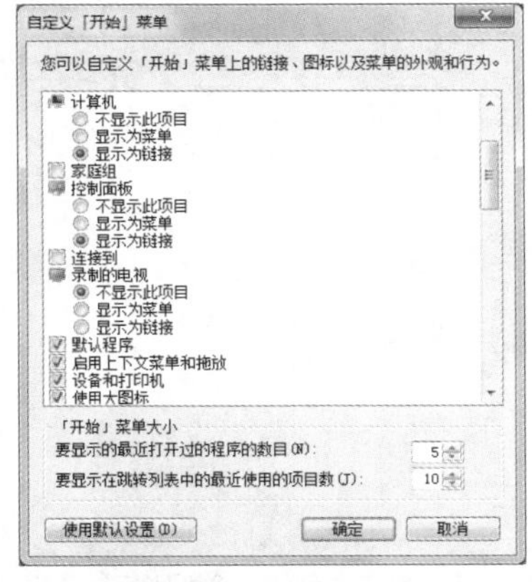

图 3-15　设置要显示的最近打开过的程序的数目

提示　在图 3-14 中的“任务栏”选项卡中单击 自定义(C)... 按钮，在打开的对话框中可以设置任务栏通知区域中图标的显示状态，如设置隐藏或显示，或者调整通知区域的视觉效果。

（七）设置 Windows 7 用户账户

在 Windows 7 中允许多个用户使用同一台计算机，只需为每个用户建立一个独立的账户，每个用户可以用自己的账号登录 Windows 7，并且多个用户之间的 Windows 7 设置是互不影响的。

微课：设置 Windows 7 用户账户

下面设置账户的图像样式并创建一个新账户，具体操作如下。

（1）在“个性化”窗口中单击“更改帐户图片”超链接，打开“更改图片”窗口，单击“小狗”图片样式，然后单击 更改图片 按钮，如图 3-16 所示。

（2）在返回的“个性化”窗口中单击“控制面板主页”超链接，打开“控制面板”窗口，单击“添加或删除用户帐户”超链接，如图 3-17 所示。

图 3-16　设置用户账户图片

图 3-17　单击“添加或删除用户帐户”超链接

（3）在打开的“管理帐户”窗口中单击“创建一个新帐户”超链接，如图 3-18 所示。

（4）在打开的窗口中输入账户名称为“公用”，然后单击创建帐户按钮，如图 3-19 所示，完成账户的创建，同时完成本任务的所有设置。

图 3-18　单击“创建一个新帐户”超链接

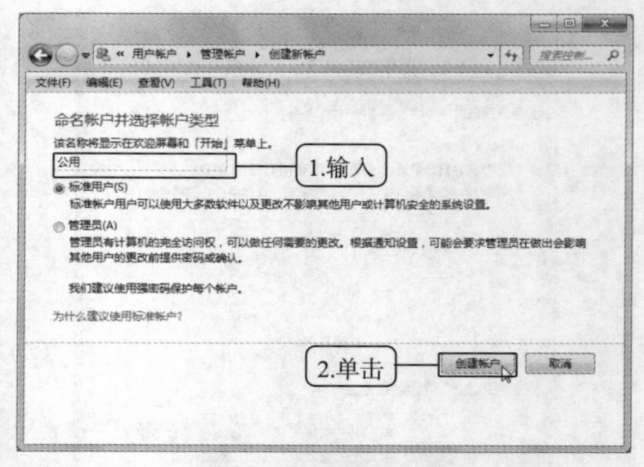

图 3-19　设置账户名称

提示　在图 3-18 中单击某一账户图标，在打开的“更改帐户”窗口中单击相应的超链接，也可以更改账户的图标样式，或更改账户名称、创建或修改密码等。

任务四　设置汉字输入法

任务要求

小赵准备使用计算机中的记事本程序制作一个备忘录，用于记录最近几天要做的工作，以便随时查看，在制作之前，小赵还需要对计算机中的输入法进行相关的管理和设置。图 3-20 所示为进行管理后的输入法列表以及创建的“备忘录”记事本文档效果。具体要求如下。

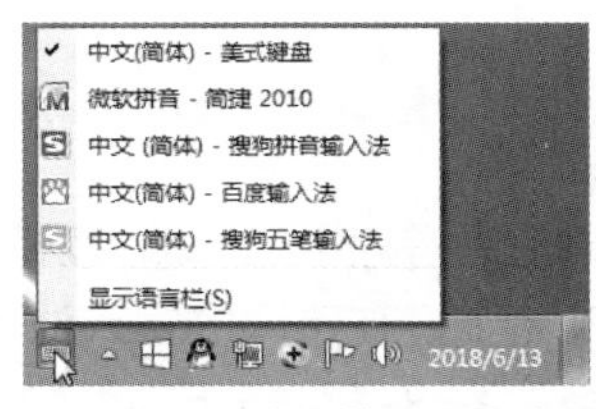

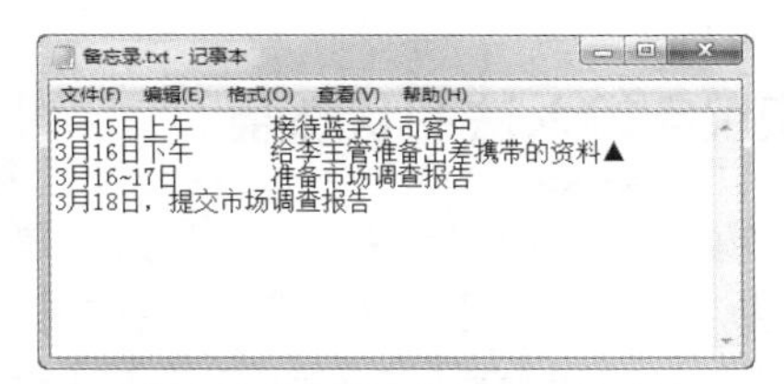

图 3-20　进行管理后的输入法列表以及创建的“备忘录”记事本文档效果

- 在输入法列表中添加“微软拼音-简捷 2010”输入法，然后删除“微软拼音输入法 2003”输入法。
- 为“微软拼音-简捷 2010”输入法设置切换快捷键为【Ctrl+Shift+1】组合键。
- 将桌面上的“汉仪楷体简”字体安装到计算机中并查看。
- 使用“微软拼音-简捷 2010”输入法在桌面上创建“备忘录”记事本文档，内容如下。

  3 月 15 日上午　　接待蓝宇公司客户
  3 月 16 日下午　　给李主管准备出差携带的资料▲
  3 月 16～17 日　　准备市场调查报告
  3 月 18 日　　提交市场调查报告
- 使用语音识别功能在“备忘录”记事本文档后面添加一条记录为“3 月 18 日，提交市场调查报告”的内容。

相关知识

（一）汉字输入法的分类

在计算机中要输入汉字，需要使用汉字输入法。汉字输入法是指输入汉字的方法，常用的汉字输入法有微软拼音输入法、搜狗拼音输入法和五笔字型输入法等。按编码的不同，这些输入法可以分为音码、形码和音形码 3 类。

- 音码。音码是指利用汉字的读音特征进行编码，通过输入拼音字母来输入汉字。例如，“计算机”一词的拼音编码为“jisuanji”。这类输入法包括微软拼音输入法和搜狗拼音输入法等，它们都具有简单、易学以及“会拼音即会汉字输入”的特点。
- 形码。形码是指利用汉字的字形特征进行编码，例如，“计算机”一词的五笔编码为“ytsm”。这类输入法的重码少，且不受方言限制，但需记忆大量编码，如五笔输入法。
- 音形码。音形码是指既可以利用汉字的读音特征，又可以利用字形特征进行编码，如智能 ABC 输入法等。音码与形码相互结合、取长补短，既降低了重码，又无需记忆大量编码。

（二）认识语言栏

在 Windows 7 操作系统中，输入法统一在语言栏中管理。在语言栏中可以进行以下 4 种操作。

- 当鼠标指针移动到语言栏最左侧的图标上时，鼠标指针变成形状，此时可以在桌面上任意移动语言栏。
- 单击语言栏中的“输入法”按钮，可以选择需切换的输入法，选择后该图标将变成选择的输入法图标。
- 单击语言栏中的“帮助”按钮，可打开语言栏帮助信息。
- 单击语言栏右下角的“选项”按钮，可以在打开的“选项”下拉列表框中设置语言栏。

（三）认识汉字输入法的状态条

输入汉字时必须先切换至汉字输入法，其方法是：单击语言栏中的“输入法”按钮，再选择所需的汉字输入法，或者按住【Ctrl】键，再依次按【Shift】键在不同的输入法之间切换。切换至某一种汉字输入法后，将弹出其对应的汉字输入法状态条，图 3-21 所示为微软拼音输入法的状态条，各图标的作用如下。

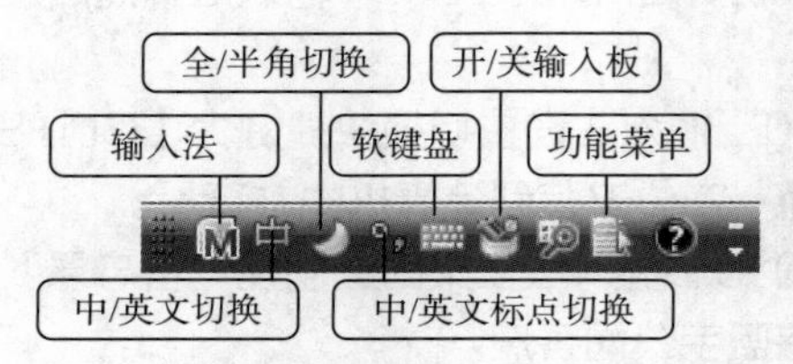

图 3-21　微软拼音输入法的状态条

- 输入法图标。输入法图标用来显示当前输入法，单击可以选择并切换至其他输入法。
- 中/英文切换图标。单击该图标，可以在中文输入法与英文输入法之间切换。当图标为中时表示中文输入状态，当图标为英时表示英文输入状态。按【Ctrl+Space】组合键也可在中文输入法和英文输入法之间快速切换。
- 全/半角切换图标。单击该图标，可以在全角和半角之间切换，在全角状态下输入的字母、字符和数字均占一个汉字（两字节）的位置，而在半角状态输入的字母、字符和数字只占半个汉字（一字节）的位置，图 3-22 所示为全角和半角状态下输入的效果。

１２３ａｂｃ　　123abc

（a）全角　　（b）半角

图 3-22　全角和半角状态下输入的效果

- 中/英文标点切换图标。默认状态下的图标用于输入中文标点符号，单击该图标，变为图标，此时可输入英文标点符号。
- 软键盘图标。通过软键盘可以输入特殊符号、标点符号和数字序号等多种字符，其方法是：单击软键盘图标，在打开的列表中选择一种符号的类型，此时将打开相应的软键盘，直接单击软键盘中相应的按钮或软键盘上对应的按键，都可以输入对应的特殊符号。需要注意的是，要输入的特殊符号是上挡字符时，按住【Shift】键，在键盘上的相应键位处按键即可输入该特殊符号。输入完成后要单击右上角的按钮退出软键盘，否则会影响用户的正常输入。
- 开/关输入板图标。单击图标，将打开“输入板-手写识别”对话框，单击左侧的按钮，可以通过部首笔画来检索汉字，单击左侧的按钮，可以通过手写方式来输入汉字。
- 功能菜单图标。不同的输入法自带不同的输入选项设置功能，单击功能菜单图标按钮，可对该输入法的输入选项和功能进行相应设置。

（四）拼音输入法的输入方式

使用拼音输入法时，直接输入汉字的拼音编码，然后按汉字前的数字键或直接单击需要的汉字便可输入。当输入的汉字编码的重码字较多时，汉字不能在状态条中全部显示出来，此时可以按【↓】

键向后翻页，按【↑】键向前翻页，通过前后查找的方式来选择需要输入的汉字。

为了提高用户的输入速度，目前各种拼音输入法都提供了全拼输入、简拼输入和混拼输入等多种输入方式，各种输入方式介绍如下。

- 全拼输入。全拼词组输入按照汉语拼音进行输入，和书写汉语拼音一致。例如，要输入“文件”，只需一次输入“wenjian”，然后按【Space】键在弹出的汉字状态条中选择即可。
- 简拼输入。简拼输入取各个汉字的第一个拼音字母，对于包含复合声母，如 zh、ch、sh 等，也可以取前两个拼音字母组成。例如，要输入“掌握”，只需输入“zhw”，然后按【Space】键，在弹出的汉字状态条中选择即可。
- 混拼输入。混拼输入综合了全拼输入和简拼输入，即在输入的拼音中既有全拼也有简拼。使用的规则是：对两个音节以上的词语，一部分用全拼，另一部分用简拼。例如，要输入“电脑”，只需输入“diann”，然后按【Space】键，在弹出的汉字状态条中选择即可。

任务实现

（一）添加和删除输入法

Windows 7 操作系统中集成了多种汉字输入法，但不是所有的汉字输入法都会显示在语言栏的输入法列表中，此时可以通过添加输入法将适合自己的输入法显示出来。

微课：添加和删除输入法

在 Windows 7 语言栏的输入法列表中添加“微软拼音-简捷 2010”，删除“微软拼音输入法 2003”，具体操作如下。

（1）在语言栏中的按钮上单击鼠标右键，在弹出的快捷菜单中选择“设置”命令，打开“文本服务和输入语言”对话框，如图 3-23 所示。

（2）单击 添加(D)... 按钮，打开“添加输入语言”对话框，在“使用下面的复选框选择要添加的语言”列表框中单击“键盘”选项前的⊞按钮，在展开的子列表中单击选中“微软拼音-简捷 2010”复选框，取消选中“微软拼音输入法 2003”复选框，如图 3-24 所示。

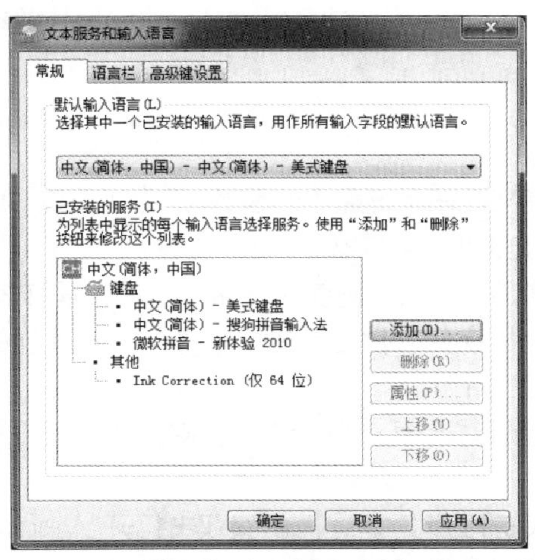

图 3-23 “文本服务和输入语言”对话框

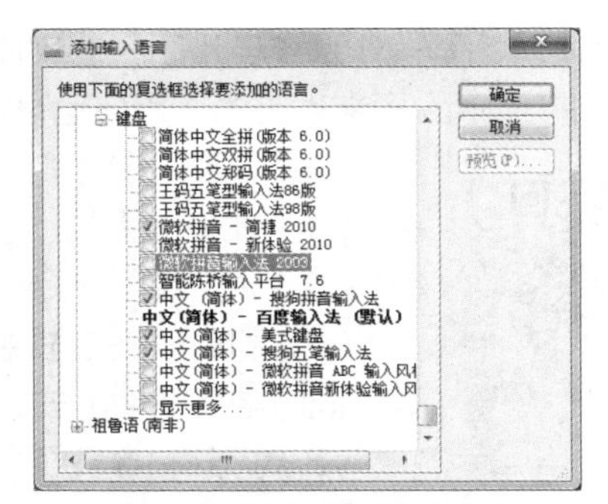

图 3-24 添加和删除输入法

（3）单击 确定 按钮，返回“文本服务和输入语言”对话框，在“已安装的服务”列表框中将显示已添加的输入法，单击 确定 按钮完成添加。

（4）单击语言栏中的按钮，查看添加和删除输入法后的效果。

提示 通过上面的方法删除的输入法并不会真正从操作系统中删除，而是取消其在输入法列表中的显示，删除后还可通过添加输入法的方法将其重新添加到输入法列表中使用。

（二）设置输入法切换快捷键

为了便于快速切换至所需输入法，可以设置输入法切换快捷键。

设置“中文（简体，中国）-微软拼音-简捷 2010”的快捷键，具体操作如下。

（1）在语言栏中的按钮上单击鼠标右键，在弹出的快捷菜单中选择“设置”命令，打开“文本服务和输入语言”对话框。

（2）单击“高级键设置”选项卡，在“输入语言的热键”栏中选择要设置切换快捷键的输入法选项，这里选择图 3-25 所示的输入法，然后单击下方的 更改按键顺序(C)... 按钮。

（3）打开“更改按键顺序”对话框，单击选中“启用按键顺序”复选框，然后在下方的两个列表框中选择所需的快捷键，这里设置为【Ctrl+Shift+1】组合键，如图 3-26 所示。

（4）单击 确定 按钮，应用设置。

微课：设置输入法切换快捷键

图 3-25 选择输入法

图 3-26 设置输入法切换快捷键

（三）安装与卸载字体

Windows 7 操作系统自带了一些字体，其安装文件在系统盘（一般为 C 盘）下的 Windows 文件夹下的 Fonts 子文件夹中。用户也可根据需要安装和卸载字体。

微课：安装与卸载字体

安装“汉仪楷体简”字体，并卸载不需要再使用的字体，具体操作如下。

（1）在桌面上的“汉仪楷体简”字体文件上单击鼠标右键，在弹出的快捷菜单中选择“安装”命令，如图 3-27 所示。

（2）打开“正在安装字体”提示对话框，安装结束后将自动关闭该提示对话框，同时结束字体的安装。

（3）打开“计算机”窗口，双击打开 C 盘，再依次双击打开 Windows 文件夹中的 Fonts 子文件夹，在打开的 Fonts 文件夹窗口中可以查看系统中已安装的所有字体。选择不需要再使用的字体文件后，单击鼠标右键，在弹出的快捷菜单中选择“删除”命令，即可将该字体文件从系统中卸载，如图 3-28 所示。

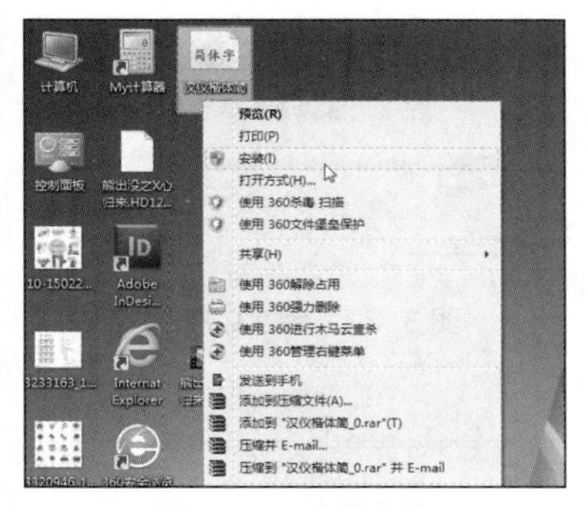
图 3-27　安装字体

图 3-28　查看和删除字体文件

（四）使用微软拼音输入法输入汉字

输入法添加完成后，即可输入汉字，这里将以微软拼音输入法为例，介绍输入方法。

下面启动记事本程序，创建一个“备忘录”文档并使用微软拼音输入法输入任务要求中的备忘录内容，具体操作如下。

（1）在桌面上的空白区域单击鼠标右键，在弹出的快捷菜单中选择【新建】/【文本文档】命令，在桌面上新建一个名为“新建文本文档.txt”的文件，且文件名呈可编辑状态。

微课：使用微软拼音输入法输入汉字

（2）单击语言栏中的“输入法”按钮，选择“微软拼音-简捷 2010”输入法，然后输入编码“beiwanglu”，此时在汉字状态条中显示所需的“备忘录”文本，如图 3-29 所示。

（3）单击汉字状态条中的“备忘录”或直接按【Space】键输入文本，再按【Enter】键完成输入。

（4）双击桌面上新建的“备忘录”记事本文件，启动记事本程序，在编辑区单击会出现光标。按【3】键输入数字“3”，按【Ctrl+Shift+1】组合键切换至“微软拼音-简捷 2010”输入法，输入编码“yue”，单击状态条中的“月”或按【Space】键输入文本“月”。

（5）继续输入数字“15”，再输入编码“ri”，按【Space】键输入“日”字。再输入简拼编码“shwu”，单击状态条中的“上午”或按【Space】键输入词组“上午”，如图 3-30 所示。

图 3-29　输入“备忘录”

图 3-30　输入词组“上午”

（6）连续按多次【Space】键，输入空字符串，继续使用微软拼音输入法输入后面的内容，输入过程中按【Enter】键可分段换行。

（7）在“资料”文本右侧单击，定位文本插入点，再单击微软拼音输入法状态条上的图标，在打开的列表中选择“特殊符号”选项，在打开的软键盘中选择“▲”特殊符号，如图 3-31 所示。

（8）单击软键盘右上角的按钮关闭软键盘，在记事本程序中选择【文件】/【保存】菜单命令，保存文档，如图 3-32 所示。

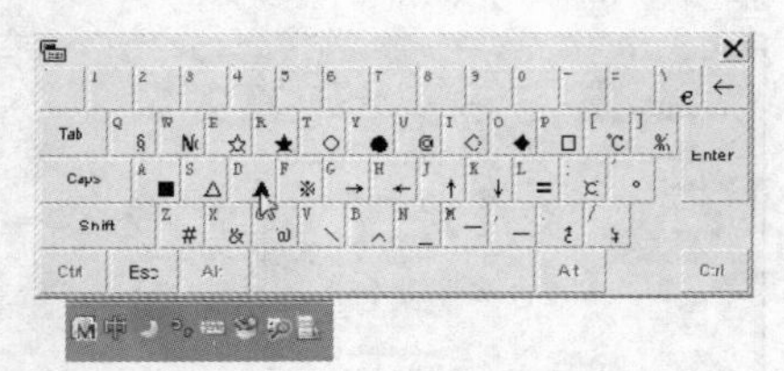

图 3-31　输入特殊符号

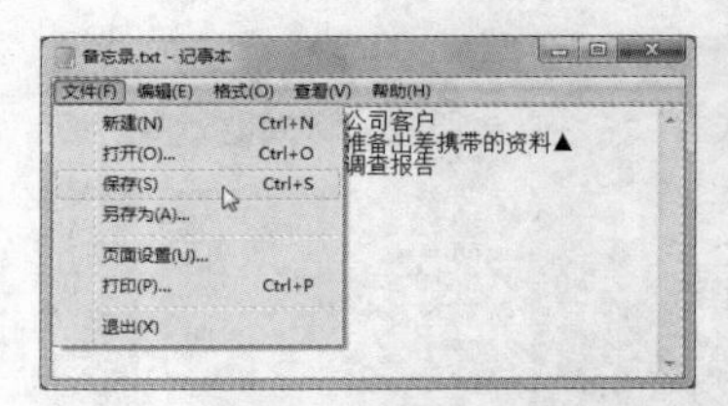

图 3-32　保存文档

（五）使用语音识别功能录入文本

除了前面介绍的各种键盘输入法外，Windows 7 操作系统还自带了语音识别功能，通过语音可在相关的文档中输入文字，更好地实现人机交互功能。

下面打开“备忘录”文档，并使用 Windows 7 的语音识别功能输入“3 月 18 日，提交市场调查报告”，具体操作如下。

微课：使用语音识别功能录入文本

（1）打开“控制面板”窗口，在其中单击“轻松访问”超链接，在打开的窗口中单击“启动语音识别”超链接，如图 3-33 所示。

（2）第一次使用语音识别功能时，会打开“设置语音识别”对话框，在其中单击下一步(N)按钮。

（3）在打开的对话中单击选中“耳机式麦克风”单选项，如图 3-34 所示，单击下一步(N)按钮。

（4）在打开的对话框中会提示放置麦克风的方法，按照要求放置好麦克风后单击下一步(N)按钮。

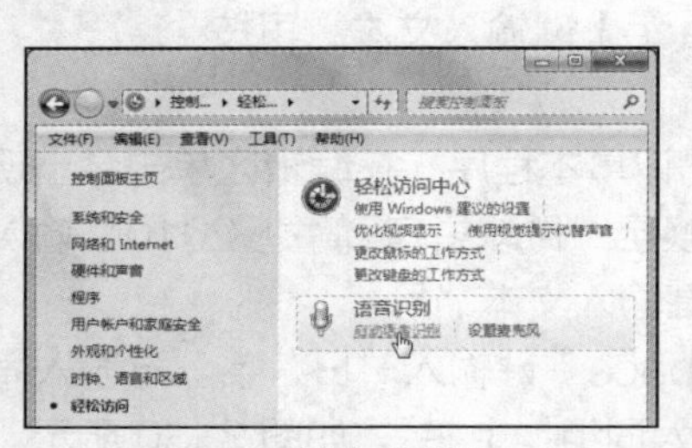

图 3-33　单击超链接

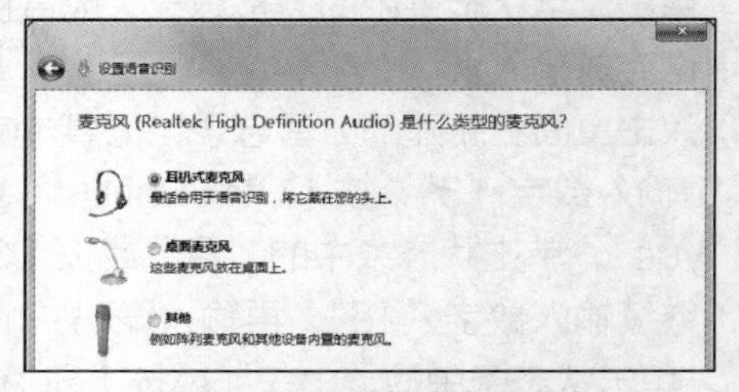

图 3-34　选择麦克风方式

（5）在打开的对话框中按照提示读出语句，然后单击下一步(N)按钮。

（6）在打开的对话框中直接单击下一步(N)按钮，完成麦克风设置。

（7）在打开的对话框中单击选中“启用文档审阅”单选项，如图 3-35 所示，然后单击下一步(N)按钮。

（8）依次在打开的对话框中单击下一步(N)按钮，并设置激活模式，如图 3-36 所示。

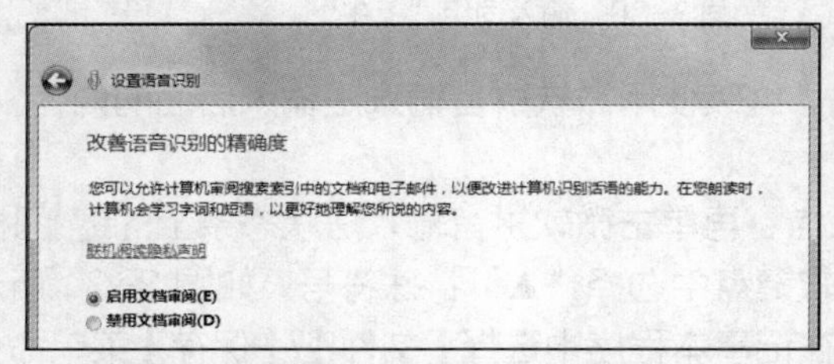

图 3-35　单击选中“启用文档审阅”单选项

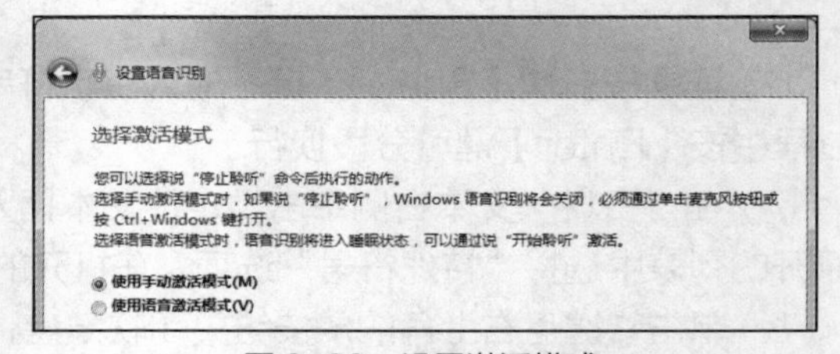

图 3-36　设置激活模式

（9）单击 跳过教程(P) 按钮完成语音识别设置，如图 3-37 所示。

（10）此时打开语音识别程序，切换到记事本，在其中定位文本插入点，然后对着麦克风读出“3 月 18 日，提交市场调查报告”，稍后文本将显示在记事本中，如图 3-38 所示。按【Ctrl+S】组合键保存即可。

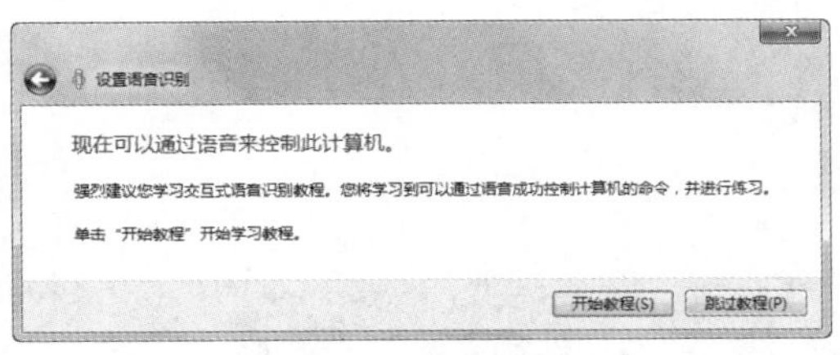

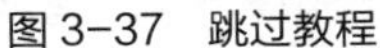

图 3-37　跳过教程

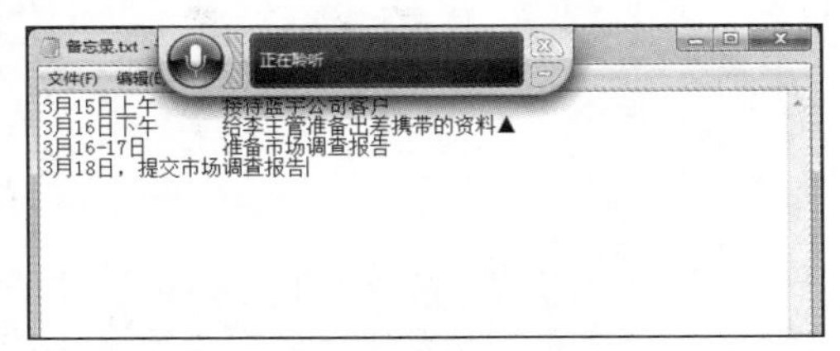

图 3-38　使用语音输入文本

课后练习

1. 选择题

（1）计算机操作系统的作用是（　　）。

A. 对计算机的所有资源进行控制和管理，为用户使用计算机提供方便

B. 对源程序进行翻译

C. 对用户数据文件进行管理

D. 对汇编语言程序进行翻译

（2）计算机的操作系统是（　　）。

A. 计算机中使用最广的应用软件　　B. 计算机系统软件的核心

C. 计算机的专用软件　　D. 计算机的通用软件

（3）在 Windows 7 中，下列叙述中错误的是（　　）。

A. 可支持鼠标操作　　B. 可同时运行多个程序

C. 不支持即插即用　　D. 桌面上可同时容纳多个窗口

（4）单击窗口标题栏右侧的 ▭ 按钮后，会（　　）。

A. 将窗口关闭　　B. 打开一个空白窗口

C. 使文档窗口独占屏幕　　D. 使当前窗口缩小

2. 操作题

（1）设置桌面背景，图片位置为“填充”。

（2）设置使用 Aero Peek 预览桌面。

（3）设置屏幕保护程序的等待时间为 60 分钟。

（4）设置屏幕保护程序为“气泡”。

（5）设置“开始”菜单属性，将“电源按钮操作”设置为“关机”，设置“隐私”为“存储并显示最近在【开始】菜单中打开的程序”。

（6）在桌面上建立 C 盘的快捷方式，快捷方式名为“C 盘”。

（7）将输入法切换为微软拼音输入法，并在打开的记事本中输入“今天是我的生日”。

项目四
管理计算机中的资源

在使用计算机的过程中，文件、文件夹、程序和硬件等资源的管理非常重要。本项目将通过两个任务，介绍在 Windows 7 中如何利用资源管理器来管理计算机中的文件和文件夹，包括新建、移动、复制、重命名及删除文件和文件夹等操作，并介绍如何安装程序和打印机，连接投影仪、连接笔记本电脑显示器，以及计算器、画图等附件程序的使用方法。

课堂学习目标

- 管理文件和文件夹资源。
- 管理程序和硬件资源。

任务一　管理文件和文件夹资源

任务要求

赵刚是某公司人力资源部的员工，主要负责人员招聘活动以及日常办公室的管理。由于管理上的需要，赵刚经常会在计算机中存放工作中的日常文档，同时为了方便使用，还需要对相关的文件进行新建、重命名、移动、复制、删除、搜索和设置文件属性等操作。具体要求如下。

- 在 G 盘根目录下新建“办公”文件夹和“公司简介.txt”“公司员工名单.xlsx”两个文件，再在新建的“办公”文件夹中创建“文档”和“表格”两个子文件夹。
- 将前面新建的“公司员工名单.xlsx”文件移动到“表格”子文件夹中，将“公司简介.txt”文件复制到“文档”文件夹中并修改文件名为“招聘信息”。
- 删除 G 盘根目录下的“公司简介.txt”文件，然后通过回收站查看后再还原。
- 搜索 E 盘下所有 JPG 格式的图片文件。
- 将“公司员工名单.xlsx”文件的属性修改为只读。
- 新建一个“办公”库，将“公司员工名单.xlsx”文件添加到“办公”库中。

相关知识

（一）文件管理的相关概念

在管理文件过程中，会涉及以下几个相关概念。

- 硬盘分区与盘符。硬盘分区实质上是对硬盘的一种格式化，是指将硬盘划分为几个独立的区域，这样可以更加方便地存储和管理数据。格式化可使分区划分成可以用来存储数据的单位，一般在安装系统时才会对硬盘进行分区。盘符是 Windows 操作系统对于磁盘存储设备的标识符，一般使用一个英文字母加上一个冒号“:”来标识，如“本地磁盘(C:)”，其中“C”就是该盘的盘符。

- 文件。文件是指保存在计算机中的各种信息和数据，计算机中文件的类型很多，如文档、表格、图片、音乐和应用程序等。在默认情况下，文件在计算机中是以图标形式显示的，它由文件图标、文件名称和文件扩展名3部分组成，如作息时间表.docx表示一个Word文件，其扩展名为“.docx”。
- 文件夹用于保存和管理计算机中的文件，其本身没有任何内容，却可放置多个文件和子文件夹，让用户能够快速地找到需要的文件。文件夹一般由文件夹图标和文件夹名称两部分组成。
- 文件路径。在对文件进行操作时，除了要知道文件名外，还需要知道文件所在的盘符和文件夹，即文件在计算机中的位置，该位置也称为文件路径。文件路径分为相对路径和绝对路径两种。其中，相对路径是以“.”（表示当前文件夹）、“..”（表示上级文件夹）或文件夹名称（表示当前文件夹中的子文件名）开头；绝对路径是指文件或目录在硬盘上存放的绝对位置，如“D:\图片\标志.jpg”表示“标志.jpg”文件在D盘的“图片”目录中。在Windows 7系统中单击地址栏的空白处，可查看打开的文件夹的路径。
- 资源管理器。资源管理器是指“计算机”窗口左侧的导航窗格，它将计算机资源分为收藏夹、库、家庭组、计算机和网络等类别，可以方便用户更好、更快地组织、管理及应用资源。打开资源管理器的方法为双击桌面上的“计算机”图标或单击任务栏上的“Windows资源管理器”按钮。在打开的对话框中单击导航窗格中各类别图标左侧的◢图标，依次按层级展开文件夹，选择需要的文件夹后，右侧窗口中将显示相应的文件内容。

提示 为了便于查看和管理文件，用户可根据当前窗口中文件和文件夹的多少，以及文件的类型更改当前窗口中文件和文件夹的视图显示方式。其方法是：在打开的文件夹窗口中单击工具栏右侧的按钮，在打开的下拉列表中可选择大图标、中等图标、小图标和列表等视图显示方式。

（二）选择文件的几种方式

对文件或文件夹进行复制和移动等操作前要先选择文件或文件夹，选择的方法主要有以下5种。

- 选择单个文件或文件夹。直接单击文件或文件夹图标即可将其选择，被选择的文件或文件夹的周围将呈蓝色透明状。
- 选择多个相邻的文件或文件夹。可在窗口空白处按住鼠标左键，并拖动鼠标框选需要选择的多个对象，再释放鼠标。
- 选择多个连续的文件或文件夹。用鼠标选择第一个对象后，按住【Shift】键，再单击最后一个对象，可选择两个对象之间的所有对象。
- 选择多个不连续的文件或文件夹。按住【Ctrl】键，再依次单击所要选择的文件或文件夹，可选择多个不连续的文件或文件夹。
- 选择所有文件或文件夹。直接按【Ctrl+A】组合键，或选择【编辑】/【全选】命令，可以选择当前窗口中的所有文件或文件夹。

任务实现

（一）文件和文件夹基本操作

文件和文件夹的基本操作包括新建、移动、复制、删除和查找等，下面将结合前面的任务要求讲解操作方法。

微课：新建文件和文件夹

1. 新建文件和文件夹

新建文件是指根据需要，新建一个相应类型的空白文件，新建后可以双击打开文件并编辑文件内容。如果需要将一些文件分类整理在一个文件夹中以便日后管理，就需要新建文件夹。

下面新建“公司简介.txt”文件和“公司员工名单.xlsx”文件，再新建“办公”文件夹，并在该文件夹中创建“文档”和“表格”两个子文件夹。

（1）双击桌面上的“计算机”图标，打开“计算机”窗口，再双击 G 盘图标，打开 G 盘的目录窗口。

（2）选择【文件】/【新建】/【文本文档】菜单命令，或在窗口的空白处单击鼠标右键，在弹出的快捷菜单中选择【新建】/【文本文档】命令，如图 4-1 所示。

（3）系统将在文件夹中新建一个默认名为“新建文本文档”的文件，且文件名呈可编辑状态。切换到中文输入法输入“公司简介”，然后单击空白处或按【Enter】键，新建文档的效果如图 4-2 所示。

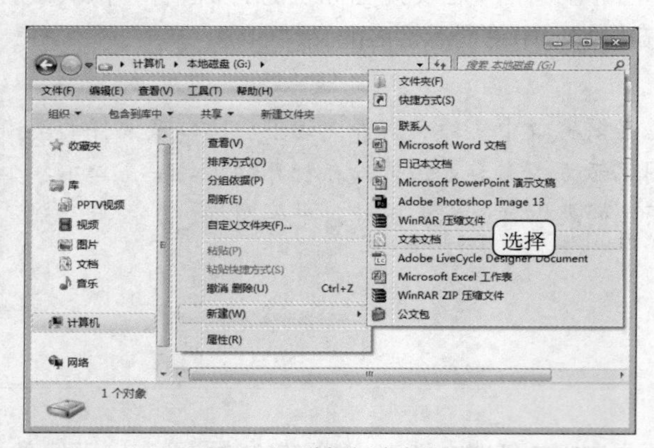

图 4-1　选择新建命令

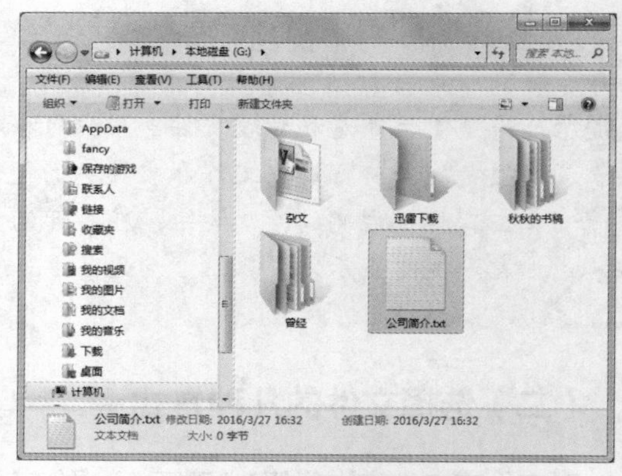

图 4-2　新建文档的效果

（4）选择【文件】/【新建】/【Microsoft Excel 工作表】菜单命令，或在窗口的空白处单击鼠标右键，在弹出的快捷菜单中选择【新建】/【Microsoft Excel 工作表】命令，新建一个 Excel 文件，输入文件名“公司员工名单”，按【Enter】键，效果如图 4-3 所示。

（5）选择【文件】/【新建】/【文件夹】菜单命令，或在右侧文件显示区中的空白处单击鼠标右键，在弹出的快捷菜单中选择【新建】/【文件夹】命令，或直接单击工具栏中的新建文件夹按钮，此时将新建一个文件夹，且文件夹名称呈可编辑状态，在文本框中输入“办公”，然后按【Enter】键，完成文件夹的新建，如图 4-4 所示。

（6）双击新建的“办公”文件夹，在打开的目录窗口中单击工具栏中的新建文件夹按钮，输入子文件夹名称“表格”后按【Enter】键，再新建一个名为“文档”的子文件夹，如图 4-5 所示。

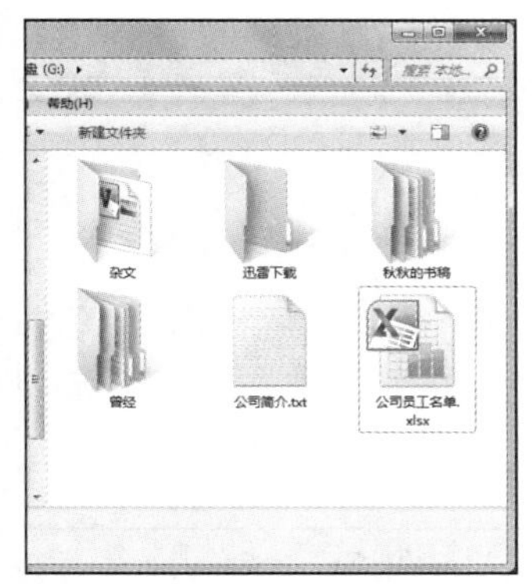

图 4-3　新建 Excel 文件的效果

图 4-4　新建文件夹

图 4-5　新建子文件夹

（7）单击地址栏左侧的按钮，返回上一级窗口。

提示　重命名文件名称时，不要修改文件的扩展名部分，一旦修改可能导致文件无法正常打开，此时将扩展名重新修改为正确格式便可重新打开。此外，文件名可以包含字母、数字和空格等，但不能有“?、*、/、\、<、>、:”等符号。

2. 移动、复制、重命名文件和文件夹

移动文件是将文件或文件夹移动到另一个文件夹中以便管理；复制文件相当于为文件制作备份文件，即原文件夹下的文件或文件夹仍然存在；重命名文件即为文件更换一个新的名称。

微课：移动、复制、重命名文件和文件夹

下面将“公司员工名单.xlsx”文件移动到“表格”子文件夹中，然后复制“公司简介.txt”文件，将复制的文件复制到“文档”文件夹中并重命名为“招聘信息”。

（1）在导航窗格中单击展开“计算机”图标，然后选择“本地磁盘(G:)”图标。

（2）在右侧窗口中选择“公司员工名单.xlsx”文件，在其图标上单击鼠标右键，在弹出的快捷菜单中选择“剪切”命令，或选择【编辑】/【剪切】命令（可直接按【Ctrl+X】组合键），如图 4-6 所示，将选择的文件剪切到剪贴板中，此时文件呈灰色透明显示效果。

（3）在导航窗格中单击展开“办公”文件夹，再选择“表格”选项，在右侧打开的“表格”窗口中单击鼠标右键，在弹出的快捷菜单中选择“粘贴”命令，或选择【编辑】/【粘贴】命令（可直接按【Ctrl+V】组合键），如图 4-7 所示，即可将剪切到剪贴板中的“公司员工名单.xlsx”文件粘贴到“表格”文件夹中，完成文件的移动。

（4）单击地址栏左侧的按钮，返回上一级窗口，“公司员工名单.xlsx”文件已经被移出。

（5）选择“公司简介.txt”文件，在其上单击鼠标右键，在弹出的快捷菜单中选择“复制”命令，或选择【编辑】/【复制】命令（可直接按【Ctrl+C】组合键），如图 4-8 所示，将选择的文件复制到剪贴板中，此时窗口中的文件不会发生任何变化。

（6）在导航窗格中选择“文档”文件夹选项，在右侧窗口中单击鼠标右键，在弹出的快捷菜单中选择“粘贴”命令，或选择【编辑】/【粘贴】命令（可直接按【Ctrl+V】组合键），即可将复制到剪贴板中的“公司简介.txt”文件粘贴到该文件夹中，完成文件的复制，效果如图 4-9 所示。

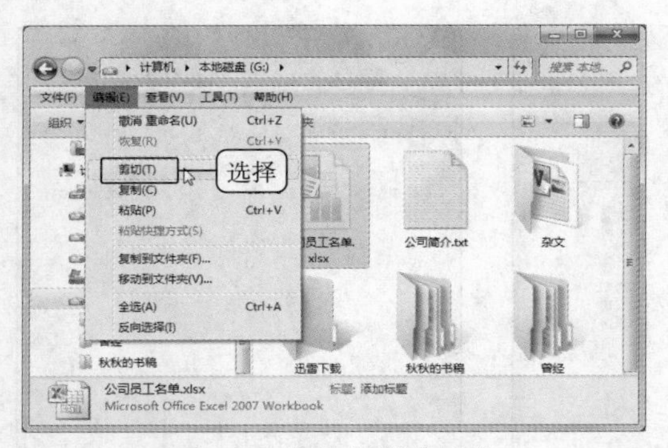

图 4-6　选择“剪切”命令

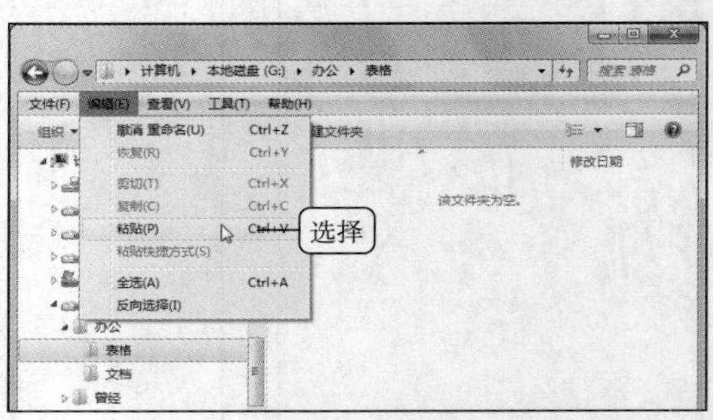

图 4-7　执行“粘贴”命令

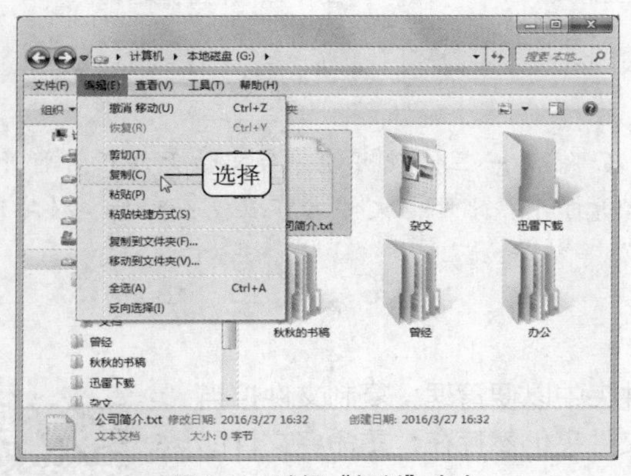

图 4-8　选择“复制”命令

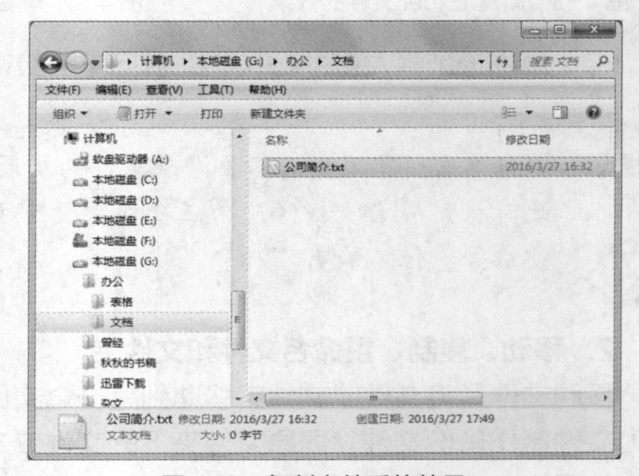

图 4-9　复制文件后的效果

（7）选择复制后的“公司简介.txt”文件，在其上单击鼠标右键，在弹出的快捷菜单中选择“重命名”命令。此时要重命名的文件名称部分呈可编辑状态，输入新的名称“招聘信息”后按【Enter】键即可。

（8）在导航窗格中选择“本地磁盘（G:）”选项，可看到源位置的“公司简介.txt”文件仍然存在。

提示　将选择的文件或文件夹拖动到同一磁盘分区下的其他文件夹中或拖动到左侧导航窗格中的某个文件夹选项上，可移动文件或文件夹。在拖动过程中按住【Ctrl】键，可复制文件或文件夹。

微课：删除并还原文件和文件夹

3. 删除并还原文件和文件夹

删除没有用的文件或文件夹，可以减少磁盘中的垃圾文件，释放磁盘空间，同时也便于管理。删除的文件或文件夹实际上被移动到了“回收站”中。若误删文件，还可以通过还原操作还原文件。下面介绍删除并还原删除的“公司简介.txt”文件。

（1）在导航窗格中选择“本地磁盘（G:）”选项，然后在右侧窗口中选择“公司简介.txt”文件。

（2）在选择的文件图标上单击鼠标右键，在弹出的快捷菜单中选择“删除”命令，或按【Delete】键，此时系统会打开图 4-10 所示的“删除文件”对话框，提示用户是否确定要把该文件放入回收站。

（3）单击是(Y)按钮，即可删除选择的“公司简介.txt”文件。

（4）单击任务栏最右侧的“显示桌面”区域，切换至桌面。双击“回收站”图标，在打开的窗口中将看到最近删除的文件和文件夹等对象。在要还原的“公司简介.txt”文件上单击鼠标右键，在弹出的快捷菜单中选择“还原”命令，如图 4-11 所示，即可将其还原到被删除前的位置。

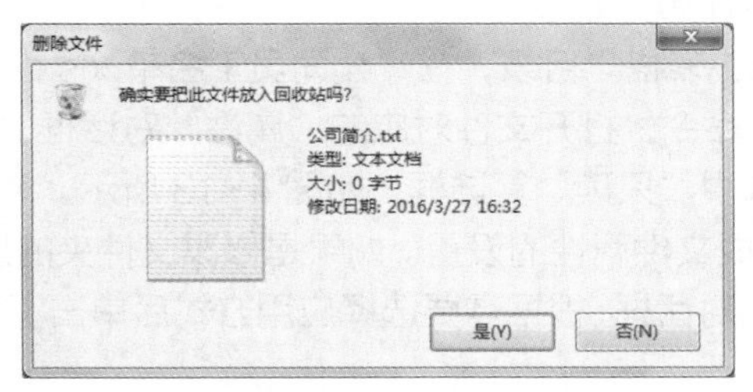

图 4-10 “删除文件”对话框

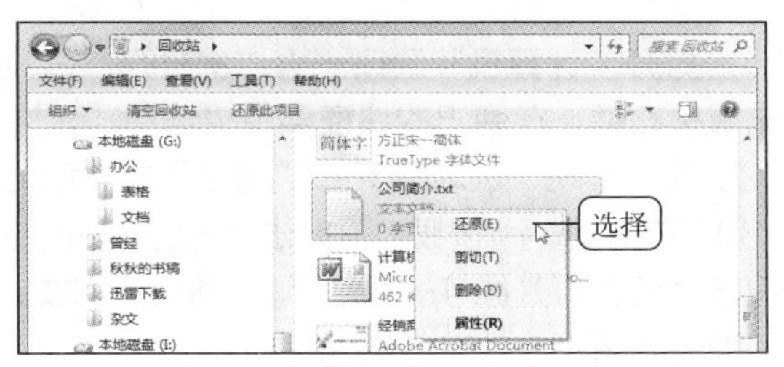

图 4-11 选择“还原”命令

提示 选择文件后，按【Shift+Delete】组合键将不通过回收站，直接将文件从计算机中删除。此外，放入回收站的文件仍然会占用磁盘空间，在“回收站”窗口中单击工具栏中的清空回收站按钮才能彻底删除文件。

4. 搜索文件或文件夹

如果用户不知道文件或文件夹在磁盘中的位置，可以使用 Windows 7 的搜索功能来查找。搜索时如果不记得文件的名称，可以使用模糊搜索功能，其方法是：用通配符“*”来代替任意数量的任意字符，使用“？”来代表某一位置上的任意字母或数字，如“*.mp3”表示搜索当前位置下所有类型为 MP3 格式的文件，而“pin?.mp3”则表示搜索当前位置下前三位为字母 p、i、n，第 4 位是任意字符的 MP3 格式的文件。

微课：搜索文件或文件夹

搜索 E 盘中的 JPG 格式的图片文件，具体操作如下。

（1）在资源管理器中打开需要搜索的位置，如需在所有磁盘中查找，则打开“计算机”窗口，如需在某个磁盘分区或文件夹中查找，则打开具体的磁盘分区或文件夹窗口，这里打开 E 盘。

（2）在窗口地址栏后面的搜索文本框中输入要搜索的文件信息，如这里输入“*.jpg”，Windows 会自动在当前位置内搜索所有符合文件信息的对象，并在文件显示区中显示搜索结果，如图 4-12 所示。

图 4-12 搜索 E 盘中的 JPG 格式文件

（3）根据需要，可在“添加搜索筛选器”中选择“修改日期”或“大小”选项来设置搜索条件，缩小搜索范围。

（二）设置文件和文件夹属性

文件属性主要包括隐藏属性、只读属性和归档属性 3 种。用户在查看磁盘文件的名称时，系统一般不会显示具有隐藏属性的文件名，具有隐藏属性的文件不能被删除、复制和更名，以对其起到保护作用。对于具有只读属性的文件，用户可以查看和复制，不会影响它的正常使用，但不能修改和删除文件，以避免意外删除和修改。文件创建之后，系统会自动将其设置成归档属性，即可以随时查看、编辑和保存。

下面更改“公司员工名单.xlsx”文件的属性，具体操作如下。

（1）打开“计算机”窗口，再依次打开“G:\办公\表格”目录，在“公司员工名单.xlsx”文件上单击鼠标右键，在弹出的快捷菜单中选择“属性”命令，打开文件对应的“属性”对话框。

（2）在“常规”选项卡下的“属性”栏中单击选中“只读”复选框，如图 4-13 所示。

（3）单击应用(A)按钮，再单击确定按钮，完成文件属性的设置。如果是修改文件夹的属性，应用设置后还将打开图 4-14 所示的“确认属性更改”对话框，根据需要选择应用方式后单击确定按钮，即可设置相应的文件夹属性。

图 4-13　文件属性设置对话框

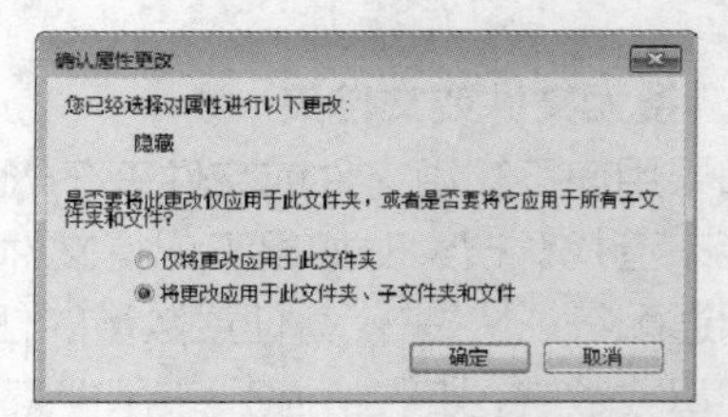

图 4-14　选择文件夹属性应用方式

（三）使用库

库是 Windows 7 操作系统中的一个新概念，其功能类似于文件夹，但它只是提供管理文件的索引，即用户可以通过库来直接访问文件，而不需要在保存文件的位置进行查找，所以文件并没有真正被存放在库中。Windows 7 操作系统自带了视频、图片、音乐和文档 4 个库，以便将常用文件资源添加到库中，也可以根据需要新建库文件夹。

下面新建“办公”库，将“公司员工名单.xlsx”文件添加到该库中。

（1）打开“计算机”窗口，在导航窗格中单击“库”图标，打开“库”文件夹，此时在右侧窗口中将显示所有库，双击各个库文件夹便可打开查看库。

（2）单击工具栏中的新建库按钮或选择【文件】/【新建】/【库】菜单命令，输入库的名称为“办公”，然后按【Enter】键，即可新建库，如图 4-15 所示。

（3）在导航窗格中打开“G:\办公”目录，选择要添加到库中的“公司员工名单.xlsx”文件，然后选择【文件】/【包含到库中】/【办公】菜单命令，即可将选择的文件添加到前面新建的“办公”库中。以后就可以通过“办公”库来查看该文件，效果如图 4-16 所示。用同样的方法还可将计算机中其他位置的相关文件添加到库中。

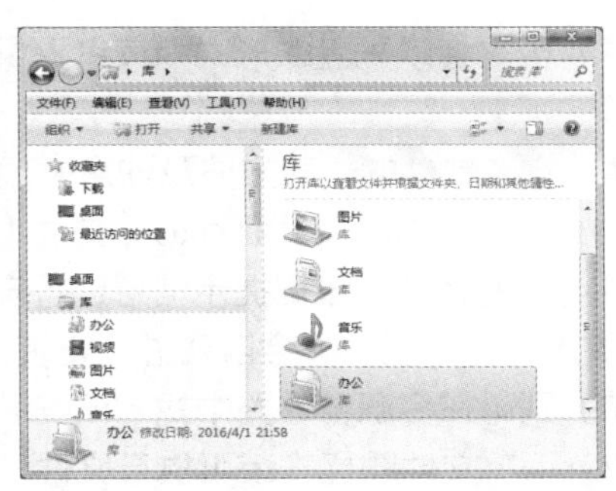

图 4-15　新建库

图 4-16　将文件添加到库中的效果

提示　当不再需要使用库中的文件时，可以将其删除，其删除方法是：在要删除的库文件夹上单击鼠标右键，在弹出的快捷菜单中选择“从库中删除位置”命令即可。

任务二　管理程序和硬件资源

任务要求

张燕成功应聘上了一家单位，主要负责后勤工作，到公司上班后才发现办公用的计算机没有安装 Office 软件，而且没有安装打印机、投影仪等硬件设备。对此，张燕打算自己动手来管理好这台计算机中的软件和硬件等资源，同时也熟悉下计算机的相关操作，并将自己的笔记本电脑带到办公室使用。

本任务要求掌握安装和卸载软件的方法，了解打开和关闭 Windows 功能的方法，掌握安装打印机驱动程序，连接投影仪，将笔记本电脑连接到显示器，设置鼠标和键盘，以及使用 Windows 自带的画图、计算器和写字板等附件程序的方法。

相关知识

（一）认识控制面板

控制面板中包含了不同的设置工具，用户可以通过控制面板设置 Windows 7 操作系统。

在“计算机”窗口中的工具栏中单击 打开控制面板 按钮或选择【开始】/【控制面板】命令即可启动控制面板，其默认以“类别”方式显示。在“控制面板”窗口中单击不同的超链接可以进入相应的子分类设置窗口或打开参数设置对话框。单击 类别 ▾ 按钮，在打开的下拉列表中可选择其他的显示方式，如“大图标”选项等。

（二）计算机软件的安装事项

要安装软件，首先应获取软件的安装程序，获取软件的安装程序有以下几种途径。

- 从软件销售商处购买安装光盘。光盘是存储软件和文件常用的媒体之一，用户可以从软件销售商处购买所需的软件安装光盘。
- 从网上下载安装程序。目前，许多软件的安装程序都放在网络上，通过网络，用户可以将所需的软件程序下载后使用。

- 购买软件书时赠送。一些软件方面的杂志或书籍也常会以光盘的形式为读者提供一些小的软件程序，这些软件大都是免费的。

做好软件的安装准备工作后，即可开始安装软件。安装软件的一般方法及注意事项如下。

- 将安装光盘放入光驱，然后双击其中的“setup.exe”或“install.exe”文件（某些软件也可能是软件本身的名称）图标，打开“安装向导”对话框，根据提示信息进行安装。某些安装光盘提供了智能化功能，只需将安装光盘放入光驱，系统就会自动进行安装。
- 如果安装程序是从网上下载并存放在硬盘中的，则可在资源管理器中找到该安装程序的存放位置，双击其中的“setup.exe”或“install.exe”文件图标安装可执行文件，再根据提示进行操作。
- 软件一般安装在除系统盘之外的其他磁盘分区中，最好是专门用一个磁盘分区来放置安装程序。杀毒软件和驱动程序等软件可安装在系统盘中。
- 很多软件在安装时要注意取消其开机启动选项，否则它们会默认设置为开机启动，这不但影响计算机启动的速度，还占用系统资源。
- 为确保安全，在网上下载的软件应事先进行查毒处理，再安装。

（三）计算机硬件的安装事项

硬件设备通常可分为即插即用型和非即插即用型两种。通常，将可以直接连接到计算机中使用的硬件设备称为即插即用型硬件，如U盘和移动硬盘等可移动存储设备。该类硬件不需要手动安装驱动程序，与计算机接口相连后，系统可以自动识别，从而可以在系统中直接运行。

非即插即用硬件是指连接到计算机后，需要用户自行安装驱动程序的计算机硬件设备，如打印机、扫描仪和摄像头等。要安装这类硬件，还需要准备与之配套的驱动程序，厂商一般会在用户购买硬件设备时提供安装服务。

任务实现

（一）安装和卸载应用程序

微课：安装和卸载应用程序

获取或准备好软件的安装程序后便可开始安装软件，安装后的软件将显示在“开始”菜单中的“所有程序”列表中，部分软件还会自动在桌面上创建快捷方式。

下面通过网络下载安装程序，安装搜狗输入法，并卸载计算机中不需要的软件。

（1）利用IE下载搜狗输入法安装程序，打开安装程序所在的文件夹，找到并双击“sogou_pinyin_98a.exe”文件，在打开的对话框中单击【运行(R)】按钮。

（2）打开“搜狗输入法9.8正式版 安装向导”对话框，单击对话框底部的【自定义安装▾】按钮，对话框底部将显示“安装位置”文本框，再单击文本框右侧的【浏览】按钮，如图4-17所示。

（3）打开“浏览文件夹”对话框，选择搜狗输入法的安装位置。这里先选择“新加卷（E）”选项，然后单击【新建文件夹(M)】按钮，输入文件夹名称为“sougou”，按【Enter】键确认，最后单击【确定】按钮。

（4）返回“搜狗输入法 9.8 正式版 安装向导”对话框，取消其他复选框，只保留“已阅读并接受用户协议 & 隐私政策”复选框为选中状态，然后单击【立即安装】按钮，如图4-18所示。稍后，搜狗输入法将成功安装到Windows 7操作系统中。

图 4-17　进入安装向导

图 4-18　安装搜索输入法

（5）打开“控制面板”窗口，在分类视图下单击“程序”选项下的“卸载程序”超链接，如图 4-19 所示。

（6）在打开窗口的“卸载或更改程序”列表框中可查看当前计算机中已安装的所有程序，如图 4-20 所示。在列表框中选择要卸载的程序选项，然后单击工具栏中的卸载按钮，打开确认是否卸载程序的提示对话框，单击是(Y)按钮即可确认并开始卸载程序。

图 4-19　单击“卸载程序”超链接

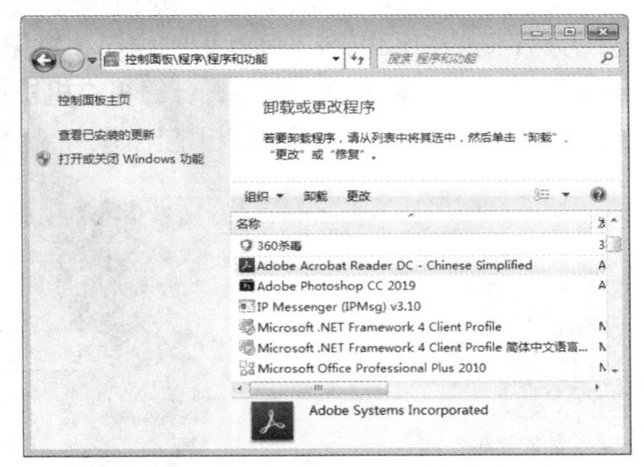

图 4-20　查看计算机中已安装的所有程序

（二）打开和关闭 Windows 功能

Windows 7 操作系统自带了一些组件程序及功能，包括 IE、媒体功能、游戏和打印服务等，用户可根据需要通过打开和关闭操作来决定是否启用这些功能。下面介绍关闭 Windows 7 的“纸牌”游戏功能。

（1）打开“控制面板”窗口，在分类视图下单击“程序”超链接，在打开的“程序”窗口中单击“打开或关闭 Windows 功能”超链接。

（2）系统检测 Windows 功能后，将打开图 4-21 所示的“Windows 功能”对话框，在对话框的列表中显示了所有的 Windows 功能选项，如选项前的复选框显示为■，则表示该功能中的某些子功能被打开；如选项前的复选框显示为☑，则表示该功能中的所有子功能都被打开。

（3）单击“游戏”功能选项前的⊞标记，取消选中“纸牌”复选框，可关闭该游戏功能，如图 4-22 所示。

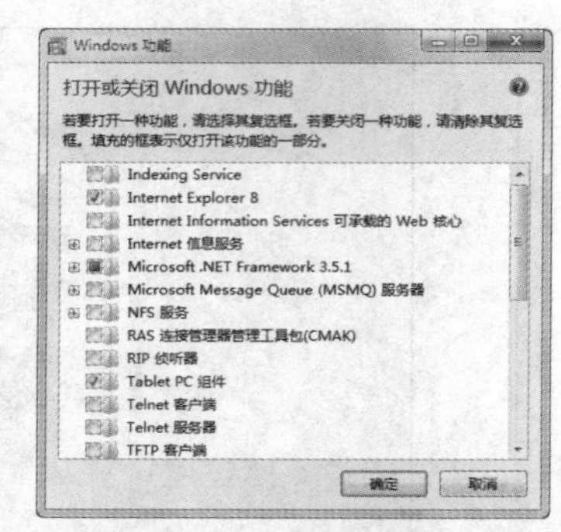

图 4-21 “Windows 功能”窗口

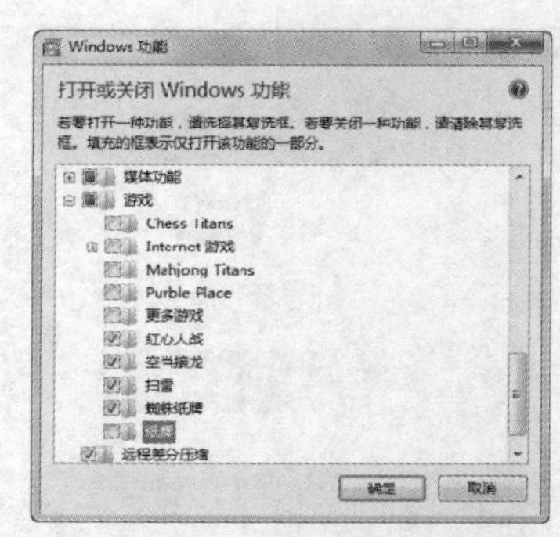

图 4-22 关闭“纸牌”游戏功能

（4）单击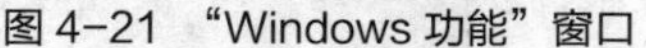按钮，系统打开提示对话框显示该项功能的配置进度，完成后，系统自动关闭该对话框和“Windows 功能”对话框。

（三）安装打印机硬件驱动程序

在安装打印机前应先将设备与计算机主机相连接，然后还需安装打印机的驱动程序。当安装其他外部计算机设备时，也可参考安装打印机的方法来安装。

下面连接打印机，然后安装打印机的驱动程序。

（1）不同的打印机有不同类型的端口，常见的有 USB、LPT 和 COM 端口，可参见打印机的使用说明书。将数据线的一端插入计算机主机机箱后面相应的插口，再将另一端与打印机接口相连，如图 4-23 所示，然后接通打印机的电源。

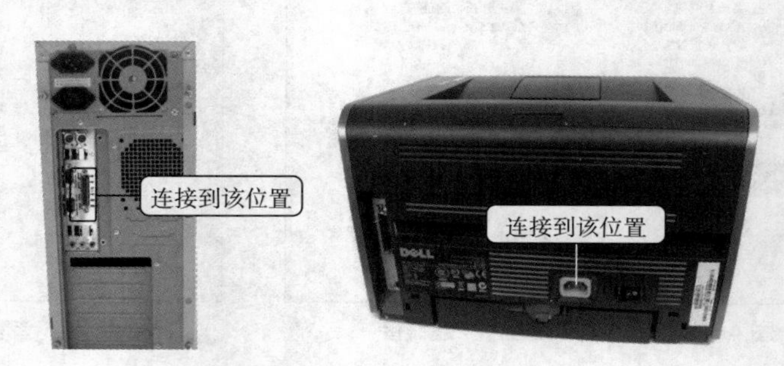

图 4-23 连接打印机

（2）选择【开始】/【控制面板】命令，打开“控制面板”窗口。单击“硬件和声音”下方的“查看设备和打印机”超链接，打开“设备和打印机”窗口，如图 4-24 所示，在其中单击 添加打印机 按钮。

（3）在打开的“添加打印机”对话框中选择“添加本地打印机”选项，如图 4-25 所示。

图 4-24 “设备和打印机”窗口

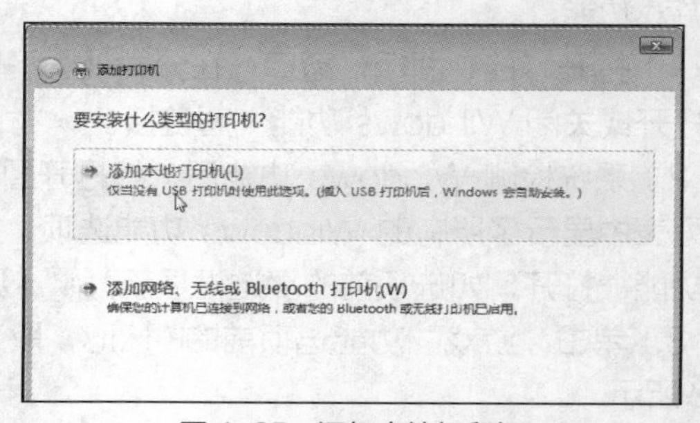

图 4-25 添加本地打印机

（4）在打开的“选择打印机端口”对话框中单击选中“使用现有的端口”单选项，在其后面的下拉列表框中选择打印机连接的端口（一般使用默认端口设置），然后单击 下一步(N) 按钮，如图 4-26 所示。

（5）在打开的“安装打印机驱动程序”对话框的“厂商”列表框中选择打印机的生产厂商，在“打印机”列表框中选择安装的打印机的型号，单击 下一步(N) 按钮，如图 4-27 所示。

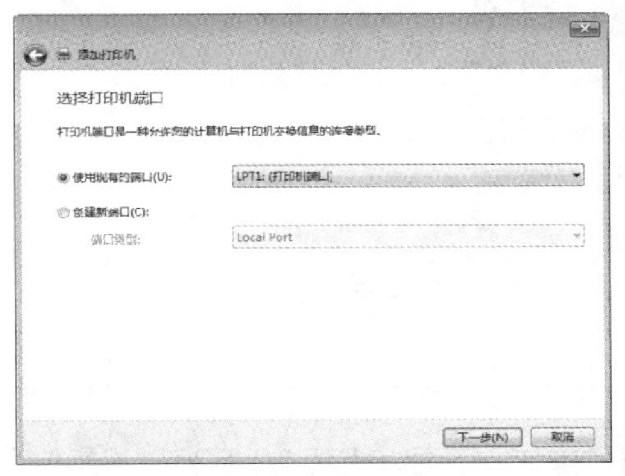

图 4-26　选择打印机端口

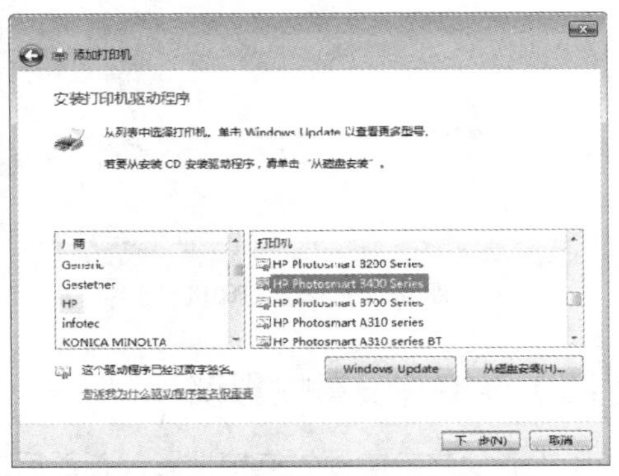

图 4-27　选择打印机的生产厂商和型号

（6）打开“键入打印机名称”对话框，在“打印机名称”文本框中输入名称，这里使用默认名称，然后单击 下一步(N) 按钮，如图 4-28 所示。

（7）系统开始安装驱动程序，安装完成后打开“打印机共享”对话框，如果不需要共享打印机，则单击选中“不共享这台打印机”单选项，然后单击 下一步(N) 按钮，如图 4-29 所示。

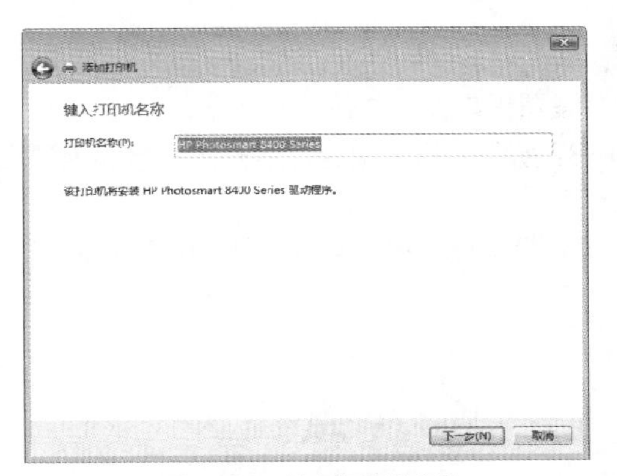

图 4-28　输入打印机名称

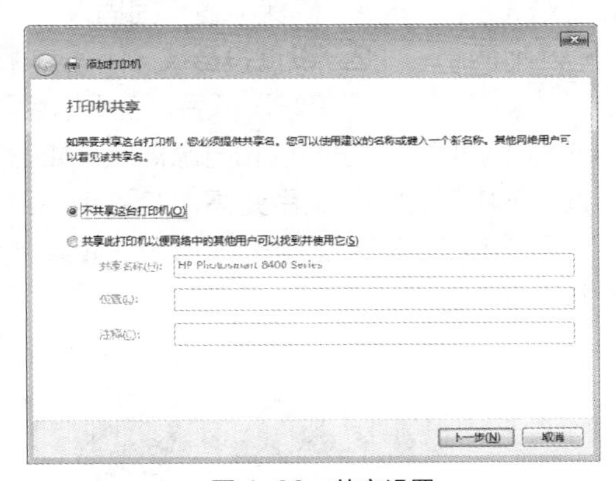

图 4-29　共享设置

提示　要安装网络打印机，可在图 4-25 所示的“添加打印机”对话框中选择“添加网络、无线或 Bluetooth 打印机”选项，系统将自动搜索与本机联网的所有打印机设备，选择打印机型号后自动安装驱动程序。

（8）在打开的对话框中单击选中“设置为默认打印机”复选框，可设置其为默认的打印机，单击 完成(F) 按钮完成打印机的添加，如图 4-30 所示。

（9）打印机安装完成后，在“控制面板”窗口中单击“查看设备和打印机”超链接，在打开的窗口中双击安装的打印机的图标，即可在打开的窗口中查看和设置打印机，包括查看当前打印内容、自定义打印机和调整打印选项等，如图 4-31 所示。

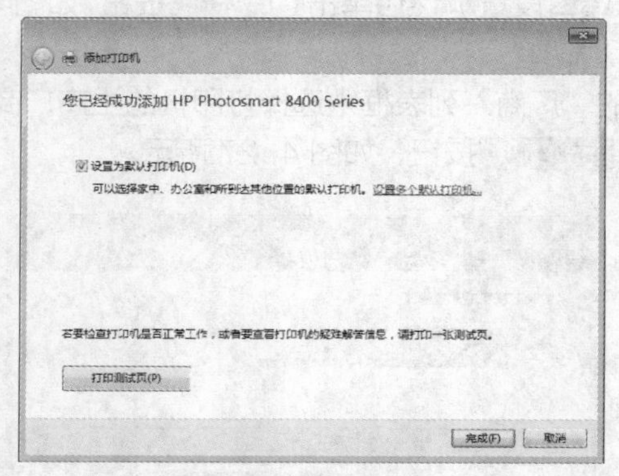

图 4-30　添加打印机

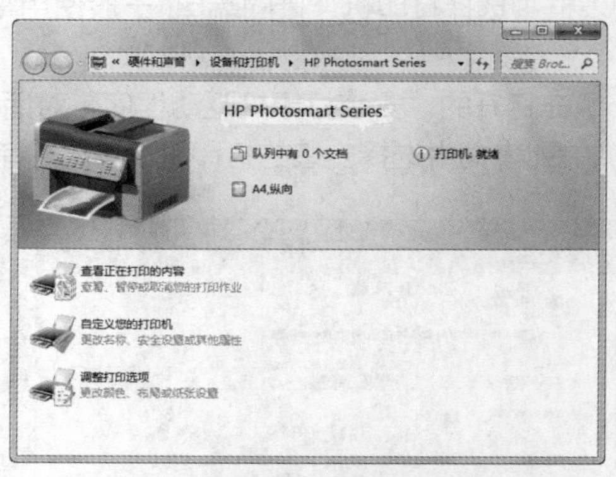

图 4-31　安装完成

（四）连接并设置投影仪

使用投影仪之前需要先连接投影仪，然后进行各种操作，下面以明基 MP625P 投影仪为例进行介绍。

1. 连接投影仪

微课：连接投影仪

连接投影仪是较为基础的操作，当连接信号源至投影仪时，需确认以下 3 点。

- 进行任何连接前关闭所有设备。
- 为每个信号来源使用正确的信号线缆。
- 确保电缆牢固插入。

2. 设置投影仪

连接好设备后，就可以启动并设置投影仪，具体操作如下。

（1）将电源线插入投影仪和电源插座，如图 4-32 所示。打开电源插座开关，接通电源后，检查投影仪上的电源指示灯是否变亮，如图 4-32 所示。

（2）取下镜头盖，如图 4-33 所示，如果镜头盖保持关闭，则它可能会因为投影灯泡产生的热量而导致变形。

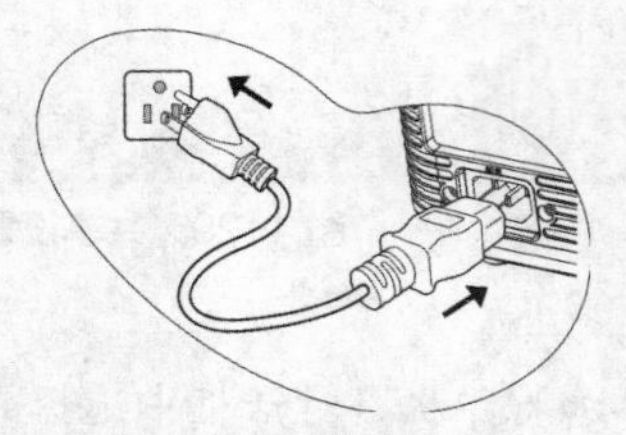
图 4-32　接通电源

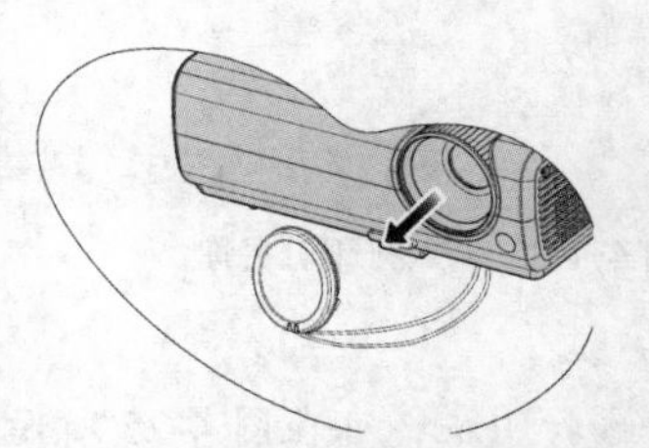
图 4-33　取下镜头盖

（3）按投影仪或遥控器上的 Power 键启动投影仪。当投影仪电源打开时，电源指示灯先闪烁，然后常亮绿灯，如图 4-34 所示。启动投影仪约需 30s。启动后，屏幕将显示启动标志。

（4）如果是初次使用投影仪，请按照屏幕上的说明选择 OSD（On Screen Display，屏幕菜单式调节方式）语言，如图 4-35 所示。

（5）接通所有连接的设备，然后投影仪开始搜索输入信号。 屏幕左上角将显示当前扫描的输入信号。如果投影仪未检测到有效信号，屏幕上将一直显示“无信号”信息，直至检测到输入信号。

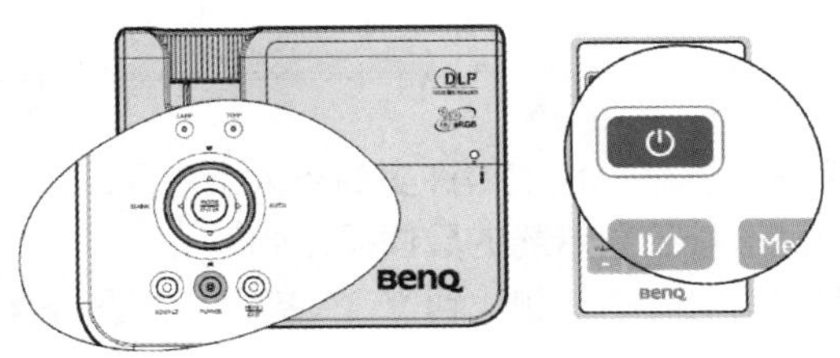

图 4-34　启动投影仪

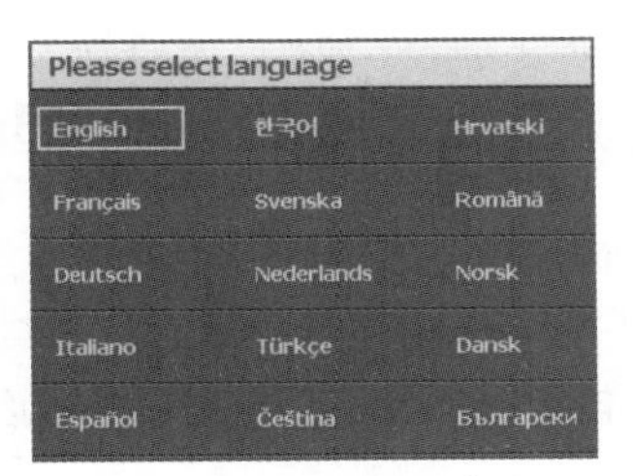

图 4-35　选择语言

（6）也可手动浏览并选择可用的输入信号，即按投影机或遥控器上的 Source 键，显示信号源选择栏，重复按方向键直到选中所需信号，然后按【Mode/Enter】键，如图 4-36 所示。

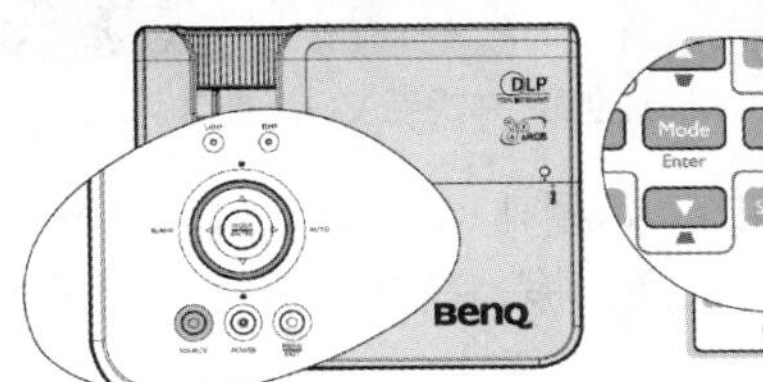

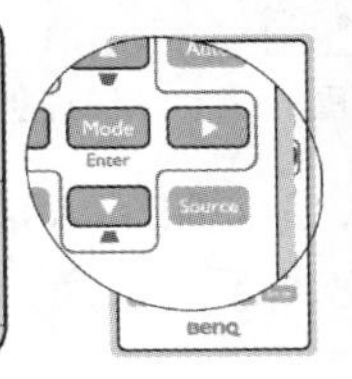

图 4-36　选择输入信号

（7）按快速装拆按钮并将投影仪的前部抬高，一旦调整好之后，释放快速装拆按钮，以将支脚锁定到位。旋转后调节支脚，对水平角度进行微调，如图 4-37 所示。收回支脚，抬起投影仪并按快速装拆按钮，然后慢慢向下压投影仪，接着按反方向旋转后调节支脚。

（8）按投影机或遥控器上的 Auto 键，在大约 3s 内，内置的智能自动调整功能将重新调整频率和脉冲的值，以提供较好的图像质量，如图 4-38 所示。

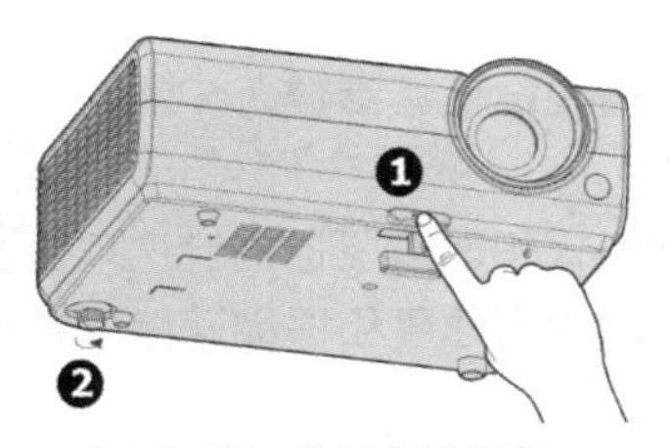

图 4-37　微调水平角度

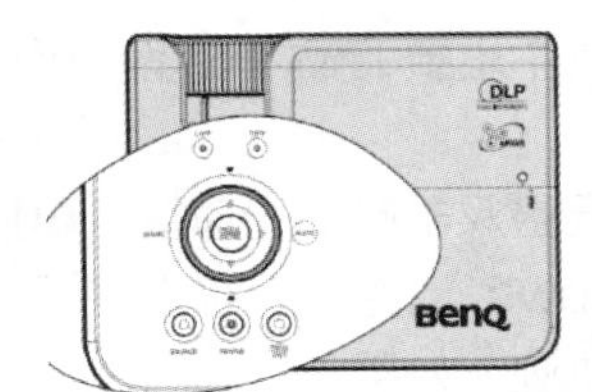

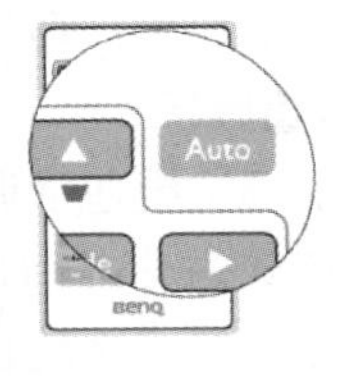

图 4-38　自动调整图像

（9）使用变焦环将投影图像调整至所需的尺寸，如图 4-39 所示。

（10）旋动调焦圈使图像聚焦，如图 4-40 所示，然后完成启动操作，就可以使用投影仪播放视频和图像了。

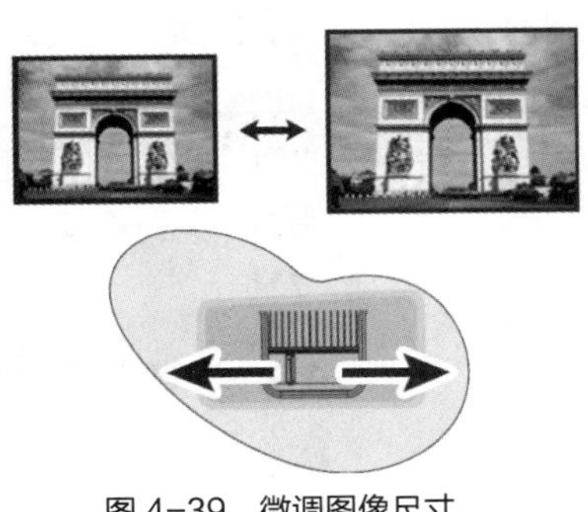

图 4-39　微调图像尺寸

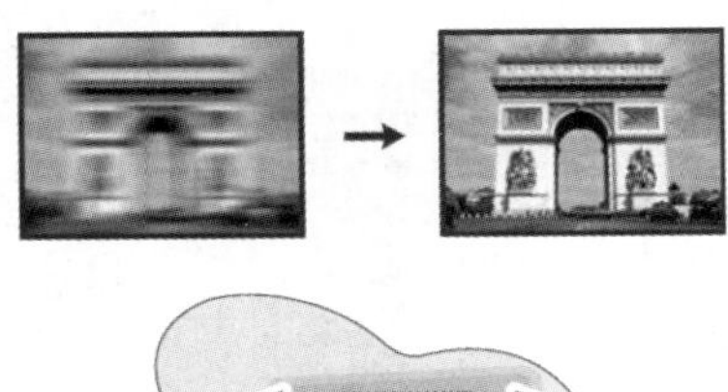

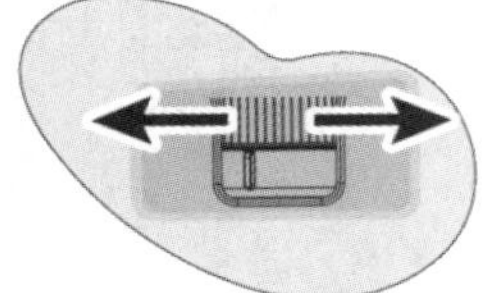

图 4-40　使图像聚焦

（五）连接笔记本电脑到显示器

笔记本电脑小巧轻便，受到大众喜爱，但其因屏幕小也使得许多商务人士望而却步。要解决这一问题，只需要一根视频线即可。将笔记本电脑连接到显示器的具体操作如下。

（1）准备一根 VGA 接口的视频线，在笔记本电脑的一侧找到 VGA 接口，如图 4-41 所示。

图 4-41　准备视频线并找到 VGA 接口

（2）将视频线一头插入笔记本电脑的 VGA 接口，如图 4-42 所示，将另外一头与显示器连接。

（3）按【Win+P】组合键打开图 4-43 所示的切换面板，在其中选择“仅投影仪”选项，即可在计算机显示器上显示笔记本电脑中的内容。

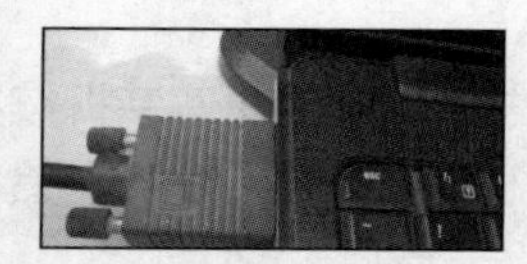

图 4-42　连接笔记本电脑

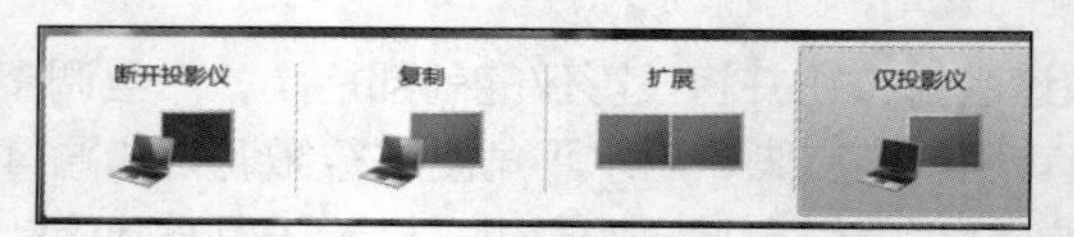

图 4-43　切换面板

（六）设置鼠标和键盘

鼠标和键盘是计算机中重要的输入设备，用户可以根据需要设置其参数。

1. 设置鼠标

设置鼠标主要包括调整双击鼠标的速度、更换鼠标指针样式和设置鼠标指针选项等。下面设置鼠标指针样式为“Windows 黑色（系统方案）”，调节鼠标的双击速度和移动速度，并设置移动鼠标指针时会产生“移动轨迹”效果。

（1）选择【开始】/【控制面板】命令，打开“控制面板”窗口，然后单击“硬件和声音”超链接，在打开的窗口中单击“鼠标”超链接，如图 4-44 所示。

（2）在打开的“鼠标 属性”对话框中单击“鼠标键”选项卡，在“双击速度”栏中拖动“速度”滑块可以调节双击速度，如图 4-45 所示。

图 4-44　单击“鼠标”超链接

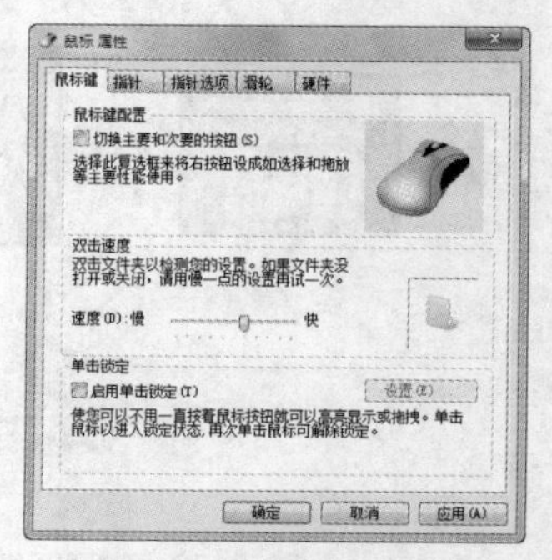

图 4-45　调节鼠标双击速度

（3）单击“指针”选项卡，然后单击“方案”栏中的下拉按钮，在打开的下拉列表中选择鼠标样式，这里选择“Windows 黑色（系统方案）”，如图 4-46 所示。

（4）单击应用(A)按钮，此时鼠标指针样式变为设置后的样式。如果要自定义某个鼠标状态下的指针样式，则可在“自定义”列表框中选择需单独更改样式的鼠标状态选项，然后单击浏览(B)...按钮进行选择。

（5）单击“指针选项”选项卡，在“移动”栏中拖动滑块可以调整鼠标指针的移动速度。单击选中“显示指针轨迹”复选框，如图 4-47 所示，移动鼠标指针时会产生“移动轨迹”效果。

（6）单击确定按钮，完成对鼠标的设置。

图 4-46　选择鼠标指针样式

图 4-47　单击选中“显示指针轨迹”复选框

提示　习惯用左手操作计算机的用户，可以在“鼠标 属性”对话框的“鼠标键”选项卡中单击选中“切换主要和次要的按钮”复选框，设置交换鼠标左右键的功能，从而方便使用左手进行操作。

2. 设置键盘

在 Windows 7 中，设置键盘主要是调整键盘的响应速度以及光标的闪烁速度。

设置降低键盘重复输入一个字符的延迟时间，使重复输入字符的速度更快，并适当调整光标的闪烁速度。

（1）选择【开始】/【控制面板】命令，打开“控制面板”窗口，在窗口右上角的“查看方式”下拉列表框中选择“小图标”选项，如图 4-48 所示，切换至“小图标”视图模式。

微课：设置键盘

（2）单击“键盘”超链接，打开图 4-49 所示的“键盘 属性”对话框，单击“速度”选项卡，向右拖动“字符重复”栏中的“重复延迟”滑块，降低键盘重复输入一个字符的延迟时间。向右拖动“重复速度”滑块，加快重复输入字符的速度。

（3）在“光标闪烁速度”栏中拖动滑块可改变在文本编辑软件（如记事本）中光标在编辑位置的闪烁速度，这里向左拖动滑块设置为中等速度。

（4）单击确定按钮，完成设置。

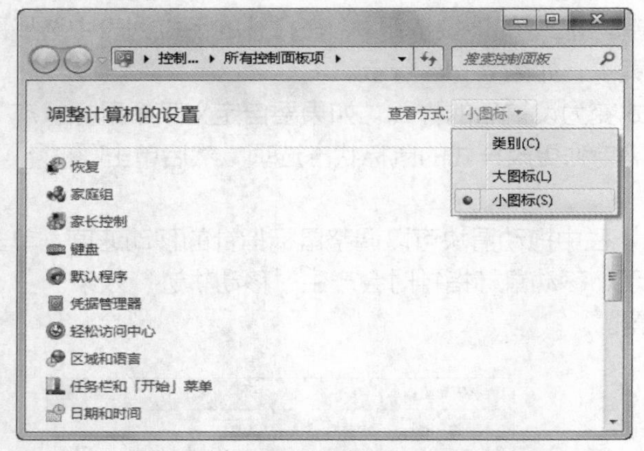

图 4-48　设置“小图标”查看方式

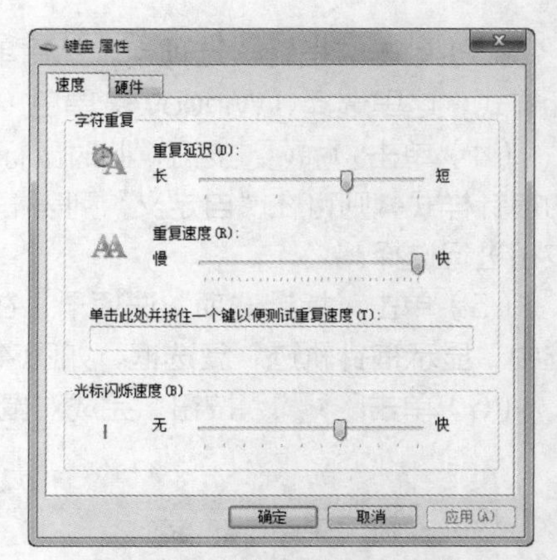

图 4-49　“键盘 属性”对话框

（七）使用附件程序

Windows 7 操作系统提供了一系列的实用工具程序，包括媒体播放器、计算器和画图程序等。下面简单介绍它们的使用方法。

1. 使用 Windows Media Player

Windows Media Player 是 Windows 7 操作系统自带的一款多媒体播放器，使用它可以播放各种格式的音频文件和视频文件，还可以播放 VCD 和 DVD 电影。只需选择【开始】/【所有程序】/【Windows Media Player】命令，即可启动 Windows Media Player，其工作界面如图 4-50 所示。

图 4-50　Windows Media Player 工作界面

播放音乐或视频文件的方法主要有以下几种。

- 在工具栏上单击鼠标右键，在弹出的快捷菜单中选择【文件】/【打开】菜单命令或按【Ctrl+O】组合键，在打开的“打开”对话框中选择需要播放的音乐或视频文件，然后单击“打开(O)”按钮，即可在 Windows Media Player 中播放这些文件。
- Windows Media Player 可以直接播放光盘中的多媒体文件，方法是：将光盘放入光驱中，然后在 Windows Media Player 窗口的工具栏上单击鼠标右键，在弹出的快捷菜单中选择【播放】/【播放/DVD、VCD 或 CD 音频】命令，即可播放光盘中的多媒体文件。

- 在工具栏中单击鼠标右键，在弹出的快捷菜单中选择【视图】/【外观】命令，将播放器切换到“外观”模式，选择【文件】/【打开】菜单命令，即可打开并播放媒体文件。
- 使用媒体库可以将存放在计算机中不同位置的媒体文件集合在一起，通过媒体库，用户可以快速找到并播放相应的多媒体文件。其方法是：单击工具栏中的 创建播放列表(C) 按钮，在导航窗格的“播放列表”目录下新建一个播放列表，输入播放列表名称后按【Enter】键确认创建，创建后选择导航窗格中的“音乐”选项，在显示区的“所有音乐”列表中将需要的音乐拖动到新建的播放列表中，添加后双击该列表的选项即可播放列表中的所有音乐。

2. 使用画图程序

选择【开始】/【所有程序】/【附件】/【画图】命令，即可启动画图程序。画图程序中的所有绘制工具及编辑命令都集成在“主页”选项卡中，因此，画图所需的大部分操作都可以在功能区中完成。利用画图程序可以绘制各种简单形状的图形，也可以打开计算机中已有的图像文件进行编辑。

- 绘制图形。单击“形状”工具栏中的各个按钮，然后在“颜色”工具栏中单击选择一种颜色，移动鼠标指针到绘图区，按住鼠标左键并拖动鼠标，便可以绘制出相应形状的图形。绘制图形后单击“工具”工具栏中的“用颜色填充”按钮，然后在“颜色”工具栏中选择一种颜色，单击绘制的图形，即可填充图形，如图 4-51 所示。

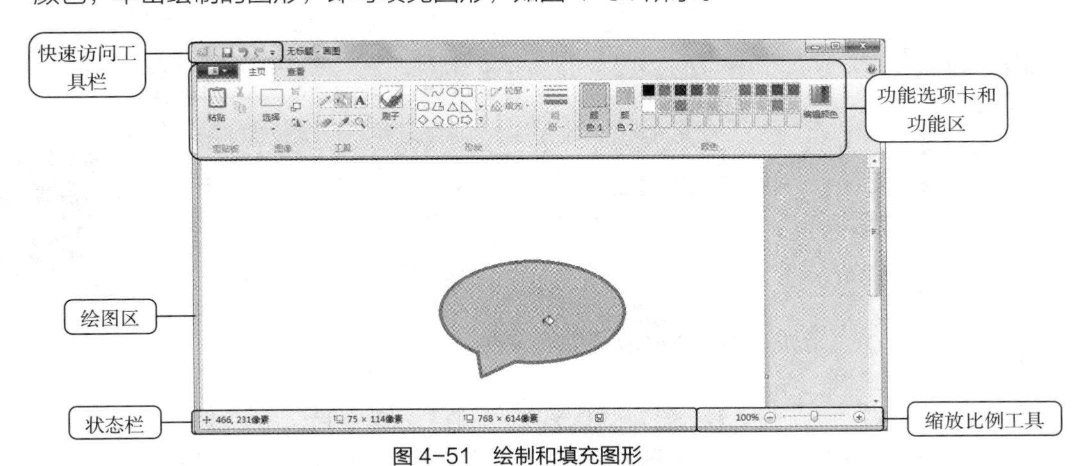

图 4-51 绘制和填充图形

- 打开和编辑图像文件。启动画图程序后单击按钮，在打开的下拉列表中选择“打开”选项或按【Ctrl+O】组合键，在打开的“打开”对话框中找到并选择图像，单击 打开(O) 按钮打开图像。打开图像后单击“图像”工具栏中的按钮，在打开的下拉列表中选择需要旋转的方向和角度，可以旋转图像，如图 4-52 所示。单击“图像”工具栏中的 选择 按钮，在打开的下拉列表中选择“矩形选择”选项，在图像中按住鼠标左键并拖动鼠标可以选择局部图像区域，选择图像后按住鼠标左键，拖动鼠标可移动图像的位置，单击“图像”工具栏中的 裁剪 按钮，将自动裁剪掉多余的部分，留下被框选部分的图像。

3. 使用计算器

当需要计算大量数据，而又没有合适的计算工具时，可以使用 Windows 7 自带的计算器。它除了有适合大多数人使用的标准计算模式以外，还有适合特殊情况的科学型、程序员和统计信息等模式。

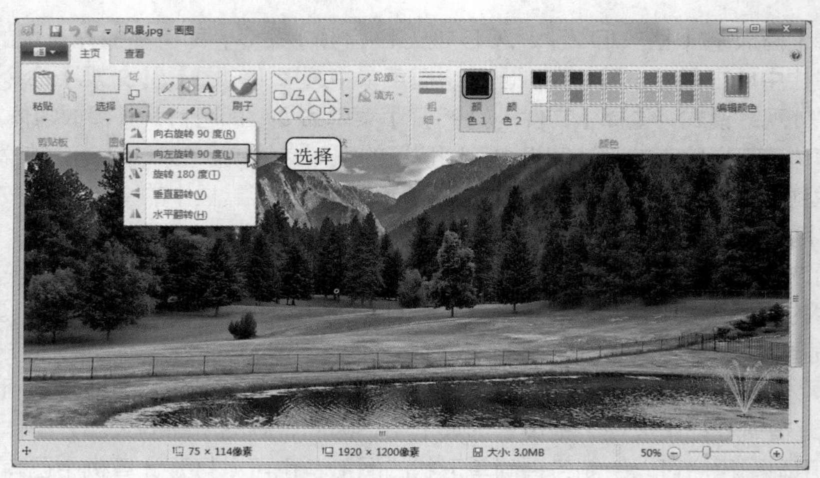

图 4-52　打开并旋转图像

选择【开始】/【所有程序】/【附件】/【计算器】命令，默认启动标准型计算器。该计算器的使用与现实中计算器的使用方法基本相同，使用鼠标单击操作界面中相应的按钮即可计算。标准型模式不能完成的计算任务可以选择“查看”菜单下其他类型的计算器完成，主要包括科学型、程序员和统计信息等几种，它们可以用于实现较复杂的数值计算。

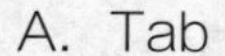

课后练习

1. 选择题

（1）在 Windows 7 中，选择多个连续的文件或文件夹，应首先选择第一个文件或文件夹，然后按住（　　）键，再单击最后一个文件或文件夹。

A. Tab　　B. Alt
C. Shift　　D. Ctrl

（2）在 Windows 7 中，被放入回收站中的文件仍然占用（　　）。

A. 硬盘空间　　B. 内存空间
C. 软件空间　　D. 光盘空间

（3）Windows 7 操作系统中用于设置系统和管理计算机硬件的应用程序是（　　）。

A. 资源管理器　　B. 控制面板　　C.“开始”菜单　　D.“计算机”窗口

2. 操作题

（1）管理文件和文件夹，具体要求如下。

① 在计算机 D 盘下新建 FENG、WARM 和 SEED 这 3 个文件夹，再在 FENG 文件夹下新建 WANG 子文件夹，在该子文件夹中新建一个“JIM.txt”文件。

② 将 WANG 子文件夹下的“JIM.txt”文件复制到 WARM 文件夹中。

③ 将 WARM 文件夹中的“JIM.txt”文件设置为隐藏和只读属性。

④ 将 WARM 文件夹下的“JIM.txt”文件删除。

（2）利用计算器计算“(355+544-45)/2”。

（3）利用画图程序绘制一个粉红色的心形图形，最后以“心形”为名保存到桌面。

（4）从网上下载搜狗输入法的安装程序，然后将其安装到计算机中。

项目五
编辑Word文档

Word 是微软公司推出的 Office 办公软件的核心组件之一，它是一个功能强大的文字处理软件。使用 Word 不仅可以进行简单的文字处理、制作出图文并茂的文档，还能进行长文档的排版和特殊版式的编排。本项目将通过 3 个典型任务介绍 Word 2016 的基本操作，包括输入和编辑学习计划、编辑招聘启事和编辑公司简介等内容。

课堂学习目标

- 输入和编辑学习计划。
- 编辑招聘启事。
- 编辑公司简介。

任务一　输入和编辑学习计划

任务要求

小赵是一名大学生，开学第一天，辅导老师要求大家针对大学生涯制作一份电子版的学习计划。接到任务后，小赵先思考了自己的大学学习计划，拟定大纲，然后利用 Word 2016 的相关功能完成了对学习计划文档的编辑，完成后的效果如图 5-1 所示。辅导老师对学习计划的要求如下。

- 新建一个空白文档，并将其以“学习计划”为名保存。
- 在文档中通过空格或即点即输方式输入图 5-1 所示的左边的文本。
- 将“2020 年 3 月”文本移动到文档末尾的右下角。

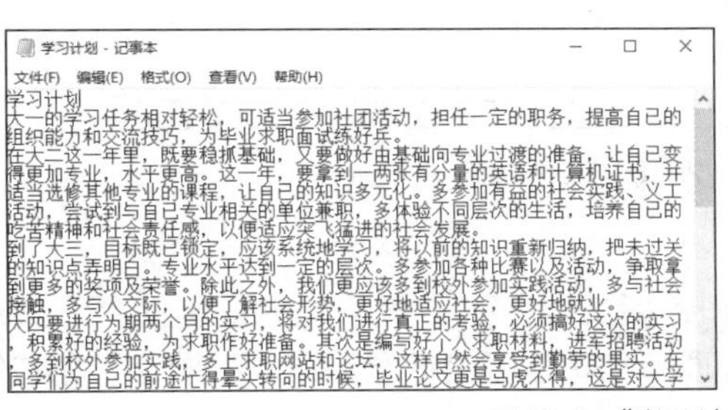

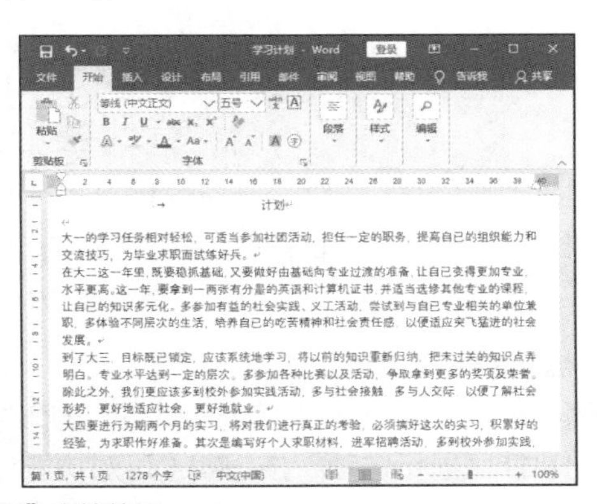

图 5-1 “学习计划”文档效果

- 查找全文中的“自已”并替换为“自己”。
- 将文档标题“学习计划”修改为“计划”。
- 撤销和恢复所做的修改，然后保存文档。

相关知识

（一）启动和退出 Word 2016

在计算机中安装 Office 2016 后，便可启动相应的组件，主要包括 Word 2016、Excel 2016 和 PowerPoint 2016，各个组件的启动方法相同。下面以启动 Word 2016 为例进行讲解。

1. 启动 Word 2016

Word 2016 的启动方法很简单，与其他常见应用软件的启动方法相似，主要有以下 3 种方法。

- 单击“开始”按钮，在打开的“开始”菜单中选择【所有程序】/【Word】命令。
- 创建 Word 2016 的桌面快捷方式后，双击桌面上的快捷方式图标。
- 在任务栏中的“快速启动区”单击 Word 2016 图标。

2. 退出 Word 2016

退出 Word 2016 主要有以下 4 种方法。

- 选择【文件】/【关闭】命令。
- 单击 Word 2016 窗口右上角的“关闭”按钮。
- 按【Alt+F4】组合键。
- 在 Word 2016 的标题栏上单击鼠标右键，在弹出的快捷菜单中选择“关闭”命令。

（二）熟悉 Word 2016 的工作界面

启动 Word 2016 后，将进入其工作界面，如图 5-2 所示。下面介绍 Word 2016 工作界面的主要组成部分。

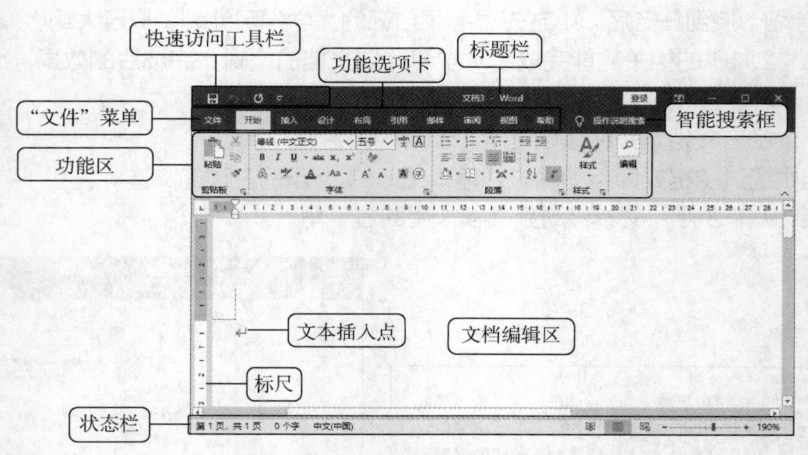

图 5-2　Word 2016 的工作界面

1. 标题栏

标题栏位于 Word 2016 工作界面的最顶端，包括文档名称、“登录”按钮（用于登录 Office 账户）、“功能区显示选项”按钮（可对功能选项卡和功能区进行显示和隐藏操作）和右侧的“窗口控制”按钮组（包含“最小化”按钮、“最大化”按钮和“关闭”按钮，可最大化、最小化和关闭窗口）。

2. 快速访问工具栏

快速访问工具栏中显示一些常用的工具按钮，默认按钮有“保存”按钮、“撤销键入”按钮、“重复键入”按钮。用户还可自定义按钮，只需单击该工具栏右侧的“自定义快速访问工具栏”按钮，在打开的下拉列表中选择相应选项。

3. “文件”菜单

“文件”菜单中的内容与其他版本 Office 中的“文件”菜单类似，主要用于执行与该组件相关文档的新建、打开、保存、共享等基本操作，菜单最下方的“选项”命令可打开“Word 选项”对话框，在其中可对 Word 组件进行常规、显示、校对、自定义功能区等多项设置。

4. 功能选项卡

Word 2016 默认包含 10 个功能选项卡，单击任一选项卡可切换到相应的选项卡，打开对应的功能区，每个选项卡中分别包含相应的功能。

5. 智能搜索框

智能搜索框是 Word 2016 新增的一项功能，通过该搜索框，用户可轻松找到相关的操作说明。例如，需在文档中插入目录时，便可以直接在搜索框中输入“目录”，此时会显示一些关于目录的信息，将鼠标指针定位至“目录”选项上，在打开的子列表中可以快速选择自己想要插入的目录的形式。

6. 标尺

标尺主要用于定位文档内容，位于文档编辑区上侧的标尺称为水平标尺，左侧的标尺称为垂直标尺，拖动水平标尺中的“缩进”按钮可快速调节段落的缩进和文档的边距。

7. 文档编辑区

文档编辑区是输入与编辑文本的区域，对文本进行的各种操作及结果都会显示在该区域中。新建一篇空白文档后，文档编辑区的左上角将显示一个闪烁的光标，称为文本插入点，该光标所在位置便是文本的起始输入位置。

8. 状态栏

状态栏位于工作界面的最底端，主要用于显示当前文档的工作状态，包括当前页数、字数、输入状态等，右侧依次是“视图切换”按钮和“显示比例”按钮调节滑块。

提示 在【视图】/【缩放】组中单击“缩放”按钮，可打开“缩放”对话框，调整缩放比例；单击“100%”按钮，可将文档的显示比例设置为 100%。

（三）自定义 Word 2016 工作界面

Word 2016 工作界面中大部分的功能和选项都是默认显示的，用户可根据使用习惯和操作需要，自定义适合自己的工作界面，其中包括自定义快速访问工具栏、自定义功能区和显示或隐藏文档中的元素等。

1. 自定义快速访问工具栏

为了操作方便，用户可以在快速访问工具栏中添加自己常用的命令按钮，或删除不需要的命令按钮，也可以改变快速访问工具栏的位置。

- 添加常用命令按钮。在快速访问工具栏右侧单击按钮，在打开的下拉列表中选择常用的选项，如选择“打开”选项，可将该命令按钮添加到快速访问工具栏中。
- 删除不需要的命令按钮。在快速访问工具栏的命令按钮上单击鼠标右键，在弹出的快捷菜单中选择“从快速访问工具栏删除”命令，可将该命令按钮从快速访问工具栏中删除。

- 改变快速访问工具栏的位置。在快速访问工具栏右侧单击按钮，在打开的下拉列表中选择“在功能区下方显示”选项，可将快速访问工具栏显示到功能区下方；再次在下拉列表中选择“在功能区上方显示”选项，可将快速访问工具栏还原到默认位置。

2. 自定义功能区

在 Word 2016 工作界面中，选择【文件】/【选项】命令，在打开的“Word 选项”对话框中单击“自定义功能区”选项卡，可根据需要显示或隐藏相应的功能选项卡、创建新的选项卡、在选项卡中创建组和命令等，如图 5-3 所示。

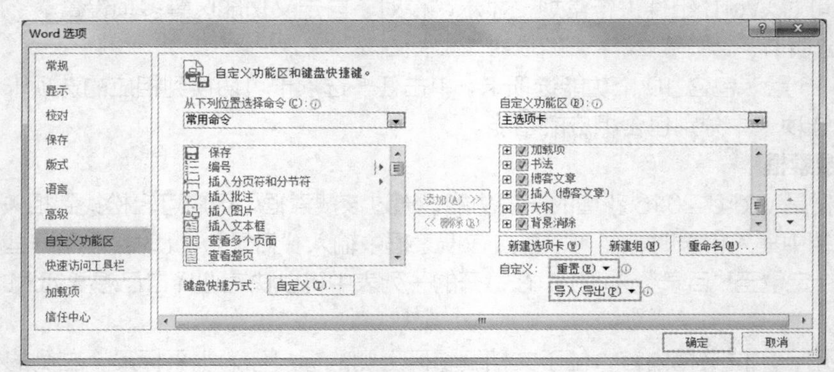

图 5-3　自定义功能区

- 显示或隐藏主选项卡。在“Word 选项”对话框的“自定义功能区”选项卡的“自定义功能区”栏中单击选中或取消选中主选项卡对应的复选框，即可在功能区中显示或隐藏该主选项卡。
- 创建新的选项卡。在“自定义功能区”列表框中单击新建选项卡(W)按钮即可新建一个选项卡，选择新建的选项卡，单击重命名(M)...按钮，在打开的“重命名”对话框的“显示名称”文本框中输入名称，单击确定按钮，可重命名新建的选项卡。
- 在功能区中创建组。选择新建的选项卡，在“自定义功能区”选项卡中单击新建组(N)按钮，在选项卡下新建组。选择新建的组，单击重命名(M)...按钮，在打开的“重命名”对话框的“符号”列表框中选择图标，在“显示名称”文本框中输入名称，单击确定按钮，可重命名新建的组。
- 在组中添加命令。选择新建的组，在“自定义功能区”选项卡的“从下列位置选择命令”列表框中选择需要的命令选项，然后单击添加(A) >>按钮，即可将命令添加到组中。
- 删除自定义的功能区。在“自定义功能区”选项卡的“自定义功能区”列表框中单击选中相应的主选项卡复选框后，单击<< 删除(R)按钮，可将自定义的选项卡或组删除。若要一次性删除所有自定义的功能区，可单击重置(E)按钮，在打开的下拉列表中选择“重置所有自定义项”选项，在打开的提示对话框中单击确定按钮，删除所有自定义项，恢复 Word 2016 默认的功能区效果。

3. 显示或隐藏文档中的元素

Word 的文本编辑区中包含多个文本编辑的辅助元素，如标尺、网格线、导航窗格和滚动条等，编辑文本时，可根据需要隐藏一些不需要的元素或将隐藏的元素显示出来。显示或隐藏文档中元素的方法主要有两种。

- 在【视图】/【显示】组中单击选中或撤销选中标尺、网格线和导航窗格对应的复选框，即可在文档中显示或隐藏相应的元素，如图 5-4 所示。

- 在“Word 选项”对话框中单击“高级”选项卡，向下拖动对话框右侧的滚动条，在“显示”栏中单击选中或撤销选中“显示水平滚动条”“显示垂直滚动条”“在页面视图中显示垂直标尺”复选框，也可在文档中显示或隐藏相应的元素，如图 5-5 所示。

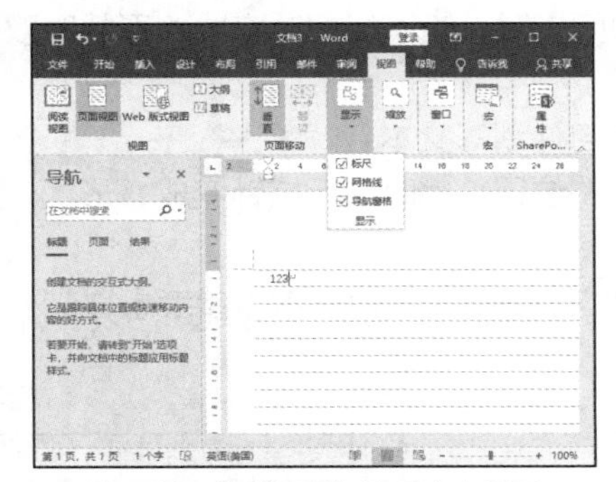

图 5-4　在“视图”选项卡中设置

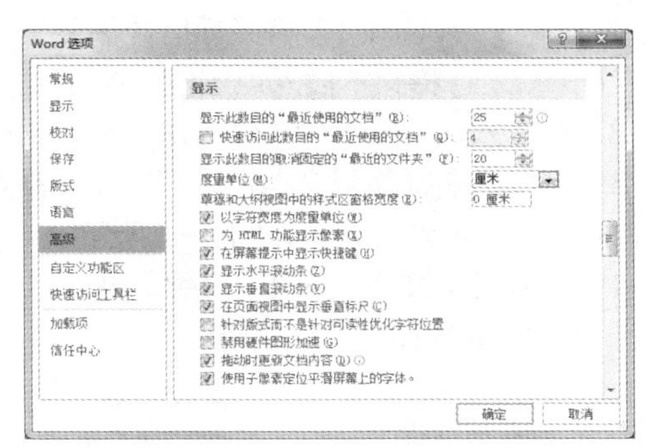

图 5-5　在“Word 选项”对话框中设置

任务实现

（一）创建“学习计划”文档

启动 Word 2016 后将自动新建一个空白文档，用户也可手动创建符合要求的文档，具体操作如下。

微课：创建“学习计划”文档

（1）单击“开始”按钮，在打开的“开始”菜单中选择【所有程序】/【Word】命令，启动 Word 2016。

（2）选择【文件】/【新建】命令，在打开的窗口中选择“空白文档”选项，如图 5-6 所示，或在打开的文档中按【Ctrl+N】组合键，或选择“文件”菜单，在打开的界面中选择“空白文档”选项，都可新建一个空白的文档。

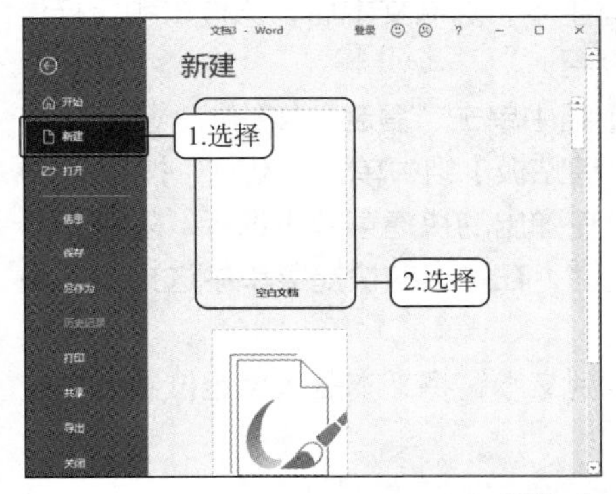

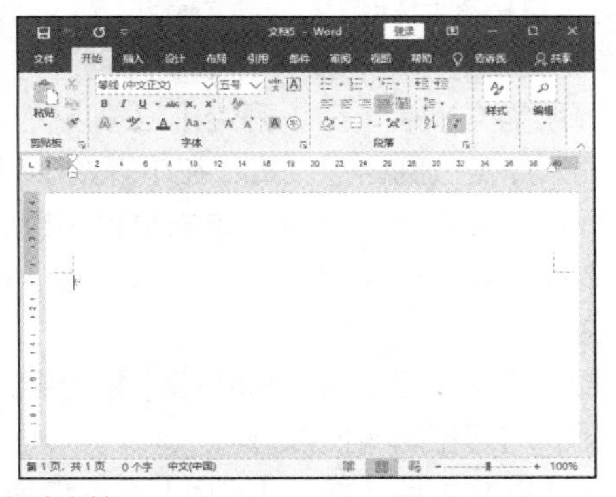

图 5-6　新建文档

提示　选择【文件】/【新建】命令，在打开的界面右侧选择一个模板选项，在打开的提示对话框中单击“创建”按钮，Word 将自动下载所选的模板，稍后将根据所选模板创建一个新的 Word 文档，且模板中包含已设置好的内容和样式。

微课：输入文档文本

（二）输入文档文本

新建文档后可以在文档中输入文本，运用 Word 的即点即输功能可轻松地在文档中的不同位置输入需要的文本，具体操作如下。

（1）将鼠标指针移至文档上方的中间位置，当鼠标指针变成I≡形状时双击，将文本插入点定位到此处。

（2）将输入法切换至中文输入法，输入文档标题“学习计划”文本。

（3）将鼠标指针移至文档标题下方左侧需要输入文本的位置，此时鼠标指针变成I≡形状，双击将文本插入点定位到此处，如图 5-7 所示。

（4）输入正文文本，按【Enter】键换行，使用相同的方法输入其他文本（参考素材文件“学习计划.txt”），效果如图 5-8 所示。

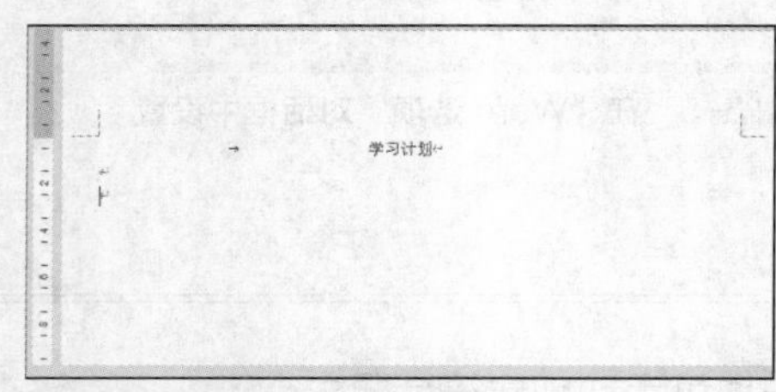

图 5-7　定位文本插入点

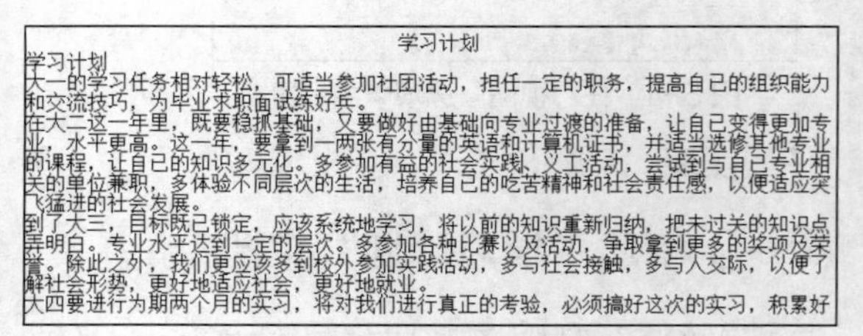
学习计划
学习计划
大一的学习任务相对轻松，可适当参加社团活动，担任一定的职务，提高自己的组织能力和交流技巧，为毕业求职面试练好兵。
在大二这一年里，既要稳抓基础，又要做好由基础向专业过渡的准备，让自己变得更加专业，水平更高。这一年，要拿到一两张有分量的英语和计算机证书，并适当选修其他专业的课程，让自己的知识多元化。多参加有益的社会实践、义工活动，尝试到与自己专业相关的单位兼职，多体验不同层次的生活，培养自己的吃苦精神和社会责任感，以便适应突飞猛进的社会发展。
到了大三，目标既已锁定，应该系统地学习，将以前的知识重新归纳，把未过关的知识点弄明白。专业水平达到一定的层次。多参加各种比赛以及活动，争取拿到更多的奖项及荣誉。除此之外，我们更应该多到校外参加实践活动，多与社会接触，多与人交际，以便了解社会形势，更好地适应社会，更好地就业。
大四要进行为期两个月的实习，将对我们进行真正的考验，必须搞好这次的实习，积累好

图 5-8　输入正文文本的效果

（三）复制和移动文本

若要输入与文档中已有内容相同的文本，可使用复制操作；若要将所需的文本内容从一个位置移动到另一个位置，可使用移动操作。

1. 复制文本

复制文本是指在目标位置为原位置的文本创建副本，复制文本后，原位置和目标位置都将存在该文本。复制文本的方法有多种，下面分别进行介绍。

- 选择所需文本后，在【开始】/【剪贴板】组中单击“复制”按钮，复制文本。然后将文本插入点定位到目标位置，在【开始】/【剪贴板】组中单击“粘贴”按钮，粘贴文本。
- 选择所需文本后，在其上单击鼠标右键，在弹出的快捷菜单中选择“复制”命令，然后将文本插入点定位到目标位置，单击鼠标右键，在弹出的快捷菜单中选择“粘贴”命令，粘贴文本。
- 选择所需文本后，按【Ctrl+C】组合键复制文本，将文本插入点定位到目标位置，然后按【Ctrl+V】组合键粘贴文本。
- 选择所需文本后，按住【Ctrl】键，将其拖动到目标位置即可。

2. 移动文本

微课：移动文本

移动文本是指将文本从文档中原来的位置移动到文档中的其他位置，具体操作如下。

（1）选择正文最后一段段末的“2020 年 3 月”文本，在【开始】/【剪贴板】组中单击“剪切”按钮或按【Ctrl+X】组合键，如图 5-9 所示。

（2）在文档右下角双击定位文本插入点，在【开始】/【剪贴板】组中单击“粘

贴”按钮，如图 5-10 所示，或按【Ctrl+V】组合键，即可移动文本。

提示 选择所需文本，将鼠标指针移至该文本上，直接将其拖动到目标位置，释放鼠标后，即可将选择的文本移至目标位置。

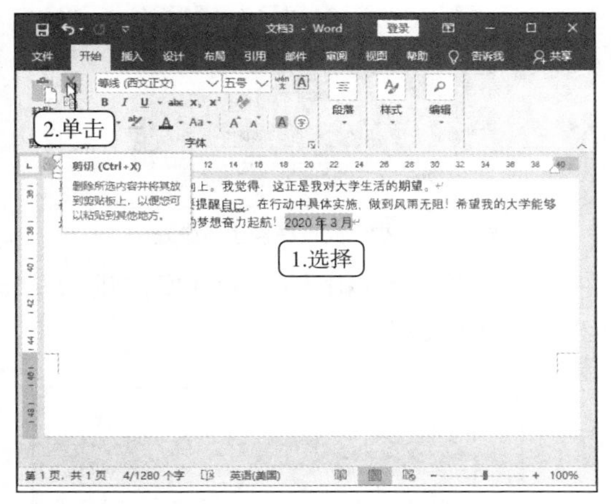

图 5-9　剪切文本

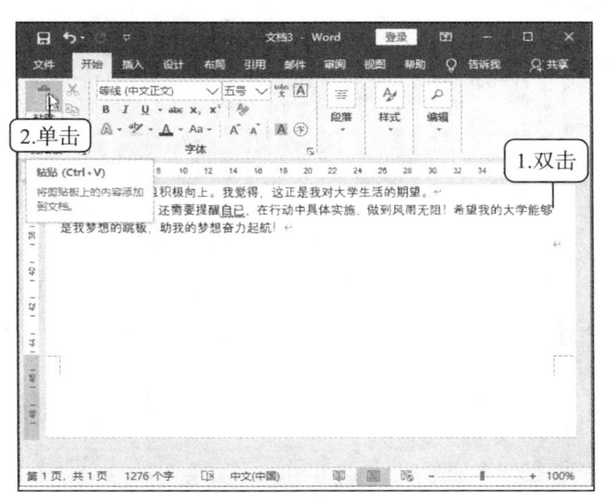

图 5-10　移动文本

（四）查找和替换文本

微课：查找和替换文本

当文档中某个多次使用的文字或短句出现错误时，可使用查找与替换功能来检查和修改错误部分，以节省时间并避免遗漏，具体操作如下。

（1）将文本插入点定位到文档开始处，在【开始】/【编辑】组中单击替换按钮，如图 5-11 所示，或按【Ctrl+H】组合键。

（2）打开“查找和替换”对话框，分别在“查找内容”和“替换为”文本框中输入“自已”和“自己”。

（3）单击查找下一处(F)按钮，可看到查找到的第一个“自已”文本呈选择状态，如图 5-12 所示。

查看查找和替换格式

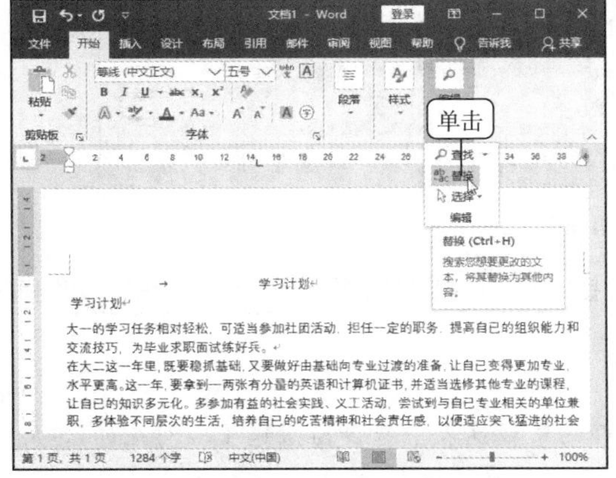

图 5-11　单击“替换”按钮

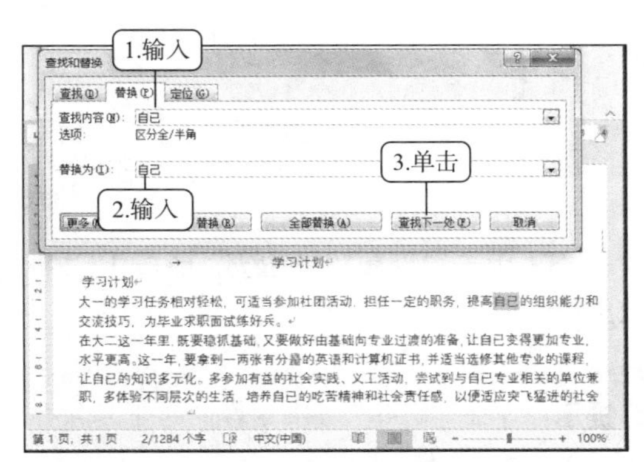

图 5-12　查找错误的文本

（4）继续单击查找下一处(F)按钮，直至出现对话框，提示已完成文档的搜索，如图 5-13 所示。单击是(Y)按钮，返回“查找和替换”对话框，单击全部替换(A)按钮。

（5）打开提示对话框，提示完成替换了多少处，如图 5-14 所示，直接单击是(Y)按钮即可完成替换。

图 5-13　提示已完成文档的搜索

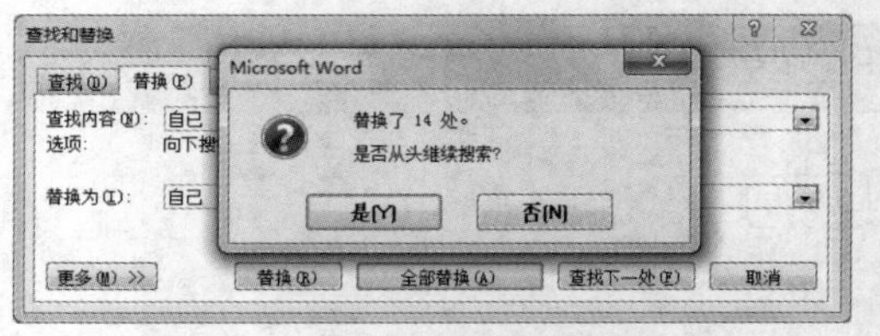

图 5-14　提示完成替换了多少处

（6）单击确定按钮，确认替换。然后单击关闭按钮，关闭“查找和替换”对话框，如图 5-15 所示，此时在文档中可看到“自已”已全部替换为“自己”，效果如图 5-16 所示。

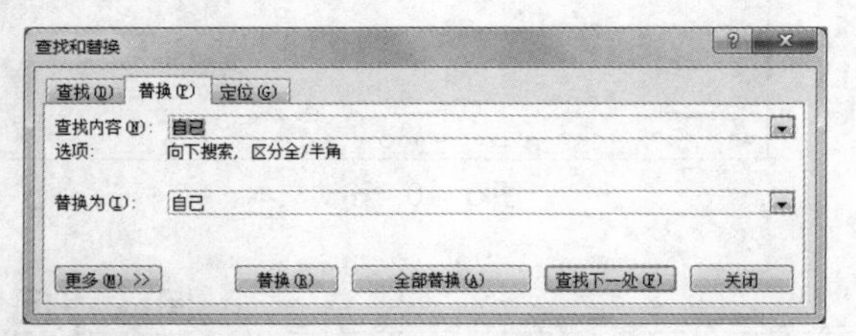

图 5-15　关闭对话框

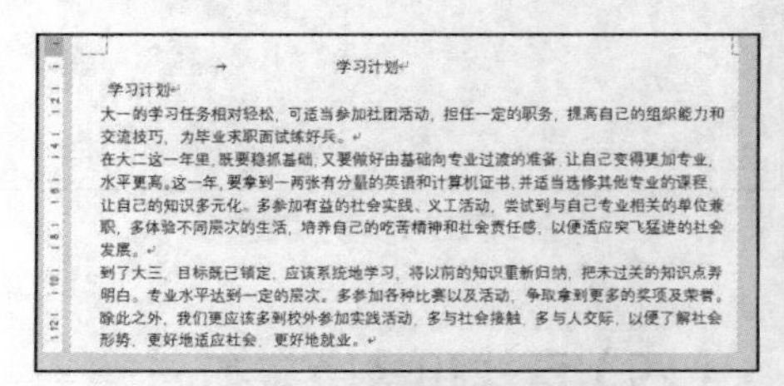

学习计划

学习计划

大一的学习任务相对轻松，可适当参加社团活动，担任一定的职务，提高自己的组织能力和交流技巧，为毕业求职面试练好兵。

在大二这一年里，既要稳抓基础，又要做好由基础向专业过渡的准备，让自己变得更加专业，水平更高。这一年，要拿到一两张有分量的英语和计算机证书，并适当选修其他专业的课程，让自己的知识多元化。多参加有益的社会实践、义工活动，尝试到与自己专业相关的单位兼职，多体验不同层次的生活，培养自己的吃苦精神和社会责任感，以便适应突飞猛进的社会发展。

到了大三，目标既已锁定，应该系统地学习，将以前的知识重新归纳，把未过关的知识点弄明白。专业水平达到一定的层次。多参加各种比赛以及活动，争取拿到更多的奖项及荣誉。除此之外，我们更应该多到校外参加实践活动，多与社会接触，多与人交际，以便了解社会形势，更好地适应社会，更好地就业。

图 5-16　替换文本后的效果

微课：撤销与恢复操作

（五）撤销与恢复操作

Word 2016 有自动记录功能，在编辑文档时执行的错误操作可撤销，也可恢复被撤销的操作，具体操作如下。

（1）将文档标题“学习计划”修改为“计划”。

（2）单击“快速访问栏”工具栏中的“撤销”按钮，或按【Ctrl+Z】组合键，即可恢复到将“学习计划”修改为“计划”前的文档效果，如图 5-17 所示。

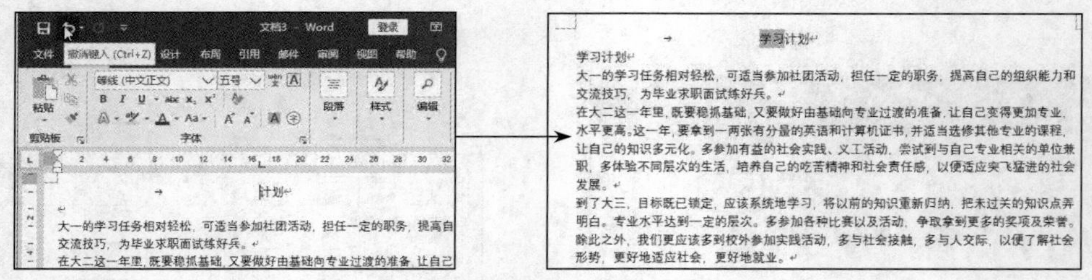

图 5-17　撤销操作

（3）单击“恢复”按钮，或按【Ctrl+Y】组合键，即可将文档恢复到执行“撤销”操作前的效果。

提示　单击“撤销”按钮右侧的下拉按钮，在打开的下拉列表中选择与撤销步骤对应的选项，系统将根据选择的选项自动将文档还原到该步骤之前的状态。

（六）保存“学习计划”文档

完成文档的各种编辑操作后，需将其保存在计算机中，便于对其进行查看和修改，具体操作如下。

（1）选择【文件】/【保存】命令，打开“另存为”窗口，列表中提供了“最近”“OneDrive”“这台电脑”“添加位置”“浏览”5 种保存方式，默认选择“最近”的保存位置，选择右侧最近使用的文件夹便可打开“另存为”对话框。

（2）在“地址栏”下拉列表框中选择文档的保存路径，在“文件名”文本框中设置文件的保存名称，完成后单击 保存(S) 按钮即可。

微课：保存“学习计划”文档

提示 再次打开并编辑文档后，只需按【Ctrl+S】组合键，或单击快速访问工具栏上的“保存”按钮，或选择【文件】/【保存】命令，即可直接保存更改后的文档。

任务二　制作招聘启事

任务要求

小李在人力资源部门工作。最近，公司因业务发展需要，新成立了销售部门，该部门需要向社会招聘相关的销售人才。公司要求小李制作一则美观大方的招聘启事，用于人才市场的现场招聘。接到任务后，小李找到相关负责人确认了招聘岗位的相关事宜，然后利用 Word 2016 的相关功能设计并制作了招聘启事，完成后的效果如图 5-18 所示。

查看“招聘启事”相关知识

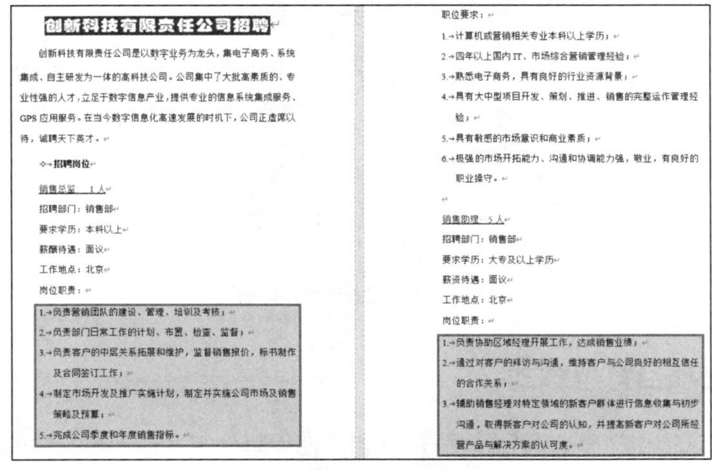

创新科技有限责任公司招聘

创新科技有限责任公司是以数字业务为龙头，集电子商务、系统集成、自主研发为一体的高科技公司。公司集中了大批高素质的、专业性强的人才，立足于数字信息产业，提供专业的信息系统集成服务、GPS 应用服务。在当今数字信息化高速发展的时机下，公司正虚席以待，诚聘天下英才。

◇ 招聘岗位

销售总监　1 人

招聘部门：销售部

要求学历：本科以上

薪酬待遇：面议

工作地点：北京

岗位职责：

1. 负责营销团队的建设、管理、培训及考核；
2. 负责部门日常工作的计划、布置、检查、监督；
3. 负责客户的中层关系拓展和维护，监督销售报价，标书制作及合同签订工作；
4. 制定市场开发及推广实施计划，制定并实施公司市场及销售策略及预算；
5. 完成公司季度和年度销售指标。

职位要求：

1. 计算机或营销相关专业本科以上学历；
2. 四年以上国内 IT、市场综合营销管理经验；
3. 熟悉电子商务，具有良好的行业资源背景；
4. 具有大中型项目开发、策划、推进、销售的完整运作管理经验；
5. 具有敏感的市场意识和商业素质；
6. 极强的市场开拓能力、沟通和协调能力强，敬业，有良好的职业操守。

销售助理　5 人

招聘部门：销售部

要求学历：大专及以上学历

薪资待遇：面议

工作地点：北京

岗位职责：

1. 负责协助区域经理开展工作，达成销售业绩；
2. 通过对客户的拜访与沟通，维持客户与公司良好的相互信任的合作关系；
3. 辅助销售经理对特定领域的新客户群体进行信息收集与初步沟通，取得新客户对公司的认知，并提高新客户对公司所经营产品与解决方案的认可度。

图 5-18 “招聘启事”文档效果

制作招聘启事的相关要求如下。

- 选择【文件】/【打开】命令，打开素材文档。
- 设置标题格式为“华文琥珀、二号、加宽”，正文字号为“四号”。
- 设置二级标题格式为“四号、加粗”，文本“销售总监 1 人”和“销售助理 5 人”格式为“粗线、深红”，并为文本“数字业务”设置着重号。

- 设置标题居中对齐，最后 3 行文本右对齐，正文需要首行缩进两个字符。
- 设置标题段前和段后间距为“1 行”，设置二级标题的行间距为“多倍行距、3”。
- 为二级标题统一设置项目符号“✧”。
- 为“岗位职责：”与“职位要求：”之间的文本内容添加“1. 2. 3. …”样式的编号。
- 为邮寄地址和电子邮件地址设置字符边框。
- 为标题文本应用“深红”底纹。
- 为“岗位职责：”与“职位要求：”文本之间的段落应用“方框”边框样式，边框样式为双线样式，并设置底纹颜色为“白色，背景 1，深色 15%”。
- 设置完成后，使用相同的方法为其他段落设置边框与底纹样式。
- 打开“加密文档”对话框，为文档加密，密码为“123456”。

相关知识

（一）设置字符格式

字符和段落格式主要通过“开始”选项卡中的“字体”和“段落”组，以及“字体”和“段落”对话框来设置。选择相应的字符或段落文本，在“字体”或“段落”组中单击相应按钮，可快速设置常用字符或段落格式。

其中，“字体”组和“段落”组右下角都有一个“对话框启动器”图标，单击该图标将打开对应的对话框，在其中可进行更为详细的设置。

（二）自定义编号起始值

在使用段落编号过程中，有时需要重新定义编号的起始值，此时，可先选择应用了编号的段落，在其上单击鼠标右键，在弹出的快捷菜单中选择“设置编号值”命令，在打开的对话框中设置新列表编号的起始值，如图 5-19 所示，或选择继续上一列表编号。

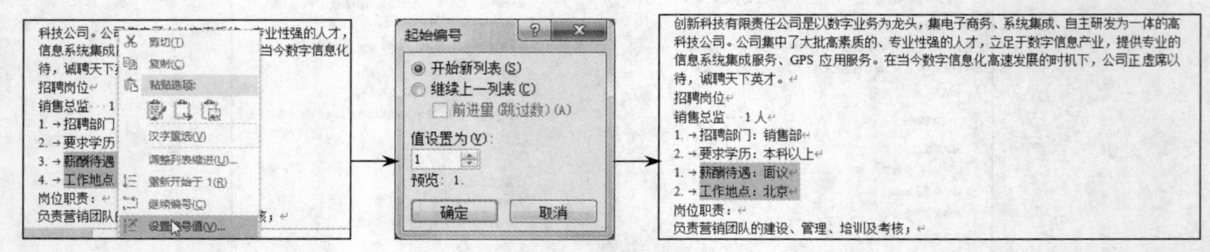

图 5-19　设置编号起始值

（三）自定义项目符号样式

Word 2016 默认提供了一些项目符号样式，若要使用其他符号或计算机中的图片文件作为项目符号，则可在【开始】/【段落】组中单击“项目符号”按钮右侧的下拉按钮，在打开的下拉列表中选择“定义新项目符号”选项，然后在打开的对话框中单击 符号(S)... 按钮，打开“符号”对话框，选择需要的符号进行设置即可。在“定义新项目符号”对话框中单击 图片(P)... 按钮，再在打开的对话框中选择计算机中的图片文件，单击 打开(O) 按钮，选择计算机中的图片文件作为项目符号，如图 5-20 所示。

图 5-20　设置项目符号样式

任务实现

微课：打开文档

（一）打开文档

要查看或编辑保存在计算机中的文档，必须先打开该文档。下面介绍打开“招聘启事”文档的方法，具体操作如下。

（1）选择【文件】/【打开】命令，或按【Ctrl+O】组合键。

（2）在“打开”窗口中，单击“浏览”选项，在打开的“打开”对话框的“地址栏”中选择文件路径，在窗口工作区中选择“招聘启事”文档，单击 打开(O) 按钮打开该文档，如图 5-21 所示。

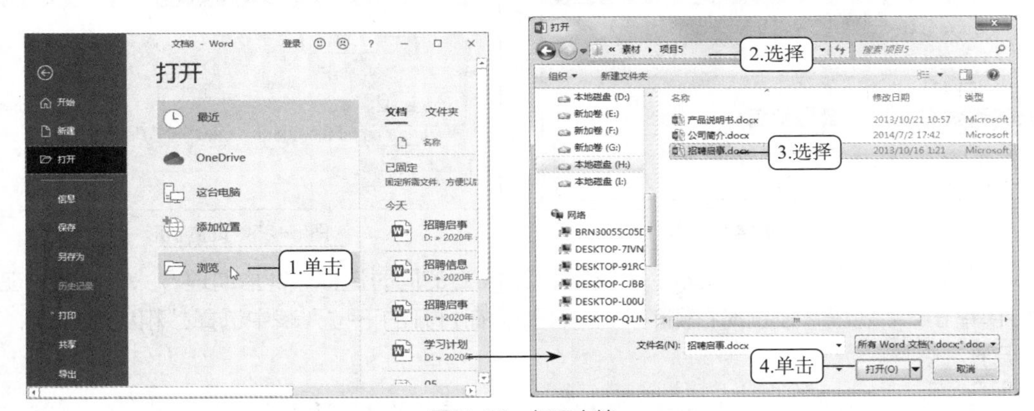

图 5-21　打开文档

（二）设置字体格式

在 Word 文档中，文本内容包括汉字、字母、数字和符号等。设置字体格式包括更改文本的字体、字号和颜色等，通过这些设置可以使文本更加突出，文档更加美观。

1. 使用浮动工具栏

微课：使用浮动工具栏设置

在 Word 中选择文本时，会出现一个半透明的工具栏，即浮动工具栏。在浮动工具栏中可快速设置字体、字号、字形、对齐方式、文本颜色和缩进级别等格式，具体操作如下。

（1）打开“招聘启事.docx”文档，选择文本中的标题部分，将鼠标指针移动到浮动工具栏上，在“字体”下拉列表框中选择“华文琥珀”选项，如图 5-22 所示。

（2）在“字号”下拉列表框中选择“二号”选项，如图 5-23 所示。

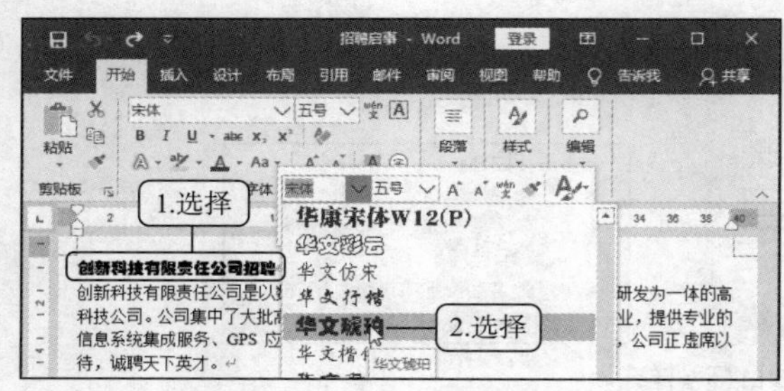

图 5-22　设置字体

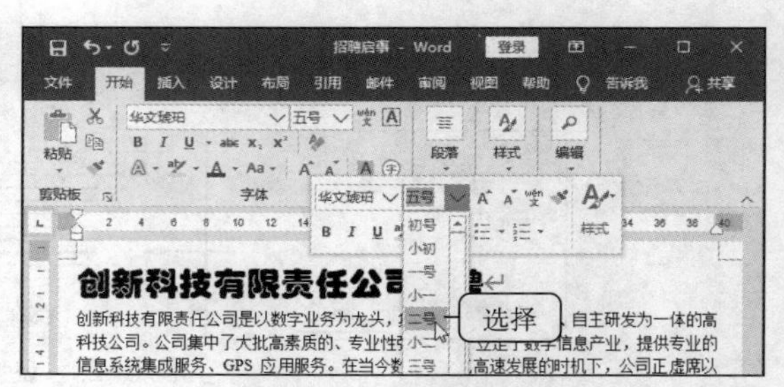

图 5-23　设置字号

2. 使用“字体”组

微课：使用“字体”组设置

“字体”组的使用方法与浮动工具栏相似，都是选择文本后在其中单击相应的按钮，或在相应的下拉列表框中选择所需的选项，具体操作如下。

（1）选择除标题文本外的文本内容，在【开始】/【字体】组的“字号”下拉列表框中选择“四号”选项，如图 5-24 所示。

（2）选择“招聘岗位”文本，在按住【Ctrl】键的同时选择“应聘方式”文本，在【开始】/【字体】组中单击“加粗”按钮 B，如图 5-25 所示。

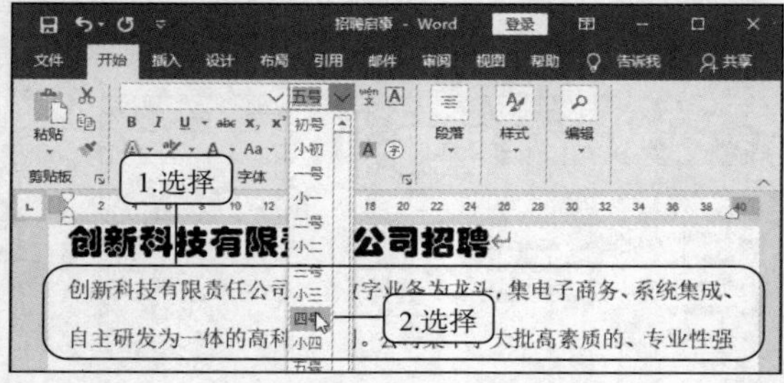

图 5-24　设置字号

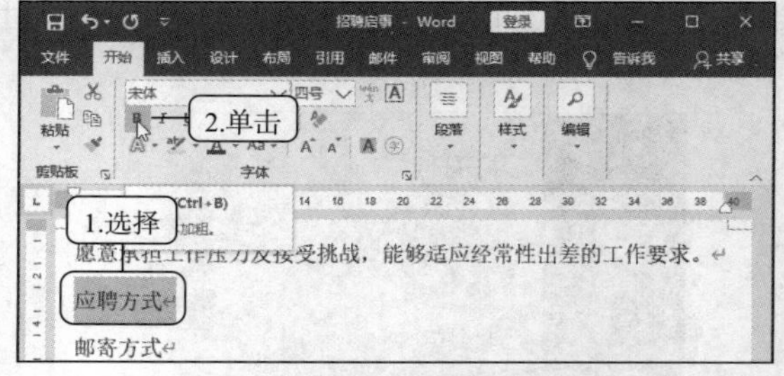

图 5-25　设置字形

（3）选择“销售总监 1 人”文本，在按住【Ctrl】键的同时选择“销售助理 5 人”文本，在“字体”组中单击“下划线”按钮 U 右侧的下拉按钮，在打开的下拉列表中选择“粗线”选项，如图 5-26 所示。

提示　在“字体”组中单击“删除线”按钮 abc，可为选择的文本添加删除线效果；单击“下标”按钮 x_2 或“上标”按钮 x^2，可将选择的文本设置为下标或上标；单击“增大字体”按钮 A 或“缩小字体”按钮 A，可增大或缩小选择的文本。

（4）在“字体”组中单击“字体颜色”按钮 A 右侧的下拉按钮，在打开的下拉列表中选择“深红”选项，如图 5-27 所示。

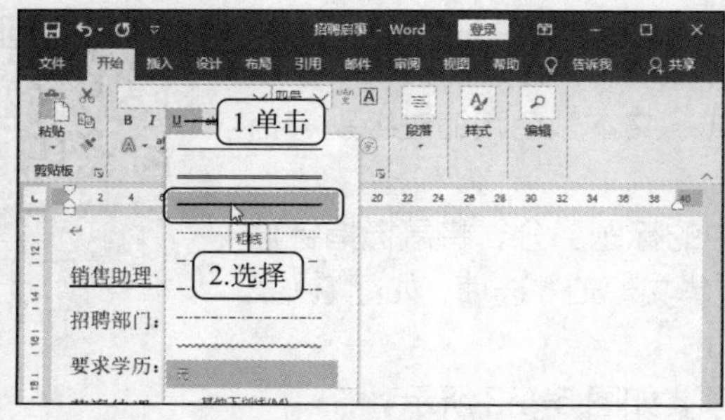

图 5-26　设置下划线

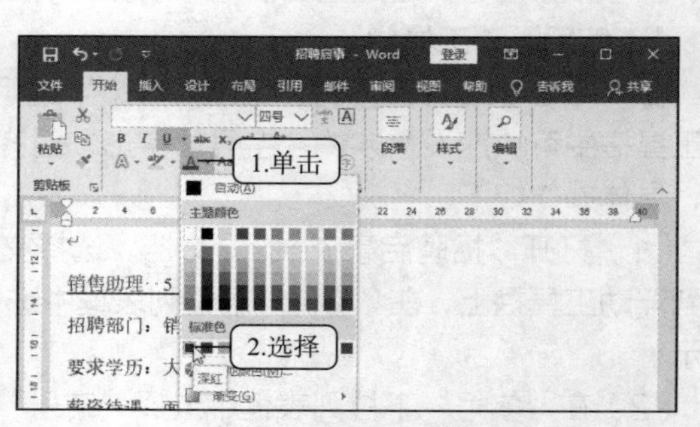

图 5-27　设置字体颜色

3. 使用“字体”对话框

微课：使用“字体”对话框设置

在“字体”组的右下角有一个“对话框启动器”图标，单击该图标可打开“字体”对话框，其中有更多选项，如设置间距和添加着重号等，具体操作如下。

（1）选择标题文本，单击“字体”组右下角的“对话框启动器”图标。

（2）在打开的“字体”对话框中单击“高级”选项卡，在“缩放”下拉列表框中输入数据“120%”，在“间距”下拉列表框中选择“加宽”选项，其后的“磅值”数值框中自动显示“1 磅”，如图 5-28 所示，完成后单击 确定 按钮。

（3）选择“数字业务”文本，单击“字体”组右下角的“对话框启动器”图标，在打开的“字体”对话框中单击“字体”选项卡，在“所有文字”栏的“着重号”下拉列表框中选择“.”选项，完成后单击 确定 按钮，如图 5-29 所示。

图 5-28　设置字符间距

图 5-29　设置着重号

（三）设置段落格式

微课：设置段落对齐方式

段落是文字、图形和其他对象的集合。回车符“↵”是段落的结束标记。Word 2016 中的段落格式包括段落对齐方式、段落缩进、段间距和行间距等，通过对段落格式进行设置可以使文档内容的结构清晰、层次分明。

1. 设置段落对齐方式

Word 2016 中的段落对齐方式包括左对齐、居中对齐、右对齐、两端对齐（默认对齐方式）和分散对齐 5 种，在浮动工具栏和“段落”组中单击相应的对齐方式按钮，可设置不同的段落对齐方式，具体操作如下。

（1）选择标题文本，在“段落”组中单击“居中”按钮，如图 5-30 所示。

（2）选择最后三行文本，在“段落”组中单击“右对齐”按钮，如图 5-31 所示。

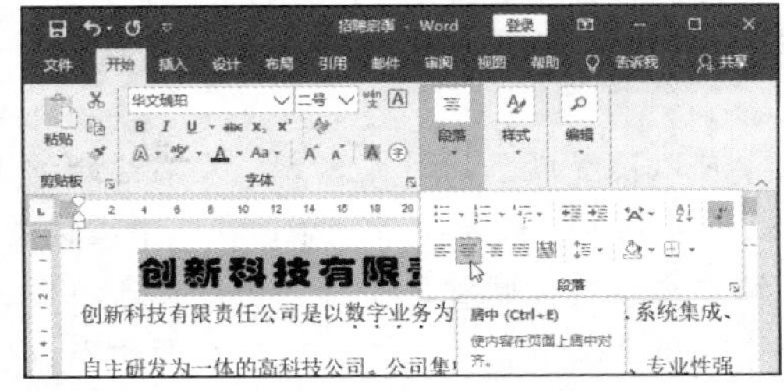

图 5-30　设置居中对齐

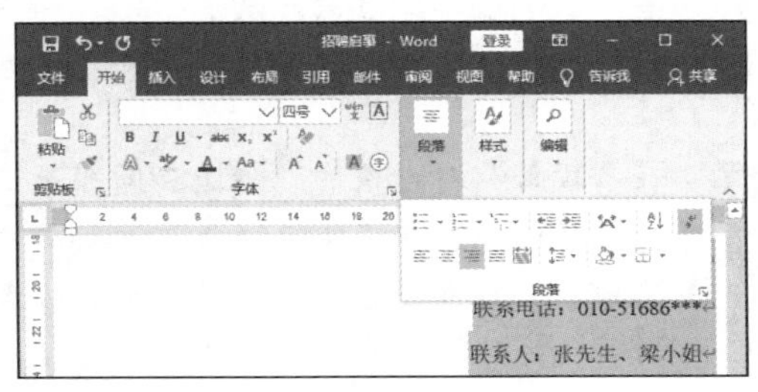

图 5-31　设置右对齐

2. 设置段落缩进

段落缩进是指段落左右两边的文本与页面两边之间的距离（不含页边距），段落缩进包括左缩进、右缩进、首行缩进和悬挂缩进。通过“段落”对话框可以精确和详细地设置各种缩进的值，具体操作如下。

（1）选择除标题和最后三行外的文本内容，单击“段落”组右下角的“对话框启动器”图标⧉。

（2）在打开的“段落”对话框中单击“缩进和间距”选项卡，在“缩进”栏的“特殊”下拉列表框中选择“首行”选项，其后的“缩进值”数值框中自动显示“2 字符”。单击[确定]按钮，返回文档，即可查看设置首行缩进后的效果，如图 5-32 所示。

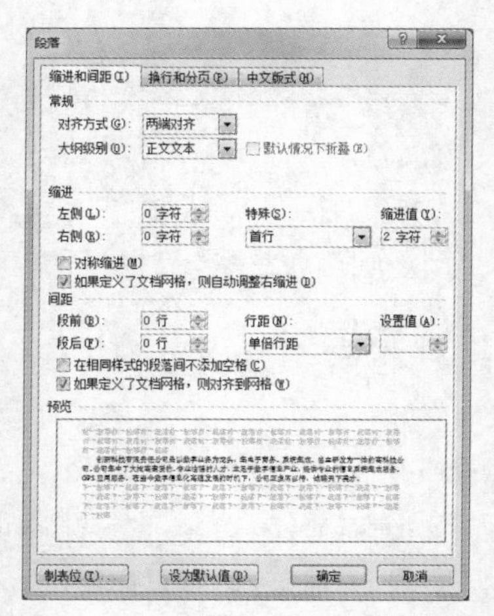

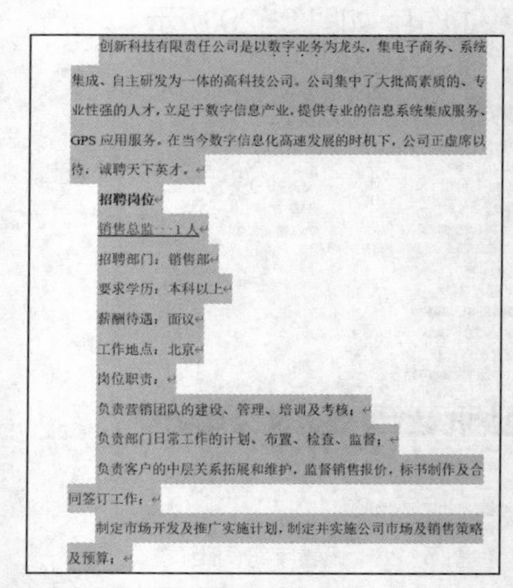
创新科技有限责任公司是以数字业务为龙头，集电子商务、系统集成、自主研发为一体的高科技公司。公司集中了大批高素质的、专业性强的人才，立足于数字信息产业，提供专业的信息系统集成服务、GPS 应用服务。在当今数字信息化高速发展的时机下，公司正虚席以待，诚聘天下英才。

招聘岗位

销售总监 1 人

招聘部门：销售部

要求学历：本科以上

薪酬待遇：面议

工作地点：北京

岗位职责：

负责营销团队的建设、管理、培训及考核；

负责部门日常工作的计划、布置、检查、监督；

负责客户的中层关系拓展和维护，监督销售报价，标书制作及合同签订工作；

制定市场开发及推广实施计划，制定并实施公司市场及销售策略及预算；

图 5-32　在“段落”对话框中设置首行缩进及其效果

3. 设置段间距和行间距

行间距是指段落中上一行文本底部到下一行文本底部的距离，段间距是指相邻两段文本之间的距离，包括段前和段后的距离。Word 2016 默认的行间距是单倍行距，用户可根据实际需要在“段落”对话框中设置 1.5 倍行距或 2 倍行距等，具体操作如下。

（1）选择标题文本，在“段落”组右下角单击“对话框启动器”图标⧉，打开“段落”对话框，单击“缩进和间距”选项卡，在“间距”栏的“段前”和“段后”数值框中分别输入“1 行”，单击[确定]按钮，如图 5-33 所示。

（2）选择“招聘岗位”文本，在按住【Ctrl】键的同时选择“应聘方式”文本，单击“对话框启动器”图标⧉，打开“段落”对话框，在“行距”下拉列表框中选择“多倍行距”选项，在其后的“设置值”数值框中自动显示数值“3”，单击[确定]按钮，效果如图 5-34 所示。

（3）返回文档，即可看到设置段间距和行间距后的效果。

提示　在“段落”对话框的“缩进和间距”选项卡中可以设置段落的对齐方式、左右边距缩进和段落间距；在“换行和分页”选项卡中可以设置分页、行号和断字等；在“中文版式”选项卡中可以设置中文文档的特殊版式，如按中文习惯控制首尾字符、允许标点溢出边界等。另外，在【开始】/【段落】组中单击“行和段落间距”按钮，在打开的下拉列表中可选择“1.5”等行距倍数选项，也可设置增加段落前的间距或增加段落后的间距。

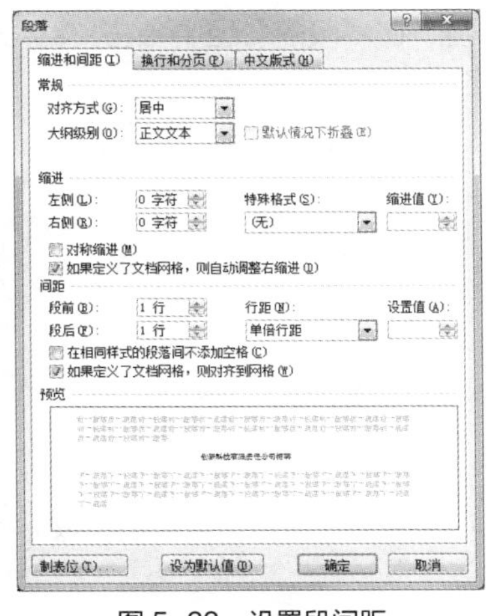

图 5-33　设置段间距

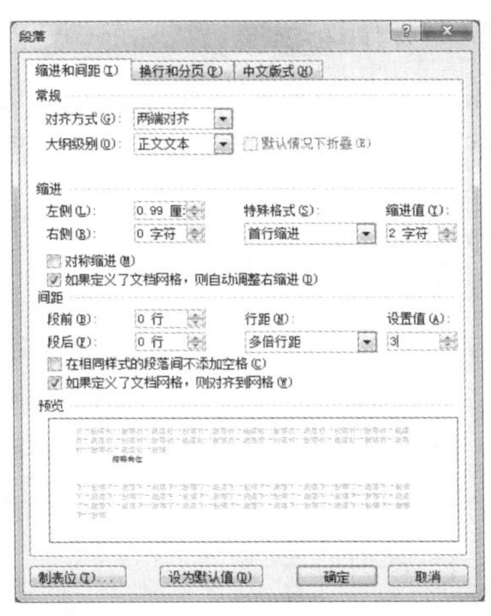

图 5-34　设置行间距及其效果

（四）设置项目符号和编号

使用项目符号与编号功能，可为属于并列关系的段落添加●、★、◆等项目符号，也可添加“1. 2. 3.”或“A. B. C.”等编号，还可组成多级列表，使文档内容层次分明、条理清晰。

1. 设置项目符号

在“段落”组中单击“项目符号”按钮☰，可添加默认样式的项目符号；单击“项目符号”按钮☰右侧的下拉按钮▾，在打开的下拉列表的“项目符号库”栏中可选择更多的项目符号样式，具体操作如下。

（1）选择“招聘岗位”文本，在按住【Ctrl】键的同时选择“应聘方式”文本。

（2）在“段落”组中单击“项目符号”按钮☰右侧的下拉按钮▾，在打开的下拉列表的“项目符号库”栏中选择“✧”选项，返回文档，设置项目符号后的效果如图 5-35 所示。

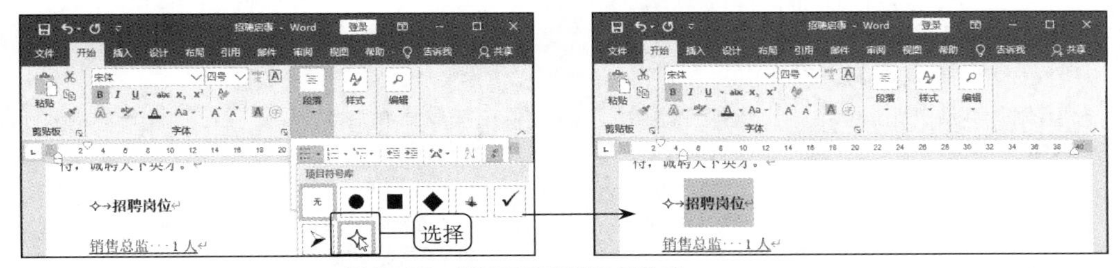

图 5-35　设置项目符号及其效果

2. 设置编号

编号主要用于设置按一定顺序排列的项目，如操作步骤和合同条款等。设置编号的方法与设置项目符号相似，即在“段落”组中单击“编号”按钮☰或单击该按钮右侧的下拉按钮▾，在打开的下拉列表中选择所需的编号样式，具体操作如下。

（1）选择第一个“岗位职责:”与“职位要求:”之间的文本内容，在“段落”组中单击“编号”按钮右侧的下拉按钮，在打开的下拉列表的“编号库”栏中选择“1. 2. 3.”选项。

（2）使用相同的方法在文档中设置其他位置文本的编号样式，效果如图 5-36 所示。

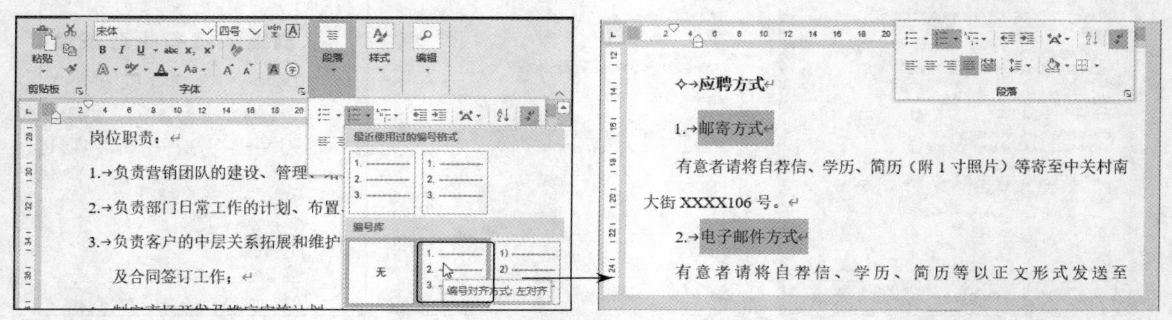

图 5-36　设置编号及其效果

提示　多级列表在展示同级文档内容时，还可显示下一级文档内容，它常用于长文档中。设置多级列表的方法为：选择要应用多级列表的文本，在“段落”组中单击“多级列表”按钮，在打开的下拉列表的“列表库”栏中选择多级列表样式。

（五）设置边框与底纹

在 Word 文档中不仅可以为字符设置边框和底纹，还可以为段落设置边框与底纹。

1. 为字符设置边框与底纹

微课：为字符设置边框与底纹

在【开始】/【字体】组中单击“字符边框”按钮或“字符底纹”按钮，可为字符设置相应的边框与底纹效果，具体操作如下。

（1）同时选择邮寄地址和电子邮箱的文本，在“字体”组中单击“字符边框”按钮设置字符边框，如图 5-37 所示。

（2）继续在“字体”组中单击“字符底纹”按钮，为字符设置底纹，如图 5-38 所示。

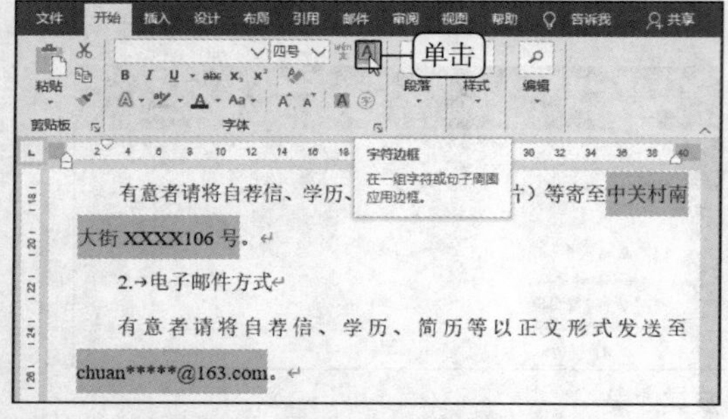

图 5-37　为字符设置边框

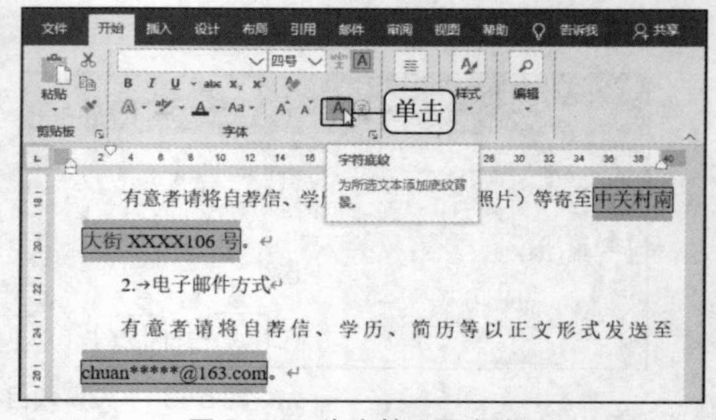

图 5-38　为字符设置底纹

2. 为段落设置边框与底纹

在【开始】/【段落】组中单击“底纹”按钮右侧的下拉按钮，在打开的下拉列表中可设置不同颜色的底纹样式。单击“下框线”按钮右侧的下拉按钮，在打开的下拉列表中可设置不同类型

的框线，若选择了该下拉列表中的“边框和底纹”选项，则可在打开的“边框和底纹”对话框中详细设置边框与底纹样式，具体操作如下。

（1）选择标题行，在“段落”组中单击“底纹”按钮右侧的下拉按钮，在打开的下拉列表中选择“深红”选项，如图 5-39 所示。

（2）选择第一个“岗位职责：”与“职位要求：”文本之间的段落，在“段落”组中单击“下框线”按钮右侧的下拉按钮，在打开的下拉列表中选择“边框和底纹”选项，如图 5-40 所示。

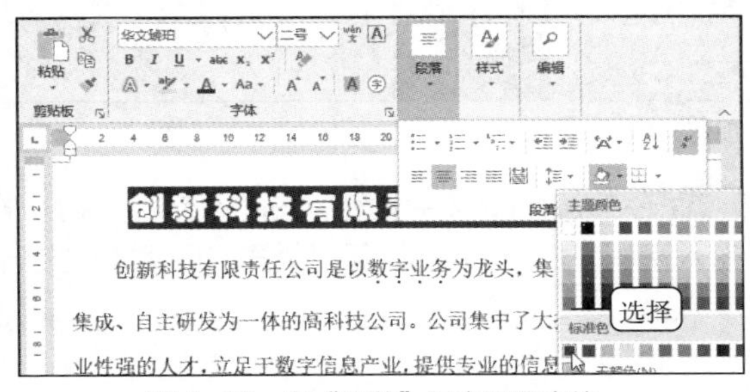

图 5-39　在“段落”组中设置底纹

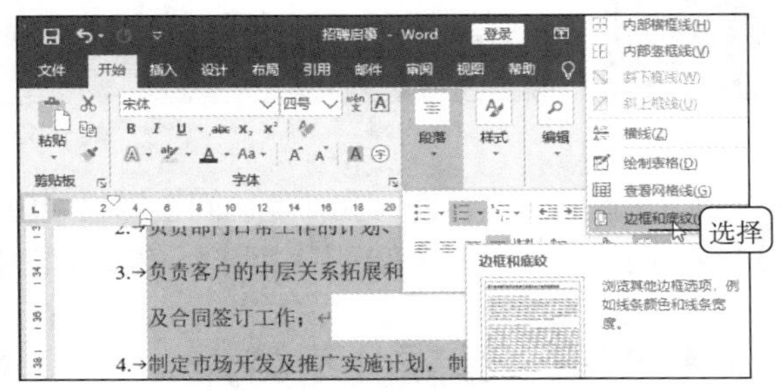

图 5-40　选择“边框和底纹”选项

（3）在打开的“边框和底纹”对话框中单击“边框”选项卡，在“设置”栏中选择“方框”选项，在“样式”列表框中选择“————”选项。

（4）单击“底纹”选项卡，在“填充”栏的下拉列表框中选择“白色，背景 1，深色 15%”选项，单击 确定 按钮，为文本设置边框与底纹，效果如图 5-41 所示。完成后，使用相同的方法为其他段落设置边框与底纹样式。

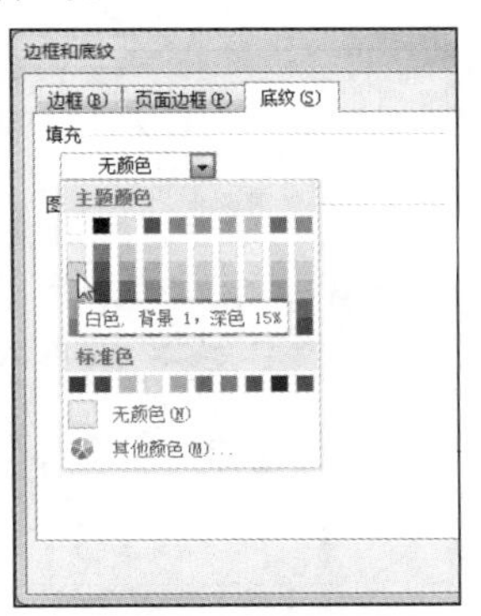

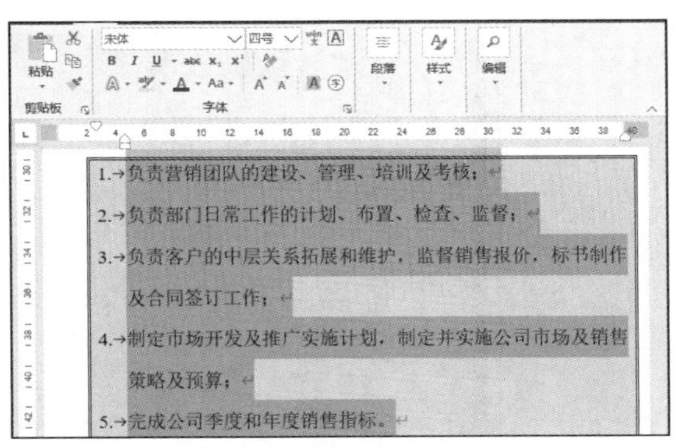

图 5-41　通过对话框设置边框与底纹及其效果

（六）保护文档

为了防止他人随意查看文档内容，可以对 Word 文档进行加密，以保护文档，具体操作如下。

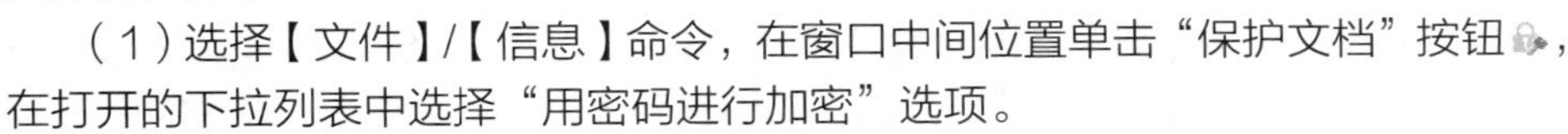

（1）选择【文件】/【信息】命令，在窗口中间位置单击“保护文档”按钮，在打开的下拉列表中选择“用密码进行加密”选项。

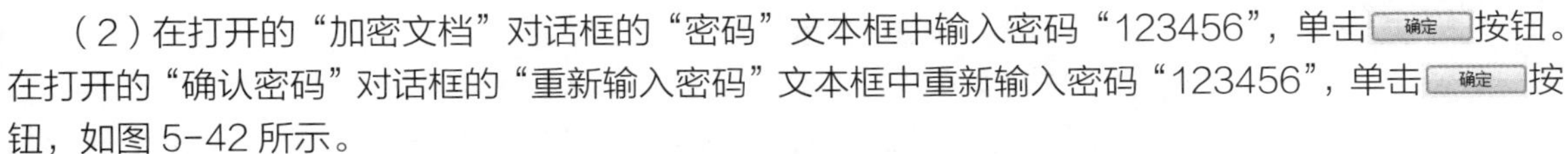

（2）在打开的“加密文档”对话框的“密码”文本框中输入密码“123456”，单击 确定 按钮。在打开的“确认密码”对话框的“重新输入密码”文本框中重新输入密码“123456”，单击 确定 按钮，如图 5-42 所示。

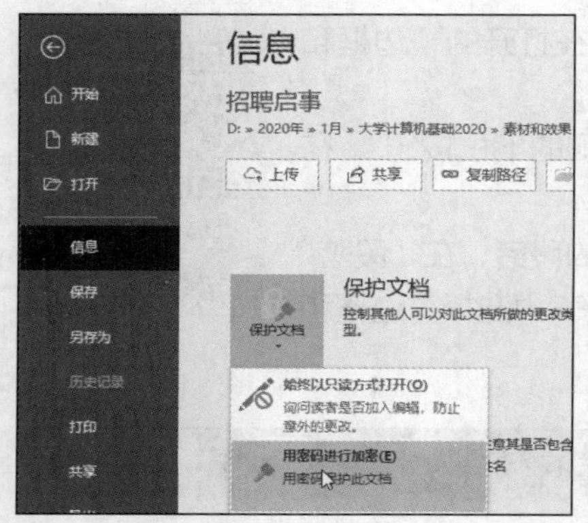
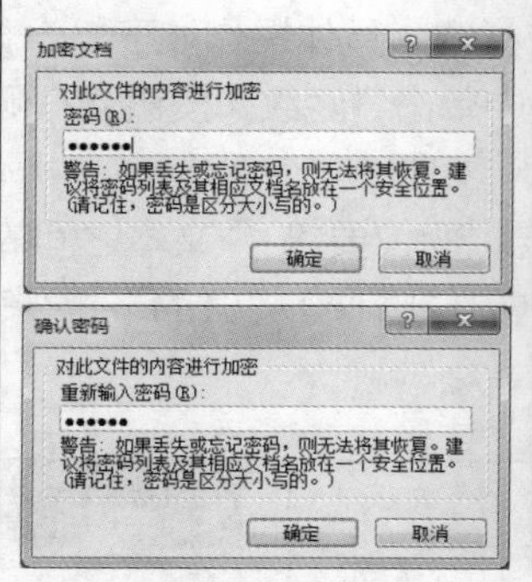
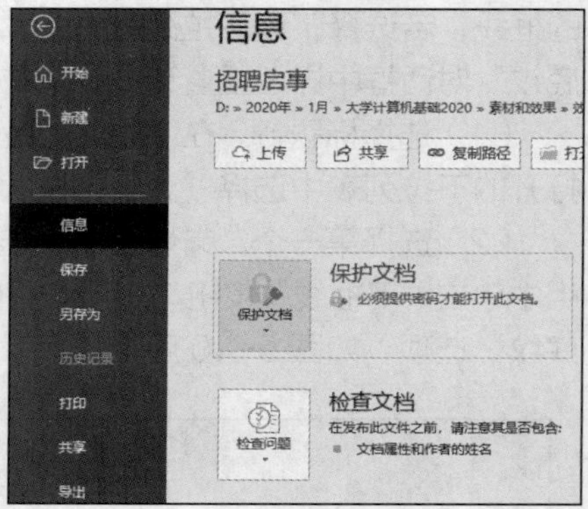

图 5-42　加密文档

（3）返回工作界面，在快速访问工具栏中单击“保存”按钮保存设置。关闭该文档，再次打开该文档时，将打开“密码”对话框，在文本框中输入密码，然后单击确定按钮，即可打开文档。

任务三　编辑公司简介

任务要求

小李是公司行政部门的工作人员。张总让小李整理一份公司简介，在公司内部刊物上使用，要求通过公司简介让员工了解公司的企业理念、组织结构和经营项目等。接到任务后，小李查阅了相关资料并拟定了公司简介草稿，他利用 Word 2016 的相关功能，对公司简介进行了设计和制作，完成后的效果如图 5-43 所示。相关要求如下。

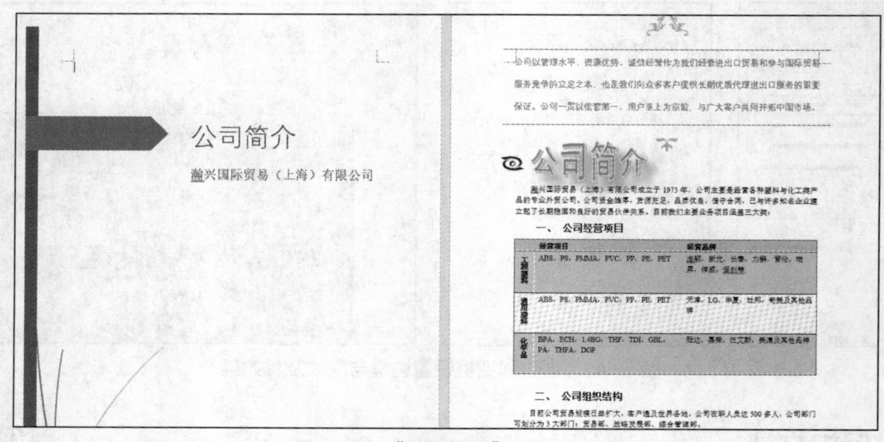

图 5-43　“公司简介”文档效果

查看“公司简介”相关知识

- 打开“公司简介.docx”文档，在文档右上角插入“花丝引言”文本框，然后输入文本。
- 将文本插入点定位到标题文本的左侧，插入公司标志，设置图片的显示方式为“浮于文字上方”，然后将其移动到“公司简介”文本的左侧，最后为其应用“影印”艺术效果。
- 删除标题文本“公司简介”，然后插入艺术字，输入“公司简介”，并将其调整到左上角位置。设置艺术字形状效果为“预设 4”，文本效果为“停止”。

- 在“二、公司组织结构”的第 2 行下面插入一个组织结构图，并在对应的位置输入文本。更改组织结构图的布局类型为“标准”，然后更改颜色为“彩色范围-个性包 4 至 5”，并将形状的“宽度”设置为“2.5 厘米”。
- 插入一个“丝状”封面，在“键入文档标题”处输入“公司简介”文本，在“键入文档副标题”处输入“瀚兴国际贸易（上海）有限公司”文本，然后删除多余的文本。

相关知识

微课：绘制形状

形状是指具有某种规则形状的图形，如线条、正方形、椭圆、箭头和星形等。当需要在文档中绘制图形或为图片等添加形状标注时，可使用 Word 2016 的形状功能进行形状的绘制、编辑和美化，具体操作如下。

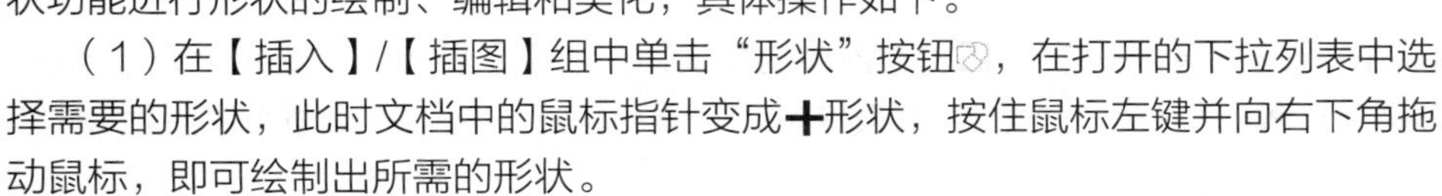

（1）在【插入】/【插图】组中单击“形状”按钮，在打开的下拉列表中选择需要的形状，此时文档中的鼠标指针变成+形状，按住鼠标左键并向右下角拖动鼠标，即可绘制出所需的形状。

（2）释放鼠标，保持形状为选择状态，在【格式】/【形状样式】组中单击“其他”按钮，在打开的下拉列表中选择一种样式，在【格式】/【排列】组中可调整形状的层次关系。

（3）将鼠标指针移动到形状边框的控制点上，此时鼠标指针变成形状，按住鼠标左键并向左拖动可调整形状。

任务实现

微课：插入并编辑文本框

（一）插入并编辑文本框

利用文本框可以制作出特殊的文档版式，在文本框中可以输入文本，也可以插入图片。在文档中插入的文本框可以是 Word 2016 自带的文本框样式，也可以是手动绘制的横排或竖排文本框。插入并编辑文本框的具体操作如下。

查看绘制文本框的方法

（1）打开“公司简介.docx”文档，将文本插入点定位到文档开始位置，在【插入】/【文本】组中单击“文本框”按钮，在打开的下拉列表中选择“花丝引言”选项，如图 5-44 所示。

（2）将文本框移动到文档页眉处，拖动文本框周围的控制点调整大小使其与页面同宽，然后在其中直接输入需要的文本内容，并删除不需要的部分，效果如图 5-45 所示。

图 5-44　选择插入的文本框类型

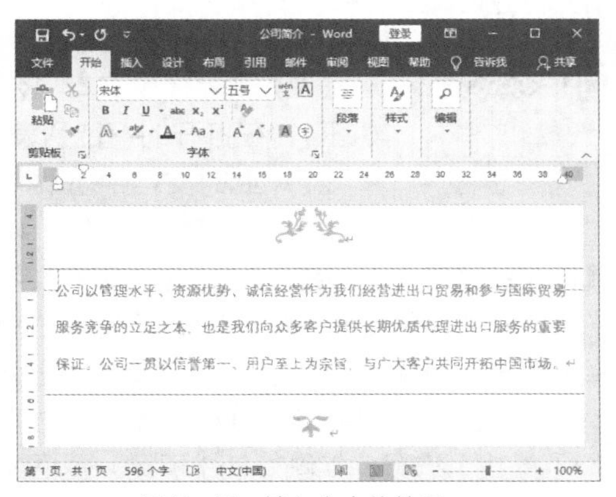

图 5-45　输入文本的效果

（二）插入图片

在 Word 中，用户可根据需要将图片和剪贴画插入文档，使文档更加美观。下面介绍在“公司简介.docx”文档中插入图片和剪贴画的方法，具体操作如下。

微课：插入图片

（1）将文本插入点定位到标题文本的左侧，在【插入】/【插图】组中单击“图片”按钮。

（2）在打开的“插入图片”对话框的“地址栏”中选择图片的路径，在窗口工作区中选择要插入的图片，这里选择“公司标志.jpg”图片，单击插入(S)按钮。

（3）在图片上单击鼠标右键，在弹出的快捷菜单中选择【自动换行】/【浮于文字上方】命令。拖动图片四周的控制点调整图片大小，在图片上按住鼠标左键并向左侧拖动，至适当位置后释放鼠标，如图 5-46 所示。

（4）选择插入的图片，在【图片工具-格式】/【调整】组中单击艺术效果按钮，在打开的下拉列表中选择“影印”选项，如图 5-47 所示。

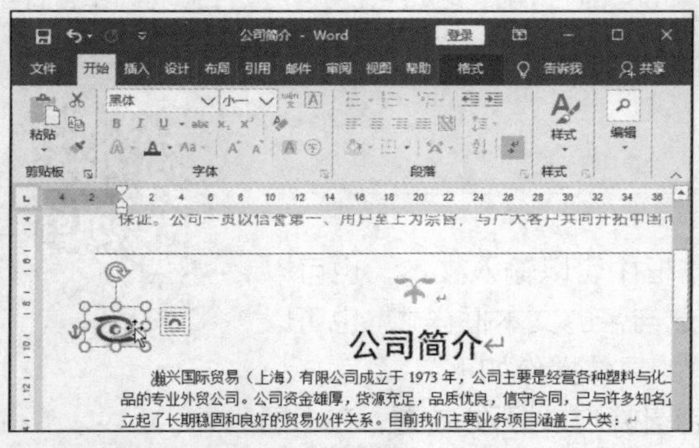

图 5-46　调整图片大小与位置

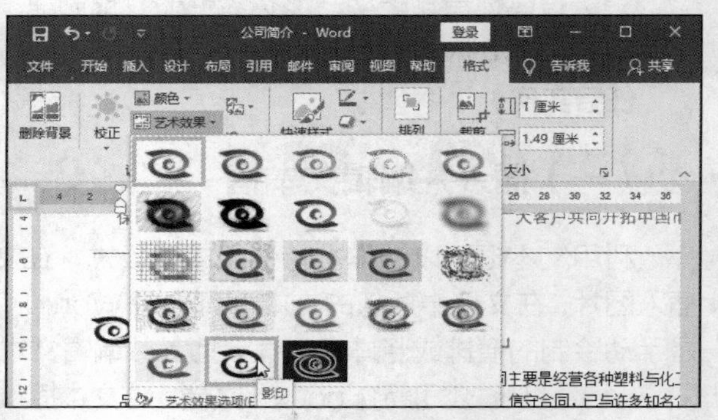

图 5-47　设置艺术效果

（三）插入艺术字

微课：插入艺术字

在文档中插入艺术字，可使文本呈现出不同的效果，达到增强文本美观度的目的。下面在“公司简介.docx”文档中插入艺术字，并设置艺术字文本效果，具体操作如下。

（1）删除标题文本“公司简介”，在【插入】/【文本】组中单击“艺术字”按钮，在打开的下拉列表中选择图 5-48 所示的样式。

（2）此时文档中自动添加一个带有默认文本样式的艺术字文本框，在其中输入“公司简介”文本。选择艺术字文本框，将鼠标指针移至边框上，当鼠标指针变为形状时，按住鼠标左键，向左上方拖动鼠标以改变艺术字的位置，如图 5-49 所示。

（3）在【绘图工具-格式】/【形状样式】组中单击“形状效果”按钮，在打开的下拉列表中选择【预设】/【预设 4】选项，如图 5-50 所示。

（4）在【绘图工具-格式】/【艺术字样式】组中单击文本效果按钮，在打开的下拉列表中选择【转换】/【停止】选项，如图 5-51 所示。返回文档即可查看设置后的艺术字文本效果。

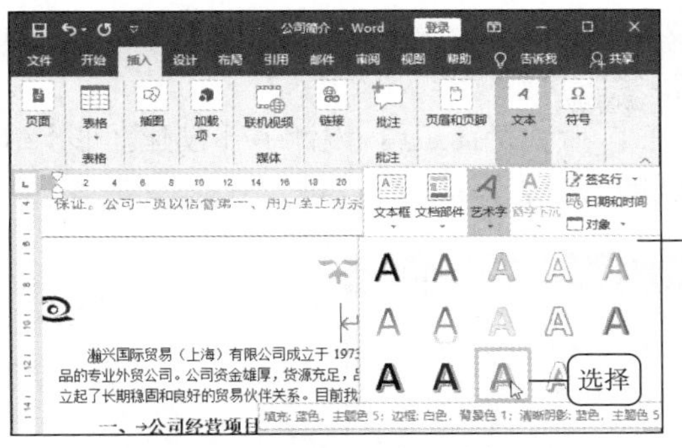
图 5-48　选择艺术字样式

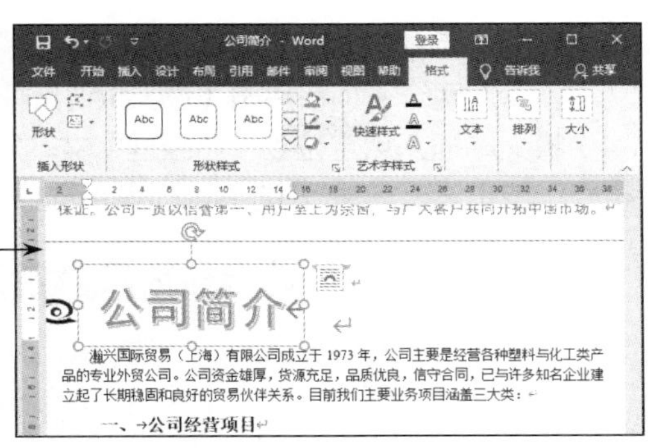
图 5-49　移动艺术字

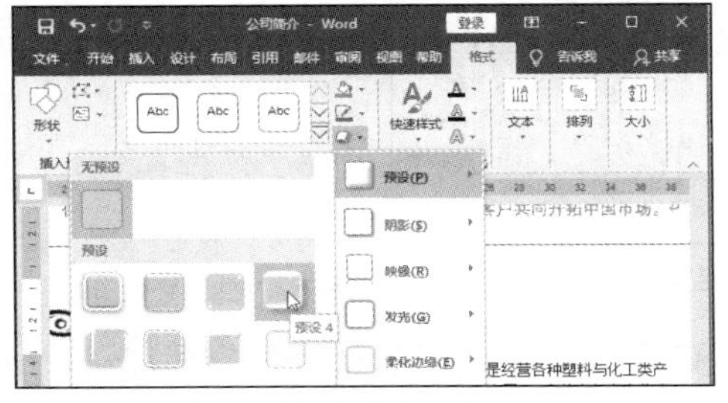
图 5-50　添加形状效果

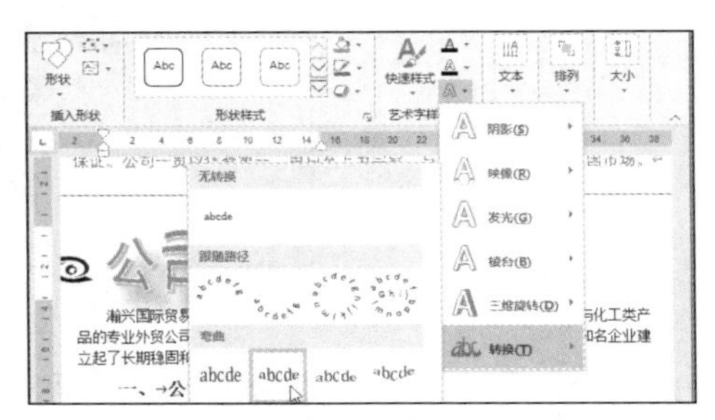
图 5-51　设置艺术字文本效果

（四）插入 SmartArt 图形

微课：插入 SmartArt 图形

SmartArt 图形主要用于在文档中制作流程图、结构图和关系图等图示内容，其具有结构清晰、样式美观等特点。下面介绍在“公司简介.docx”文档中插入 SmartArt 图形的方法，具体操作如下。

（1）将文本插入点定位到“二、公司组织结构”下第 2 行末尾处，按【Enter】键换行。在【插入】/【插图】组中单击“SmartArt”按钮，在打开的“选择 SmartArt 图形”对话框中单击“层次结构”选项卡，在选项卡右侧选择“组织结构图”样式，单击确定按钮，如图 5-52 所示。

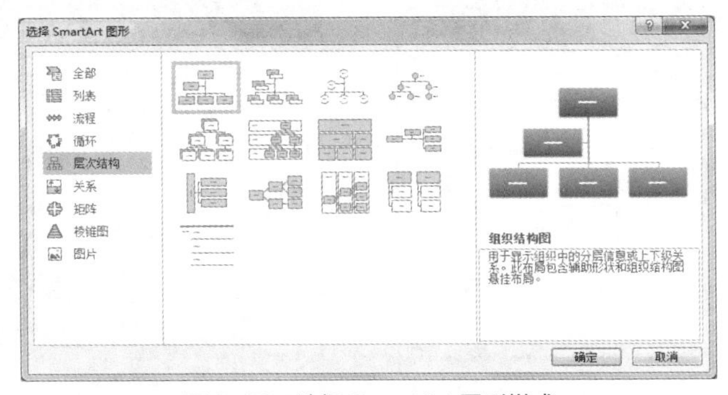

图 5-52　选择 SmartArt 图形样式

（2）插入 SmartArt 图形后，单击 SmartArt 图形外框左侧的按钮，打开“在此处键入文字”窗格，在项目符号后输入文本。将文本插入点定位到第 4 行的项目符号中，然后在【SmartArt 工具-设计】/【创建图形】组中单击降级按钮。

（3）在降级后的项目符号后输入“贸易部”文本，然后按【Enter】键添加子项目，并输入对应的文本，添加两个子项目后按【Delete】键删除多余的项目。

（4）将文本插入点定位到“总经理”文本后，在【SmartArt 工具-设计】/【创建图形】组中单击“布局”按钮，在打开的下拉列表中选择“标准”选项，如图 5-53 所示。

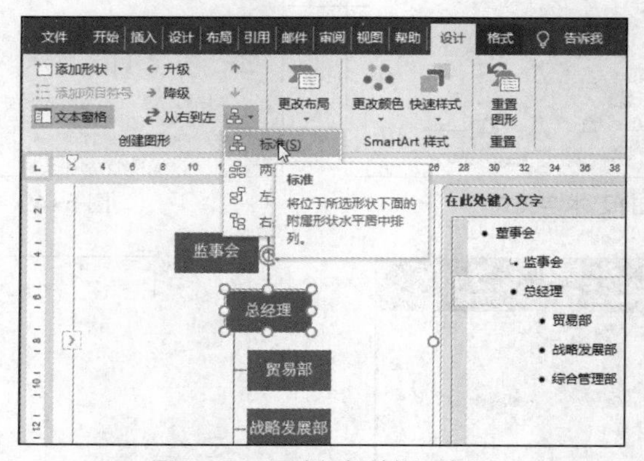

图 5-53　更改组织结构图布局

查看插入并编辑形状的方法

（5）将文本插入点定位到“贸易部”文本后，按【Enter】键添加子项目，并对子项目降级，在其中输入“大宗原料处”文本。继续按【Enter】键添加子项目，并输入对应的文本。

（6）使用相同的方法在“战略发展部”和“综合管理部”文本后添加子项目。将文本插入点定位到“贸易部”文本后，在【SmartArt 工具-设计】/【创建图形】组中单击“布局”按钮，在打开的下拉列表中选择“两者”选项。

（7）在“在此处键入文字”窗格右上角单击×按钮关闭该窗格，在【SmartArt 工具-设计】/【SmartArt 样式】组中单击“更改颜色”按钮，在打开的下拉列表中选择图 5-54 所示的颜色。

（8）在按住【Shift】键的同时分别单击各子项目，同时选择多个子项目。在【SmartArt 工具-格式】/【大小】组的“宽度”数值框中输入“2.5”，按【Enter】键，调整子项目框的大小，如图 5-55 所示。

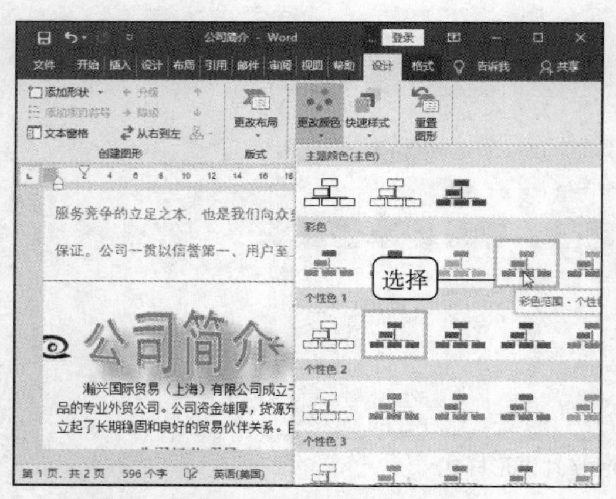

图 5-54　更改 SmartArt 图形颜色

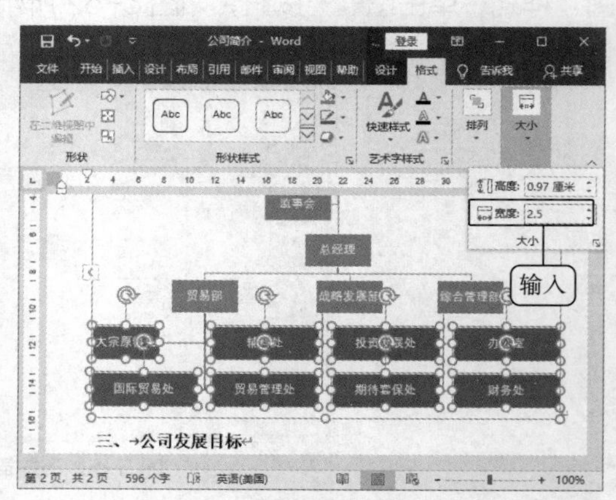

图 5-55　调整子项目框的大小

（9）将鼠标指针移动到 SmartArt 图形右下角的控制点上，当鼠标指针变成形状时，按住鼠标左键向左上角拖动，至合适位置后释放鼠标，即可缩小 SmartArt 图形。

（五）添加封面

公司简介通常需要设置封面，在 Word 2016 中设置封面的具体操作如下。

（1）在【插入】/【页面】组中单击“封面”按钮，在打开的下拉列表中选择“丝状”样式，如图 5-56 所示。

（2）在“键入文档标题”文本框中输入“公司简介”文本，在“键入文档副标题”处输入“瀚兴国际贸易（上海）有限公司”文本，如图 5-57 所示。

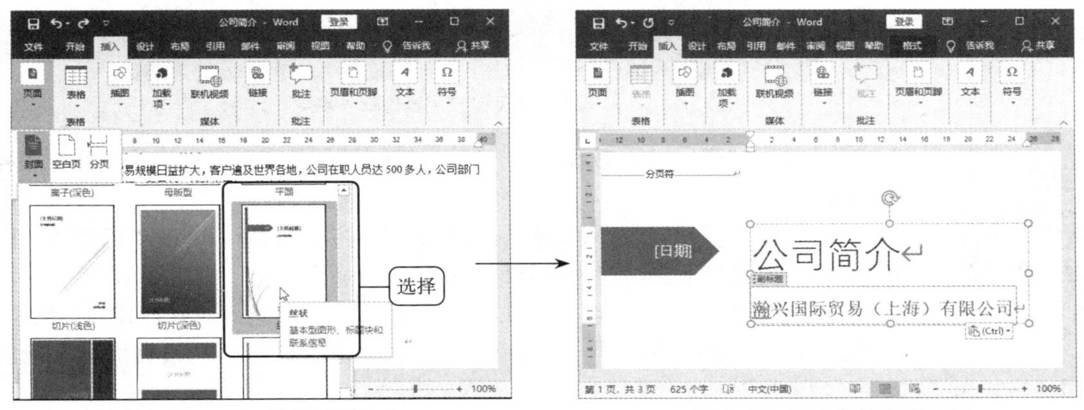

图 5-56　选择封面样式　　图 5-57　输入标题和副标题

（3）选择“摘要”文本框，单击鼠标右键，在弹出的快捷菜单中选择“删除行”命令。使用相同方法删除“作者”和“日期”文本框。

课后练习

1. 启动 Word 2016，按照下列要求对文档进行操作，参考效果如图 5-58 所示。

（1）新建空白文档，将其命名为“产品宣传单.docx”并保存。在文档中插入“背景图片.jpg”图片，设置图片环绕方式为“衬于文字下方”。

（2）插入“填充：橙色、主题色 2，边框：橙色、主题色 2”效果的艺术字，在其中输入“保湿美白面膜”，然后转换艺术字的文字效果为“朝鲜鼓”，并调整艺术字的位置与大小。

（3）插入文本框并输入文本，在其中设置文本的项目符号为“123”的字符代码，然后设置形状填充为“无填充颜色”，形状轮廓为“无轮廓”，设置文本的艺术字样式为“填充：蓝色、主题色 1；阴影”，并调整文本框位置。

（4）插入“随机至结果流程”效果的 SmartArt 图形，设置图形的排列位置为“浮于文字上方”。在 SmartArt 图形中输入相应的文本，设置文本格式为“思源黑体、16 点、加粗”样式，更改 SmartArt 图形的颜色为“渐变循环，个性色 2”，并调整图形位置与大小。

（5）调整背景图层的大小和位置，使其包含整个流程图。

查看制作“产品宣传单”的方法

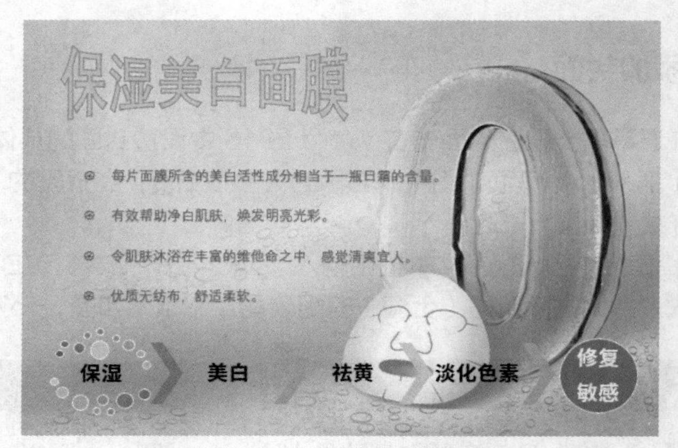

图 5-58 “产品宣传单”效果

查看制作“产品说明书”的方法

2. 打开“产品说明书.docx”文档，按照下列要求对文档进行操作，参考效果如图 5-59 所示。

（1）在标题行下方插入文本，然后将文档中的“饮水机”文本替换为“防爆饮水机”，再修改正文内容中的公司名称和电话号码。

（2）设置标题文本的字体格式为“黑体，二号”，段落对齐方式为“居中”，正文内容的字号为“四号”，段落缩进方式为“首行缩进”，再设置最后 3 行的段落对齐方式为“右对齐”。

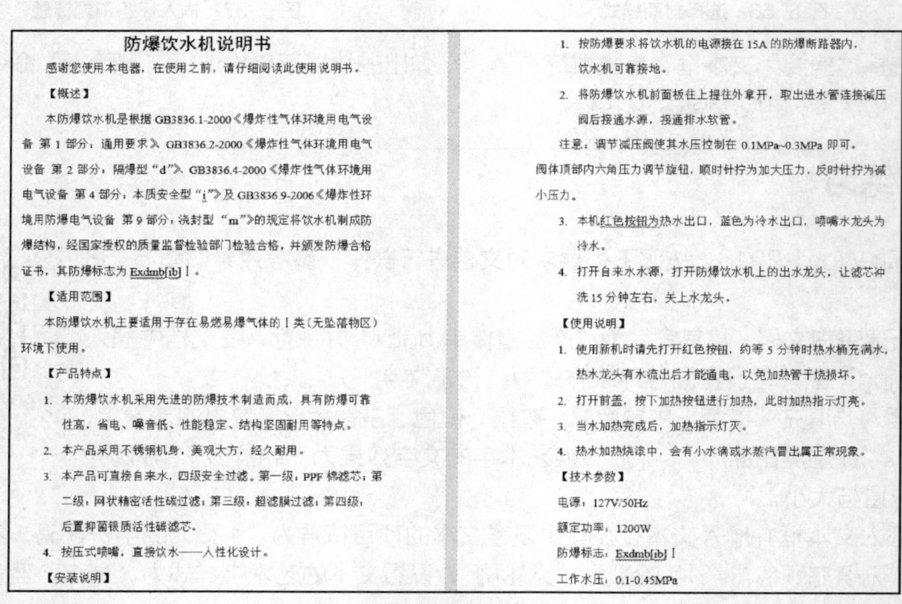

防爆饮水机说明书

感谢您使用本电器，在使用之前，请仔细阅读此使用说明书。

【概述】

本防爆饮水机是根据 GB3836.1-2000《爆炸性气体环境用电气设备 第 1 部分：通用要求》、GB3836.2-2000《爆炸性气体环境用电气设备 第 2 部分：隔爆型“d”》、GB3836.4-2000《爆炸性气体环境用电气设备 第 4 部分：本质安全型“i”》及 GB3836.9-2006《爆炸性环境用防爆电气设备 第 9 部分：浇封型“m”》的规定将饮水机制成防爆结构，经国家授权的质量监督检验部门检验合格，并颁发防爆合格证书，其防爆标志为 Exdmb[ib] Ⅰ。

【适用范围】

本防爆饮水机主要适用于存在易燃易爆气体的Ⅰ类（无坠落物区）环境下使用。

【产品特点】

1. 本防爆饮水机采用先进的防爆技术制造而成，具有防爆可靠性高，省电、噪音低、性能稳定、结构坚固耐用等特点。
2. 本产品采用不锈钢机身，美观大方，经久耐用。
3. 本产品可直接自来水，四级安全过滤。第一级：PPF 棉滤芯；第二级：网状精密活性碳过滤；第三级：超滤膜过滤；第四级：后置抑菌银质活性碳滤芯。
4. 按压式喷嘴，直接饮水——人性化设计。

【安装说明】

1. 按防爆要求将饮水机的电源接在 15A 的防爆断路器内，饮水机可靠接地。
2. 将防爆饮水机前面板往上提往外拿开，取出进水管连接减压阀后接通水源，接通排水软管。

注意：调节减压阀使其水压控制在 0.1MPa~0.3MPa 即可。阀体顶部内六角压力调节旋钮，顺时针拧为加大压力，反时针拧为减小压力。

3. 本机红色按钮为热水出口，蓝色为冷水出口，喷嘴水龙头为冷水。
4. 打开自来水水源，打开防爆饮水机上的出水龙头，让滤芯冲洗 15 分钟左右，关上水龙头。

【使用说明】

1. 使用新机时请先打开红色按钮，约等 5 分钟时热水桶充满水，热水龙头有水流出后才能通电，以免加热管干烧损坏。
2. 打开前盖，按下加热按钮进行加热，此时加热指示灯亮。
3. 当水加热完成后，加热指示灯灭。
4. 热水加热烧滚中，会有小水滴或水蒸汽冒出属正常现象。

【技术参数】

电源：127V/50Hz

额定功率：1200W

防爆标志：Exdmb[ib] Ⅰ

工作水压：0.1-0.45MPa

图 5-59 “产品说明书”效果

（3）为相应的文本内容设置编号“1. 2. 3. …”和“1） 2） 3）…”。在“安装说明”文本后设置编号时，可先设置编号“1. 2.”，然后用格式刷得到编号“3. 4.”。

（4）选择“公司详细的地址和电话”文本，在“字体”组中单击“以不同颜色突出显示文本”按钮右侧的下拉按钮，在打开的下拉列表中选择“黑色”选项，设置黑色底纹。

项目六
排版文档

Word 2016 不仅可以实现简单的图文编辑，还能实现长文档的编辑和版式设计。本项目将通过 3 个典型任务，介绍通过 Word 2016 对文档进行排版的方法，包括在文档中插入与编辑表格内容、使用样式控制文档格式、页面设置、排版和打印设置等。

课堂学习目标

- 制作图书入库单。
- 排版考勤管理规范。
- 排版和打印毕业论文。

任务一　制作图书入库单

任务要求

学校图书馆需要扩充藏书量，新增多个科目的新书。为此，需要制作一份图书入库单作为补充书籍的凭据。小李是图书馆的管理员，因此这项工作落到了他的身上。小李通过整理书籍和单据，制作了图书入库单，参考效果如图 6-1 所示。制作图书入库单的要求如下。

- 输入标题“图书入库单”文本，设置字体格式为“黑体、加粗、小一、居中对齐”。
- 创建一个 9 列 13 行的表格，将鼠标指针移动到表格右下角的控制点上，拖动鼠标调整表格大小。
- 合并第 12 行的第 2 列、第 3 列和第 4 列单元格，拖动鼠标调整表格第 2 列的列宽。
- 平均分配第 2～7 列的宽度，在表格第 1 行下方插入一行单元格。
- 在表格对应的位置输入图 6-1 所示的文本，然后设置对齐方式为“居中对齐”，并为第一行单元格和最后一行的第二个单元格设置底纹为“白色，背景 1，深色 25%”。
- 选择整个表格，设置表格宽度为“根据内容自动调整表格”，对齐方式为“水平居中”。
- 设置表格外边框样式为“单实线”，颜色为蓝色，为最后一行的上边框设置样式为“双实线”的边框。

图书入库单

序号	书名	类别	应收数量	实收数量	单价	金额	入库日期	备注
1	父与子全集	少儿	25	25	35	¥875.00	2020 年 1 月 20 日	
2	古代汉语词典	工具	50	50	119.9	¥5,995	2020 年 1 月 20 日	
3	世界很大，幸好有你	传记	12	12	39	¥468	2020 年 1 月 20 日	
4	Photoshop CC 图像处理	计算机	30	30	48	¥1,440	2020 年 1 月 20 日	
5	疯狂英语 90 句	外语	15	15	19.8	¥297	2020 年 1 月 20 日	
6	窗边的小豆豆	少儿	75	75	25	¥1,875	2020 年 1 月 20 日	
7	只属于我的视界：手机摄影自白书	摄影	23	23	58	¥1,334	2020 年 1 月 20 日	
8	黑白花意：笔尖下的 87 朵花之绘	绘画	35	35	29.8	¥1,043	2020 年 1 月 20 日	
9	小王子	少儿	55	55	20	¥1,100	2020 年 1 月 20 日	
10	配色设计原理	设计	30	30	59	¥1,770	2020 年 1 月 20 日	
11	基本乐理	音乐	12	12	38	¥456	2020 年 1 月 20 日	
12	合计			362	492	¥16,653.00		

图 6-1　“图书入库单”文档效果

- 最后使用“公式”按钮fx计算金额和合计。

相关知识

（一）插入表格的几种方式

在 Word 2016 中插入的表格主要有自动表格、指定行列表格和手动绘制的表格 3 种类型，下面具体介绍。

1. 插入自动表格

微课：插入自动表格

插入自动表格的具体操作如下。

（1）将文本插入点定位到需插入表格的位置，在【插入】/【表格】组中单击“表格”按钮。

（2）在打开的下拉列表中将鼠标指针移动到“插入表格”栏的某个单元格上，此时呈黄色边框显示的单元格为将要插入的单元格，如图 6-2 所示。

（3）单击即可完成插入操作。

微课：插入指定行列表格

2. 插入指定行列表格

插入指定行列表格的具体操作如下。

（1）在【插入】/【表格】组中单击“表格”按钮，在打开的下拉列表中选择“插入表格”选项，打开“插入表格”对话框。

（2）在该对话框中可以输入表格的列数和行数，如图 6-3 所示，然后单击 确定 按钮即可创建表格。

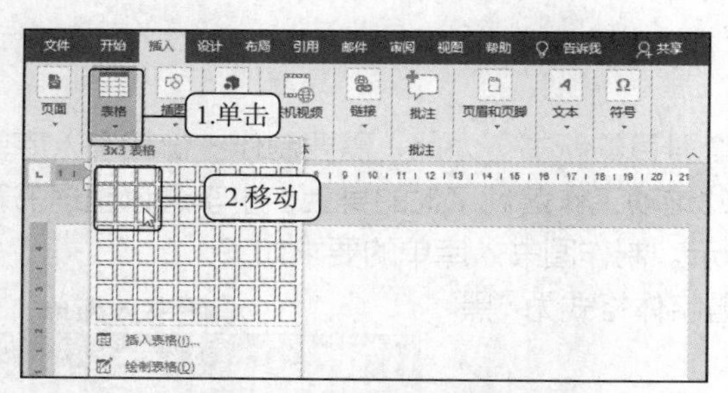

图 6-2　插入自动表格

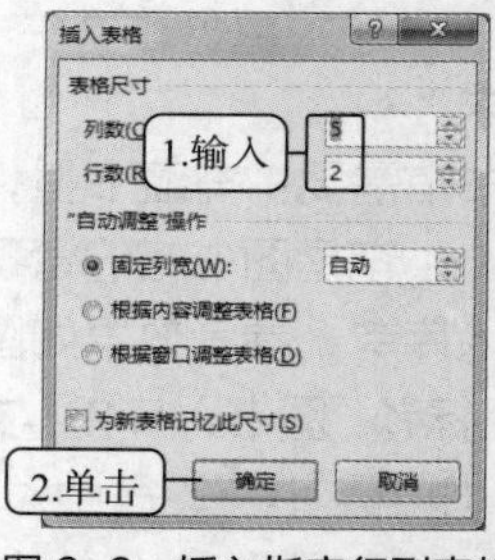

图 6-3　插入指定行列表格

3. 绘制表格

微课：绘制表格

通过插入的方式只能插入比较规则的表格，对于一些较复杂的表格，可以手动绘制，具体操作如下。

（1）在【插入】/【表格】组中单击“表格”按钮，在打开的下拉列表中选择“绘制表格”选项。

（2）此时鼠标指针呈形状，在需要插入表格的地方按住鼠标左键并拖动，此时出现一个虚线框显示的表格。拖动鼠标调整虚线框到适当大小后释放鼠标，即可绘制出表格的边框。

（3）按住鼠标左键，从一条线的起点拖动至终点后，释放鼠标左键，即可在表格中画出横线、竖线和斜线，从而将绘制的边框分成若干单元格，并形成各种样式的表格。表格绘制完成后，按【Esc】键退出绘制状态即可。

（二）选择表格

在文档中可对插入的表格进行调整，调整表格前需先选中表格，在 Word 中选中表格有以下 3 种情况。

1. 选择整行表格

选择整行表格主要有以下两种方法。

- 将鼠标指针移至表格左侧，当鼠标指针呈↗形状时，单击可以选择整行。如果按住鼠标左键并向上或向下拖动，则可以选择多行表格。
- 在需要选择的行/列中单击任意单元格，在【表格工具-布局】/【表】组中单击“选择”按钮，在打开的下拉列表中选择“选择行”选项即可选择该行。

2. 选择整列表格

选择整列表格主要有以下两种方法。

- 将鼠标指针移动到表格顶端，当鼠标指针呈⬇形状时，单击可选择整列。如果按住鼠标左键并向左或向右拖动，则可选择多列表格。
- 在需要选择的行/列中单击任意单元格，在【表格工具-布局】/【表】组中单击“选择”按钮，在打开的下拉列表中选择“选择列”选项即可选择该列表格。

3. 选择整个表格

选择整个表格主要有以下 3 种方法。

- 将鼠标指针移动到表格边框线上，然后单击表格左上角的“全选”按钮⊞，可选择整个表格。
- 在表格内部拖动鼠标可选择整个表格。
- 在表格内单击任意单元格，在【表格工具-布局】/【表】组中单击“选择”按钮，在打开的下拉列表中选择“选择表格”选项，即可选择整个表格。

（三）将表格转换为文本

将表格转换为文本的具体操作如下。

（1）单击表格左上角的“全选”按钮⊞选择整个表格，然后在【表格工具-布局】/【数据】组中单击“转换为文本”按钮。

（2）打开“表格转换成文本”对话框，在其中选择合适的文字分隔符，单击 确定 按钮，即可将表格转换为文本。

微课：将表格转换为文本

（四）将文本转换为表格

将文本转换为表格的具体操作如下。

（1）拖动鼠标选择需要转换为表格的文本，在【插入】/【表格】组中单击“表格”按钮，在打开的下拉列表中选择“文本转换成表格”选项。

（2）在打开的“将文字转换成表格”对话框中根据需要设置表格尺寸和文本分隔符位置，完成后单击 确定 按钮，即可将文本转换为表格。

微课：将文本转换为表格

任务实现

（一）绘制图书入库单表格框架

在使用 Word 制作表格时，最好事先在纸上绘制表格的草图，规划行列数，然后在 Word 中创建并编辑表格，以便快速创建表格，具体操作如下。

（1）打开 Word 2016，在文档的开始位置输入标题“图书入库单”文本，然后按【Enter】键。

（2）在【插入】/【表格】组中单击“表格”按钮，在打开的下拉列表中选择“插入表格”选项，打开“插入表格”对话框。

（3）在该对话框中分别将“列数”和“行数”设置为“9”和“13”，如图 6-4 所示。

微课：绘制图书入库单表格框架

（4）单击确定按钮即可创建表格。选择标题文本，在【开始】/【字体】组中设置字体格式为“黑体、小一、加粗”，并设置对齐方式为“居中对齐”，效果如图 6-5 所示。

（5）将鼠标指针移动到表格右下角的控制点上□，向下拖动鼠标调整表格的高度，在拖动过程中鼠标指针将变成十字形状，如图 6-6 所示。

（6）选择表格第 12 行的第 2～第 4 列单元格，在【表格工具-布局】/【合并】组中单击“合并单元格”按钮，或单击鼠标右键，在弹出的快捷菜单中选择“合并单元格”选项合并单元格，合并单元格的效果如图 6-7 所示。

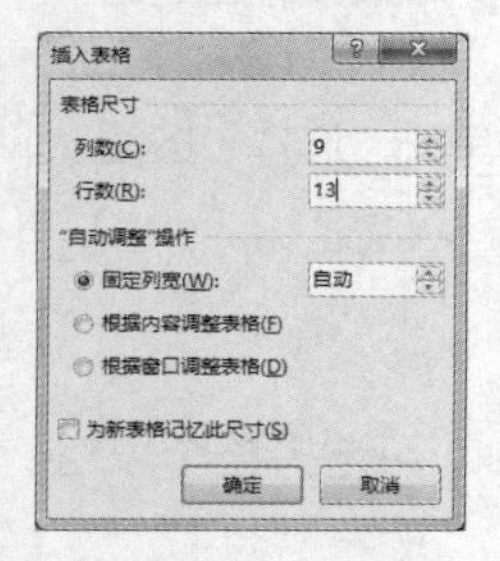

图 6-4　插入表格

图 6-5　设置标题字体格式的效果

图 6-6　调整表格高度

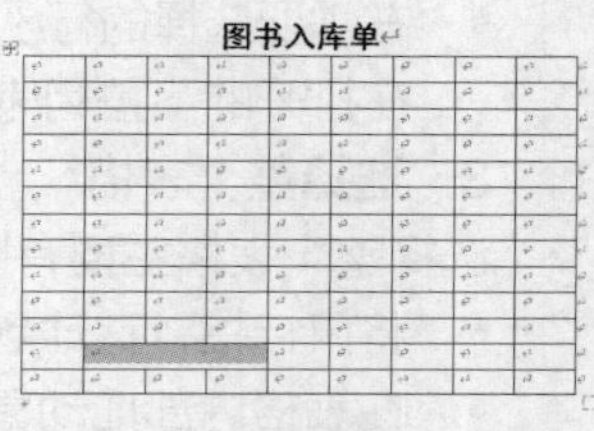

图 6-7　合并单元格的效果

（7）将鼠标指针移至第 2 列表格左侧边框上，当鼠标指针变为形状后，按住鼠标左键并向左拖动鼠标，手动调整列宽。

（8）选择表格第 2～第 7 列单元格，在【表格工具-布局】/【单元格大小】组中单击“分布列”按钮，平均分配各列的宽度，然后使用上一步的方法手动调整第 12 行单元格的列宽。

（二）编辑图书入库单表格

微课：编辑图书入库单表格

在制作表格时，通常需要在指定位置插入一些行/列单元格，或将多余的表格合并或拆分等，以满足实际需要，具体操作如下。

（1）将鼠标指针移动到第 1 行左侧，当其变为形状时，单击选择该行单元格，在【表格工具-布局】/【行和列】组中单击“在下方插入”按钮，或将鼠标移动到第 1 行和第 2 行之间，当出现⊕按钮时单击，即可在表格第 1 行下方插入一行单元格，如图 6-8 所示。

（2）选择第 14 行的某个单元格后，单击鼠标右键，在弹出的快捷菜单中选择“删除单元格”命令，打开“删除单元格”对话框，在其中选中“删除整行”单选项，单击确定按钮即可，如图 6-9 所示。

提示　在选择整行或整列单元格后，单击鼠标右键，在弹出的快捷菜单中选择相应的命令，也可实现单元格的插入、删除和合并等操作，如选择【插入】/【在左侧插入列】命令，也可在选择列的左侧插入一列空白单元格。

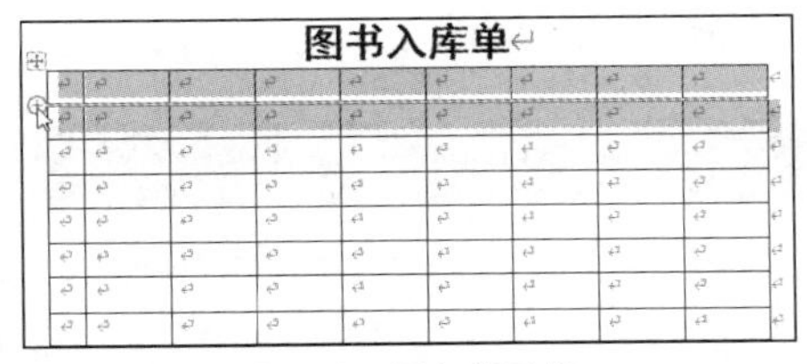

图 6-8　插入单元格

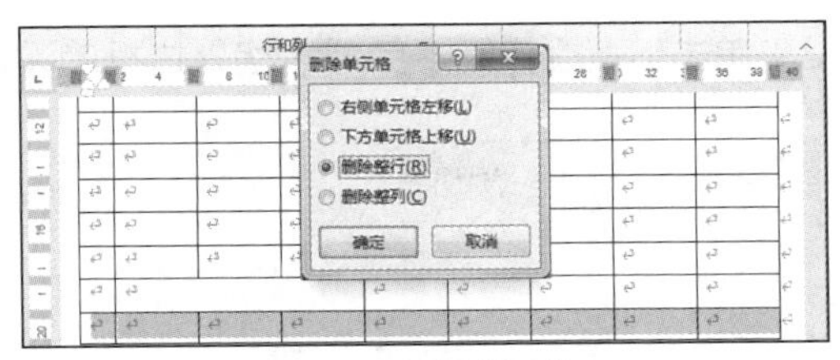

图 6-9　删除单元格

（三）输入与编辑表格内容

微课：输入与编辑表格内容

将表格外形编辑好后，可以向表格中输入相关的表格内容，并设置对应的格式，具体操作如下。

（1）在表格中对应的位置输入相关的文本内容，具体内容可参考提供的效果文件，如图 6-10 所示。

（2）选择第一行单元格中的内容，设置字体格式为“黑体、五号、加粗”。

（3）在表格上单击“全选”按钮⊞选择整个表格，设置对齐方式为“居中对齐”。

（4）保持表格的选中状态，在【表格工具-布局】/【单元格大小】组中单击“自动调整”按钮，在打开的下拉列表框中选择“根据内容自动调整表格”选项，调整表格列宽适应内容的效果如图 6-11 所示。

（5）在【表格工具-布局】/【对齐方式】组中单击“水平居中”按钮，设置文本对齐方式为“水平居中”。

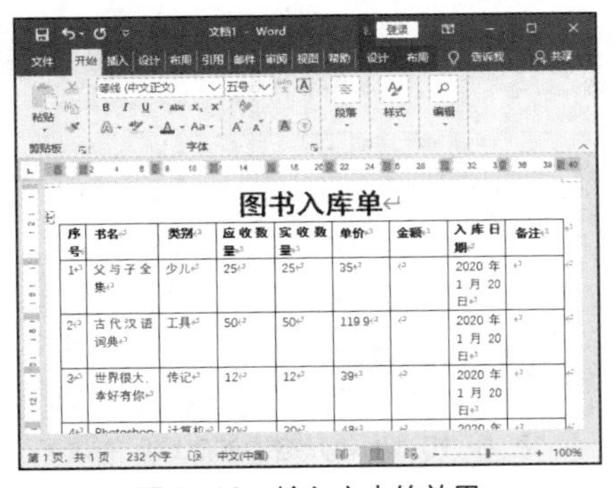

图 6-10　输入文本的效果

图 6-11　调整表格列宽适应内容的效果

（四）设置与美化表格

微课：设置与美化表格

完成对表格内容的编辑后，还可以设置表格的边框和填充颜色，以美化表格，具体操作如下。

（1）选择整个表格，在【表格工具-设计】/【边框】组中单击“边框”按钮，在打开的列表中选择“边框和底纹”选项。

（2）打开“边框和底纹”对话框，在“设置”栏中选择“虚框”选项，在“样式”列表框中选择“单实线”选项，设置颜色为蓝色，宽度为“1.5 磅”，如图 6-12 所示。

（3）单击确定按钮，完成表格外边框的设置，效果如图 6-13 所示。

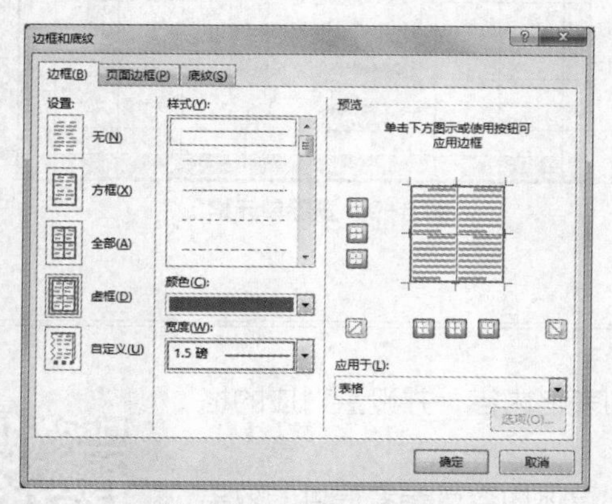

图 6-12　设置外边框

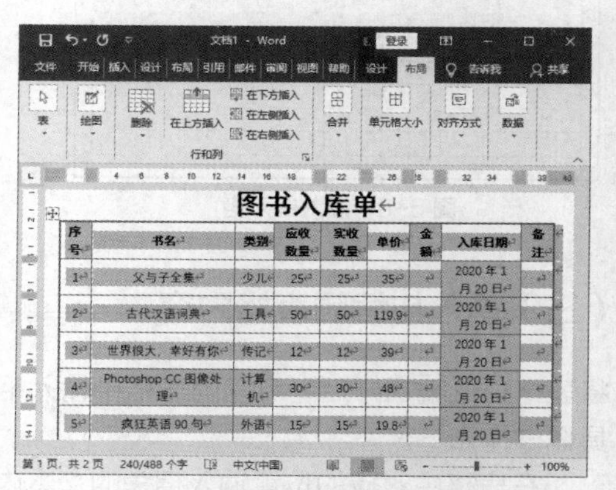

图 6-13　设置外边框后的效果

（4）选择最后一行单元格，打开“边框和底纹”对话框，在“样式”列表框中选择“双实线”，在右侧单击“顶部应用”按钮，单击确定按钮，如图 6-14 所示。

（5）选择“合计”文本所在的单元格，设置字体格式为“黑体、加粗”，然后按住【Ctrl】键依次选择表格表头所在的单元格。

（6）在【表格工具-设计】/【表格样式】组中单击“底纹”按钮下方的下拉按钮，在打开的下拉列表中选择“白色，背景 1，深色 25%”选项，完成单元格底纹的设置，效果如图 6-15 所示。

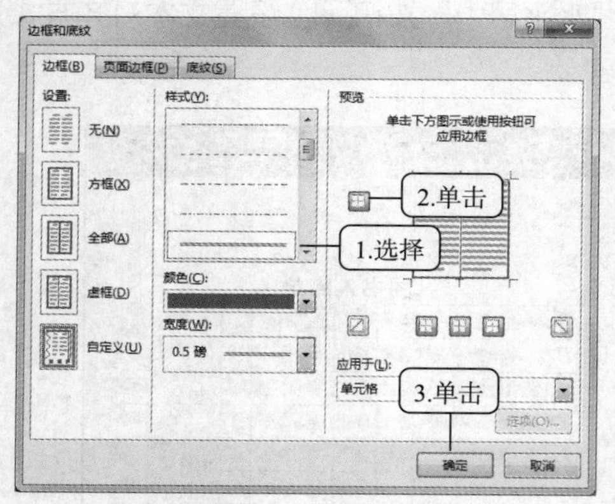

图 6-14　设置上边框

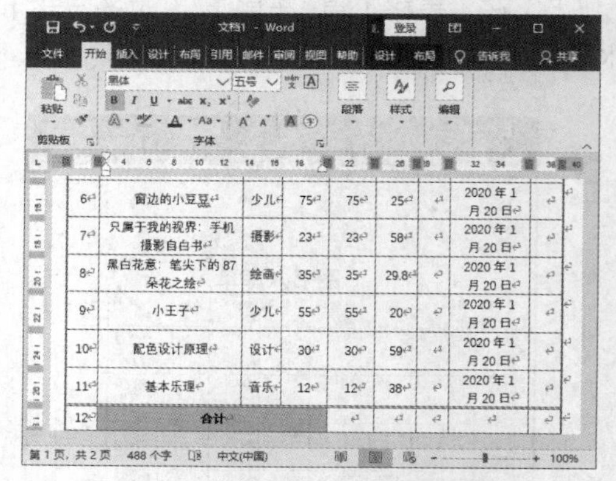

图 6-15　为单元格添加底纹后的效果

（五）计算表格中的数据

微课：计算表格中的数据

表格的内容可能会涉及数据计算，在使用 Word 2016 制作的表格中也可以对数据进行简单的计算，具体操作如下。

（1）将文本插入点定位到“合计”单元格右侧的单元格中，在【表格工具-布局】/【数据】组中单击“公式”按钮fx。

（2）打开“公式”对话框，在“公式”文本框中输入公式，在“编号格式”下拉列表框中选择“0”选项，如图 6-16 所示。

（3）单击确定按钮即可完成该单元格数据计算，使用相同的方法计算其他合计，完成后调整各列到合适的宽度，效果如图 6-17 所示。

（4）按【Ctrl+S】组合键将文档以“图书入库单”为名保存。

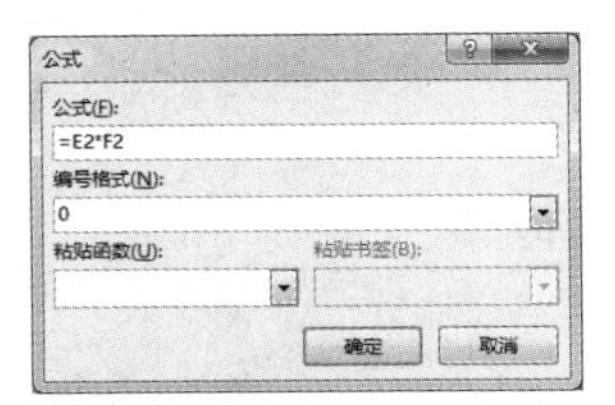

图 6-16　设置公式与编号格式

7	只属于我的视界：手机摄影自白书	摄影	23	23	58	¥1,334	2020 年 1 月 20 日	
8	黑白花意：笔尖下的 87 朵花之绘	绘画	35	35	29.8	¥1,043	2020 年 1 月 20 日	
9	小王子	少儿	55	55	20	¥1,100	2020 年 1 月 20 日	
10	配色设计原理	设计	30	30	59	¥1,770	2020 年 1 月 20 日	
11	基本乐理	音乐	12	12	38	¥456	2020 年 1 月 20 日	
12	合计			362	492	¥16,653.00		

图 6-17　使用公式计算后的结果

任务二　排版考勤管理规范

任务要求

小李在某企业的行政部门工作，最近，总经理发现员工的工作态度比较懒散，决定严格执行考勤制度。总经理要求小李制作考勤管理规范，便于内部员工使用。小李打开原有的“考勤管理规范.docx”文档，经过一番研究，最后利用 Word 2016 的相关功能对考勤管理规范重新进行设计制作，完成后的参考效果如图 6-18 所示，相关要求如下。

- 打开文档，将纸张的“宽度”和“高度”分别设置为“20 厘米”和“28 厘米”。
- 设置“上”“下”页边距为“1 厘米”，设置“左”“右”页边距为“1.5 厘米”。

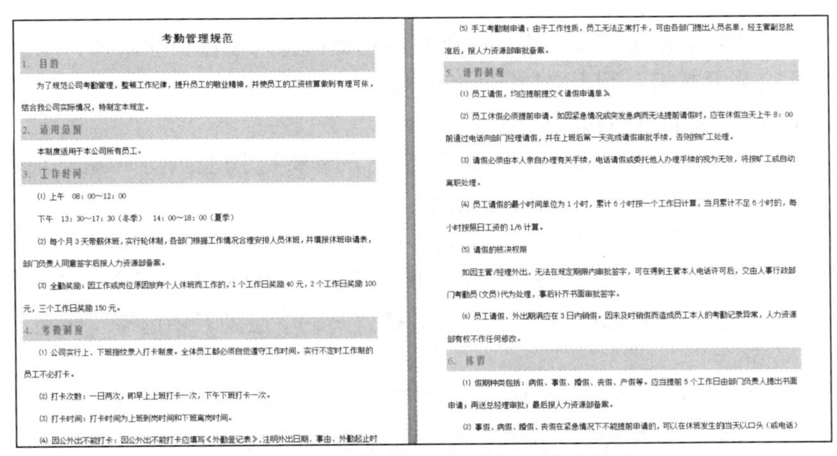

考勤管理规范

1. 目的

为了规范公司考勤管理，整顿工作纪律，提升员工的敬业精神，并使员工的工资核算做到有理可依，结合我公司实际情况，特制定本规定。

2. 适用范围

本制度适用于本公司所有员工。

3. 工作时间

(1) 上午　08：00～12：00

下午　13：30～17：30（冬季）　14：00～18：00（夏季）

(2) 每个月 3 天带薪休班，实行轮休制，各部门根据工作情况合理安排人员休班，并填报休班申请表，部门负责人同意签字后报人力资源部备案。

(3) 全勤奖励：因工作或岗位原因放弃个人休班而工作的，1 个工作日奖励 40 元，2 个工作日奖励 100 元，三个工作日奖励 150 元。

4. 考勤制度

(1) 公司实行上、下班指纹录入打卡制度。全体员工都必须自觉遵守工作时间，实行不定时工作制的员工不必打卡。

(2) 打卡次数：一日两次，即早上上班打卡一次，下午下班打卡一次。

(3) 打卡时间：打卡时间为上班到岗时间和下班离岗时间。

(4) 因公外出不能打卡：因公外出不能打卡应填写《外勤登记表》，注明外出日期、事由、外勤起止时

(5) 手工考勤制申请：由于工作性质，员工无法正常打卡，可由各部门提出人员名单，经主管副总批准后，报人力资源部审批备案。

5. 请假制度

(1) 员工请假，均应提前提交《请假申请单》

(2) 员工休假必须提前申请。如因紧急情况或突发急病而无法提前请假时，应在休假当天上午 8：00 前通过电话向部门经理请假，并在上班后第一天完成请假审批手续，否则按旷工处理。

(3) 请假必须由本人亲自办理有关手续，电话请假或委托他人办理手续的视为无效，将按旷工或自动离职处理。

(4) 员工请假的最小时间单位为 1 小时，累计 6 小时按一个工作日计算，当月累计不足 6 小时的，每小时按照日工资的 1/6 计算。

(5) 请假的核决权限

如因主管/经理外出，无法在规定期限内审批签字，可在得到主管本人电话许可后，交由人事行政部门考勤员（文员）代为处理，事后补齐书面审批签字。

(6) 员工请假、外出期满应在 3 日内销假。因未及时销假而造成员工本人的考勤记录异常，人力资源部有权不作任何修改。

6. 休假

(1) 假期种类包括：病假、事假、婚假、丧假、产假等。应当提前 5 个工作日由部门负责人提出书面申请；再送总经理审批；最后报人力资源部备案。

(2) 事假、病假、婚假、丧假在紧急情况下不能提前申请的，可以在休班发生的当天以口头（或电话）

图 6-18　排版“考勤管理规范”文档后的效果

- 为标题应用内置的“标题”样式。新建“小项目”样式，设置格式为“方正美黑简体、五号、1.5 倍行距”，底纹为“白色，背景 1，深色 50%”。
- 修改“小项目”样式，设置字体格式为“小三、‘茶色，背景 2，深色 50%’”，设置底纹为“白色，背景 1，深色 15%”。

相关知识

（一）模板与样式

模板与样式是 Word 2016 中常用的排版工具，下面介绍模板与样式的相关知识。

1. 模板

Word 2016 的模板是一种固定样式的框架，包含相应的文字和样式。新建模板的方法是打开想

要作为模板使用的Word文档，然后打开“另存为”对话框，设置好文件名后，在“保存类型”下拉列表框中选择“Word模板（*.dotx）”选项，最后单击保存(S)按钮，如图6-19所示。

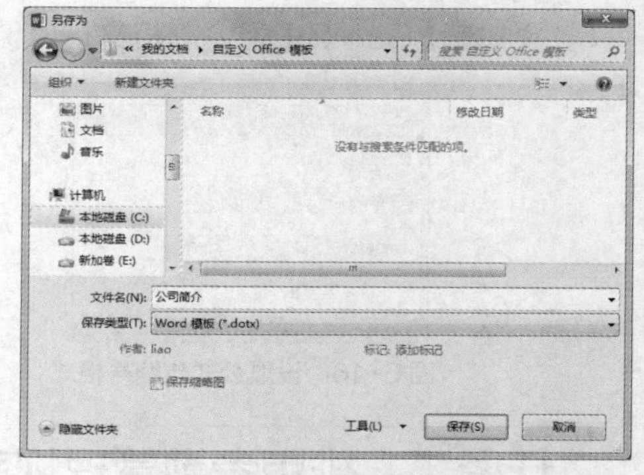

图6-19 另存为模板

2. 样式

在编排一篇长文档或一本书时，需要对许多文字和段落进行相同的排版工作，如果只是利用字符格式和段落格式进行编排，则费时且容易产生厌烦情绪，更重要的是很难使文档格式保持一致。而使用样式能减少许多重复的操作，并在短时间内编排出高质量的文档。

样式是指一组已经命名的字符和段落格式。它设定了文档中标题、题注以及正文等各个文档元素的格式。用户可以将一种样式应用于某个段落，或段落中选择的字符上，所选择的段落或字符便具有这种样式的格式。样式应用于文档主要有以下作用。

- 使文档的格式便于统一。
- 便于构筑大纲，使文档有条理，编辑和修改更简单。
- 便于生成目录。

（二）页面版式

设置文档页面版式包括设置页面大小、页面方向和页边距，设置页面背景，添加封面，添加水印和设置主题等，这些设置将应用于文档的所有页面。

1. 设置页面大小、页面方向和页边距

默认的Word文档页面大小为A4（21厘米×29.7厘米），页面方向为纵向，页边距为普通，在【布局】/【页面设置】组中单击相应的按钮便可修改。

- 单击“纸张大小”按钮下方的下拉按钮，在打开的下拉列表中选择一种页面大小选项，或选择“其他页面大小”选项，在打开的“页面设置”对话框中设置文档的宽度和高度。
- 单击“页面方向”按钮下方的下拉按钮，在打开的下拉列表中选择“横向”选项，可将页面设置为横向。
- 单击“页边距”按钮下方的下拉按钮，在打开的下拉列表中选择一种页边距选项，或选择“自定义页边距”选项，在打开的“页面设置”对话框中设置上、下、左、右页边距的值。

2. 设置页面背景

在Word 2016中，页面背景可以是纯色背景、渐变色背景和图片背景。设置页面背景的方法是：在【设计】/【页面背景】组中单击“页面颜色”按钮，在打开的下拉列表中选择一种页面背景颜色，如图6-20所示。选择“填充效果”选项，在打开的“填充效果”对话框中单击“渐变”“图片”等选项卡，便可设置渐变色背景和图片背景等。

3. 添加封面

在制作某些办公文档时，可通过添加封面表现文档的主题。封面内容一般包含标题、副标题、文档摘要、编写时间、作者和公司名称等。添加封面的方法是：在【插入】/【页面】组中单击“封面”按钮，在打开的下拉列表中选择一种封面样式，如图6-21所示，为文档添加该封面，然后输入相应的封面内容即可。

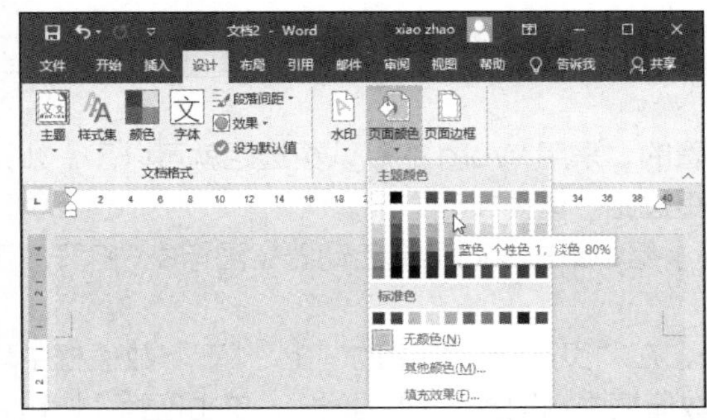

图 6-20　选择页面背景颜色

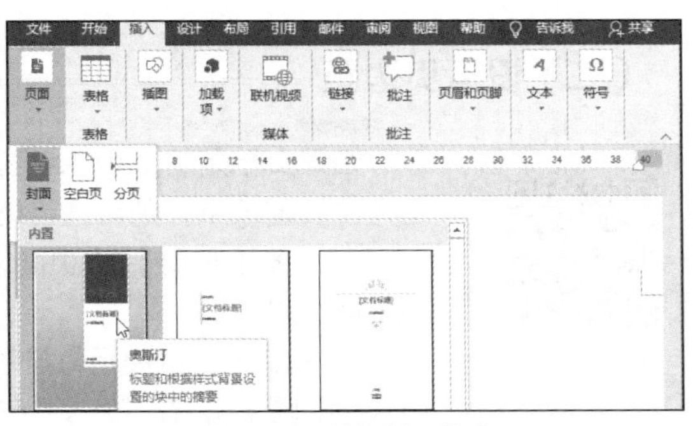

图 6-21　选择封面样式

4. 添加水印

制作办公文档时，可为文档添加水印背景，如添加“机密”水印等。添加水印的方法是：在【设计】/【页面背景】组中单击“水印”按钮，在打开的下拉列表中选择一种水印效果即可。

5. 设置主题

应用主题可快速更改文档整体效果，统一文档风格。设置主题的方法是：在【设计】/【文档格式】组中单击“主题”按钮，在打开的下拉列表中选择一种主题样式，文档的颜色和字体等效果将发生变化。

任务实现

（一）设置页面大小

在日常应用中可根据文档内容自定义页面大小，具体操作如下。

（1）打开“考勤管理规范.docx”文档，在【布局】/【页面设置】组中单击“对话框启动器”图标，打开“页面设置”对话框。

（2）单击“纸张”选项卡，在“纸张大小”下拉列表框中选择“自定义大小”选项，分别设置“宽度”和“高度”为“20 厘米”和“28 厘米”，如图 6-22 所示。

（3）单击 确定 按钮，返回文档编辑区，可查看设置页面大小后的文档效果，如图 6-23 所示。

图 6-22　设置页面大小

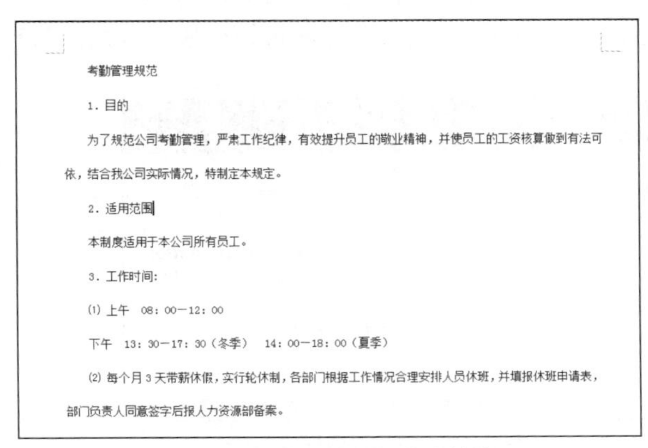

考勤管理规范

1．目的

为了规范公司考勤管理，严肃工作纪律，有效提升员工的敬业精神，并使员工的工资核算做到有法可依，结合我公司实际情况，特制定本规定。

2．适用范围

本制度适用于本公司所有员工。

3．工作时间：

⑴ 上午　08：00—12：00

下午　13：30—17：30（冬季）　14：00—18：00（夏季）

⑵ 每个月 3 天带薪休假，实行轮休制，各部门根据工作情况合理安排人员休班，并填报休班申请表，部门负责人同意签字后报人力资源部备案。

图 6-23　设置页面大小后的文档效果

（二）设置页边距

如果文档是给上级或者客户看的，采用 Word 的默认页边距就可以了。如果是为了节省纸张，则可适当缩小页边距，具体操作如下。

（1）在【布局】/【页面设置】组中单击“对话框启动器”图标，打开“页面设置”对话框。

（2）单击“页边距”选项卡，在“页边距”栏中的“上”“下”数值框中均输入“1 厘米”，在“左”“右”数值框中均输入“1.5 厘米”，单击确定按钮，如图 6-24 所示。

（3）返回文档编辑区，可查看设置页边距后的文档效果，如图 6-25 所示。

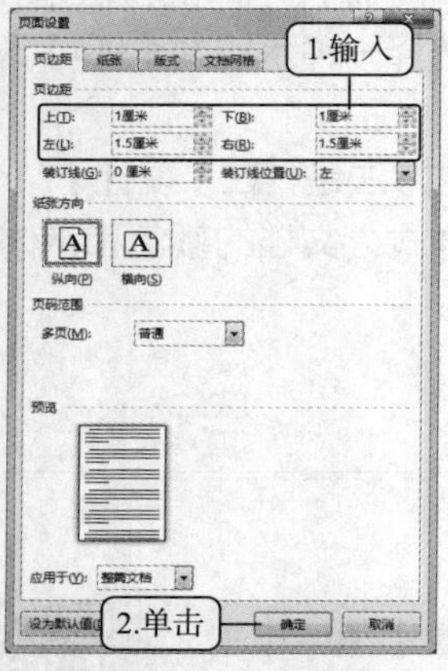

图 6-24　设置页边距

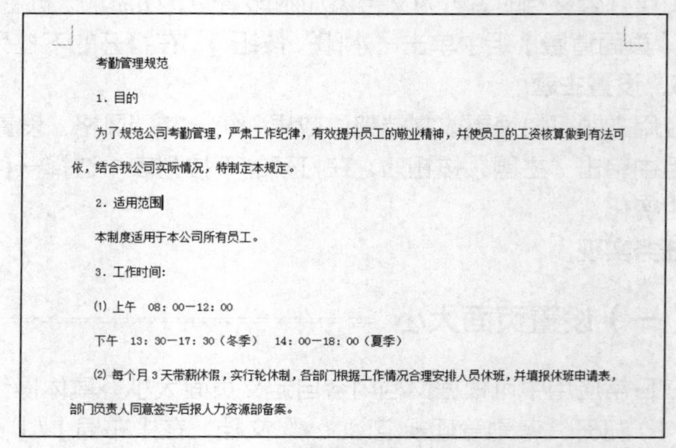

图 6-25　设置页边距后的文档效果

（三）套用内置样式

内置样式是指 Word 2016 自带的样式，下面介绍如何为“考勤管理规范.docx”文档套用内置样式，具体操作如下。

（1）将文本插入点定位到标题“考勤管理规范”文本右侧，在【开始】/【样式】组的下拉列表中选择“标题”选项，如图 6-26 所示。

（2）返回文档编辑区，可查看设置标题样式后的文档效果，如图 6-27 所示。

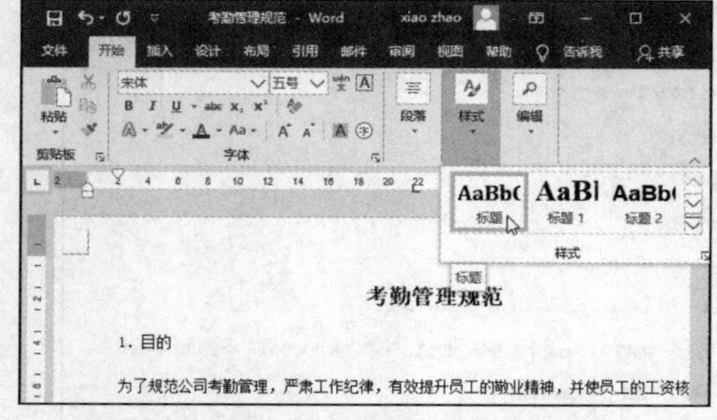

图 6-26　套用内置样式

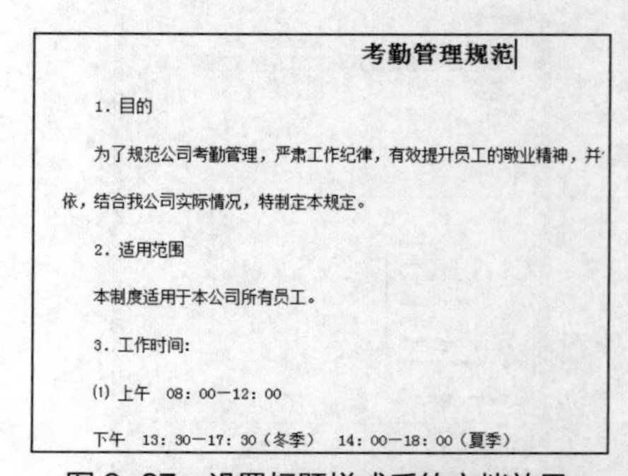

图 6-27　设置标题样式后的文档效果

（四）创建样式

Word 2016 的内置样式是有限的，当 Word 2016 的内置样式不能满足用户的需要时，用户可创建样式，具体操作如下。

（1）将文本插入点定位到第一段“1. 目的”文本右侧，在【开始】/【样式】组中单击“对话框启动器”按钮，如图 6-28 所示。

（2）打开“样式”任务窗格，单击“新建样式”按钮，如图 6-29 所示。

图 6-28　单击“对话框启动器”按钮

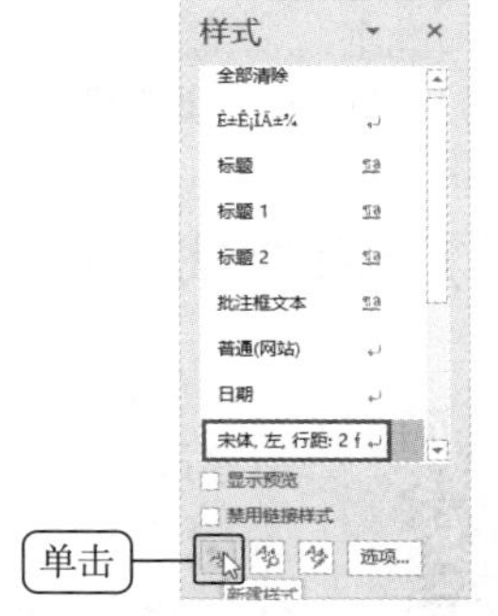

图 6-29　单击“新建样式”按钮

（3）在打开的“根据格式设置创建新样式”对话框的“名称”文本框中输入“小项目”，在“格式”栏中将格式设置为“方正美黑简体、五号”。单击格式(O)按钮，在打开的下拉列表中选择“段落”选项，如图 6-30 所示。

（4）打开“段落”对话框，在“间距”栏的“行距”下拉列表框中选择“1.5 倍行距”选项，单击确定按钮，如图 6-31 所示。

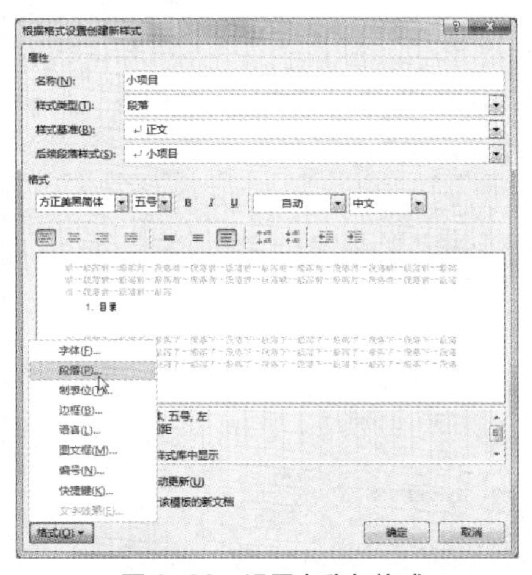

图 6-30　设置名称与格式

图 6-31　设置“段落”格式

（5）返回“根据格式设置创建新样式”对话框，再次单击格式(O)按钮，在打开的下拉列表中选择“边框”选项。

（6）打开“边框和底纹”对话框，单击“底纹”选项卡，在“填充”栏的下拉列表框中选择“白色，背景 1，深色 50%”选项，如图 6-32 所示，然后单击确定按钮。

（7）返回文档编辑区，可查看创建样式后的文档效果，如图 6-33 所示。

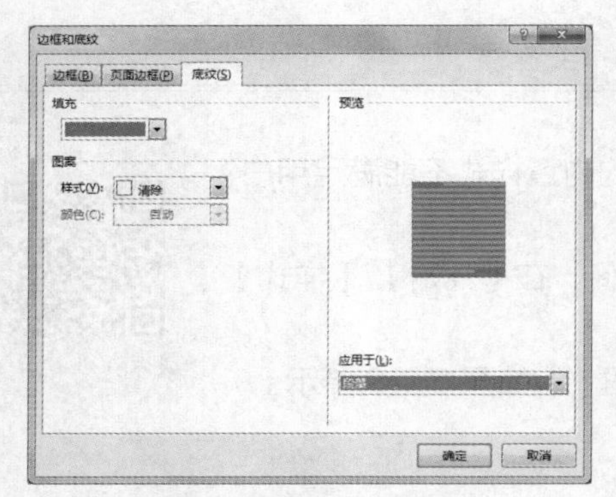

图 6-32　设置底纹

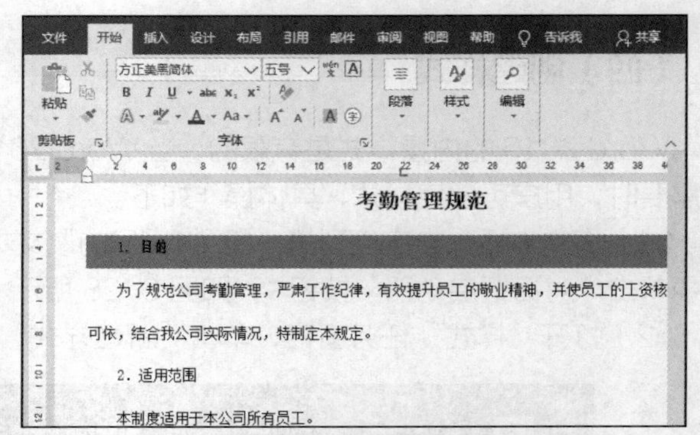

图 6-33　创建样式后的文档效果

（五）修改样式

创建新样式后，如果用户对创建的样式不满意，可通过“修改”选项对其进行修改，具体操作如下。

（1）在“样式”任务窗格中选择创建的“小项目”样式，单击右侧的按钮，在打开的下拉列表中选择“修改”选项，如图 6-34 所示。

（2）打开“修改样式”对话框，在“格式”栏中将字体格式修改为“小三、‘茶色，背景 2，深色 50%’”。单击格式(O)按钮，在打开的下拉列表中选择“边框”选项，如图 6-35 所示。

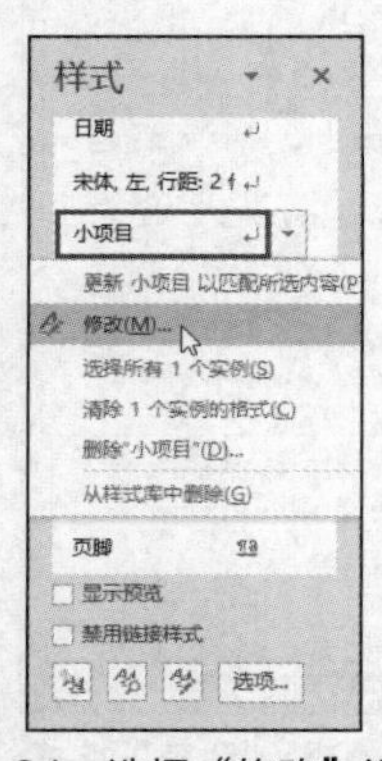

图 6-34　选择“修改”选项

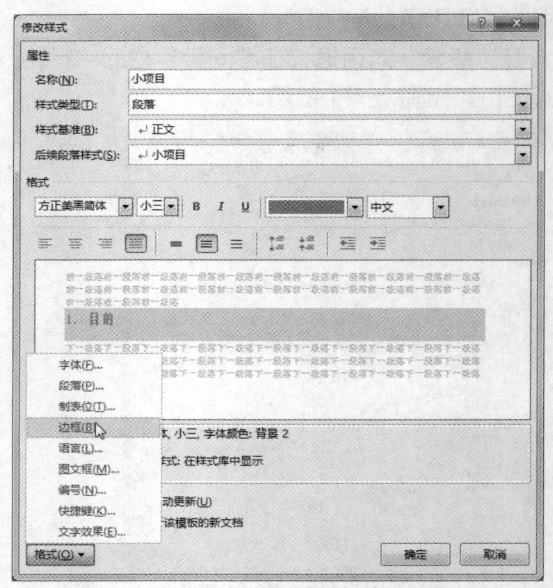

图 6-35　修改字体和颜色

（3）打开“边框和底纹”对话框，单击“底纹”选项卡，在“填充”栏的下拉列表框中选择“白色，背景 1，深色 15%”选项，单击确定按钮，如图 6-36 所示，即可修改底纹样式。

（4）将文本插入点定位到其他同级别文本上，在“样式”窗格中选择“小项目”选项，即可修改该部分文本的样式，效果如图 6-37 所示。

（5）单击页面左上角“保存”按钮，保存修改完毕的文档。

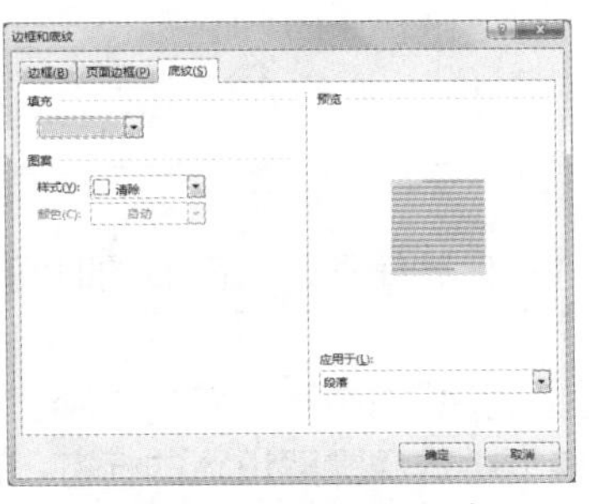

图 6-36　修改底纹样式

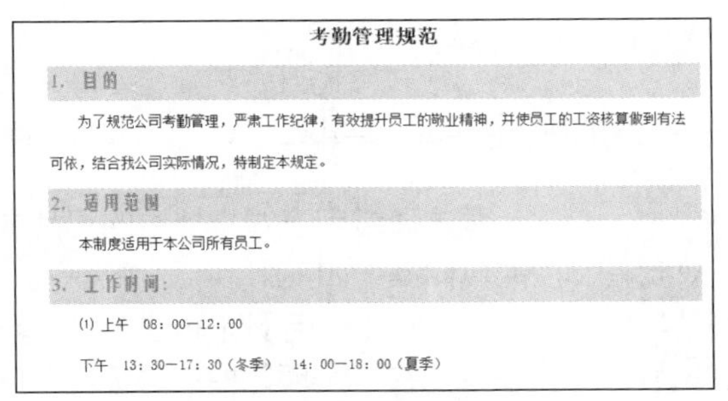

考勤管理规范

1. 目的

为了规范公司考勤管理，严肃工作纪律，有效提升员工的敬业精神，并使员工的工资核算做到有法可依，结合我公司实际情况，特制定本规定。

2. 适用范围

本制度适用于本公司所有员工。

3. 工作时间：

(1) 上午　08：00—12：00

下午　13：30—17：30（冬季）　14：00—18：00（夏季）

图 6-37　修改样式后的效果

任务三　排版和打印毕业论文

任务要求

肖雪是某职业院校一名大三的学生，临近毕业，她按照指导老师发放的毕业设计任务书要求，完成了实验和论文的写作。接下来，她需要使用 Word 2016 对论文进行排版，论文排版后的效果如图 6-38 所示，相关要求如下。

- 新建样式，设置中文字体为“宋体”，西文字体为“Times New Roman”，字号为“五号”，首行统一缩进 2 个字符。
- 设置一级标题字体格式为“黑体、三号、加粗”，段落格式为“居中对齐、段前段后均为 0 行、2 倍行距”。
- 设置二级标题的字体格式为“思源黑体 CN Extralight、四号、加粗”，段落格式为“对齐、1.5 倍行距”。
- 设置“关键词：”文本的格式为“思源黑体、四号、加粗”，关键词格式为“宋体、五号、首行缩进 2 个字符”。
- 使用大纲视图查看文档结构，然后分别在每个部分的前面插入分页符或分节符。
- 添加“边线型”样式的页眉，设置字体为“宋体”，字号为“五号”，行距为“单倍行距”，对齐方式为“居中对齐”。
- 添加“边线型”页脚，设置字体为“宋体”，字号为“五号”，页脚显示当前页码。
- 添加“边线型”封面，在对应位置输入相关文本内容，然后删除“公司名称”占位符，并删除原来的封面。
- 提取目录。设置“制表符前导符”为第 2 个选项，格式为“正式”，显示级别为“2”，取消勾选“使用超链接而不使用页码”复选框。
- 选择【文件】/【打印】命令，预览并打印文档。

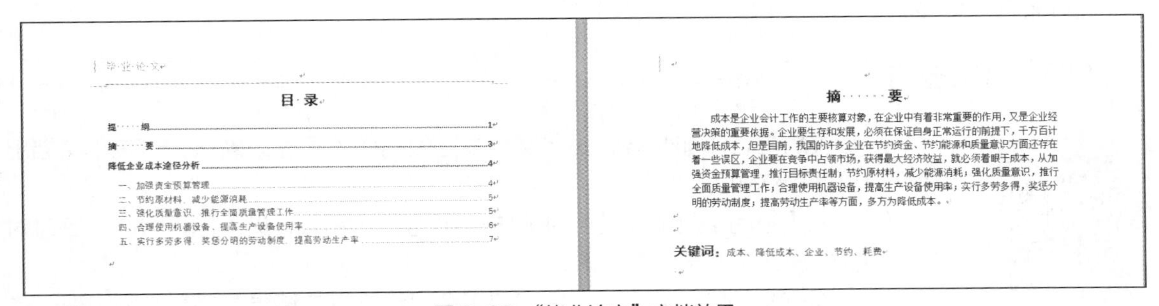

毕业论文

目 录

摘　　要

成本是企业会计工作的主要核算对象，在企业中有着非常重要的作用，又是企业经营决策的重要依据。企业要生存和发展，必须在保证自身正常运行的前提下，千方百计地降低成本，但是目前，我国的许多企业在节约资金、节约能源和质量意识方面还存在着一些误区，企业要在竞争中占领市场，获得最大经济效益，就必须着眼于成本，从加强资金预算管理，推行目标责任制；节约原材料，减少能源消耗；强化质量意识，推行全面质量管理工作；合理使用机器设备，提高生产设备使用率；实行多劳多得，奖惩分明的劳动制度；提高劳动生产率等方面，多方为降低成本。

关键词：成本、降低成本、企业、节约、耗费

图 6-38　“毕业论文”文档效果

相关知识

（一）添加题注

微课：添加题注

题注通常用于对文档中的图片或表格进行自动编号，从而节约时间。添加题注的具体操作如下。

（1）在【引用】/【题注】组中单击“插入题注”按钮，打开“题注”对话框。

（2）在“选项”栏的“标签”下拉列表框中选择需要设置的标签，也可以单击新建标签(N)...按钮，打开“新建标签”对话框，在“标签”文本框中输入自定义的标签名称。

（3）单击确定按钮返回对话框，可查看添加的新标签。然后单击确定按钮返回文档，查看添加的题注。

（二）创建交叉引用

微课：创建交叉引用

交叉引用可以为文档中的图片、表格与正文相关的说明文字创建对应的关系，从而为使用者提供自动更新功能。创建交叉引用的具体操作如下。

（1）将文本插入点定位到需要使用交叉引用的位置，在【引用】/【题注】组中单击“交叉引用”按钮，打开“交叉引用”对话框。

（2）在“引用类型”下拉列表框中选择需要引用的类型，这里选择“书签”，在“引用哪一个书签”列表框中选择需要引用的选项，这里没有创建书签，故没有选项。单击插入(I)按钮即可创建交叉引用。在选择插入的文本范围时，插入的交叉引用的内容将显示为灰色底纹，修改被引用的内容后，返回引用时按【F9】键即可更新。

（三）插入批注

微课：插入批注

批注用于在阅读时对文中的内容添加评语和注解，插入批注的具体操作如下。

（1）选择要插入批注的文本，在【审阅】/【批注】组中单击“新建批注”按钮，此时选择的文本处出现一条引至文档右侧的引线。

（2）批注中的“[M 用 1]”表示由姓名简写为“M”的用户添加的第一条批注，在批注文本框中可输入批注内容。

（3）使用相同的方法为文档添加多个批注，并且批注会自动编号排列。单击“上一条”按钮或“下一条”按钮，可查看前后的批注。

（4）若要删除为文档添加的批注，可在要删除的批注上单击鼠标右键，在弹出的快捷菜单中选择“删除批注”命令。

（四）添加修订

微课：添加修订

对错误的内容添加修订，并将文档发送给制作人员予以确认，可减小文档出错率，具体操作如下。

（1）在【审阅】/【修订】组中单击“修订”按钮，进入修订状态，此时对文档的任何操作都将被记录下来。

（2）修改文档内容后，修改后的位置会显示修订的结果，并在左侧出现一条竖线，表示该处进行了修订。

（3）在【审阅】/【修订】组中单击显示标记按钮右侧的下拉按钮，在打开的下拉列表中选择【批注框】/【在批注框中显示修订】选项。

（4）修订结束后，需单击“修订”按钮退出修订状态，否则文档中的任何操作都会被视为修订操作。

（五）接受与拒绝修订

对于文档中的修订，用户可根据需要选择接受或拒绝，具体操作如下。

微课：接受与拒绝修订

（1）在【审阅】/【更改】组中单击“接受”按钮接受修订，或单击“拒绝”按钮拒绝修订。

（2）单击“接受”按钮下方的下拉按钮，在打开的下拉列表中选择“接受所有修订”选项，可一次性接受文档的所有修订。

（六）插入并编辑公式

当需要插入复杂的数学公式时，如根式和积分公式等，可使用 Word 2016 的公式编辑器快速、方便地编写。下面插入“事例（两条件）”公式，并输入条件，具体操作如下。

微课：插入并编辑公式

（1）在【插入】/【符号】组中单击“公式”按钮π下方的下拉按钮，在打开的下拉列表中选择“插入新公式”选项。

（2）在文档中将出现一个公式编辑框，在【公式工具-设计】/【结构】组中单击“括号”按钮{()}，在打开的下拉列表的“事例和堆栈”栏中选择“事例（两条件）”选项。

（3）单击括号上方的条件框，选择该条件框，并输入数据，然后在“符号”组中单击“大于”按钮>。

（4）单击括号下方的条件框，选择该条件框，然后在【公式工具-设计】/【结构】组中单击“分数”按钮，在打开的下拉列表的“分数”栏中选择“分数（竖式）”选项。

（5）在插入的公式编辑框中输入数据，完成后在文档的任意处单击可退出公式编辑。

任务实现

（一）设置文档格式

初步完成毕业论文后需要为其设置相关的文本格式，使其结构分明，具体操作如下。

微课：设置文档格式

（1）将文本插入点定位到“提纲”文本中，打开“样式”任务窗格，单击“新建样式”按钮。

（2）打开“根据格式设置创建新样式”对话框，通过前面讲解的方法在对话框中设置一级标题的样式。其中设置字体格式为“黑体、三号、加粗”，设置对齐方式为“居中对齐”，段前、段后均为“0 行”，行距为“2 倍行距”，大纲级别为“1 级”，如图 6-39 所示。

（3）通过应用样式的方法为其他一级标题应用样式，效果如图 6-40 所示。

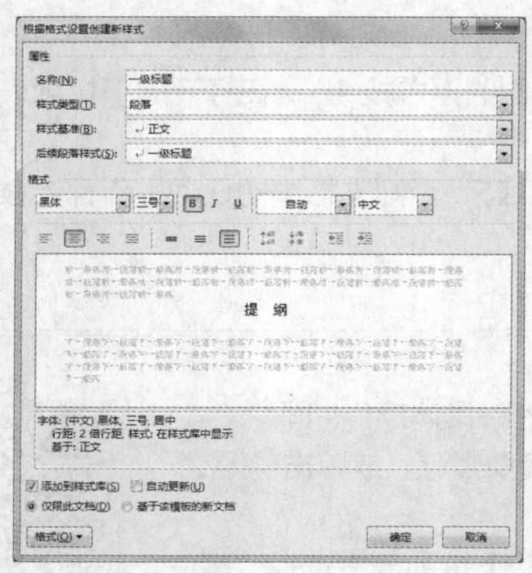

图 6-39　创建样式

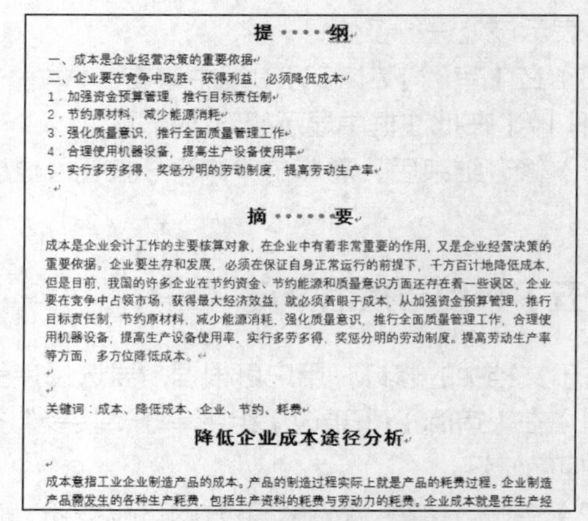

提 纲

一、成本是企业经营决策的重要依据

二、企业要在竞争中取胜，获得利益，必须降低成本

1．加强资金预算管理，推行目标责任制

2．节约原材料，减少能源消耗

3．强化质量意识，推行全面质量管理工作

4．合理使用机器设备，提高生产设备使用率

5．实行多劳多得，奖惩分明的劳动制度，提高劳动生产率

摘 要

成本是企业会计工作的主要核算对象，在企业中有着非常重要的作用，又是企业经营决策的重要依据。企业要生存和发展，必须在保证自身正常运行的前提下，千方百计地降低成本，但是目前，我国的许多企业在节约资金、节约能源和质量意识方面还存在着一些误区，企业要在竞争中占领市场，获得最大经济效益，就必须着眼于成本，从加强资金预算管理，推行目标责任制，节约原材料，减少能源消耗，强化质量意识，推行全面质量管理工作，合理使用机器设备，提高生产设备使用率，实行多劳多得，奖惩分明的劳动制度。提高劳动生产率等方面，多方位降低成本。

关键词：成本、降低成本、企业、节约、耗费

降低企业成本途径分析

成本意指工业企业制造产品的成本。产品的制造过程实际上就是产品的耗费过程。企业制造产品需发生的各种生产耗费，包括生产资料的耗费与劳动力的耗费。企业成本就是在生产经

图 6-40　应用样式的效果

（4）使用相同的方法设置二级标题格式。其中，设置字体格式为“思源黑体 CN Extralinght、四号、加粗”，段落格式为“左对齐、1.5 倍行距”，大纲级别为“2 级”。

（5）设置正文中文字体为“宋体”，西文字体为“Times New Roman”，字号为“五号”，首行统一缩进“2 个字符”，设置正文行距为“单倍行距”。完成后为文档应用相关的样式即可。

（二）使用大纲视图

微课：使用大纲视图

大纲视图适用于长文档中文本级别较多的情况，以使用户查看和调整文档结构，具体操作如下。

（1）在【视图】/【视图】组中单击 大纲视图 按钮，将视图模式切换到大纲视图，在【大纲】/【大纲工具】组中的“显示级别”下拉列表中选择“2 级”选项，如图 6-41 所示。

（2）查看所有 2 级标题文本后，双击“降低企业成本途径分析”文本段落左侧的⊕标记，可展开下面的内容。

（3）设置完成后，在【大纲】/【关闭】组中单击“关闭大纲视图”按钮或在【视图】/【视图】组中单击“页面视图”按钮，可返回页面视图模式。

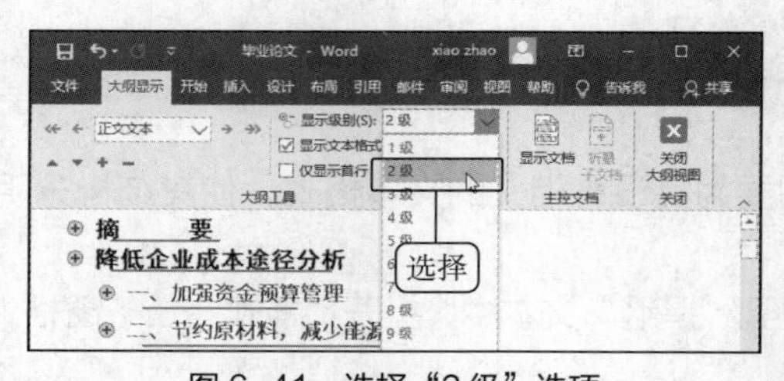

图 6-41　选择“2 级”选项

微课：插入分隔符

（三）插入分隔符

分隔符主要用于标识文字分隔的位置，插入分隔符的具体操作如下。

（1）将文本插入点定位到文本“提纲”之前，在【布局】/【页面设置】组中单击“分隔符”按钮，在打开的下拉列表中的“分页符”栏中选择“分页

符”选项。

（2）在文本插入点所在位置插入分页符，此时，“提纲”的内容将从下一页开始，效果如图6-42所示。

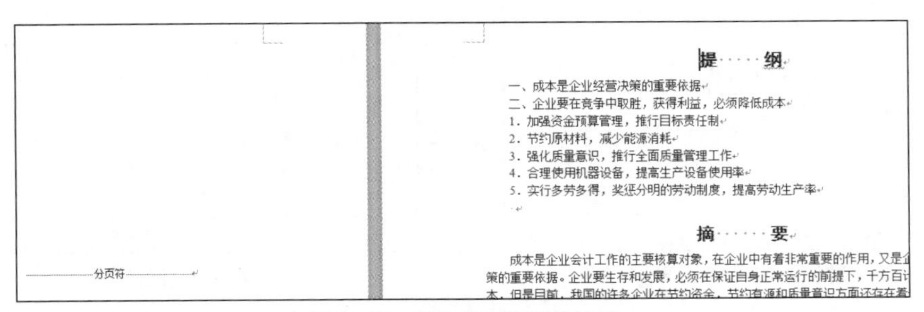

图6-42 插入分页符后的效果

（3）将文本插入点定位到文本“摘要”之前，在【布局】/【页面设置】组中单击“分隔符”按钮，在打开的下拉列表中的“分节符”栏中选择“下一页”选项。

（4）此时，在“提纲”的结尾部分插入分节符，“摘要”的内容将从下一页开始，效果如图6-43所示。

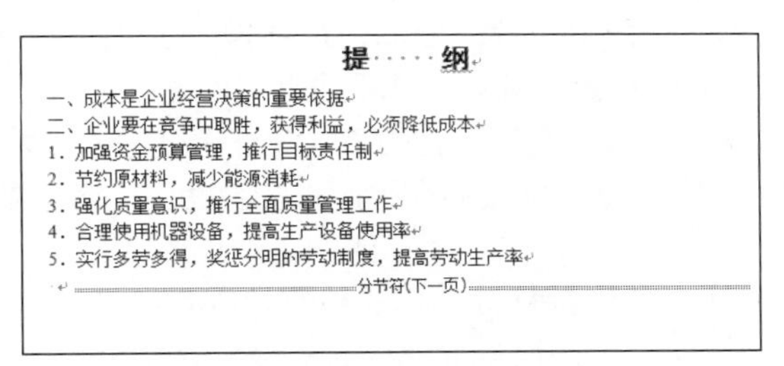

图6-43 插入分节符后的效果

（5）使用相同的方法为“降低企业成本途径分析”设置分节符。

提示 如果文档中的编辑标记并未显示，可在【开始】/【段落】组中单击“显示/隐藏编辑标记”按钮，使该按钮呈选中状态，此时隐藏的编辑标记显示出来。

（四）设置页眉和页脚

为了使页面更美观，便于阅读，可以为文档添加页眉和页脚。在编辑文档时，可在页眉和页脚中插入文本或图形，如页码、公司徽标、日期和作者名等，具体操作如下。

微课：设置页眉页脚

（1）在【插入】/【页眉和页脚】组中单击“页眉”按钮，在打开的下拉列表中选择“边线型”选项，在其中输入“毕业论文”文本，并设置格式为“宋体、五号”，单击勾选“首页不同”复选框，如图6-44所示。

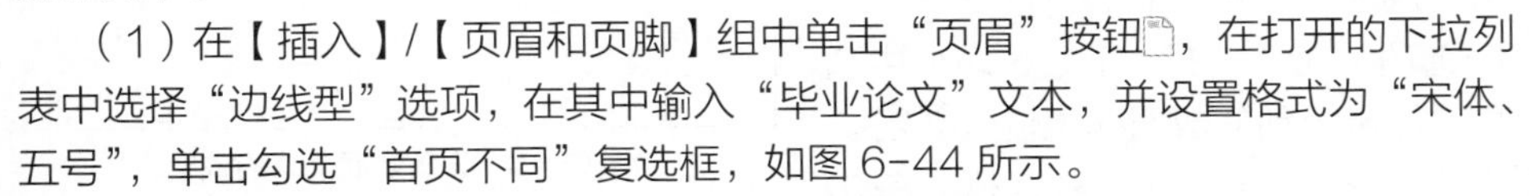

（2）在【页眉页脚工具-设计】/【页眉和页脚】组中单击页脚按钮，在打开的下拉列表中选择“边线型”选项。

（3）文本插入点自动“插入”页脚区，且自动插入左对齐页码，在【页眉页脚工具-设计】/【关闭】组中单击“关闭页眉和页脚”按钮退出页眉和页脚，如图6-45所示。

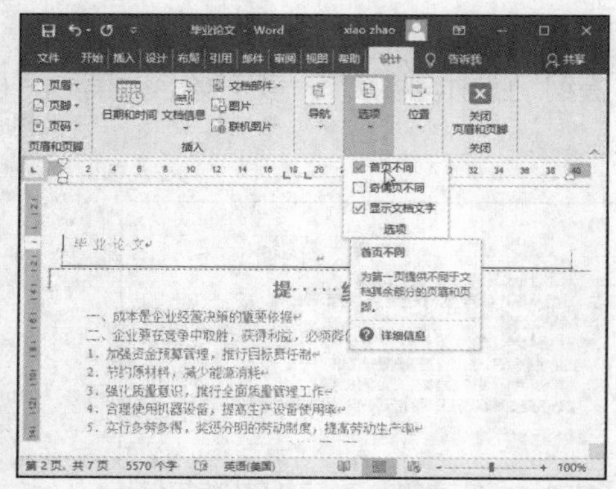
图 6-44　设置页眉

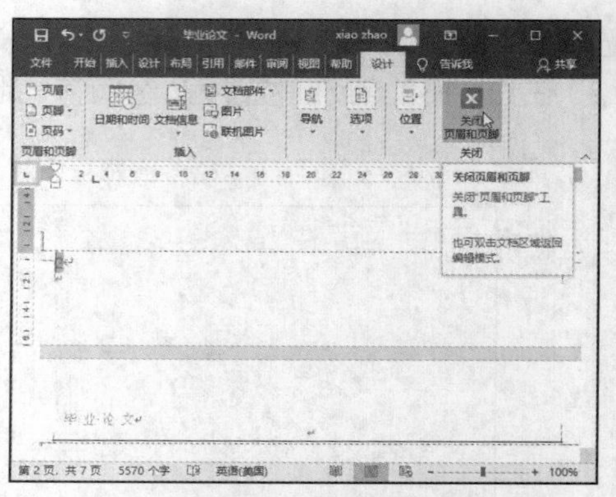
图 6-45　设置页脚

（五）设置封面和创建目录

微课：设置封面和创建目录

设置封面格式可通过设置文本来完成，对于设置了多级标题样式的文档，可通过索引和目录功能提取目录，具体操作如下。

（1）在文档开始处单击定位文本插入点，在【插入】/【页面】组中单击“封面”按钮，在打开的列表中选择“边线型”选项，在文档标题处输入“毕业论文”文本，在文档副标题处输入“降低企业成本途径分析”文本。

（2）删除“公司名称”占位符，在作者处输入“姓名：肖　　雪”文本，在日期处输入“学号：2016036”文本，完成后删除原来的封面页内容，参考效果如图 6-46 所示。

提示　设置封面后，页眉可能会根据封面页进行调整，若出现这一问题，则手动重新设置页眉即可。

（3）选择摘要中的“关键词：”文本，设置格式为“思源黑体 CN Extralight、四号、加粗”。

（4）在“提纲”页的末尾定位文本插入点，在【插入】/【页面】组中单击“分页”按钮，插入分页符并创建新的空白页。在新页面第 1 行输入“目　录”，并应用一级标题格式。

（5）按【Enter】键将文本插入点定位于第 2 行左侧，在【引用】/【目录】组中单击“目录”按钮，在打开的下拉列表中选择“自定义目录”选项，打开“目录”对话框。单击“目录”选项卡，在“制表符前导符”下拉列表中选择第 2 个选项，在“格式”下拉列表框中选择“正式”选项，在“显示级别”数值框中输入“2”。取消勾选“使用超链接而不使用页码”复选框，单击 确定 按钮，如图 6-47 所示。

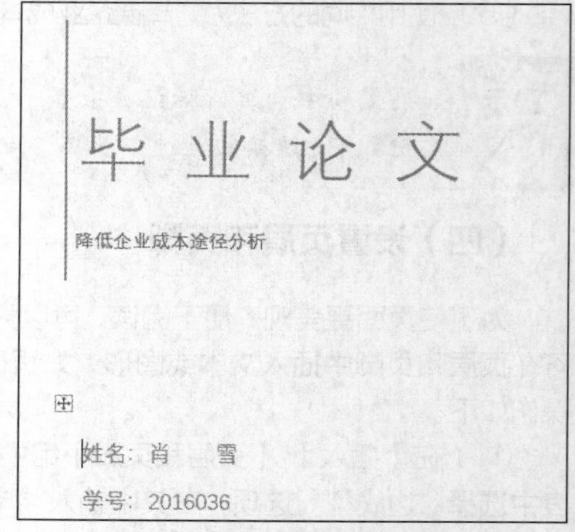

图 6-46　设置封面格式的效果

（6）返回文档编辑区可查看插入的目录，效果如图 6-48 所示。

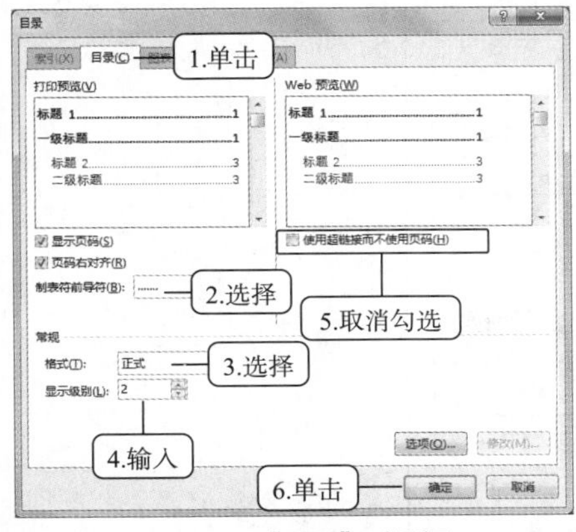

图 6-47 “目录”对话框

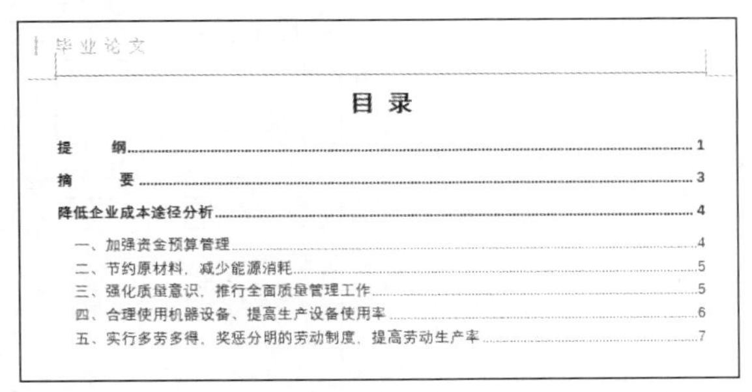

毕业论文

目 录

提　　纲……1
摘　　要……3
降低企业成本途径分析……4
一、加强资金预算管理……4
二、节约原材料、减少能源消耗……5
三、强化质量意识，推行全面质量管理工作……5
四、合理使用机器设备，提高生产设备使用率……6
五、实行多劳多得、奖惩分明的劳动制度，提高劳动生产率……7

图 6-48 插入目录效果

（六）预览并打印文档

将文档中的文本内容编辑完后可将其打印出来，即把制作好的文档内容输出到纸张上。但是为了使输出的文档内容效果更佳，需及时发现文档中隐藏的排版问题，可在打印文档之前预览打印效果，具体操作如下。

微课：预览并打印文档

（1）选择【文件】/【打印】命令，在窗口右侧预览打印效果。

（2）预览文档打印效果确定无问题后，在“打印”栏的“份数”数值框中设置打印份数，这里设置为“2”，然后单击“打印”按钮即可开始打印。

提示　选择【文件】/【打印】命令，在窗口中间的“设置”栏中的第 1 个下拉列表框中选择“打印当前页面”选项，将只打印文本插入点指定的页面；若选择“打印自定义范围”选项，再在其下的“页数”文本框中输入起始页码或页面范围（连续页码可以使用英文半角连字符“-”分隔，不连续的页码可以使用英文半角逗号“,”分隔），则可打印指定范围内的页面。

课后练习

1. 新建一个空白文档，将其命名为“个人简历.docx”并保存，按照下列要求对文档进行操作，效果如图 6-49 所示。

查看制作“个人简介”具体操作

（1）输入标题文本，并设置格式为“汉仪中宋简、三号、居中”，段落间距为“段前 0.5 行、段后 1 行”。

（2）插入一个 7 列 14 行的表格。

（3）合并第 1 行的第 6 列和第 7 列单元格，合并第 2～5 行的第 7 列单元格。

（4）合并第 8 行的第 2～4 列。

（5）将第 9 行和第 10 行单元格分别拆分为 2 列 1 行，再使用类似方法处理表格，并调整表格列宽。

（6）在表格中输入相关的文字，调整表格大小，使其更为美观。

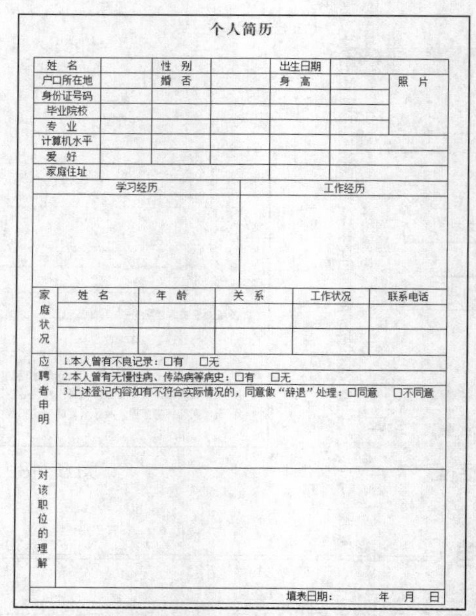

个人简历

姓 名		性 别		出生日期		
户口所在地		婚 否		身 高		照 片
身份证号码						
毕业院校						
专 业						
计算机水平						
爱 好						
家庭住址						

学习经历	工作经历

家庭状况	姓 名	年 龄	关 系	工作状况	联系电话

应聘者申明	1.本人曾有不良记录：□有 □无 2.本人曾有无慢性病、传染病等病史：□有 □无 3.上述登记内容如有不符合实际情况的，同意做“辞退”处理：□同意 □不同意
对该职位的理解	

填表日期： 年 月 日

图 6-49 “个人简历”效果

2. 打开“员工手册.docx”文档，按照下列要求对文档进行以下操作，员工手册效果如图 6-50 所示。

（1）为文档插入“运动型”封面，在“年份”“标题”“作者”“公司”“日期”占位符中输入相应的文本。

（2）为整个文档应用“画廊”主题。

（3）在文档中为每一章的章标题、“声明”文本、“附件：”文本应用“标题 1”样式。

（4）使用大纲视图显示两级大纲内容，然后退出大纲视图。

查看制作“员工手册”的具体操作

（5）为文档中的图片插入题注，在文档中的“《招聘员工申请表》和《职位说明书》”文本后面输入“（请参阅附件：）”文本，然后创建一个交叉引用。

（6）在第三章的电子邮箱后面插入脚注，并在文档中插入尾注，用于输入公司地址和电话。

（7）在“第一章”文本前插入一个分页符，然后为文档添加相应的页眉页脚内容。

（8）将插入点定位在序文本前，添加目录，并设置相关格式，具体参见效果文件。

图 6-50 “员工手册”效果

项目七 制作Excel表格

Excel 2016 是一款功能强大的电子表格处理软件，主要用于将庞大的数据转换为比较直观的表格或图表。本项目将通过两个任务，介绍 Excel 2016 的使用方法，包括新建并保存工作簿、输入工作表数据、设置单元格格式和打印表格等。

课堂学习目标

- 制作学生成绩表。
- 制作产品价格表。

任务一 制作学生成绩表

任务要求

期末考试后，班主任让班长晓雪利用 Excel 2016 制作一份本班同学的成绩表工作簿，并以“学生成绩表”为名保存。晓雪在取得各位同学的成绩单后，开始利用 Excel 2016 制作工作簿，参考效果如图 7-1 所示，相关要求如下。

- 新建一个空白工作簿，并将其以“学生成绩表”为名保存。
- 在 A1 单元格中输入“计算机应用 4 班学生成绩表”文本，然后在 A2:H2 单元格区域输入相关文本内容。
- 在 A3 单元格中输入 1，然后拖动鼠标填充序列。
- 使用相同的方法输入学号列的数据，然后依次输入姓名以及各科的成绩。
- 合并 A1:H1 单元格区域，设置单元格格式为“方正兰亭粗黑简体、18”。
- 选择 A2:H2 单元格区域，设置单元格格式为“方正中等线简体、12、居中对齐”，设置底纹为“绿色，个性色 6，淡色 40%”。
- 选择 D3:G13 单元格区域，为其设置条件格式为“加粗倾斜、红色”。
- 自动调整 F 列的列宽，手动设置第 3～13 行的行高为“15”。
- 为工作表设置图片背景，背景图片为“背景.jpg”素材。

计算机应用4班学生成绩表

序号	学号	姓名	英语	高数	计算机基础	大学语文	上机实训
1	20150901401	张琴	90	80	74	89	优
2	20150901402	赵赤	*55*	65	87	75	优
3	20150901403	章熊	65	75	63	78	良
4	20150901404	王费	87	86	74	72	及格
5	20150901405	李艳	68	90	91	98	优
6	20150901406	熊思思	69	66	72	61	良
7	20150901407	李莉	89	75	83	68	优
8	20150901408	何梦	72	68	63	65	不及格
9	20150901409	于梦溪	78	61	81	81	优
10	20150901410	张潇	64	*42*	65	60	良
11	20150901411	程桥	*59*	*55*	78	82	及格

图 7-1 “学生成绩表”工作簿效果

查看“学生成绩表”相关知识

相关知识

(一)熟悉 Excel 2016 工作界面

Excel 2016 的工作界面与 Word 2016 的工作界面基本相似，由快速访问工具栏、标题栏、文件选项卡、功能选项卡、功能区、编辑栏、工作表编辑区和“工作表”浏览栏等部分组成，如图 7-2 所示。下面介绍编辑栏和工作表编辑区的作用。

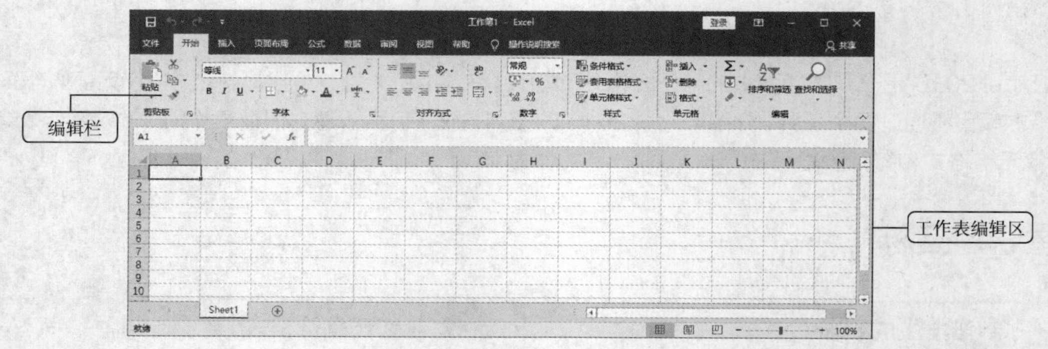

图 7-2　Excel 2016 工作界面

1. 编辑栏

编辑栏用来显示和编辑当前活动的单元格中的数据或公式。在默认情况下，编辑栏中包括名称框、“插入函数”按钮 fx 和编辑框，在单元格中输入数据或插入公式与函数时，编辑栏中的“取消”按钮 × 和“输入”按钮 ✓ 也将显示出来。

- 名称框。名称框用来显示当前单元格的地址或函数名称，如在名称框中输入“A3”后，按【Enter】键表示选中 A3 单元格。
- “取消”按钮 ×。单击该按钮表示取消输入的内容。
- “输入”按钮 ✓。单击该按钮表示确定并完成输入。
- “插入函数”按钮 fx。单击该按钮，将快速打开“插入函数”对话框，在其中可选择相应的函数来插入表格。
- 编辑框。编辑框用于显示在单元格中输入或编辑的内容，也可直接在其中输入和编辑内容。

2. 工作表编辑区

工作表编辑区是 Excel 编辑数据的主要场所，包括行号与列标、单元格地址和工作表标签等。

- 行号与列标、单元格地址。行号用“1、2、3……”等阿拉伯数字标识，列标用“A、B、C……”等大写英文字母标识。一般情况下，单元格地址表示为“列标+行号”，如位于 A 列 1 行的单元格可表示为 A1。
- 工作表标签。工作表标签用来显示工作表的名称，Excel 2016 默认只包含一张工作表，单击“新工作表”按钮 ⊕，将新建一张工作表。当工作簿中包含多张工作表后，可单击任意一个工作表标签在工作表之间切换。

(二)认识工作簿、工作表、单元格

工作簿、工作表和单元格是构成 Excel 的“框架”，同时它们之间也存在包含与被包含的关系。了解其概念和相互之间的关系，有助于在 Excel 中执行相应的操作。

1. 工作簿、工作表和单元格的概念

下面首先了解工作簿、工作表和单元格的概念。

- 工作簿。工作簿即 Excel 文件，是用来存储和处理数据的主要文档，也被称为电子表格。默认情况下，新建的工作簿以“工作簿 1”命名，若继续新建工作簿则将以“工作簿 2”“工作簿 3”……命名，且工作簿的名称将显示在标题栏的文档名处。
- 工作表。工作表是用来显示和分析数据的工作场所，存储在工作簿中。默认情况下，一张工作簿中只包含 1 个工作表，且以“Sheet1”命名，若继续新建工作簿则将以“Sheet2”“Sheet3”……命名，并将名称显示在“工作表”浏览栏中。
- 单元格。单元格是 Excel 中最基本的存储数据单元，可通过对应的行号和列标进行命名和引用。单个单元格地址可表示为“列标+行号”，多个连续的单元格称为单元格区域，其地址表示为“单元格:单元格”，如 A2 单元格与 C5 单元格之间连续的单元格可表示为 A2:C5 单元格区域。

2. 工作簿、工作表、单元格的关系

工作簿中可包含一张或多张工作表，工作表又是由排列成行和列的单元格组成的。在计算机中，工作簿以文件的形式独立存在，Excel 2016 创建的文件的扩展名为“.xlsx”，而工作表“依附”在工作簿中，单元格依附在工作表中，因此它们三者的关系是包含与被包含的关系。

（三）切换工作簿视图

在 Excel 2016 中，用户可根据需要在视图栏中单击视图按钮组中的相应按钮，或在【视图】/【工作簿视图】组中单击相应的按钮来切换工作簿视图。下面介绍各工作簿视图的作用。

- 普通视图。普通视图是 Excel 2016 的默认视图，用于正常显示工作表，在其中可以执行数据输入、数据计算和图表制作等操作。
- 页面布局视图。在页面布局视图中，每一页都会显示页边距、页眉和页脚，用户可以在此视图模式下编辑数据、添加页眉和页脚，还可以拖动上方或左侧标尺中的浅蓝色控制条来设置页边距。
- 分页预览视图。分页预览视图可以显示蓝色的分页符，用户可以拖动分页符来改变显示的页数和每页的显示比例。

（四）选择单元格

要在表格中输入数据，应先选择输入数据的单元格。在工作表中选择单元格的方法有以下 6 种。

- 选择单个单元格。单击单元格，或在名称框中输入单元格的行号和列号后按【Enter】键可选择所需的单元格。
- 选择所有单元格。单击行号和列标左上角交叉处的“全选”按钮，或按【Ctrl+A】组合键可选择工作表中的所有单元格。
- 选择相邻的多个单元格。选择起始单元格后，按住鼠标左键拖动鼠标到目标单元格，或在按住【Shift】键的同时选择目标单元格，可选择相邻的多个单元格。
- 选择不相邻的多个单元格。在按住【Ctrl】键的同时依次单击需要选择的单元格，可选择不相邻的多个单元格。
- 选择整行。将鼠标指针移动到需选择行的行号上，当鼠标指针变成➡形状时，单击可选择该行。

- 选择整列。将鼠标指针移动到需选择列的列标上，当鼠标指针变成⬇形状时，单击可选择该列。

（五）合并与拆分单元格

当默认的单元格样式不能满足实际需要时，可通过合并与拆分单元格的方法来设置表格。

1. 合并单元格

在编辑表格的过程中，有时为了使表格结构看起来更美观、层次更清晰，需要合并某些单元格区域。选择需要合并的多个单元格，在【开始】/【对齐方式】组中单击“合并后居中”按钮，即可合并单元格，并使其中的内容居中显示。除此之外，单击“合并后居中”按钮右侧的下拉按钮，还可在打开的下拉列表中选择“跨越合并”“合并单元格”“取消单元格合并”等选项。

2. 拆分单元格

拆分单元格的方法与合并单元格的方法完全相反，在拆分时需先选择合并后的单元格，然后单击“合并后居中”按钮，或打开“设置单元格格式”对话框，在“对齐方式”选项卡下取消选中“合并单元格”复选框，可拆分已合并的单元格。

（六）插入与删除单元格

在表格中可插入和删除单个单元格，也可插入或删除一行或一列单元格。

1. 插入单元格

微课：插入单元格

插入单元格的具体操作如下。

（1）选择单元格，在【开始】/【单元格】组中单击“插入”按钮右侧的下拉按钮，在打开的下拉列表中选择“插入工作表行”或“插入工作表列”选项，可插入整行或整列单元格。

（2）单击“插入单元格”选项，打开“插入”对话框，单击选中“活动单元格右移”或“活动单元格下移”单选项，单击“确定”按钮，可在选中单元格的左侧或上侧插入单元格。单击选中“整行”或“整列”单选项，单击“确定”按钮，可在选中单元格上侧插入整行单元格或在选中单元格左侧插入整列单元格。

2. 删除单元格

微课：删除单元格

删除单元格的具体操作如下。

（1）选择要删除的单元格，单击【开始】/【单元格】组中的“删除”按钮的下拉按钮，在打开的下拉列表中选择“删除工作表行”或“删除工作表列”选项，可删除整行或整列单元格。

（2）单击“删除单元格”选项，打开“删除”对话框，单击选中对应单选项，单击“确定”按钮可删除所选单元格，并使不同位置的单元格代替所选单元格。

（七）查找与替换数据

在 Excel 表格中手动查找与替换某个数据会非常麻烦，且容易出错，此时可利用查找与替换功能快速定位到满足查找条件的单元格，并将单元格中的数据替换为需要的数据。

1. 查找数据

利用 Excel 2016 提供的查找功能查找数据的具体操作如下。

（1）在【开始】/【编辑】组中单击“查找和选择”按钮，在打开的下拉列表中选择“查找”选项，打开“查找和替换”对话框，单击“查找”选项卡。

（2）在“查找内容”下拉列表框中输入要查找的数据，单击“查找下一个(F)”按钮，便能快速查找到符合条件的单元格。

微课：查找数据

（3）单击“查找全部(I)”按钮，在“查找和替换”对话框下方列表框中显示所有包含需要查找数据的单元格位置。单击“关闭”按钮关闭“查找和替换”对话框。

2. 替换数据

微课：替换数据

替换数据的具体操作如下。

（1）在【开始】/【编辑】组中单击“查找和选择”按钮，在打开的下拉列表中选择“替换”选项，打开“查找和替换”对话框，单击“替换”选项卡。

（2）在“查找内容”下拉列表框中输入要查找的数据，在“替换为”下拉列表框中输入替换的内容。

（3）单击“查找下一个(F)”按钮，查找符合条件的数据，然后单击“替换(R)”按钮进行替换，或单击“全部替换(A)”按钮，将所有符合条件的数据一次性替换。

任务实现

（一）新建并保存工作簿

微课：新建并保存工作簿

启动 Excel 2016 后，系统将自动新建名为“工作簿 1”的空白工作簿。为了满足需要，用户还可新建更多的空白工作簿，具体操作如下。

（1）选择【开始】/【所有程序】/【Excel 2016】命令，启动 Excel 2016。选择【文件】/【新建】命令，在窗口中间选择“空白工作簿”选项。

（2）系统将新建名为“工作簿 1”的空白工作簿。

（3）选择【文件】/【保存】命令，在打开的“另存为”对话框中选择“浏览”选项，在打开的“另存为”对话框中选择文件保存路径，在“文件名”文本框中输入“学生成绩表”文本，然后单击“保存(S)”按钮。

提示 按【Ctrl+N】组合键可快速新建空白工作簿，在桌面或文件夹的空白处单击鼠标右键，在弹出的快捷菜单中选择【新建】/【Microsoft Excel 工作表】命令也可以新建空白工作簿。

（二）输入工作表数据

微课：输入工作表数据

输入数据是制作表格的基础，Excel 2016 支持各种类型数据的输入，如文本和数字等。输入工作表数据的具体操作如下。

（1）选择 A1 单元格，在其中输入“计算机应用 4 班学生成绩表”文本，按【Enter】键切换到 A2 单元格，在其中输入“序号”文本。

（2）按【Tab】键或【→】键切换到 B2 单元格，在其中输入“学号”文本，再使用相同的方法依次在后面单元格输入“姓名”“英语”“高数”“计算机基础”“大学语文”“上机实训”等文本。

（3）选择 A3 单元格，在其中输入“1”。将鼠标指针移动到单元格右下角，出现+形状的控制柄，在按住【Ctrl】键的同时，按住鼠标左键并拖动控制柄至 A13 单元格，此时 A4:A13 单元格区域自动生成序号。

（4）在 B3 单元格中输入学号“20150901401”，按住【Ctrl】键并拖动控制柄自动填充 B4:B13 单元格区域，然后拖动鼠标选择 B3:B13 单元格区域，在【开始】/【数字】组中的“数字格式”下拉列表框中选择“文本”选项，自动填充数据的效果如图 7-3 所示。

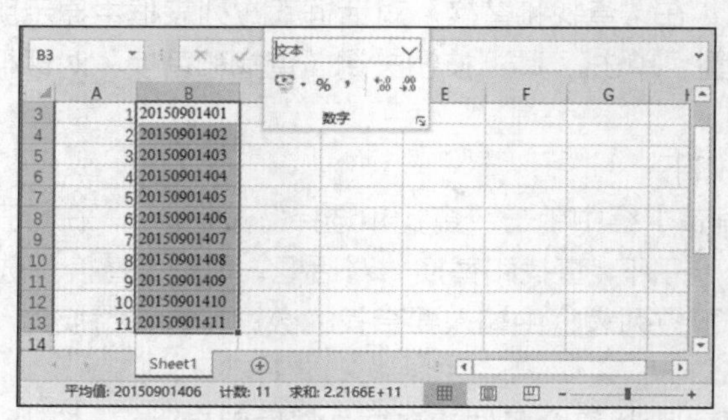

图 7-3　自动填充数据的效果

（三）设置数据验证

为单元格设置数据验证后，可保证输入的数据在指定的范围内，从而降低出错率。设置数据验证的具体操作如下。

（1）在 C3:C13 单元格区域中输入学生名字，然后选择 D3:G13 单元格区域。

（2）在【数据】/【数据工具】组中单击“数据验证”按钮，打开“数据验证”对话框。在“允许”下拉列表框中选择“整数”选项，在“数据”下拉列表框中选择“介于”选项，在“最小值”和“最大值”文本框中分别输入“0”和“100”，如图 7-4 所示。

（3）单击“输入信息”选项卡，在“标题”文本框中输入“注意”文本，在“输入信息”文本框中输入“请输入 0～100 的整数”文本。

（4）单击“出错警告”选项卡，在“标题”文本框中输入“警告”文本，在“错误信息”文本框中输入“输入的数据不在正确范围内，请重新输入”文本，完成后单击 确定 按钮。

（5）在单元格中依次输入学生成绩后，选择 H3:H13 单元格区域。打开“数据验证”对话框，在“设置”选项卡的“允许”下拉列表中选择“序列”选项，在“来源”文本框中输入“优,良,及格,不及格”文本，单击 确定 按钮。

（6）选择 H3:H13 单元格区域中的任意单元格，然后单击单元格右侧的下拉按钮，在打开的下拉列表中选择需要的选项即可，如图 7-5 所示。

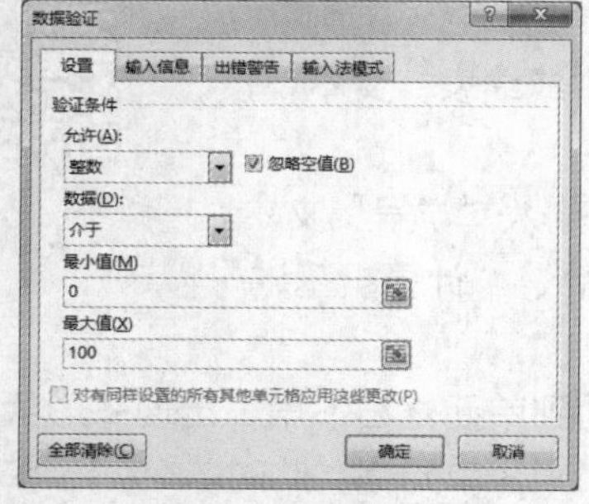

图 7-4　设置数据验证条件

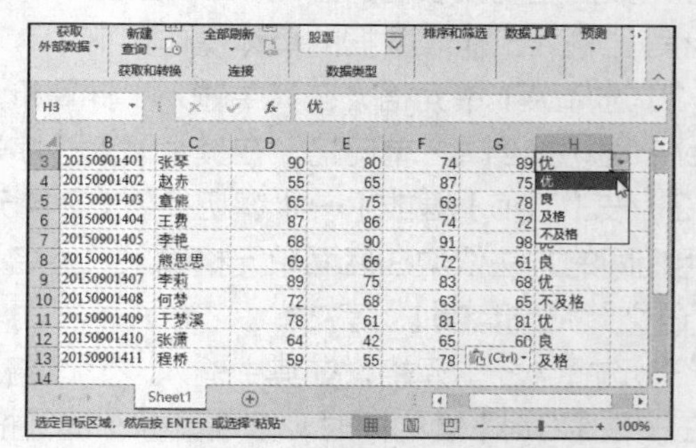

图 7-5　选择需要的选项

（四）设置单元格格式

输入数据后，通常还需要对单元格进行相关设置，以美化表格，具体操作如下。

（1）选择 A1:H1 单元格区域，在【开始】/【对齐方式】组中单击“合并后居中”按钮或单击该按钮右侧的下拉按钮，在打开的下拉列表中选择“合并后居中”选项。

微课：设置单元格格式

（2）返回工作表可看到选中的单元格区域合并为一个单元格，且其中的数据自动居中显示。

（3）保持 A1:H1 单元格区域为选择状态，在【开始】/【字体】组的“字体”下拉列表框中选择“方正兰亭粗黑简体”选项，在“字号”下拉列表框中选择“18”选项。选择 A2:H2 单元格区域，设置其字体为“方正中等线简体”，字号为“12”，在【开始】/【对齐方式】组中单击“居中对齐”按钮。

（4）在【开始】/【字体】组中单击“填充颜色”按钮右侧的下拉按钮，在打开的下拉列表中选择“绿色，个性色 6，淡色 40%”选项。选择剩余的数据，设置对齐方式为“居中对齐”，设置单元格格式的效果如图 7-6 所示。

	A	B	C	D	E	F	G	H
1	计算机应用4班学生成绩表							
2	序号	学号	姓名	英语	高数	计算机基础	大学语文	上机实训
3	1	20150901401	张琴	90	80	74	89	优
4	2	20150901402	赵赤	55	65	87	75	优
5	3	20150901403	童熊	65	75	63	78	良
6	4	20150901404	王费	87	86	74	72	及格
7	5	20150901405	李艳	68	90	91	98	优
8	6	20150901406	熊思思	69	66	72	61	良
9	7	20150901407	李莉	89	75	83	68	优
10	8	20150901408	何梦	72	68	63	65	不及格

图 7-6　设置单元格格式的效果

（五）设置条件格式

设置条件格式可以将不满足或满足条件的数据单独显示出来，具体操作如下。

（1）选择 D3:G13 单元格区域，在【开始】/【样式】组中单击“条件格式”按钮，在打开的下拉列表中选择“新建规则”选项，打开“新建格式规则”对话框。

微课：设置条件格式

（2）在“选择规则类型”列表框中选择“只为包含以下内容的单元格设置格式”选项，在“编辑规则说明”栏中的条件格式下拉列表框选择“小于”选项，在右侧的数值框中输入“60”，如图 7-7 所示。

（3）单击格式(F)...按钮，打开“设置单元格格式”对话框，在“字体”选项卡中设置字形为“加粗倾斜”，将颜色设置为标准色中的“红色”，如图 7-8 所示。

（4）依次单击确定按钮返回工作界面，即可查看设置完条件格式的工作表。

图 7-7　新建格式规则

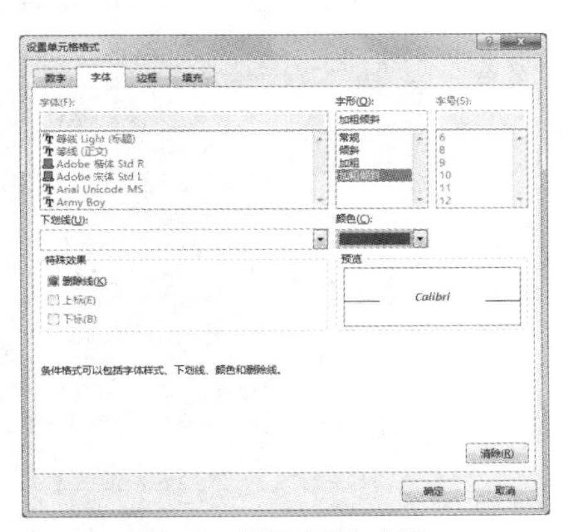

图 7-8　设置字形与颜色

（六）调整行高与列宽

微课：调整行高与列宽

在默认状态下，单元格的行高和列宽是固定不变的，但是当单元格中的内容太多而不能完全显示时，需要调整单元格的行高或列宽使其完全显示内容，具体操作如下。

（1）选择 F 列，在【开始】/【单元格】组中单击“格式”按钮，在打开的下拉列表中选择“自动调整列宽”选项，返回工作表中可看到 F 列变宽，如图 7-9 所示。

（2）将鼠标指针移到第 2 行行号间的间隔线上，当鼠标指针变为‡形状时，按住鼠标左键并向下拖动，此时鼠标指针右侧显示具体的数据，拖动至适合的距离后释放鼠标。

（3）选择第 3~13 行，在【开始】/【单元格】组中单击“格式”按钮，在打开的下拉列表中选择“行高”选项，在打开的“行高”对话框的数值框中默认显示“14.25”，这里输入“15”，单击 确定 按钮，此时，在工作表中可看到第 3~13 行的行高增加，设置行高后的效果如图 7-10 所示。

计算机应用4班学生成绩表

序号	学号	姓名	英语	高数	计算机基础	大学语文
1	20150901401	张琴	90	80	74	89
2	20150901402	赵赤	55	65	87	75
3	20150901403	章熊	65	75	63	78
4	20150901404	王费	87	86	74	72
5	20150901405	李艳	68	90	91	98
6	20150901406	熊思思	69	66	72	61
7	20150901407	李莉	89	75	83	68
8	20150901408	何梦	72	68	63	65
9	20150901409	于梦溪	78	61	81	81

Sheet1

图 7-9　自动调整列宽

计算机应用4班学生成绩表

序号	学号	姓名	英语	高数	计算机基础	大学语文
1	20150901401	张琴	90	80	74	89
2	20150901402	赵赤	55	65	87	75
3	20150901403	章熊	65	75	63	78
4	20150901404	王费	87	86	74	72
5	20150901405	李艳	68	90	91	98
6	20150901406	熊思思	69	66	72	61
7	20150901407	李莉	89	75	83	68
8	20150901408	何梦	72	68	63	65

Sheet1

图 7-10　设置行高后的效果

（七）设置工作表背景

微课：设置工作表背景

在默认情况下，Excel 工作表中的数据呈白底黑字显示。为使工作表美观，除了可为其填充颜色外，还可插入喜欢的图片作为背景，具体操作如下。

（1）在【页面布局】/【页面设置】组中单击 背景 按钮，打开“插入图片”对话框。在其中选择“从文件”选项，打开“工作表背景”对话框，选择背景图片的保存路径，在工作区选择“背景.jpg”图片，单击 插入(I) 按钮。

（2）返回工作表，可看到将图片设置为工作表背景后的效果，如图 7-11 所示。

计算机应用4班学生成绩表

序号	学号	姓名	英语	高数	计算机基础	大学语文	上机实训
1	20150901401	张琴	90	80	74	89	优
2	20150901402	赵赤	55	65	87	75	优
3	20150901403	章熊	65	75	63	78	良
4	20150901404	王费	87	86	74	72	及格
5	20150901405	李艳	68	90	91	98	优
6	20150901406	熊思思	69	66	72	61	良
7	20150901407	李莉	89	75	83	68	优
8	20150901408	何梦	72	68	63	65	不及格
9	20150901409	于梦溪	78	61	81	81	优
10	20150901410	张潇	64	42	65	60	良
11	20150901411	程桥	59	55	78	82	及格

图 7-11　设置工作表背景后的效果

任务二　制作产品价格表

任务要求

李涛是某商场护肤品专柜的库管，由于季节的变换，最近需要新进一批产品，经理让李涛制作一份产品价格表，用于对比产品成本。经过一番调查，李涛利用 Excel 2016 的功能完成了产品价格表的制作，完成后效果如图 7-12 所示，相关要求如下。

查看“产品价格表”相关知识

- 打开素材工作簿，先插入一个工作表，再删除“Sheet2”“Sheet3”“Sheet4”工作表。
- 复制两次“Sheet1”工作表，并将所有工作表分别重命名为“BS 系列”“MB 系列”“RF 系列”。
- 将“BS 系列”工作表以 C4 单元格为中心拆分为 4 个窗格，将“MB 系列”工作表中的 B3 单元格作为冻结中心来冻结表格。
- 将 3 个工作表标签颜色依次设置为“红色，个性 2”“黄色”“深蓝，文字 2”。

B3　美白洁面乳

	A	B	C	D	E	F
1	LR-MB系列产品价格表					
2	货号	产品名称	净含量	包装规格	价格（元）	备注
12	MB010	美白精华露	30ml	48瓶/箱	128	
13	MB011	美白去黑头	105g	48支/箱	110	
14	MB012	美白深层去	105ml	48支/箱	99	
15	MB013	美白还原面	1片装	288片/箱	15	
16	MB014	美白晶莹眼	25ml	72支/箱	128	
17	MB015	美白再生青	2片装	1152袋/箱	10	
18	MB016	美白祛皱眼	35g	48支/箱	135	
19	MB017	美白黑眼圈	35g	48支/箱	138	
20	MB018	美白焕采面	1片装	288片/箱	20	

图 7-12　“产品价格表”工作簿效果

- 将工作表的对齐方式设置为“水平”“垂直”居中方式，并横向打印 5 份。
- 选择“RF 系列”的 E3:E20 单元格区域，为其设置保护。最后为工作表和工作簿分别设置保护密码，密码均为“123”。

相关知识

（一）选择工作表

选择工作表的实质是选择工作表标签，主要有以下 4 种方法。

- 选择单张工作表。单击工作表标签，即可选择对应的工作表。
- 选择连续多张工作表。单击选择第一张工作表，按住【Shift】键，继续选择其他工作表。
- 选择不连续的多张工作表。单击选择第一张工作表，按住【Ctrl】键，继续选择其他工作表。
- 选择全部工作表。在任意工作表上单击鼠标右键，在弹出的快捷菜单中选择“选定全部工作表”命令。

（二）隐藏与显示工作表

当不需要显示工作簿中的某个工作表时，用户可将其隐藏，需要时再使其重新显示出来，具体操作如下。

（1）选择需要隐藏的工作表，在其上单击鼠标右键，在弹出的快捷菜单中选择“隐藏”命令，即可隐藏所选的工作表。

（2）在工作簿的任意工作表上单击鼠标右键，在弹出的快捷菜单中选择“取消隐藏”命令。

（3）在打开的“取消隐藏”对话框的列表框中选择需显示的工作表，然后单击 确定 按钮即可将隐藏的工作表显示出来，如图 7-13 所示。

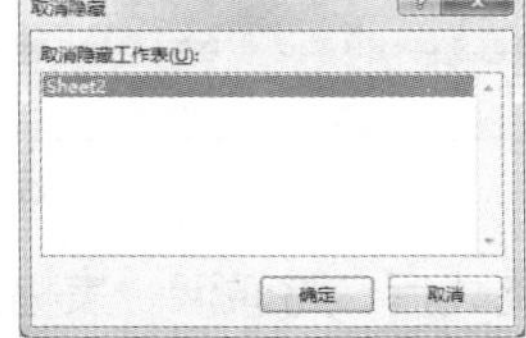

图 7-13　取消隐藏工作表

微课：隐藏与显示工作表

（三）设置超链接

在制作电子表格时，可根据需要为相关的单元格设置超链接，具体操作如下。

（1）选择需要设置超链接的单元格，在【插入】/【链接】组中单击“链接”按钮，打开“插入超链接”对话框。

（2）在打开的“插入超链接”对话框中，用户可根据需要设置链接对象的位置等，如图 7-14 所示，完成后单击 确定 按钮即可。

微课：设置超链接

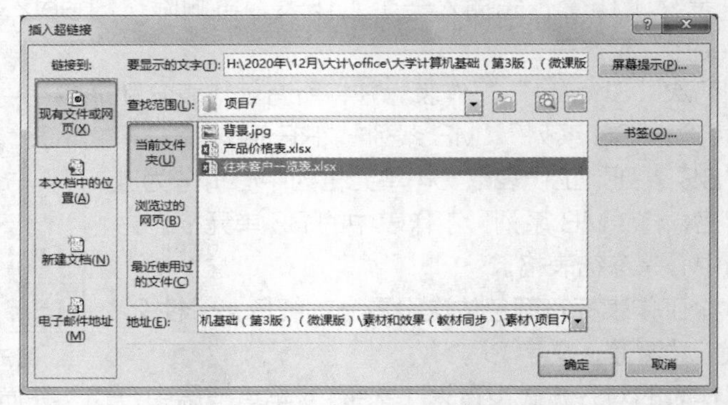

图 7-14 “插入超链接”对话框

（四）套用表格格式

微课：套用表格格式

如果用户希望工作表更美观，但又不想花费太多的时间设置工作表格式，可利用套用表格格式功能直接套用系统中设置好的表格格式，具体操作如下。

（1）选择需要套用表格格式的单元格区域，在【开始】/【样式】组中单击“套用表格格式”按钮，在打开的下拉列表中选择一种表格样式。

（2）由于已选中了需要套用表格格式的单元格区域，因此这里只需在打开的“套用表格式”对话框中单击 确定 按钮即可，如图 7-15 所示。

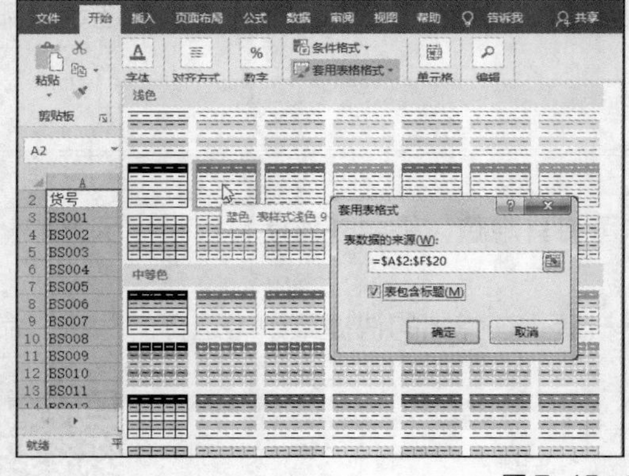

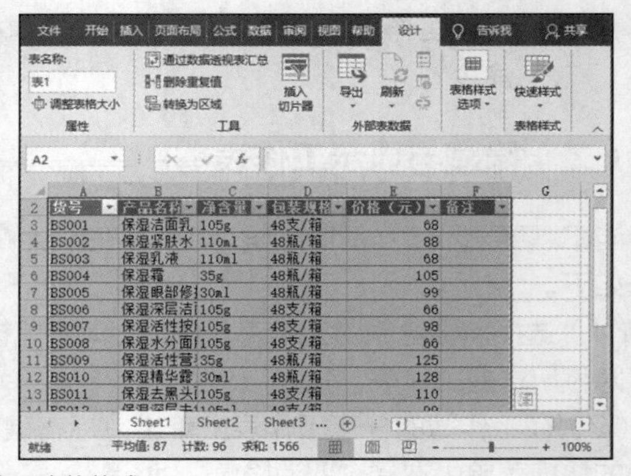

图 7-15 套用表格格式

（3）套用表格格式后，将激活“表格工具-设计”选项卡，在其中可重新设置表格格式和表格格式选项。另外，在【表格工具-设计】/【工具】组中单击 转换为区域 按钮，可将套用的表格格式转换为区域，即转换为普通的单元格区域。

任务实现

（一）打开工作簿

要查看或编辑保存在计算机中的工作簿，首先要打开该工作簿，具体操作如下。

（1）启动 Excel 2016 软件，选择【文件】/【打开】命令，或按【Ctrl+O】组合键，打开“打开”窗口，其中显示了最近编辑过的工作簿和打开过的文件夹。若要打开最近使用过的工作簿，只需选择“最近”列表框中的相应文件即可；若想打开计算机中保存的工作簿，则需选择“浏览”选项。

（2）这里选择“浏览”选项，在打开的“打开”对话框中选择“产品价格表.xlsx”工作簿，单击打开(O)按钮即可打开选择的工作簿。

（二）插入与删除工作表

当 Excel 2016 中的工作表不够时，可通过插入工作表来增加工作表。若插入了多余的工作表，则可将其删除，以节省系统资源。

1. 插入工作表

在默认情况下，Excel 2016 的工作簿提供了 1 张工作表，用户可以根据需要插入多张工作表。下面在“产品价格表.xlsx”工作簿中通过“插入”对话框插入空白工作表，具体操作如下。

（1）在“Sheet1”工作表标签上单击鼠标右键，在弹出的快捷菜单中选择“插入”命令。

（2）打开“插入”对话框，在“常用”选项卡的列表框中选择“工作表”选项，然后单击确定按钮，即可插入新的空白工作表，如图 7-16 所示。

提示 在“插入”对话框中单击“电子表格方案”选项卡，在其中可以插入基于模板的工作表。另外，在工作表标签后单击“新工作表”按钮⊕，或在【开始】/【单元格】组中单击“插入”按钮下方的按钮，在打开的下拉列表中选择“插入工作表”选项，都可快速插入空白工作表。

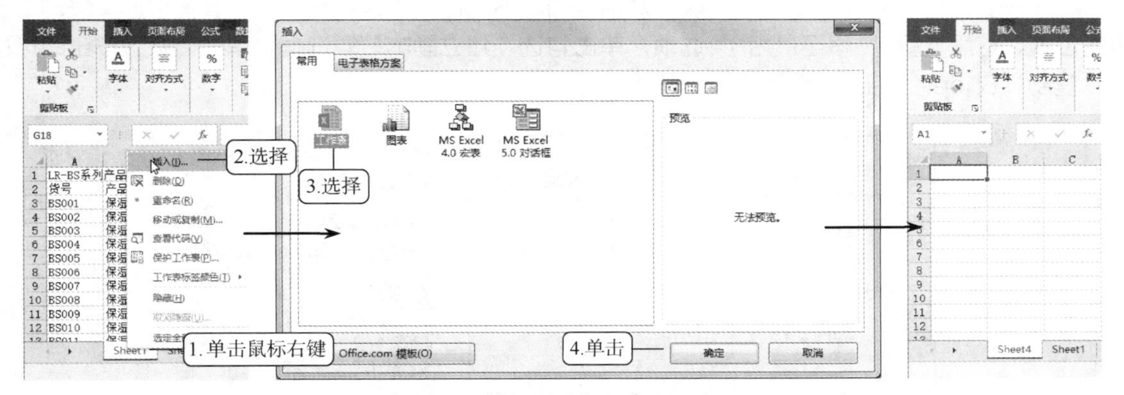

图 7-16　插入工作表

2. 删除工作表

微课：删除工作表

当工作簿中存在多余的工作表或不需要的工作表时，可以将其删除。下面删除“产品价格表.xlsx”工作簿中的“Sheet2”“Sheet3”“Sheet4”工作表，具体操作如下。

（1）按住【Ctrl】键，同时选择“Sheet2”“Sheet3”“Sheet4”工作表，单击鼠标右键，在弹出的快捷菜单中选择“删除”命令。

（2）返回工作簿，可看到“Sheet2”“Sheet3”“Sheet4”工作表已被删除，如图7-17所示。

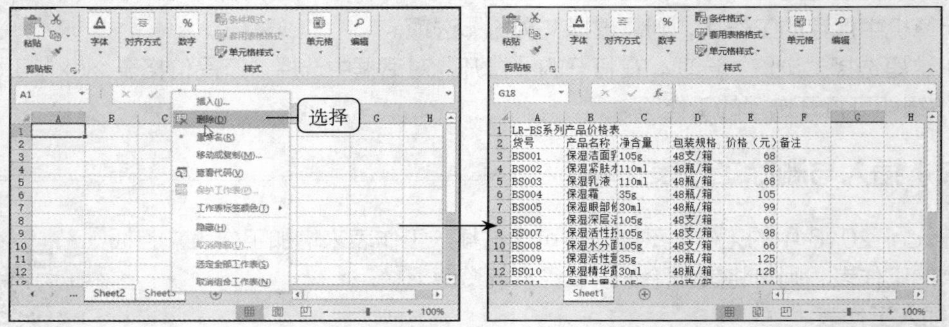

图7-17　删除工作表

提示　删除有数据的工作表时，将打开询问是否永久删除这些数据的提示对话框，单击 删除 按钮将删除工作表和工作表中的数据，单击 取消 按钮将取消删除工作表的操作。

（三）移动与复制工作表

微课：移动与复制工作表

在Excel 2016中，工作表的位置并不是固定不变的，为了避免重复制作相同的工作表，用户可根据需要移动或复制工作表，即在原表格的基础上改变表格位置或快速添加多个相同的表格。下面在“产品价格表.xlsx”工作簿中移动并复制工作表，具体操作如下。

（1）在“Sheet1”工作表上单击鼠标右键，在弹出的快捷菜单中选择“移动或复制”命令。

（2）在打开的“移动或复制工作表”对话框的“下列选定工作表之前”列表框中选择移动工作表的位置，这里选择“（移至最后）”选项，单击勾选“建立副本”复选框，单击 确定 按钮即可移动并复制“Sheet1”工作表，如图7-18所示。

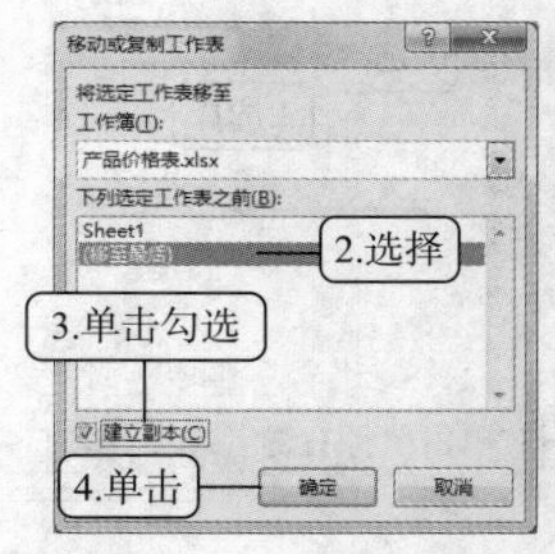

图7-18　设置移动位置并复制工作表

提示 将鼠标指针移动到需移动或复制的工作表标签上，按住鼠标左键，此时鼠标指针变成形状，将其移动到目标工作表位置之后释放鼠标，此时工作表标签上有一个▼符号将随鼠标指针移动，释放鼠标后，在目标工作表中可看到移动的工作表。在按住【Ctrl】键的同时按住鼠标左键进行拖动，可以复制工作表。

（3）用相同方法在“Sheet1 (2)”工作表后继续移动并复制工作表，如图 7-19 所示。

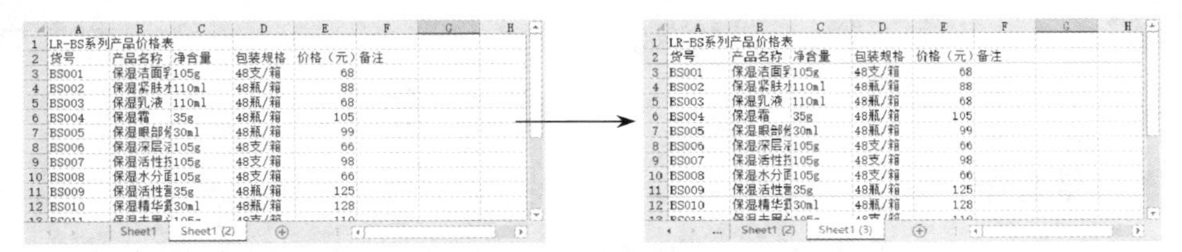

图 7-19　移动并复制工作表

（四）重命名工作表

工作表的名称默认为“Sheet1”“Sheet2”……为了便于查询，可重命名工作表。下面在“产品价格表.xlsx”工作簿中重命名工作表，具体操作如下。

（1）双击“Sheet1”工作表标签，或在“Sheet1”工作表标签上单击鼠标右键，在弹出的快捷菜单中选择“重命名”选项，此时被选中的工作表标签呈可编辑状态，且该工作表的名称自动呈灰底黑字显示。

（2）直接输入“BS 系列”文本，然后按【Enter】键或在工作表的任意位置单击退出即可编辑状态。

（3）使用相同的方法将“Sheet1（2）”和“Sheet1（3）”工作表分别重命名为“MB 系列”和“RF 系列”，如图 7-20 所示。

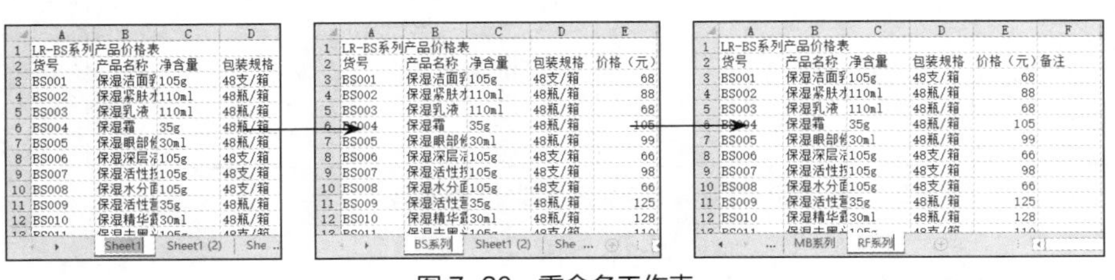

微课：重命名工作表

图 7-20　重命名工作表

（五）拆分工作表

在 Excel 2016 中，用户可以使用拆分工作表的方法将工作表拆分为多个窗格，在每个窗格中都可进行单独的操作，这样有利于在数据量比较大的工作表中查看数据的前后对照关系。要拆分工作表，首先选中作为拆分中心的单元格，然后执行拆分命令即可。下面在“产品价格表.xlsx”工作簿的“BS 系列”工作表中以 C4 单元格为中心拆分工作表，具体操作如下。

（1）在“BS 系列”工作表中选择 C4 单元格，然后在【视图】/【窗口】组中单击“拆分”按钮。

（2）此时工作表以 C4 单元格为中心被拆分为 4 个窗格，在任意一个窗口中选择单元格，然后滚动滚轴，即可显示出工作表中的其他数据，如图 7-21 所示。

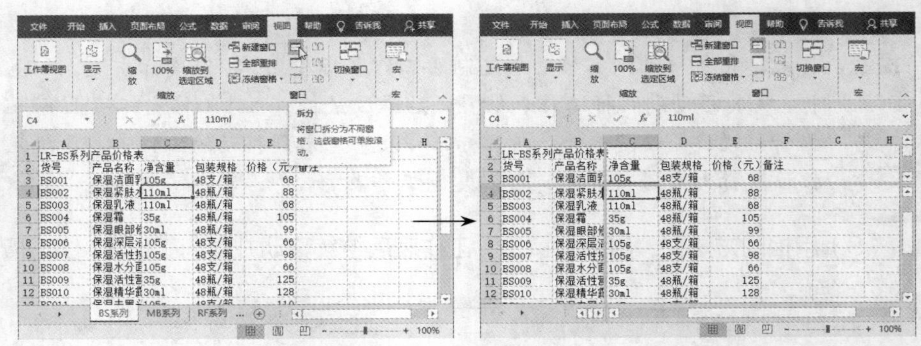

图 7-21　拆分工作表

（六）冻结窗格

在数据量比较大的工作表中，为了方便查看表头与数据的对应关系，用户可通过冻结工作表窗格来随意查看工作表其他部分的内容而不移动表头所在的行或列。下面在“产品价格表.xlsx”工作簿的“MB 系列”工作表中以 B3 单元格为冻结中心冻结窗格，具体操作如下。

（1）选择“MB 系列”工作表，在其中选择 B3 单元格作为冻结中心，然后在【视图】/【窗口】组中单击冻结窗格按钮，在打开的下拉列表中选择“冻结拆分窗格”选项。

（2）返回工作表中，拖动水平滚动条或垂直滚动条，即可在保持 B3 单元格左侧的列或上方的行位置不变的情况下，查看工作表其他部分的列或行，如图 7-22 所示。

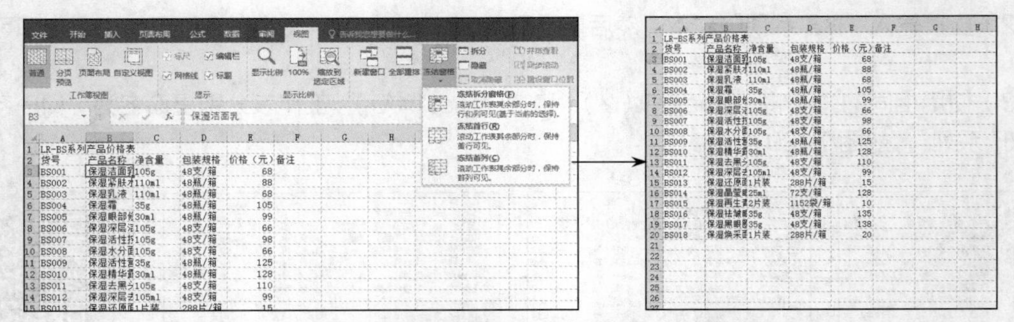

图 7-22　冻结窗格并查看工作表其他部分的列或行

（七）设置工作表标签颜色

在默认状态下，工作表标签的颜色呈灰底黑字或白底绿字显示，为了让工作表标签更美观醒目，用户可设置工作表标签的颜色。下面在“产品价格表.xlsx”工作簿中设置工作表标签颜色，具体操作如下。

（1）选择“BS 系列”工作表，在其上单击鼠标右键，在弹出的快捷菜单中选择【工作表标签颜色】/【红色，个性色 2】选项。

（2）返回工作表中可查看所设置的工作表标签颜色。单击其他工作表标签，使用相同的方法分别为“MB 系列”和“RF 系列”工作表设置工作表标签颜色为“黄色”和“深蓝”，如图 7-23 所示。

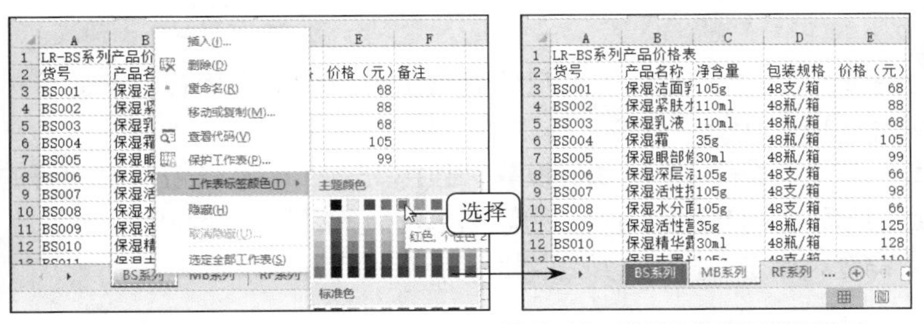

图 7-23　设置工作表标签颜色

（八）预览并打印表格数据

在打印表格之前需先预览打印效果，对表格内容的设置满意后再开始打印。在 Excel 2016 中，根据打印内容的不同，打印可分为两种情况：一是打印整个工作表；二是打印区域数据。

1. 设置打印参数

选择需打印的工作表，预览其打印效果后，若对表格内容和页面设置不满意，可重新设置，如设置纸张方向和纸张页边距等，直至设置满意后再打印。下面在“产品价格表.xlsx”工作簿中预览并打印工作表，具体操作如下。

（1）选择【文件】/【打印】命令，在窗口右侧可预览工作表的打印效果，在窗口中间列表框的“设置”栏的“纵向”下拉列表框中选择“横向”选项，在窗口中间列表的下方单击“页面设置”超链接，如图 7-24 所示。

（2）在打开的“页面设置”对话框中单击“页边距”选项卡，在“居中方式”栏中单击勾选“水平”和“垂直”复选框，然后单击确定按钮，如图 7-25 所示。

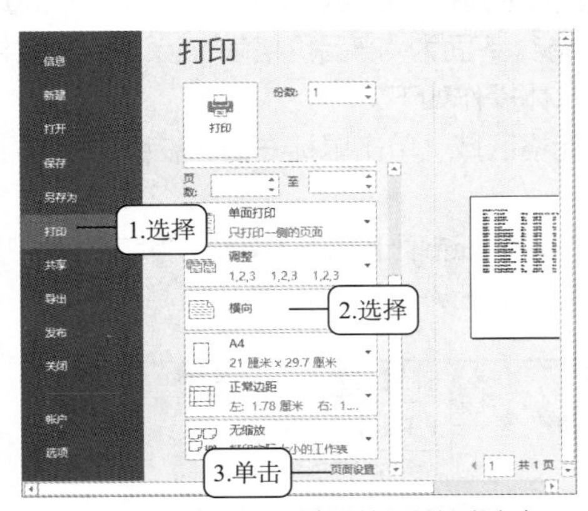

图 7-24　预览打印效果并设置纸张方向

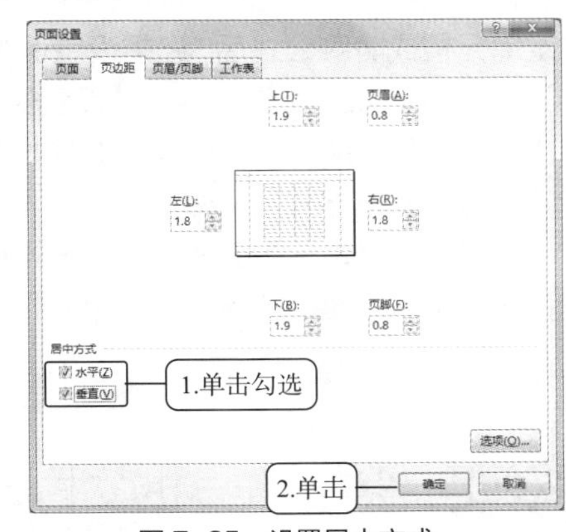

图 7-25　设置居中方式

提示　在“页面设置”对话框中单击“工作表”选项卡，在其中可设置打印区域或打印标题等内容，然后单击确定按钮，返回工作簿的打印窗口。单击“打印”按钮可只打印设置的区域数据。

（3）返回打印窗口，在窗口中间的“打印”栏的“份数”数值框中可设置打印份数，这里输入“5”，设置完成后单击“打印”按钮打印表格。

2. 设置打印区域数据

当只需打印表格中的部分数据时，可选择工作表的打印区域进行打印。下面在“产品价格表.xlsx”工作簿中设置打印区域为 A1:F4 单元格区域，具体操作如下。

（1）选择 A1:F4 单元格区域，在【页面布局】/【页面设置】组中单击 打印区域 按钮，在打开的下拉列表中选择“设置打印区域”选项，所选区域四周出现虚线框，表示该区域将被打印。

（2）选择【文件】/【打印】命令，单击“打印”按钮即可，如图 7-26 所示。

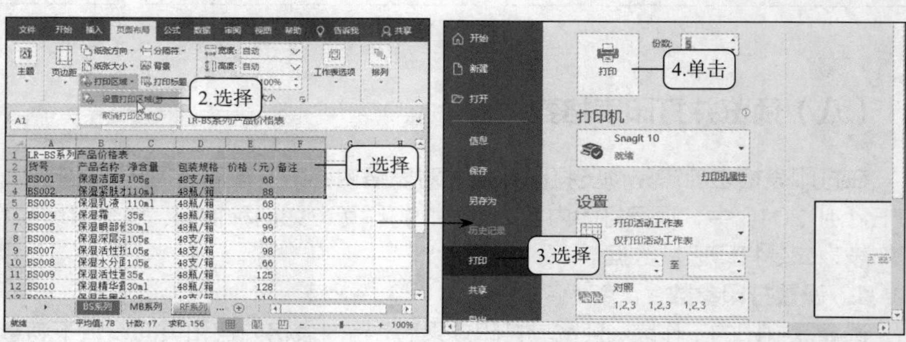

图 7-26　设置打印区域并打印

（九）保护表格数据

在 Excel 表格中，用户可能会存放一些重要的数据，因此，利用 Excel 提供的保护单元格、保护工作表和保护工作簿等功能对表格数据进行保护，能够有效避免他人查看或恶意更改表格数据。

1. 保护单元格

为防止他人更改单元格中的数据，可锁定一些重要的单元格，或隐藏单元格中包含的计算公式。设置锁定单元格或隐藏公式后，还需设置保护工作表功能。下面为“产品价格表.xlsx”工作簿中“RF 系列”工作表的 E3:E20 单元格区域设置保护功能，具体操作如下。

（1）选择“RF 系列”工作表，选择 E3:E20 单元格区域，单击鼠标右键，在弹出的快捷菜单中选择“设置单元格格式”命令。

（2）在打开的“设置单元格格式”对话框中单击“保护”选项卡，单击勾选“锁定”和“隐藏”复选框，然后单击 确定 按钮完成对单元格的保护设置，如图 7-27 所示。

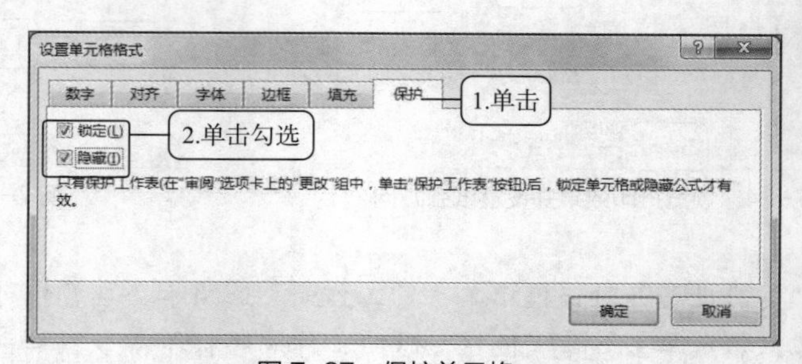

图 7-27　保护单元格

2. 保护工作表

设置保护工作表功能后，其他用户只能查看该表格的数据，而不能修改表格数据，这样可避免他人恶意更改表格数据。下面在“产品价格表.xlsx”工作簿中设置工作表的保护功能，具体操作如下。

微课：保护工作表

（1）在【审阅】/【更改】组中单击“保护工作表”按钮。

（2）在打开的“保护工作表”对话框的“取消工作表保护时使用的密码”文本框中输入密码，这里输入密码“123”，然后单击确定按钮。

（3）在打开的“确认密码”对话框的“重新输入密码”文本框中输入与前面相同的密码，然后单击确定按钮，返回工作簿中可发现相应选项卡中的按钮或命令呈灰色显示，如图 7-28 所示。

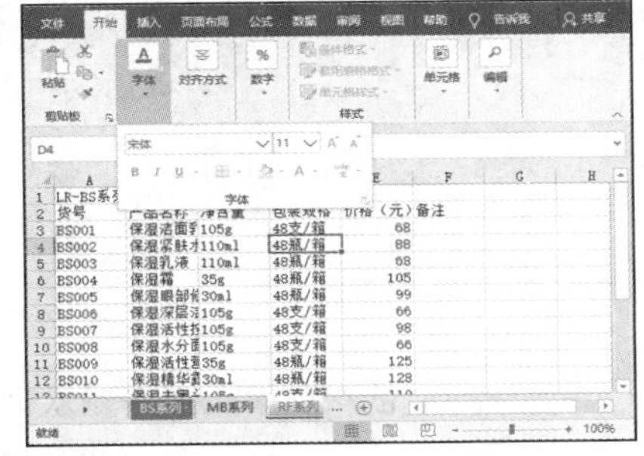

图 7-28　保护工作表

3. 保护工作簿

微课：保护工作簿

若不希望工作簿中的重要数据被他人查看或使用，可使用工作簿的保护功能来保证工作簿的结构和窗口不被他人修改。下面在“产品价格表.xlsx”工作簿中设置工作簿的保护功能，具体操作如下。

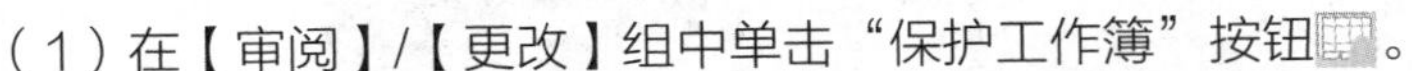

（1）在【审阅】/【更改】组中单击“保护工作簿”按钮。

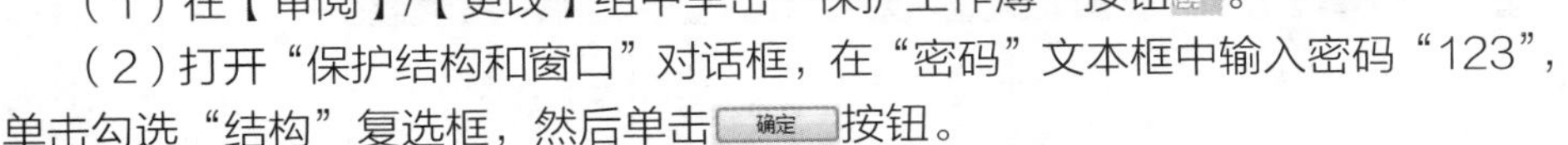

（2）打开“保护结构和窗口”对话框，在“密码”文本框中输入密码“123”，单击勾选“结构”复选框，然后单击确定按钮。

（3）在打开的“确认密码”对话框的“重新输入密码”文本框中，输入与前面相同的密码，然后单击确定按钮，如图 7-29 所示，返回工作簿中，完成后再保存并关闭工作簿。

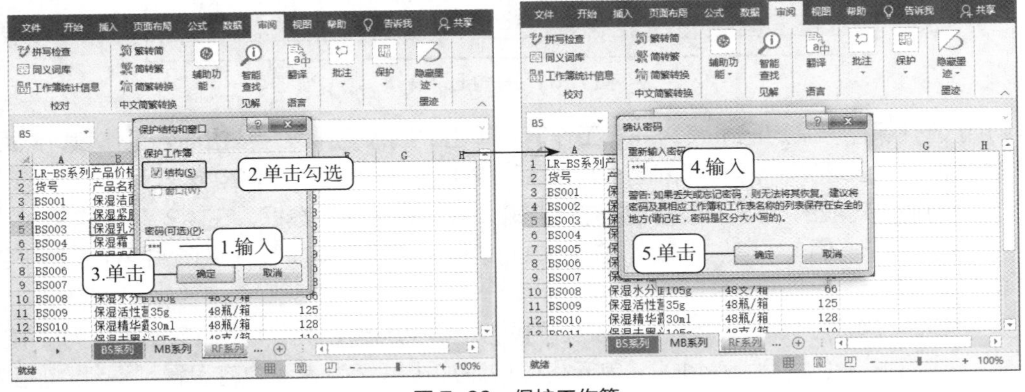

图 7-29　保护工作簿

提示　若要撤销工作表或工作簿的保护功能，可在【审阅】/【更改】组中单击“保护工作簿”按钮，在打开的对话框中输入工作表或工作簿的保护密码，完成后单击确定按钮即可。

课后练习

1. 新建一个空白工作簿，并将其以“预约客户登记表.xlsx”为名保存，按照下列要求对表格进行操作，效果如图 7-30 所示。

	A	B	C	D	E	F	G	H	I
1	预约客户登记表								
2	预约号	公司名称	预约人姓名	联系电话	接待人	预约日期	预约时间	事由	备注
3	1	[illegible]司	顾建	1584562****	莫雨菲	2020-1-20	09:30	采购	
4	2	[illegible]业有限公司	贾云国	1385462****	苟丽	2020-1-21	15:45	设备维护检修	★★★
5	3	[illegible]有限公司	关玉贵	1354563****	莫雨菲	2020-1-22	10:00	采购	
6	4	[illegible]有限公司	孙林	1396564****	莫雨菲	2020-1-23	10:25	采购	
7	5	[illegible]科技公司	蒋安辉	1302458****	苟丽	2020-1-24	16:00	质量检验	★
8	6	[illegible]限公司	罗红梅	1334637****	苟丽	2020-1-25	17:00	送货	
9	7	[illegible]公司	王富贵	1585686****	章正翱	2020-1-26	11:30	送货	
10	8	[illegible]限公司	郑珊	1598621****	章正翱	2020-1-27	11:45	技术咨询	
11	9	[illegible]有限公司	张波	1586985****	章正翱	2020-1-28	14:00	技术咨询	
12	10	[illegible]技公司	高天水	1598546****	莫雨菲	2020-1-29	11:00	质量检验	
13	11	[illegible]有限公司	耿跃升	1581254****	章正翱	2020-1-30	14:30	技术培训	
14	12	[illegible]技公司	郑立志	1375382****	苟丽	2020-1-31	16:30	设备维护检修	★★★
15	13	[illegible]有限公司	郑才枫	1354582****	苟丽	2020-2-1	15:00	技术培训	

图 7-30 “预约客户登记表”的效果

（1）依次在单元格中输入相关的文本、数字、日期与时间、特殊符号等内容。

（2）使用鼠标左键拖动控制柄填充数据，然后通过“序列”对话框填充数据。

（3）数据录入完成后保存工作簿并退出 Excel 2016。

2. 新建一个空白工作簿，按照下列要求对表格进行操作，效果如图 7-31 所示。

采购记录表											
采购事项					请购事项			验收事项			
采购日期	采购单号	产品名称	供应商代码	单价(元)	请购日期	请购数量	请购单位	验收日期	验收单号	交货数量	交货批次
1/7	S001-548	电剪	ME-22	361	1/5	1	车缝部	1/9	C06-0711	1	1
1/7	S001-549	内箱\外箱\贴纸	MA-10	2\2\0.5	1/6	100	包装部	1/9	C06-0712	100	1
1/8	S001-550	电\蒸气熨斗	ME-13	130\220	1/6	4	熨烫部	1/9	C06-0713	4	1
1/9	S001-551	锅炉	ME-33	950	1/7	1	生产部	1/10	C06-0714	1	1
1/10	S001-552	润滑油	MA-24	12	1/8	50	生产部	1/11	C06-0715	50	1
1/11	S001-553	枪针\橡筋	MA-02	8\0.3	1/10	300	成品部	1/12	C06-0716	180	2
1/13	S001-554	拉链\拉链头	MA-02	0.2\0.2	1/11	300	成品部	1/14	C06-0717	300	1
1/13	S001-555	链条车	ME-11	87	1/12	2	成品部	1/15	C06-0718	2	1

图 7-31 采购记录表

（1）新建并保存“采购记录表.xlsx”工作簿，单击“插入工作表”按钮插入工作表，然后分别将工作表命名为“2020 年 1 月”“2020 年 2 月”“2020 年 3 月”“2020 年 4 月”。

（2）分别输入对应的数据，可使用填充功能输入数据，再修改数据。在 A2 单元格输入“采购事项”，在 F2 单元格输入“请购事项”，在 I2 单元格输入“验收事项”，分别合并 A2:E2、F2:H2、I2:L2 单元格区域。

（3）将标题设置为“黑体、24”，将表头设置为“华文细黑、12”，其他数据字号为“12”。

（4）为 A4:L16 单元格区域添加边框，为表头内容设置“深红”底纹，为 C4:C16、E4:E16、G4:G16、K4:K16 单元格区域设置“红色，个性色 2，淡色 80%”底纹。

3. 打开“往来客户一览表.xlsx”工作簿，按照下列要求对工作簿进行操作，效果如图 7-32 所示。

（1）合并 A1:L1 单元格区域，然后选择 A~L 列，自动调整列宽。

往来客户一览表											
序号	企业名称	法人代表	联系人	电话	传真	企业邮箱	地址	账号	合作性质	建立合作关系时间	信誉等级
001	东宝网络有限责任公司	张大东	王宝	1875362****	0571-665****	gongbao@163.net	杭州市下城区文晖路	9559904458625****	一级代理商	2002/5/15	良
002	祥瑞有限责任公司	李祥瑞	李丽	1592125****	010-664****	xiangrui@163.net	北京市西城区金融街	9559044586235****	供应商	2003/10/1	优
003	威远有限责任公司	王均	王均	1332132****	025-669****	weiyuan@163.net	南京市浦口区海院路	9559904458625****	一级代理商	2005/10/10	优
004	德瑞电子商务公司	郑志国	罗鹏程	1892129****	0769-667****	mingming@163.net	东莞市东莞大道	9559904458625****	供应商	2005/12/5	优
005	诚信建材公司	邓杰	谢巧巧	1586987****	021-666****	chengxin@163.net	上海浦东新区	9559044586235****	供应商	2006/5/1	优
006	兴邦物流有限责任公司	李林峰	郑红梅	1336582****	0755-672****	xingbang@163.net	深圳市南山区科技园	9559044586235****	供应商	2009/8/10	良
007	雅奇电子商务公司	陈科	郭淋	1345133****	027-668****	yaqi@163.net	武汉市汉阳区芳草路	9559044586235****	一级代理商	2007/1/10	优
008	康泰公司	李睿	江丽娟	1852686****	020-670****	kangtai@163.net	广州市白云区白云大道南	9559044586235****	一级代理商	2008/5/25	差
009	华太实业有限责任公司	姜芝华	姜芝华	1362126****	028-663****	huatai@163.net	成都市一环路东三段	9559904458625****	供应商	2010/9/10	优
010	荣鑫建材公司	蒲建国	曾静	1365630****	010-671****	rongxing@163.net	北京市丰台区东大街	9559904458625****	一级代理商	2012/1/20	良

图 7-32 “往来客户一览表”的效果

（2）选择 A3:A12 单元格区域，在“设置单元格格式”对话框的“数字”选项卡中自定义序号的格式为“000”。

（3）选择 I3:I12 单元格区域，在“设置单元格格式”对话框的“数字”选项卡中设置数字格式为“文本”，在相应的单元格中输入 11 位以上的数字。

（4）剪切 A10:I10 单元格区域中的数据，将其插入第 7 行下方。

（5）将 B6 单元格中的“明铭”修改为“德瑞”。

（6）查找“有限公司”，并将其替换为“有限责任公司”。

（7）选择 A1 单元格，设置字体格式为“方正大黑简体、20、深蓝”。选择 A2:L2 单元格区域，设置字体格式为“方正黑体简体、12”。

（8）选择 A2:L12 单元格区域，设置对齐方式为“居中”，边框为“所有框线”，完成后重新调整单元格行高与列宽。

（9）选择 A2:L12 单元格区域，套用表格格式“表样式中等深浅 16”，完成后保存工作簿。

项目八

计算和分析Excel数据

Excel 2016 具有强大的数据处理功能，主要体现在计算数据和分析数据上。本项目将通过 3 个典型任务，介绍在 Excel 2016 中计算和分析数据的方法，包括公式与函数的使用、数据排序、数据筛选、数据分类汇总、使用数据透视图和数据透视表分析数据，以及创建图表分析数据等。

课堂学习目标

- 制作产品销售测评表。
- 统计分析员工绩效表。
- 制作销售分析表。

任务一　制作产品销售测评表

任务要求

查看“产品销售测评表”相关知识

某公司旗下各门店总结了上半年的营业情况，李总让肖雪统计各门店每个月的营业额，并在统计后制作一份“产品销售测评表”，以便根据各门店的营业情况，评出优秀门店并予以奖励。肖雪根据李总提出的要求，利用 Excel 2016 制作了上半年产品销售测评表，效果如图 8-1 所示，相关要求如下。

- 使用求和函数 SUM 计算各门店月营业总额。
- 使用平均值函数 AVERAGE 计算各门店月平均营业额。
- 使用最大值函数 MAX 和最小值函数 MIN 计算各门店的月最高营业额和月最低营业额。
- 使用排名函数 RANK 计算各个门店的销售排名情况。
- 使用 IF 嵌套函数计算各个门店的月营业总额是否达到评定优秀门店的标准。
- 使用 INDEX 函数查询“产品销售测评表”中的“B 店二月营业额”和“D 店五月营业额”。

	A	B	C	D	E	F	G	H	I	J	K
1	上半年产品销售测评表										
2	店名	营业额（万元）						月营业总额	月平均营业额	名次	是否优秀
3		一月	二月	三月	四月	五月	六月				
4	A店	95	85	85	90	89	84	528	88	1	优秀
5	B店	92	84	85	85	88	90	524	87	2	优秀
6	D店	85	88	87	84	84	83	511	85	4	优秀
7	E店	80	82	86	88	81	80	497	83	6	合格
8	F店	87	89	86	84	83	88	517	86	3	优秀
9	G店	86	84	85	81	80	82	498	83	5	合格
10	H店	71	73	69	74	69	77	433	72	11	合格
11	I店	69	74	76	72	76	65	432	72	12	合格
12	J店	76	72	72	77	72	80	449	75	9	合格
13	K店	72	77	80	82	86	88	485	81	7	合格
14	L店	88	70	80	79	77	75	469	78	8	合格
15	M店	74	65	78	77	68	73	435	73	10	合格
16	月最高营业额	95	89	87	90	89	90	528	88		
17	月最低营业额	69	65	69	72	68	65	432	72		
18											
19	查询B店二月营业额	84									
20	查询D店五月营业额	84									

图 8-1　“产品销售测评表”工作簿效果

相关知识

（一）公式运算符和语法

在 Excel 2016 中使用公式前，需要大致了解公式中的运算符和公式的语法，下面分别对其进行简单介绍。

1. 运算符

运算符即公式中的运算符号，用于对公式中的元素进行特定计算。运算符主要用于“连接数字”并产生相应的计算结果。运算符有算术运算符（如加、减、乘、除）、比较运算符（如逻辑值 FALSE 与 TRUE）、文本运算符（如&）、引用运算符（如冒号与空格）和括号运算符（如()）5 种，当一个公式中包含这 5 种运算符时，应遵循从高到低的优先级别进行计算。若公式中有括号运算符，则一定要注意每个左括号必须配一个右括号。

2. 语法

Excel 2016 中的公式是按照特定的顺序进行数值运算的，这一特定顺序即语法。Excel 2016 中的公式遵循特定的语法：最前面是等号，后面是参与计算的元素和运算符。如果公式中同时用到了多个运算符，则需按照运算符的优先级别进行运算。如果公式中包含相同优先级别的运算符，则先进行括号里面的运算，然后从左到右依次计算。

（二）单元格引用和单元格引用分类

在使用公式计算数据前要了解单元格引用和单元格引用分类的基础知识。

1. 单元格引用

Excel 2016 是通过单元格的地址来引用单元格的，单元格地址是单元格的行号与列标的组合。例如，“=193800+123140+146520+152300”，数据“193800”位于 B3 单元格，其他数据依次位于 C3、D3 和 E3 单元格中。通过单元格引用，输入公式“=B3+C3+D3+E3”，同样可以获得这 4 个数据的计算结果。

2. 单元格引用分类

在计算数据表中的数据时，通常会通过复制或移动公式来实现快速计算，因此会涉及不同的单元格引用方式。Excel 2016 中包括相对引用、绝对引用和混合引用 3 种引用方式，不同的引用方式得到的计算结果也不相同。

- 相对引用。相对引用是指输入公式时直接通过单元格地址来引用单元格。相对引用单元格后，如果复制或剪切公式到其他单元格，那么公式中引用的单元格地址会根据复制或剪切的位置发生相应改变。
- 绝对引用。绝对引用是指无论引用单元格的公式的位置如何改变，所引用的单元格均不会发生变化。绝对引用的形式是在单元格的地址前加上符号“$”。
- 混合引用。混合引用包含相对引用和绝对引用。混合引用有两种形式，一种是行绝对、列相对，如“B$2”表示行不发生变化，但是列会随着新的位置发生变化；另一种是行相对、列绝对，如“$B2”表示列保持不变，但是行会随着新的位置发生变化。

（三）使用公式计算数据

Excel 2016 中的公式是对工作表中的数据进行计算的等式，它以“=（等号）”开始，其后是公式的表达式。公式的表达式可包含运算符、常量数值、单元格地址和单元格区域地址。

1. 输入公式

在 Excel 2016 中输入公式的方法与输入数据的方法类似，只需将公式输入相应的单元格中，即可计算出结果。输入公式的方法为选择要输入公式的单元格，在单元格或编辑栏中输入“=”，接着输入公式内容，完成后按【Enter】键或单击编辑栏上的“输入”按钮✓即可。

在单元格中输入公式后，按【Enter】键可在计算出公式结果的同时选择同列的下一个单元格；

按【Tab】键可在计算出公式结果的同时选择同行的下一个单元格；按【Ctrl+Enter】组合键则可在计算出公式结果后，仍保持当前单元格为选择状态。

2. 编辑公式

编辑公式与编辑数据的方法相同。选择含有公式的单元格，将文本插入点定位在编辑栏或单元格中需要修改的位置，按【Backspace】键删除多余或错误的内容，再输入正确的内容。完成后按【Enter】键即可完成对公式的编辑，Excel 2016 会自动计算新公式。

3. 复制公式

在 Excel 2016 中复制公式是快速计算数据的最佳方法之一，因为在复制公式的过程中，Excel 2016 会自动改变引用单元格的地址，避免手动输入公式的麻烦，提高工作效率。通常使用“开始”选项卡或单击鼠标右键进行复制粘贴，也可以拖动控制柄进行复制，还可选择添加了公式的单元格，按【Ctrl+C】组合键进行复制，然后将文本插入点定位到要复制到的单元格，按【Ctrl+V】组合键进行粘贴完成对公式的复制。

（四）Excel 中的常用函数

Excel 2016 提供了多种函数，每个函数的功能、语法结构及其参数的含义各不相同，除 SUM 函数和 AVERAGE 函数外，常用的函数还有 IF 函数、MAX/MIN 函数、COUNT 函数、SIN 函数、PMT 函数和 SUMIF 函数等。

- SUM 函数。SUM 函数的功能是对选择的单元格或单元格区域进行求和计算，其语法结构为 SUM（number1,number2,...），其中，number1,number2,...表示若干个需要求和的参数。填写参数时，可以使用单元格地址（如 E6,E7,E8），也可以使用单元格区域（如 E6:E8），甚至可以混合输入（如 E6,E7:E8）。
- AVERAGE 函数。AVERAGE 函数的功能是求平均值，计算方法是：将选择的单元格或单元格区域中的数据先相加，再除以单元格数。其语法结构为 AVERAGE（number1, number2,...），其中，number1,number2,…表示需要计算平均值的若干个参数。
- IF 函数。IF 函数是一种常用的条件函数，它能判断真假值，并根据逻辑计算的真假值返回不同的结果。其语法结构为 IF（logical_test,value_if_true,value_if_false），其中，logical_test 表示计算结果为 true 或 false 的任意值或表达式；value_if_true 表示 logical_test 为 true 时要返回的值，可以是任意数据；value_if_false 表示 logical_test 为 false 时要返回的值，也可以是任意数据。
- MAX/MIN 函数。MAX 函数的功能是返回被选中单元格区域中所有数值的最大值，MIN 函数则用来返回所选单元格区域中所有数值的最小值。其语法结构为 MAX/MIN（number1,number2,...），其中 number1,number2,…表示要筛选的若干个参数。
- COUNT 函数。COUNT 函数的功能是返回包含数字及包含参数列表中的数字的单元格数，通常利用它来计算单元格区域或数字数组中数字字段的输入项数。其语法结构为 COUNT（value1,value2,...），其中，value1, value2, ...为包含或引用各种类型数据的参数（1～30 个），但只有数字类型的数据才能被计算。
- SIN 函数。SIN 函数的功能是返回给定角度的正弦值，其语法结构为 SIN(number)，number 为需要计算正弦的角度，以弧度表示。
- PMT 函数。PMT 函数的功能是基于固定利率及等额分期付款方式，返回贷款的每期付款额。其语法结构为 PMT（rate,nper,pv,fv,type），其中，rate 为贷款利率；nper 为该项贷款的付款总数；pv 为现值，或一系列未来付款的当前值的累积和，也称为本金；fv 为未来值，或在最后一次付款后希望得到的现金余额，如果省略 fv，则假设其值为零，也就是指贷款的未来值为零；type 为数字 0 或 1，用以指定各期的付款时间是在期初还是期末。

- SUMIF 函数。SUMIF 函数的功能是根据指定条件对若干单元格求和，其语法结构为 SUMIF（range,criteria,sum_range），其中，range 为用于条件判断的单元格区域；criteria 为确定哪些单元格将被作为相加求和的条件，其形式可以为数字、表达式或文本；sum_range 为需要求和的实际单元格。
- RANK 函数。RANK 函数是排名函数，RANK 函数常用于求某一个数值在某一区域内的排名。其语法结构为 RANK（number,ref, order），其中，函数名后面的参数中，number 为需要找到排位的数字（单元格内必须为数字）；ref 为数字列表数组或对数字列表的引用；order 指明排位的方式，order 的值为 0 和 1，默认不用输入，得到从大到小的排名。若是想求倒数第几名，order 的值则应为 1。
- INDEX 函数。INDEX 函数是返回表或单元格区域中的值或对值的引用。函数 INDEX()有两种形式：数组形式和引用形式。数组形式通常返回数值或数值数组，引用形式通常返回引用。其语法结构为 INDEX（array,row_num,column_num），用于返回数组中指定的单元格或单元格数组的数值；INDEX（reference,row_num,column_num,area_num），用于返回引用中指定单元格或单元格区域的引用。其中 array 为单元格区域或数组常数；row_num 为数组中某行的行号，函数从该行返回数值；column_num 是数组中某列的列号，函数从该列返回数值。如果省略 row_num，则必须有 column_num；如果省略 column_num，则必须有 row_num。Reference 是对一个或多个单元格区域的引用，如果为引用输入一个不连续的选定区域，则必须用括号标注。area_num 是选择引用中的一个区域，并返回该区域中 row_num 和 column_num 的交叉区域。row_num 和 column_num 的含义与用法同数组形式中的相同。

任务实现

（一）使用 SUM 函数计算营业总额

微课：使用求和函数 SUM 计算营业总额

SUM 函数主要用于计算某一单元格区域中所有数字之和，具体操作如下。

（1）打开“产品销售测评表.xlsx”工作簿，选择 H4 单元格，在【公式】/【函数库】组中单击“自动求和”按钮Σ。

（2）此时，在 H4 单元格中插入求和函数“SUM”，同时 Excel 2016 自动识别函数参数“B4:G4”，如图 8-2 所示。

查看常用数学函数

（3）单击编辑区中的“输入”按钮✓，完成求和计算。将鼠标指针移动到 H4 单元格右下角，当其变为✚形状时，按住鼠标左键并向下拖动，至 H15 单元格时释放鼠标左键，系统将自动填充各店月营业总额，如图 8-3 所示。

SUM　=SUM(B4:G4)

上半年产品销售测评表

店名	营业额（万元）						月营业总额	月平均营业额	名次	是否优秀
	一月	二月	三月	四月	五月	六月				
A店	95	85	85	90	89	84	=SUM(B4:			
B店	92	84	85	85	88	90				
D店	85	88	87	84	84	83				
E店	80	82	86	88	81	80				
F店	87	89	86	84	83	88				
G店	86	84	85	81	80	82				
H店	71	73	69	74	69	77				

插入

图 8-2　插入 SUM 函数

店名	营业额（万元）						月营业总额	月平均营业额	名次	是否优秀
	一月	二月	三月	四月	五月	六月				
A店	95	85	85	90	89	84	528			
B店	92	84	85	85	88	90	524			
D[illegible]	[illegible]	88	87	84	84	83	511			
E[illegible]	[illegible]	82	86	88	81	80	497			
F店	87	89	86	84	83	88	517			
G店	86	84	85	81	80	82	498			
H店	71	73	69	74	69	77	433			
I店	69	74	76	72	76	65	432			
J店	76	72	72	77	72	80	449			
K店	72	77	80	82	86	88	485			
L店	88	70	80	79	77	75	469			
M店	74	65	78	77	68	73	435			
月最高营业额										

店名

图 8-3　自动填充月营业总额

微课：使用平均值函数 AVERAGE 计算月平均营业额

（二）使用 AVERAGE 函数计算月平均营业额

AVERAGE 函数用来计算某一单元格区域中的数据平均值，即先将单元格区域中的数据相加再除以单元格数，具体操作如下。

查看常用统计函数

（1）选择 I4 单元格，在【公式】/【函数库】组中单击“自动求和”按钮 Σ 右方的下拉按钮 ▾，在打开的下拉列表中选择“平均值”选项。

（2）系统自动在 I4 单元格中插入平均值函数“AVERAGE”，同时 Excel 2016 会自动识别函数参数“B4:H4”，再将自动识别的函数参数手动更改为“B4:G4”，如图 8-4 所示。

（3）单击编辑区中的“输入”按钮 ✓，得到函数的计算结果。

（4）将鼠标指针移动到 I4 单元格右下角，当其变为 ✚ 形状时，按住鼠标左键向下拖动，至 I15 单元格释放鼠标左键，系统将自动填充各店月平均营业额，如图 8-5 所示。

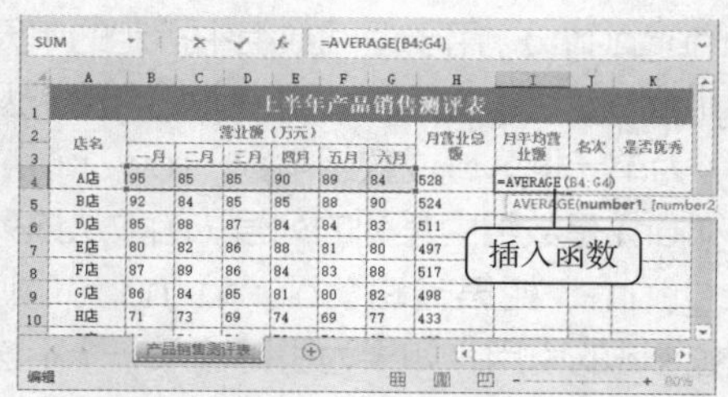

图 8-4　更改函数参数

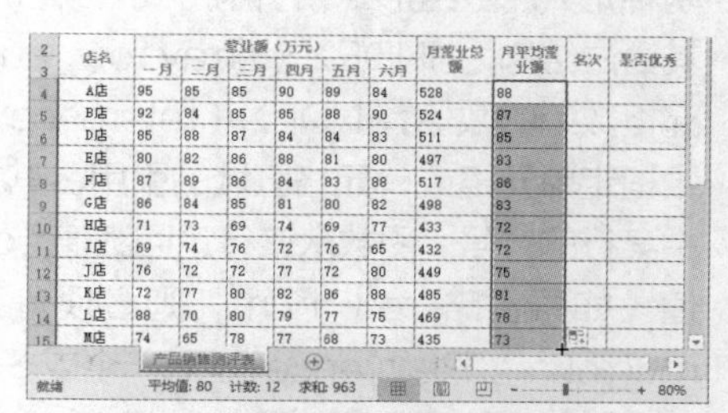

图 8-5　自动填充月平均营业额

微课：使用最大值函数 MAX 和最小值函数 MIN 计算营业额

（三）使用 MAX 函数和 MIN 函数计算营业额

MAX 函数和 MIN 函数分别用于计算一组数据中的最大值和最小值，具体操作如下。

（1）选择 B16 单元格，在【公式】/【函数库】组中单击“自动求和”按钮 Σ 右方的下拉按钮 ▾，在打开的下拉列表中选择“最大值”选项，如图 8-6 所示。

（2）此时，系统自动在 B16 单元格中插入最大值函数“MAX”，同时 Excel 2016 将自动识别函数参数“B4:B15”，如图 8-7 所示。

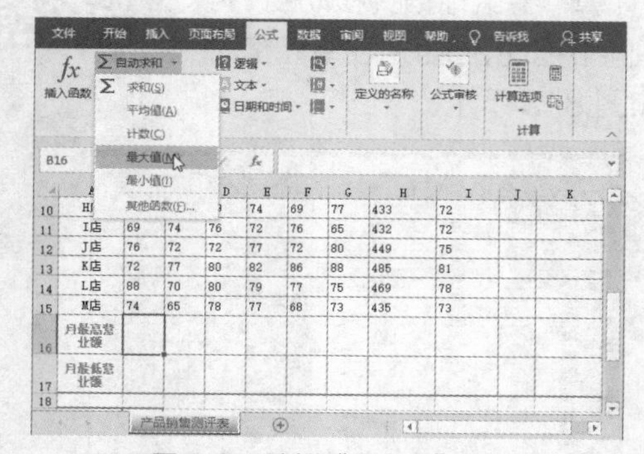

图 8-6　选择“最大值”选项

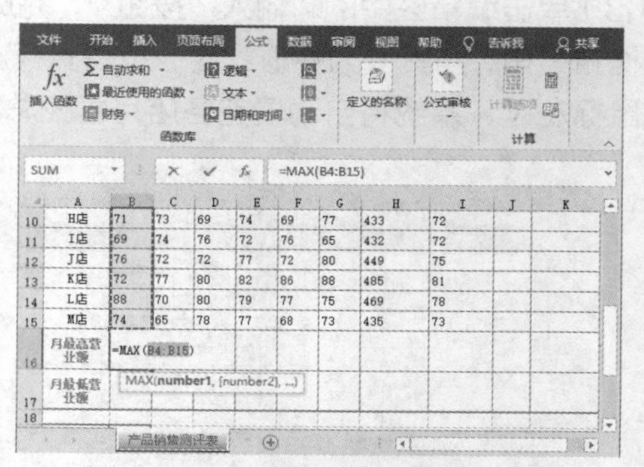

图 8-7　插入最大值函数

（3）单击编辑区中的“输入”按钮✓，得到函数的计算结果。将鼠标指针移动到 B16 单元格右下角，当其变为➕形状时，按住鼠标左键向右拖动，拖动至 I16 单元格，释放鼠标左键，将自动计算出各门店月最高营业额。

（4）选择 B17 单元格，在【公式】/【函数库】组中单击“自动求和”按钮Σ下方的下拉按钮▾，在打开的下拉列表中选择“最小值”选项。

（5）此时，系统自动在 B17 单元格中插入最小值函数 MIN，同时 Excel 自动识别函数参数“B4:B16”，手动将其更改为“B4:B15”。单击编辑区中的“输入”按钮✓，得到函数的计算结果，如图 8-8 所示。

（6）将鼠标指针移动到 B17 单元格右下角，当其变为➕形状时，按住鼠标左键向右拖动至 I17 单元格，释放鼠标左键，将自动计算出各门店月最低营业额，如图 8-9 所示。

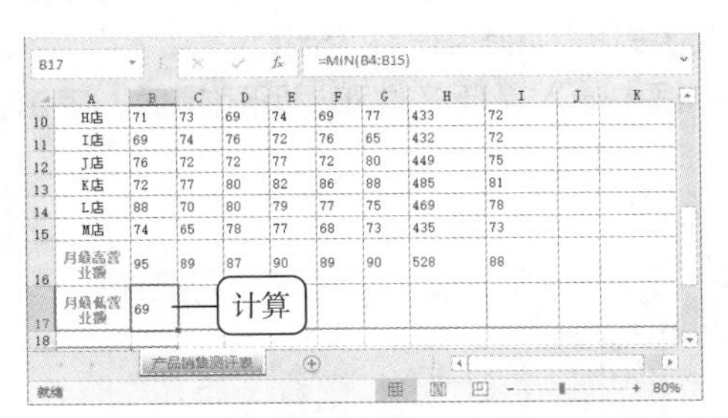

图 8-8　插入 MIN 函数

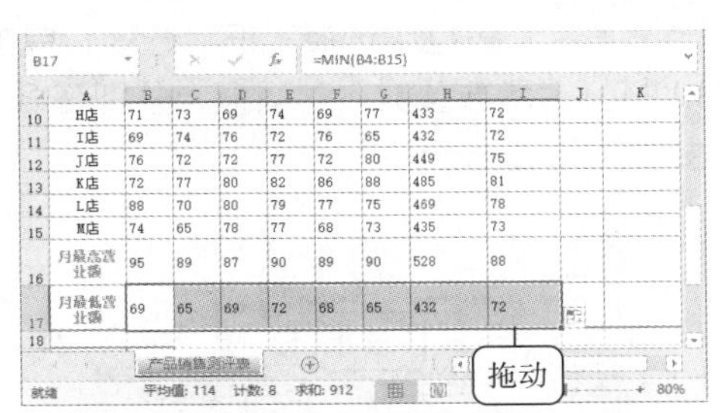

图 8-9　自动填充月最低营业额

（四）使用 RANK 函数计算名次

RANK 函数用来计算某个数字在数字列表中的名次，具体操作如下。

微课：使用排名函数 RANK 计算名次

（1）选择 J4 单元格，在【公式】/【函数库】组中单击“插入函数”按钮 fx 或按【Shift+F3】组合键，打开“插入函数”对话框。

（2）在“或选择类别”下拉列表框中选择“全部”选项，在“选择函数”列表框中选择“RANK”选项，单击 确定 按钮，如图 8-10 所示。

（3）打开“函数参数”对话框，在“Number”文本框中输入“H4”，单击“Ref ”文本框右侧的“收缩”按钮。

（4）此时该对话框呈收缩状态，拖动鼠标选择要计算的 H4:H15 单元格区域，单击右侧的“展开”按钮。

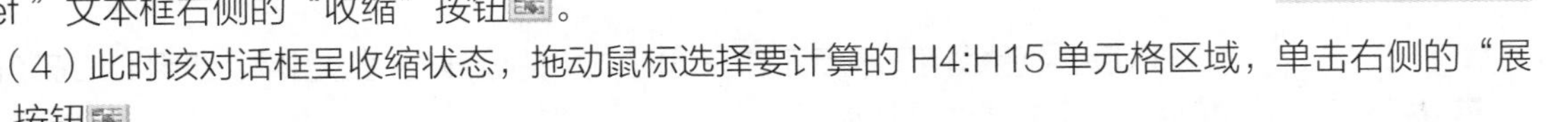

（5）返回“函数参数”对话框，利用【F4】键将“Ref ”文本框中的单元格引用地址转换为绝对引用，单击 确定 按钮，如图 8-11 所示。

查看数据库统计函数

图 8-10　选择 RANK 函数

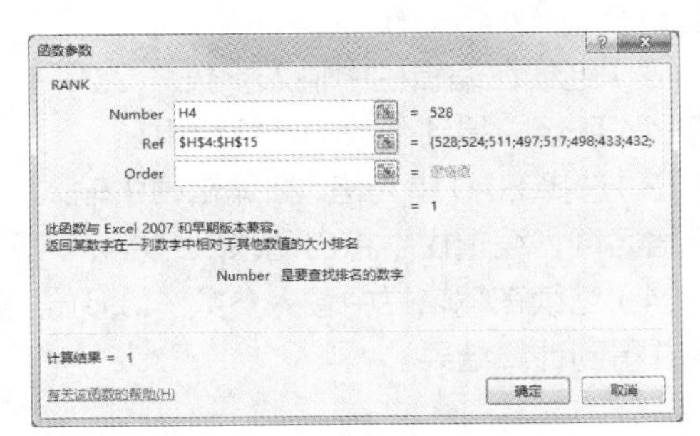

图 8-11　设置函数参数

查看查找函数

（6）返回到操作界面，即可查看排名情况。选中 J4 单元格，将鼠标指针移动到 J4 单元格右下角，当其变为+形状时，按住鼠标左键并向下拖动，拖动至 J15 单元格时，释放鼠标左键，即可计算出每个门店的名次。

（五）使用 IF 函数计算等级

微课：使用 IF 嵌套函数计算等级

IF 函数用于判断数据表中的某个数据是否满足指定条件，如果满足则返回特定值，不满足则返回其他值。使用 IF 函数计算等级的具体操作如下。

（1）选择 K4 单元格，单击编辑栏中的“插入函数”按钮 fx，打开“插入函数”对话框。

（2）在“或选择类别”下拉列表框中选择“逻辑”选项，在“选择函数”列表框中选择“IF”选项，单击 确定 按钮，如图 8-12 所示。

（3）打开“函数参数”对话框，分别在 3 个文本框中输入判断条件和返回逻辑值，单击 确定 按钮，如图 8-13 所示。

图 8-12　选择 IF 函数

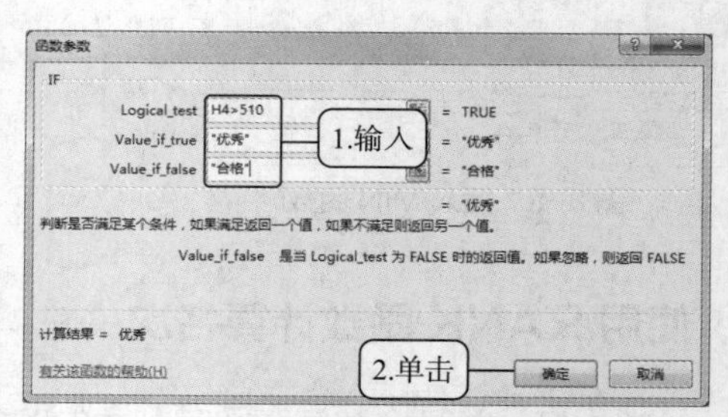

图 8-13　设置判断条件和返回逻辑值

（4）返回到操作界面，由于 H4 单元格中的值大于“510”，因此 K4 单元格显示“优秀”。将鼠标指针移动到 K4 单元格右下角，当其变为+形状时，按住鼠标左键向下拖动至 K15 单元格处释放鼠标左键，分析其他门店是否满足优秀条件，若低于“510”则显示“合格”。

（六）使用 INDEX 函数查询营业额

查看常用条件函数

INDEX 函数用于显示工作表或区域中的值或对值的引用。使用 INDEX 函数查询营业额的具体操作如下。

（1）选择 B19 单元格，在编辑栏中输入“=INDEX(”，编辑栏下方将自动提示 INDEX 函数的参数输入规则。拖动鼠标选择 A4:G15 单元格区域，编辑栏中将自动录入“A4:G15”。

（2）继续在编辑栏中输入参数“,2,3)”，单击编辑栏中的“输入”按钮✓，如图 8-14 所示，得到函数的计算结果。

微课：使用 INDEX 函数查询营业额

（3）选择 B20 单元格，在编辑栏中输入“=INDEX(”，拖动鼠标选择 A4:G15 单元格区域，编辑栏中将自动录入“A4:G15”，如图 8-15 所示。

（4）继续在编辑栏中输入参数“,3,6)”，按【Ctrl+Enter】组合键确认函数的应用并得到计算结果。

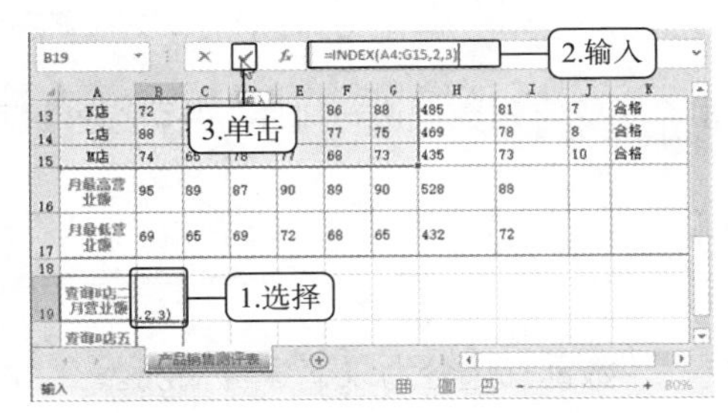

图 8-14　应用 INDEX 函数

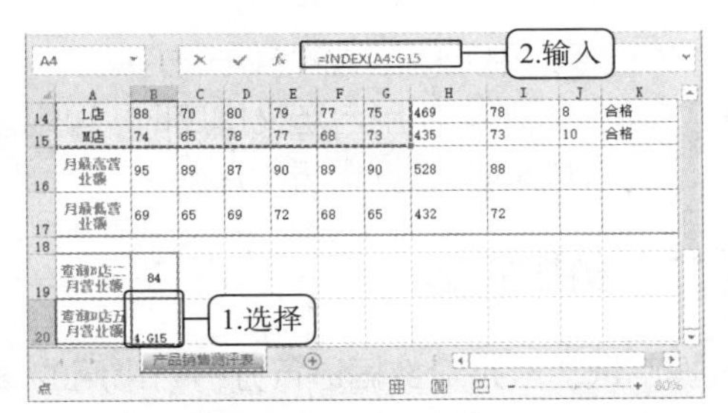

图 8-15　选择参数

任务二　统计分析员工绩效表

任务要求

某公司要对下属工厂的员工进行绩效考评，小丽作为财务部的一名员工，要对工厂一季度的员工绩效进行统计分析，工作簿效果如图 8-16 所示，相关要求如下。

查看常用
日期函数

查看常用
财务函数

查看“员工绩效表”相关知识

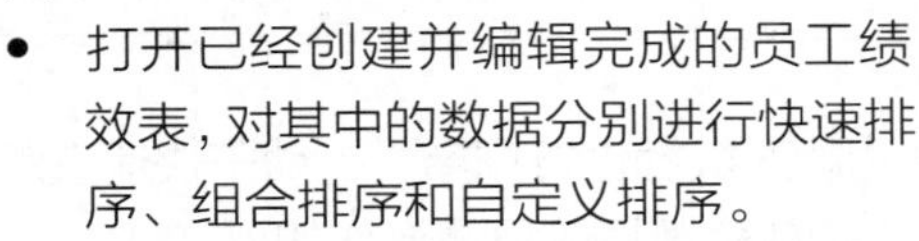

- 打开已经创建并编辑完成的员工绩效表，对其中的数据分别进行快速排序、组合排序和自定义排序。
- 对表中的数据按照不同的条件进行自动筛选、自定义筛选和高级筛选，并在表格中使用条件格式。

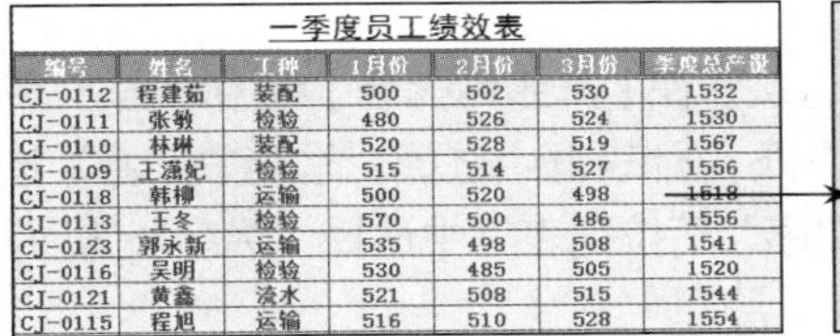

一季度员工绩效表

编号	姓名	工种	1月份	2月份	3月份	季度总产量
CJ-0112	程建茹	装配	500	502	530	1532
CJ-0111	张敏	检验	480	526	524	1530
CJ-0110	林琳	装配	520	528	519	1567
CJ-0109	王潇妃	检验	515	514	527	1556
CJ-0118	韩柳	运输	500	520	498	1518
CJ-0113	王冬	检验	570	500	486	1556
CJ-0123	郭永新	运输	535	498	508	1541
CJ-0116	吴明	检验	530	485	505	1520
CJ-0121	黄鑫	流水	521	508	515	1544
CJ-0115	程旭	运输	516	510	528	1554

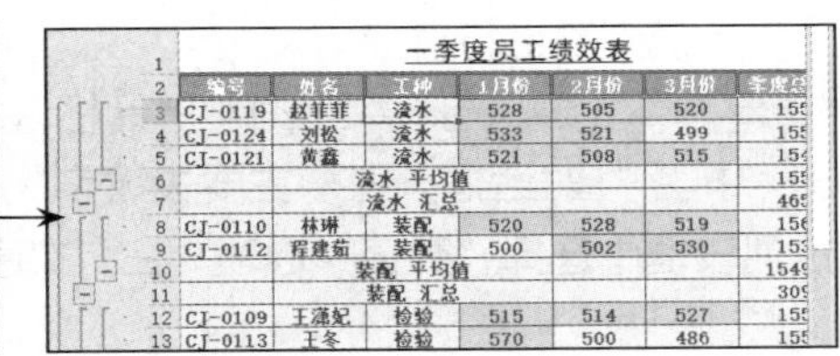

一季度员工绩效表

	编号	姓名	工种	1月份	2月份	3月份	季度总
3	CJ-0119	赵菲菲	流水	528	505	520	155
4	CJ-0124	刘松	流水	533	521	499	155
5	CJ-0121	黄鑫	流水	521	508	515	154
6		流水 平均值					155
7		流水 汇总					465
8	CJ-0110	林琳	装配	520	528	519	156
9	CJ-0112	程建茹	装配	500	502	530	153
10		装配 平均值					1549
11		装配 汇总					309
12	CJ-0109	王潇妃	检验	515	514	527	155
13	CJ-0113	王冬	检验	570	500	486	155

图 8-16　“员工绩效表”工作簿效果

- 按照不同的设置字段，为表格中的数据创建分类汇总、嵌套分类汇总，然后查看分类汇总的数据。
- 创建数据透视表，然后创建数据透视图。

相关知识

（一）数据排序

数据排序是统计工作中的一项重要内容，在 Excel 2016 中可将数据按照指定的顺序排序。一般情况下，数据排序分为以下 3 种情况。

- 单列数据排序。单列数据排序是指在工作表中以一列单元格中的数据为依据，对工作表中的所有数据进行排序。
- 多列数据排序。在对多列数据进行排序时，需要按某个数据进行排列，该数据称为“关键字”。以关键字进行排序，其他列中的单元格数据将随之发生变化。对多列数据进行排序时，首先要选择多列数据所在的单元格区域，然后选择关键字，排序时会自动以该关键字进行排序，未选择的单元格区域不参与排序。

- 自定义排序。使用自定义排序时，可以设置多个关键字对数据进行排序，并可以通过其他关键字对相同的数据进行排序。

（二）数据筛选

数据筛选功能是对数据进行分析时常用的操作之一。数据筛选分为以下 3 种情况。

- 自动筛选。自动筛选数据即根据用户设定的筛选条件，自动将表格中符合条件的数据显示出来，而表格中的其他数据将被隐藏。
- 自定义筛选。自定义筛选是在自动筛选的基础上进行的，即单击自动筛选后需自定义的字段名称右侧的下拉按钮▾，在打开的下拉列表中选择相应的选项来确定筛选条件，然后在打开的“自定义筛选方式”对话框中进行相应的设置。
- 高级筛选。若需要根据自己设置的筛选条件对数据进行筛选，则需要使用高级筛选功能。高级筛选功能可以筛选出同时满足两个或两个以上条件的数据。

任务实现

（一）排序员工绩效表数据

微课：排序员工绩效表数据

使用 Excel 2016 中的数据排序功能对数据进行排序，有助于快速直观地显示、组织和查找所需的数据。排序员工绩效表数据的具体操作如下。

（1）打开“员工绩效表.xlsx”工作簿，选择 G 列任意单元格，在【数据】/【排序和筛选】组中单击“升序”按钮，将选择的数据表按照“季度总产量”由低到高进行排序。

（2）选择 A2:G14 单元格区域，在【排序和筛选】组中单击“排序”按钮。

（3）打开“排序”对话框，在“主要关键字”下拉列表框中选择“季度总产量”选项，在“排序依据”下拉列表框中选择“数值”选项，在“次序”下拉列表框中选择“降序”选项，如图 8-17 所示。

（4）单击“添加条件(A)”按钮，在“次要关键字”下拉列表框中选择“3 月份”选项，在“排序依据”下拉列表框中选择“数值”选项，在“次序”下拉列表框中选择“降序”选项，单击“确定”按钮。

（5）此时即可对数据表先按照“季度总产量”序列进行降序排列。对于“季度总产量”列中相同的数据，则按照“3 月份”序列进行降序排列，排序结果如图 8-18 所示。

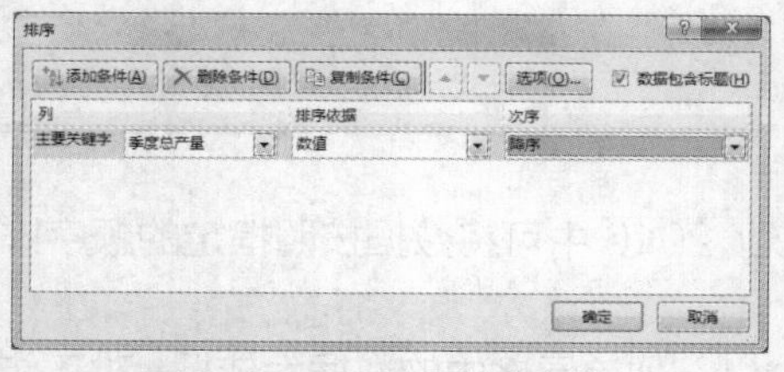

图 8-17　设置主要排序条件

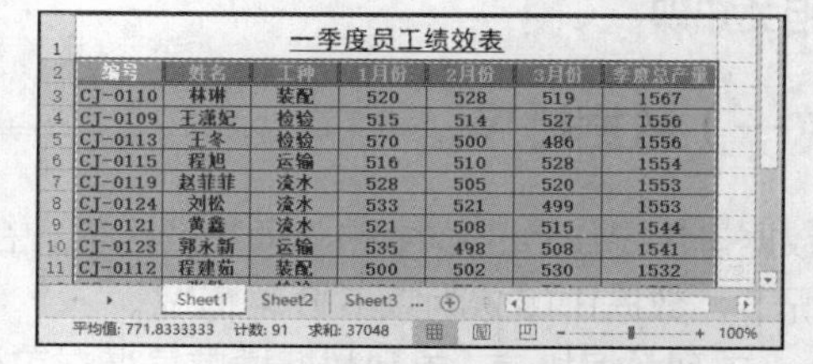

一季度员工绩效表

编号	姓名	工种	1月份	2月份	3月份	季度总产量
CJ-0110	林琳	装配	520	528	519	1567
CJ-0109	王涨妃	检验	515	514	527	1556
CJ-0113	王冬	检验	570	500	486	1556
CJ-0115	程旭	运输	516	510	528	1554
CJ-0119	赵菲菲	流水	528	505	520	1553
CJ-0124	刘松	流水	533	521	499	1553
CJ-0121	黄鑫	流水	521	508	515	1544
CJ-0123	郭永新	运输	535	498	508	1541
CJ-0112	程建茹	装配	500	502	530	1532

图 8-18　排序结果

（6）选择【文件】/【选项】命令，打开“Excel 选项”对话框，在左侧的列表框中单击“高级”选项卡，在右侧的列表框的“常规”栏中单击“编辑自定义列表(O)...”按钮。

（7）打开“自定义序列”对话框，在“输入序列”文本框中输入序列字段“流水,装配,检验,运输”，单击[添加(A)]按钮，将自定义字段添加到左侧的“自定义序列”列表框中。

（8）连续单击[确定]按钮，关闭“Excel 选项”对话框，返回数据表。选择 A2:G14 单元格区域，在“排序和筛选”组中单击“排序”按钮，打开“排序”对话框。

（9）在“主要关键字”下拉列表框中选择“工种”选项，在“次序”下拉列表框中选择“自定义序列”选项，打开“自定义序列”对话框，在“自定义序列”列表框中选择前面创建的序列，单击[确定]按钮。

（10）返回“排序”对话框，在“次序”下拉列表框中将显示设置的自定义序列，然后单击选中“次要关键词”选项，单击[删除条件(D)]按钮，删除该条件，单击[确定]按钮，如图 8-19 所示。

（11）此时即可将数据表按照“工种”序列中的自定义序列进行排序，效果如图 8-20 所示。

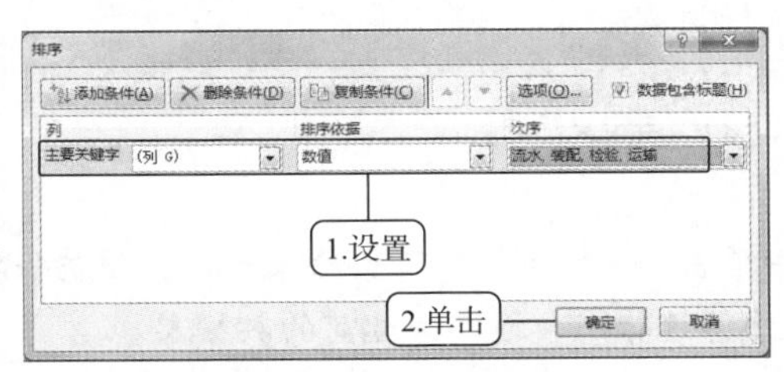

图 8-19　设置自定义序列

一季度员工绩效表

编号	姓名	工种	1月份	2月份	3月份	季度总产量
CJ-0119	赵菲菲	流水	528	505	520	1553
CJ-0124	刘松	流水	533	521	499	1553
CJ-0121	黄鑫	流水	521	508	515	1544
CJ-0110	林琳	装配	520	528	519	1567
CJ-0112	程建茹	装配	500	502	530	1532
CJ-0109	王潇妃	检验	515	514	527	1556
CJ-0113	王冬	检验	570	500	486	1556
CJ-0111	张敏	检验	480	526	524	1530
CJ-0116	吴明	检验	530	485	505	1520

图 8-20　自定义序列排序的效果

提示　对数据进行排序时，如果打开了提示对话框，显示“此操作要求合并单元格都具有相同大小”，则表示当前数据表中包含合并的单元格。由于 Excel 无法识别合并单元格数据的方法并对其进行正确排序，因此，需要用户手动选择规则的排序区域，再进行排序。

（二）筛选员工绩效表数据

Excel 筛选数据功能可根据需要显示满足某一个或某几个条件的数据，而隐藏其他的数据。

1. 自动筛选

自动筛选功能可以在数据表中快速显示指定字段的记录并隐藏其他记录。下面在“员工绩效表.xlsx”工作簿中筛选出工种为“装配”的员工绩效数据，具体操作如下。

微课：自动筛选

（1）打开表格，选择工作表中的任意单元格，在【数据】/【排序和筛选】组中单击“筛选”按钮，进入筛选状态，列标题单元格右侧将显示“筛选”按钮。

（2）在 C2 单元格中单击“筛选”按钮，在打开的下拉列表中取消勾选“检验”“流水”“运输”复选框，仅勾选“装配”复选框，单击[确定]按钮。

（3）此时在数据表中显示工种为“装配”的员工数据，其他员工数据全部被隐藏。

提示　选择字段可以同时筛选多个字段的数据。单击“筛选”按钮，打开设置筛选条件的下拉列表，只需在其中单击勾选对应的复选框即可。在 Excel 2016 中还能通过颜色、数字和文本进行筛选，但是这类筛选方式都需要提前设置。

2. 自定义筛选

自定义筛选多用于筛选数值数据，设定筛选条件可以将满足指定条件的数据筛选出来，而隐藏其他数据。下面在“员工绩效表.xlsx”工作簿中筛选出季度总产量大于“1540”的相关信息，具体操作如下。

（1）打开“员工绩效表.xlsx”工作簿，单击“筛选”按钮进入筛选状态，在“季度总产量”单元格中单击按钮，在打开的下拉列表中选择【数字筛选】/【大于】选项。

（2）打开“自定义自动筛选方式”对话框，在“季度总产量”栏的“大于”下拉列表框右侧的下拉列表框中输入“1540”，单击确定按钮，如图 8-21 所示。

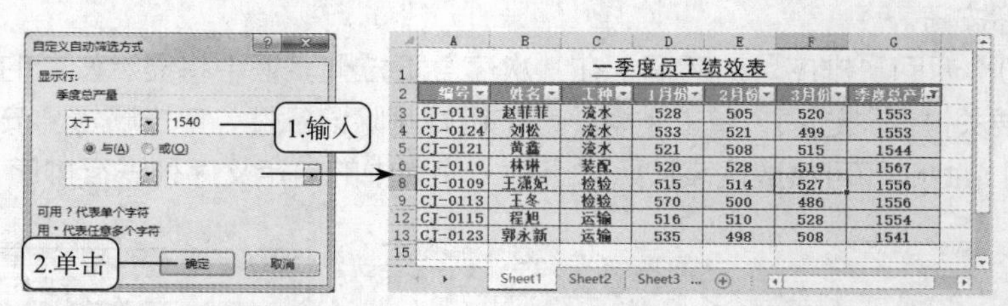

一季度员工绩效表

编号	姓名	工种	1月份	2月份	3月份	季度总产量
CJ-0119	赵菲菲	流水	528	505	520	1553
CJ-0124	刘松	流水	533	521	499	1553
CJ-0121	黄鑫	流水	521	508	515	1544
CJ-0110	林琳	装配	520	528	519	1567
CJ-0109	王滟妃	检验	515	514	527	1556
CJ-0113	王冬	检验	570	500	486	1556
CJ-0115	程旭	运输	516	510	528	1554
CJ-0123	郭永新	运输	535	498	508	1541

图 8-21 自定义筛选

提示 筛选并查看数据后，在“排序和筛选”组中单击清除按钮，可清除筛选结果，但仍保持筛选状态。单击“筛选”按钮，可直接退出筛选状态，返回筛选前的数据表。

3. 高级筛选

通过高级筛选功能，可以自定义筛选条件，在不影响当前数据表的情况下显示筛选结果。对于较复杂的筛选，可以使用高级筛选功能。下面在“员工绩效表.xlsx”工作簿中筛选出 1 月份产量大于“510”，季度总产量大于“1556”的数据，具体操作如下。

（1）打开“员工绩效表.xlsx”工作簿，在 C16 单元格中输入筛选序列“1 月份”，在 C17 单元格中输入条件“>510”，在 D16 单元格中输入筛选序列“季度总产量”，在 D17 单元格中输入条件“>1556”，在表格中选择任意的单元格，在【数据】/【排序和筛选】组中单击高级按钮。

（2）打开“高级筛选”对话框，单击选中“将筛选结果复制到其他位置”单选项，将“列表区域”设置为“$A$2:$G$14”，在“条件区域”文本框中输入“$C$16:$D$17”，在“复制到”文本框中输入“$A$18:$G$25”，单击确定按钮。

（3）在原数据表下方的 A18:G19 单元格区域中单独显示出筛选结果。

4. 使用条件格式

条件格式用于将数据表中满足指定条件的数据以特定的格式显示出来，以便用户直观查看与区分数据。下面在“员工绩效表.xlsx”工作簿中将月产量大于“500”的数据以浅红色填充显示出来，具体操作如下。

（1）选择 D3:F14 单元格区域，在【开始】/【样式】组中单击“条件格式”按钮，在打开的下拉列表中选择【突出显示单元格规则】/【大于】选项。

（2）打开“大于”对话框，在数值框中输入“500”，在“设置为”下拉列表框中选择“浅红色填充”选项，单击确定按钮，如图 8-22 所示。

（3）此时即可将 D3:F14 单元格区域中所有数据大于“500”的单元格以浅红色填充显示出来，如图 8-23 所示。

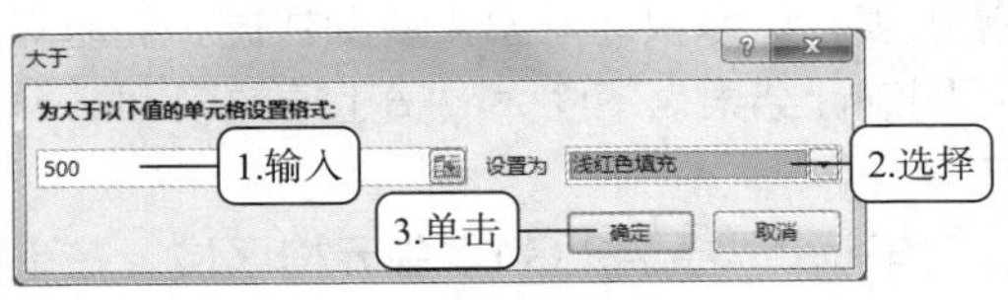

图 8-22　设置条件格式

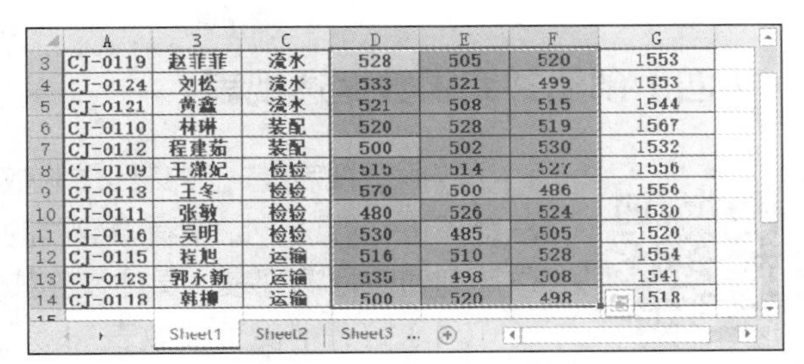

	A	B	C	D	E	F	G
3	CJ-0119	赵菲菲	流水	528	505	520	1553
4	CJ-0124	刘松	流水	533	521	499	1553
5	CJ-0121	黄鑫	流水	521	508	515	1544
6	CJ-0110	林琳	装配	520	528	519	1567
7	CJ-0112	程建茹	装配	500	502	530	1532
8	CJ-0109	王潇妃	检验	515	514	527	1556
9	CJ-0113	王冬	检验	570	500	486	1556
10	CJ-0111	张敏	检验	480	526	524	1530
11	CJ-0116	吴明	检验	530	485	505	1520
12	CJ-0115	崔旭	运输	516	510	528	1554
13	CJ-0123	郭永新	运输	535	498	508	1541
14	CJ-0118	韩柳	运输	500	520	498	1518

Sheet1　Sheet2　Sheet3

图 8-23　浅红色填充显示

（三）对数据进行分类汇总

微课：对数据进行分类汇总

运用 Excel 2016 的分类汇总功能可对表格中的同类数据进行统计，使工作表中的数据变得清晰、直观，具体操作如下。

（1）选择 C 列的任意一个单元格，在【数据】/【排序和筛选】组中单击“升序”按钮，对数据进行排序。

（2）在【数据】/【分级显示】组中单击“分类汇总”按钮，打开“分类汇总”对话框。在“分类字段”下拉列表框中选择“工种”选项，在“汇总方式”下拉列表框中选择“求和”选项，在“选定汇总项”列表框中单击勾选“季度总产量”复选框，单击确定按钮，如图 8-24 所示。

（3）此时即可对数据进行分类汇总，同时直接在表格中显示汇总结果。

（4）在 C 列中选择任意单元格，使用相同的方法打开“分类汇总”对话框。在“汇总方式”下拉列表框中选择“平均值”选项，在“选定汇总项”列表框中单击勾选“季度总产量”复选框，取消勾选“替换当前分类汇总”复选框，单击确定按钮。

（5）在汇总数据表的基础上继续添加分类汇总，可同时查看不同工种每季度的平均产量，结果如图 8-25 所示。

图 8-24　设置分类汇总

J40

	A	B	C	D	E	F	G
1			一季度员工绩效表				
2	编号	姓名	工种	1月份	2月份	3月份	季度总产量
3	CJ-0111	张敏	检验	480	526	524	1530
4	CJ-0109	王潇妃	检验	515	514	527	1556
5	CJ-0113	王冬	检验	570	500	486	1556
6	CJ-0116	吴明	检验	530	485	505	1520
7			检验 平均值				1540.5
8			检验 汇总				6162
9	CJ-0121	黄鑫	流水	521	508	515	1544
10	CJ-0119	赵菲菲	流水	528	505	520	1553
11	CJ-0124	刘松	流水	533	521	499	1553
12			流水 平均值				1550
13			流水 汇总				4650
14	CJ-0118	韩柳	运输	500	520	498	1518
15	CJ-0123	郭永新	运输	535	498	508	1541
16	CJ-0115	程旭	运输	516	510	528	1554
17			运输 平均值				1537.6667
18			运输 汇总				4613
19	CJ-0112	程建茹	装配	500	502	530	1532
20	CJ-0110	林琳	装配	520	528	519	1567
21			装配 平均值				1549.5
22			装配 汇总				3099
23			总计平均值				1543.6667
24			总计				18524
25							

图 8-25　嵌套分类汇总结果

提示　并不是所有数据表都能够进行分类汇总，必须保证数据表中具有可以分类的序列，才能进行分类汇总。另外，打开已经进行了分类汇总的工作表，在表中选择任意单元格，然后在“分级显示”组中单击“分类汇总”按钮，打开“分类汇总”对话框，直接单击全部删除(R)按钮即可删除已创建的分类汇总。

（四）创建并编辑数据透视表

微课：创建并编辑数据透视表

数据透视表是一种交互式的数据报表，可以快速汇总大量的数据，同时对汇总结果进行筛选，以查看源数据的不同统计结果。下面为“员工绩效表.xlsx”工作簿创建数据透视表，具体操作如下。

（1）打开“员工绩效表.xlsx”工作簿，选择 A2:G14 单元格区域，在【插入】/【表格】组中单击“数据透视表”按钮，打开“创建数据透视表”对话框。

（2）由于已经选中了数据区域，所以只需设置放置数据透视表的位置，这里单击选中“新工作表”单选项，单击 确定 按钮，如图 8-26 所示。

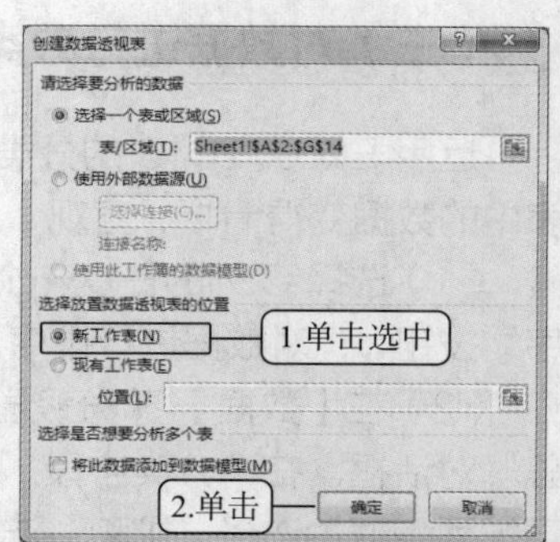

图 8-26　设置数据透视表的放置位置

（3）系统新建一张工作表，并在其中显示空白数据透视表，在右侧显示“数据透视表字段”窗格。

（4）在“数据透视表字段”窗格中将“工种”字段移动到“筛选器”下拉列表框中，数据表中自动添加筛选字段，然后用同样的方法将“姓名”和“编号”字段移动到“筛选器”下拉列表框中。

（5）使用同样的方法按顺序将“1 月份”“2 月份”“3 月份”“季度总产量”字段移到“值”下拉列表框中，如图 8-27 所示。

（6）在创建好的数据透视表中单击“工种”字段后的按钮，在打开的下拉列表中选择“流水”选项，单击 确定 按钮，如图 8-28 所示，即可在表格中显示该工种下所有员工的数据。

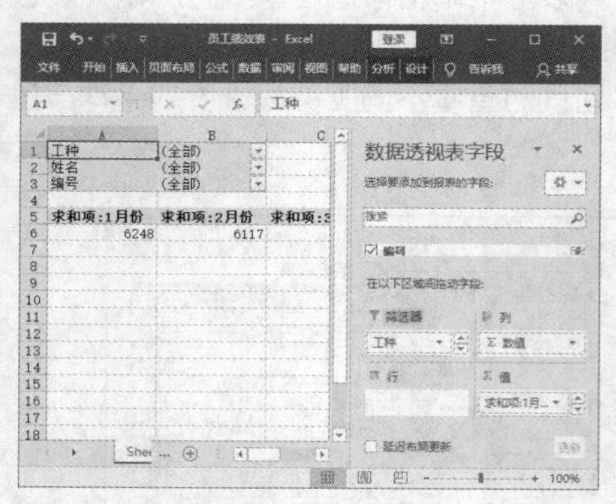
图 8-27　添加字段

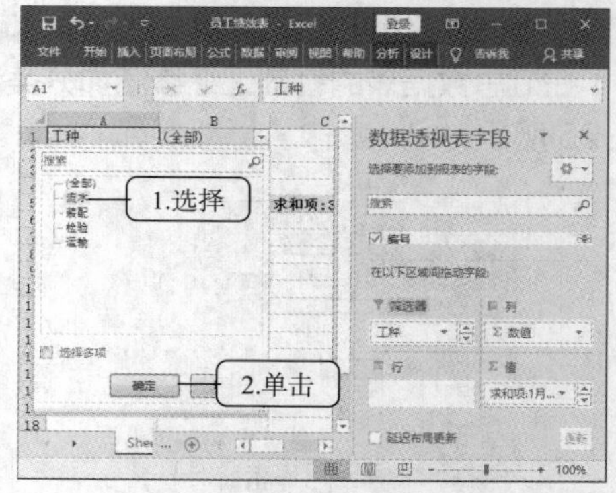

图 8-28　对汇总结果进行筛选

（五）创建数据透视图

微课：创建数据透视图

通过数据透视表分析数据后，为了能更直观地查看数据情况，还可以根据数据透视表制作数据透视图。下面根据“员工绩效表.xlsx”工作簿中的数据透视表创建数据透视图，具体操作如下。

（1）在“员工绩效表.xlsx”工作簿中创建数据透视表后，在【数据透视表工具-分析】/【工具】组中单击“数据透视图”按钮，打开“插入图表”对话框。

（2）在左侧的列表框中单击“柱形图”选项卡，在右侧列表框中选择“三维簇状柱形图”选项，单击 确定 按钮，即可在数据透视表的工作表中创建数据透视图，如图 8-29 所示。

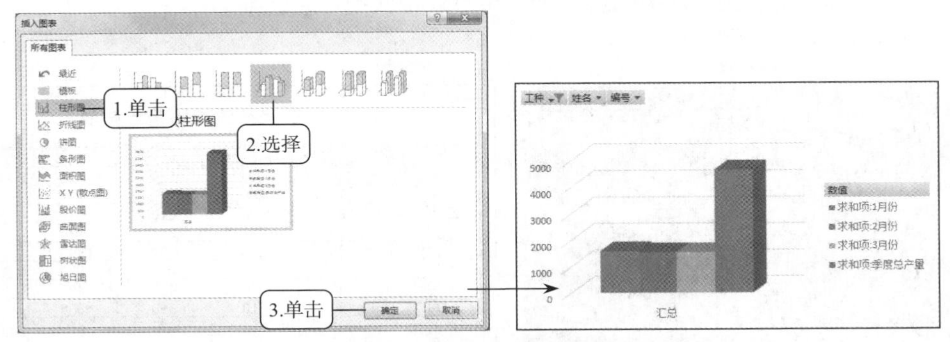

图 8-29　创建数据透视图

提示　数据透视图和数据透视表是相互联系的，改变数据透视表中的内容，数据透视图也将发生相应的变化。另外，数据透视表中的字段可移动到 4 个区域：筛选器区域，作用类似于自动筛选，是所在数据透视表的条件区域，在该区域内的所有字段都将作为筛选数据区域内容的条件；行和列两个区域用于将数据横向或纵向显示，与分类汇总选项的分类字段作用相同；值区域的内容主要是数据。

（3）在创建好的数据透视图中单击 姓名 按钮，在打开的下拉列表中单击勾选“刘松”选项，单击 确定 按钮，即可在数据透视图中看到选择的“流水”工种员工的数据求和项，如图 8-30 所示。

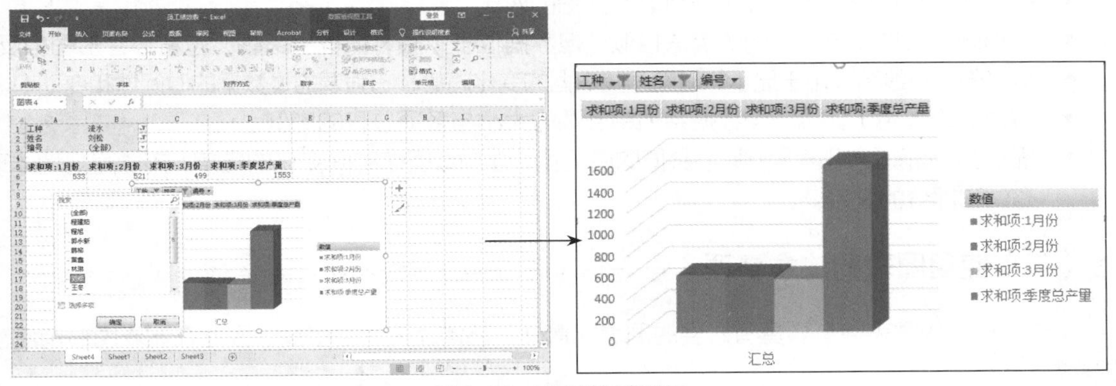

图 8-30　查看数据求和项

任务三　制作销售分析表

任务要求

年关将至，总经理需要在年终总结会议上确定来年的销售方案，因此，需要一份数据差异和走势明显，并且能够辅助预测发展趋势的电子表格。总经理让小夏在下周之前制作一份销售分析表，制作完成后的效果如图 8-31 所示，相关要求如下。

查看“销售分析表”相关知识

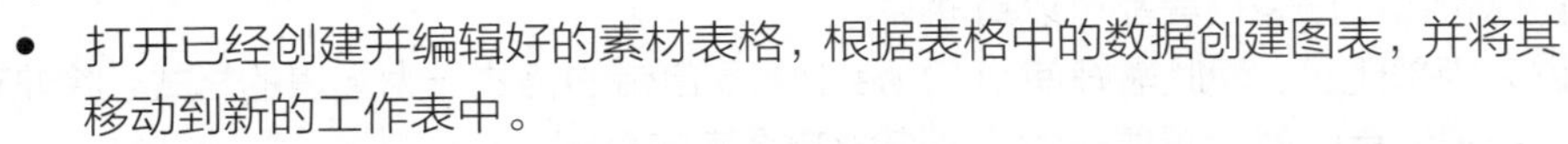

- 打开已经创建并编辑好的素材表格，根据表格中的数据创建图表，并将其移动到新的工作表中。
- 对图表进行相应编辑，如修改图表数据、修改图表类型、设置图表样式、调整图表布局、设

置图表格式、调整图表对象的显示与分布方式和使用趋势线等。

- 在表格中插入迷你图。

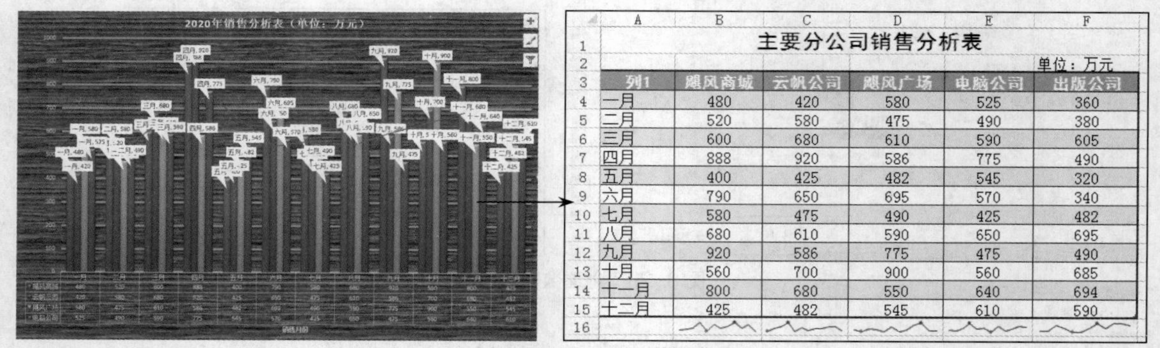

主要分公司销售分析表

单位：万元

列1	飓风商城	云帆公司	飓风广场	电脑公司	出版公司
一月	480	420	580	525	360
二月	520	580	475	490	380
三月	600	680	610	590	605
四月	888	920	586	775	490
五月	400	425	482	545	320
六月	790	650	695	570	340
七月	580	475	490	425	482
八月	680	610	590	650	695
九月	920	586	775	475	490
十月	560	700	900	560	685
十一月	800	680	550	640	694
十二月	425	482	545	610	590

图 8-31 “销售分析表”工作簿效果

相关知识

(一)图表的类型

图表是 Excel 2016 重要的数据分析工具，Excel 2016 提供了多种图表类型，包括柱形图、条形图、折线图、饼图和面积图等，用户可根据不同的情况选用不同类型的图表。下面介绍 5 种常用的图表类型及其适用情况。

- 柱形图。柱形图常用于几个项目之间数据的对比。
- 条形图。条形图与柱形图的用法相似，但数据位于 y 轴，值位于 x 轴，位置与柱形图相反。
- 折线图。折线图多用于显示等时间间隔数据的变化趋势，它强调的是数据的时间性和变动率。
- 饼图。饼图用于显示一个数据系列中各项的大小与各项总和的比例。
- 面积图。面积图用于显示每个数值的变化量，强调数据随时间变化的幅度，还能直观地体现整体和部分的关系。

(二)使用图表的注意事项

制作完成后的图表除了要具备必要的图表元素外，还需让人一目了然，因此在制作图表前应该注意以下 6 点。

- 如需在制作图表前制作表格，应根据前期收集的数据制作出相应的电子表格，并对表格进行一定的美化。
- 根据表格中某些数据项或所有数据项创建相应形式的图表。选择电子表格中的数据时，可根据图表的需要而定。
- 检查所创建的图表中的数据有无遗漏，及时对数据进行添加或删除，然后对图表形状样式和布局等内容进行相应的设置，完成对图表的创建与修改。
- 不同类型的图表能够进行的操作可能不同，如二维图表和三维图表就具有不同的格式设置。
- 图表中的数据较多时，应该尽量将所有数据都显示出来，所以一些非重点的部分，如图表标题、坐标轴标题和数据表格等都可以省略。
- 办公文件讲究简单明了，因此最好使用 Excel 2016 自带的格式作为图表的格式。除非有特定的要求，否则没有必要设置复杂的格式来影响图表的查阅。

任务实现

（一）创建图表

图表可以将数据表以图例的方式展现出来。创建图表时，首先需要创建或打开数据表，然后根据数据表创建图表。下面为“销售分析表.xlsx”工作簿创建图表，具体操作如下。

（1）打开“销售分析表.xlsx”工作簿，选择 A3:F15 单元格区域，在【插入】/【图表】组中单击“插入柱形图或条形图”按钮，在打开的下拉列表的“二维柱形图”栏中选择“簇状柱形图”选项。

（2）此时可在当前工作表中创建一个柱形图，图中显示了各公司每月的销售情况。将鼠标指针移动到图中的某一系列，可查看该系列对应的分公司在该月的销售数据，效果如图 8-32 所示。

（3）在【图表工具-设计】/【位置】组中单击“移动图表”按钮，打开“移动图表”对话框。单击选中“新工作表”单选项，在后面的文本框中输入工作表的名称，这里输入“销售分析图表”文本，单击确定按钮。

（4）此时柱形图移动到新工作表中，同时柱形图自动调整为适合工作表区域的大小，效果如图 8-33 所示。

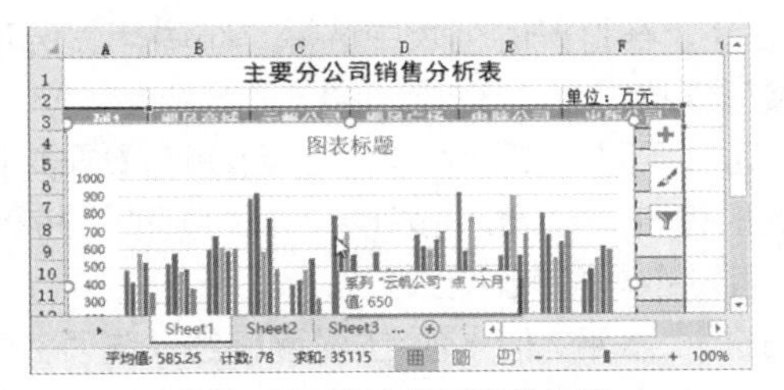

图 8-32　插入柱形图的效果

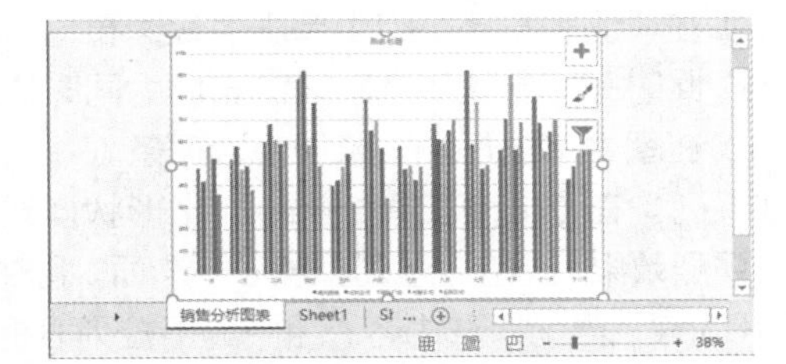

图 8-33　移动柱形图的效果

（二）编辑图表

编辑图表包括修改图表数据、修改图表类型、设置图表样式、调整图表布局、设置图表格式、调整图表对象的显示与分布等操作，具体操作如下。

（1）选择创建好的图表，在【图表工具-设计】/【数据】组中单击“选择数据”按钮，打开“选择数据源”对话框，然后单击“图表数据区域”文本框右侧的“收缩”按钮。

（2）对话框将收缩，在工作表中选择 A3:E15 单元格区域，单击按钮展开“选择数据源”对话框，如图 8-34 所示，在“图例项(系列)”和“水平(分类)轴标签”列表框中可看到修改的数据区域。

（3）单击确定按钮，返回图表，可以看到图表显示的序列发生了变化，如图 8-35 所示。

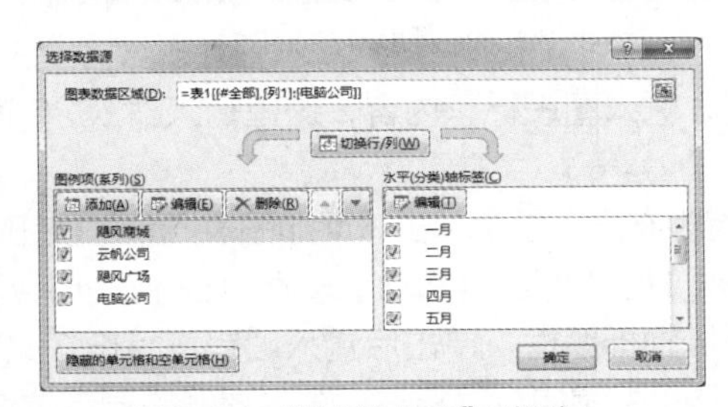

图 8-34　“选择数据源”对话框

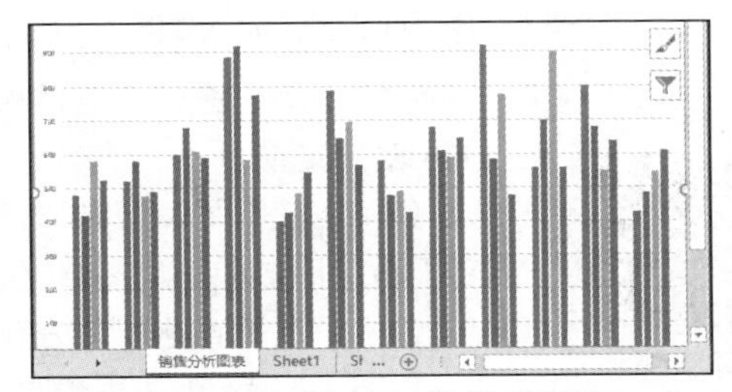

图 8-35　修改图中数据后的效果

（4）在“类型”组中单击“更改图表类型”按钮，打开“更改图表类型”对话框，在左侧的列表框中单击“条形图”选项，在右侧列表框中选择“三维簇状条形图”选项，如图 8-36 所示。单击所选条形图，更改所选图表的类型与样式。

（5）更改类型与样式后，图表中展现的数据并不会发生变化，效果如图 8-37 所示。

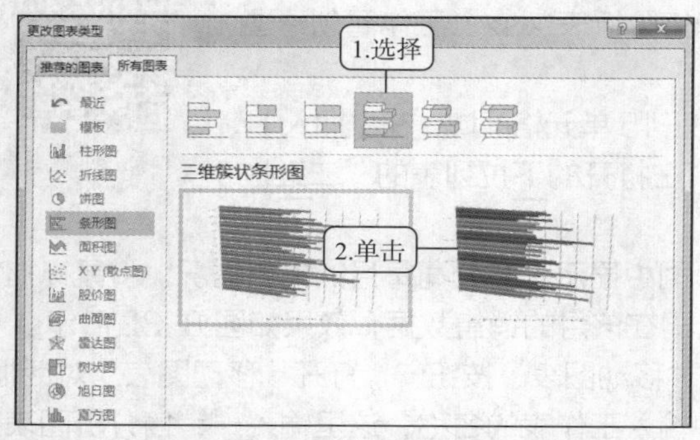

图 8-36 选择图表类型

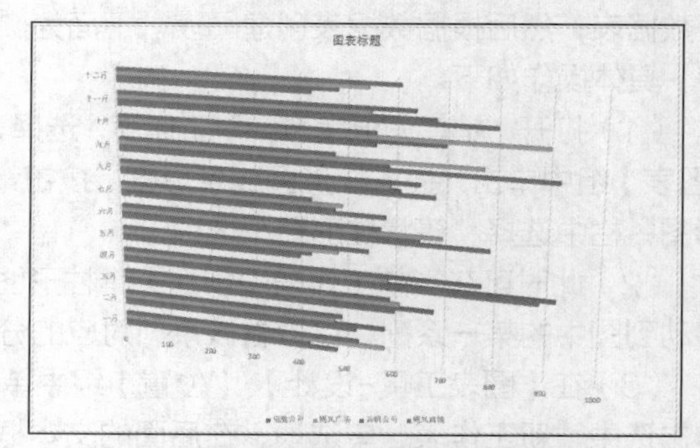

图 8-37 更改图表类型后的效果

（6）在“图表样式”组中单击右侧的“其他”按钮，在打开的下拉列表中选择“样式 9”选项，更改所选图表样式。

（7）在“图表布局”组中单击“快速布局”按钮，在打开的列表中选择“布局 5”选项。

（8）此时即可更改所选图表的布局为同时显示数据表与图表，效果如图 8-38 所示。

（9）在图中单击任意一条绿色数据条（“飓风广场”系列），Excel 2016 自动选择图表中的所有数据系列。在【图表工具-格式】/【形状样式】组中单击“其他”按钮，在打开的下拉列表中选择“强烈效果-橙色，强调颜色 6”选项，图中该序列的样式亦随之变化。

（10）在“当前所选内容”组中的下拉列表框中选择“水平（值）轴 主要网格线”选项，在“形状样式”组的下拉列表框中选择一种网格线的样式，这里选择“粗线-强调颜色 3”选项。

（11）在图表空白处单击选择图表，在“形状样式”组中单击“形状填充”按钮，在打开的下拉列表中选择【纹理】/【深色木质】选项，完成图表样式的设置，效果如图 8-39 所示。

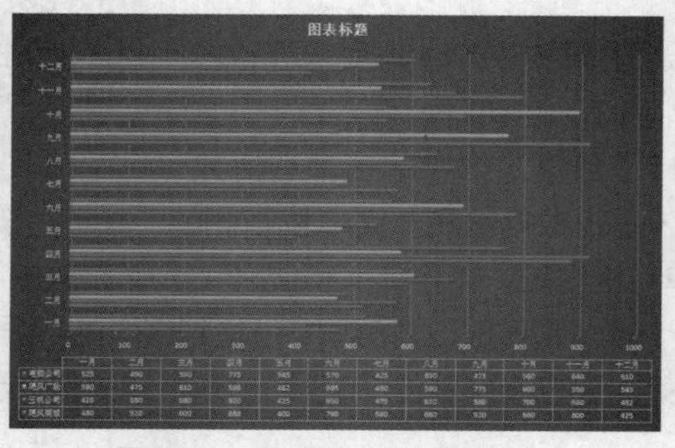

图 8-38 更改图表布局的效果

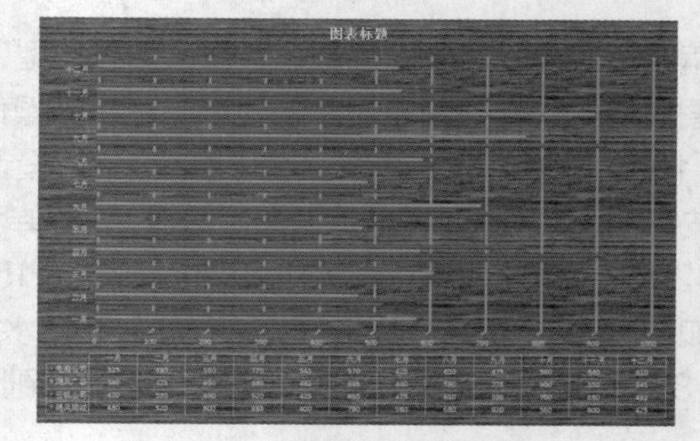

图 8-39 设置图表样式的效果

（12）单击图表上方的图表标题，输入图表标题内容，这里输入“2020 销售分析表”文本。

（13）在【图表工具-设计】/【图表布局】组中单击“添加图表元素”按钮，在打开的下拉列表中选择【坐标轴标题】/【主要纵坐标轴】选项，如图 8-40 所示。

（14）在垂直坐标轴左侧显示坐标轴标题框，单击后输入“销售月份”文本。

（15）继续使用相同的方法在条形图中添加数据标注，设置图例的显示位置的效果如图 8-41 所示。

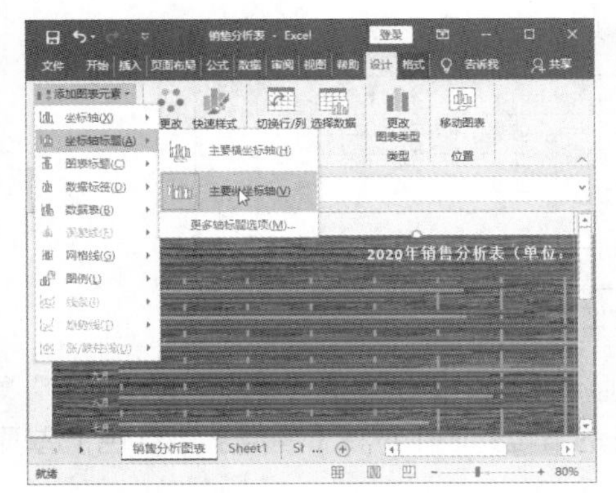

图 8-40　选择坐标轴标题的显示位置

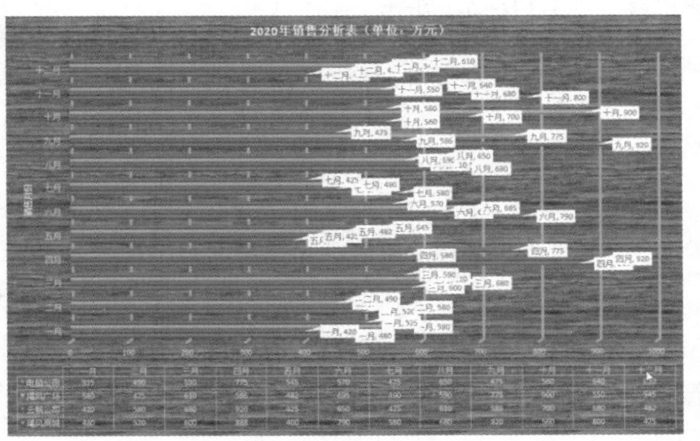

图 8-41　添加数据标注

（三）使用趋势线

微课：使用趋势线

趋势线用于标识图表数据的分布与规律，使用户能够直观地了解数据的变化趋势，或根据数据进行预测、分析。下面为“销售分析表.xlsx”工作簿中的图表添加趋势线，具体操作如下。

（1）在【图表工具-设计】/【类型】组中单击“更改图表类型”按钮，打开“更改图表类型”对话框。在左侧的列表框中单击“柱形图”选项卡，在右侧列表框的“柱形图”栏中选择“簇状柱形图”选项，如图 8-42 所示，单击确定按钮。

（2）在图表中单击需要设置趋势线的数据系列，这里单击“云帆公司”系列。在【图表工具-设计】/【图表布局】组中单击“添加图表元素”按钮，在打开的下拉列表中选择【趋势线】/【移动平均】选项，为图表中的“云帆公司”数据系列添加趋势线，效果如图 8-43 所示。

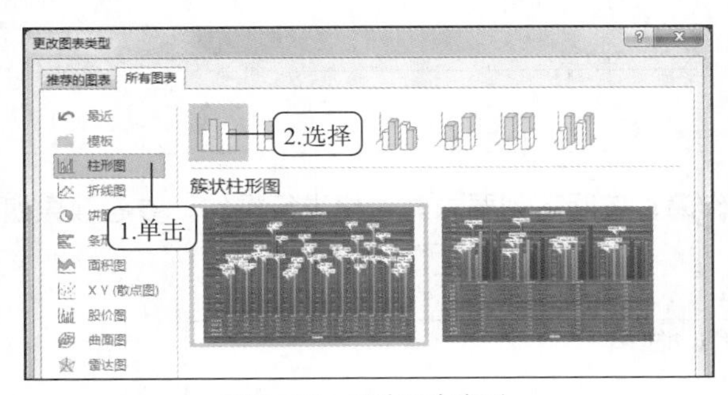

图 8-42　更改图表类型

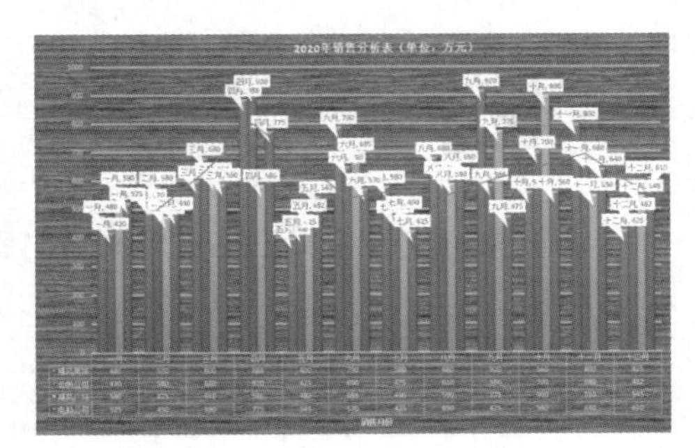

图 8-43　添加趋势线的效果

（四）插入迷你图

微课：插入迷你图

迷你图不但简洁美观，可以清晰展现数据的变化趋势，而且占用空间也很小，为数据分析工作提供了极大的便利。插入迷你图的具体操作如下。

（1）选择“Sheet1”工作表后，选择 B16 单元格，在【插入】/【迷你图】组中单击“折线”按钮，打开“创建迷你图”对话框，在“选择所需的数据”

栏的“数据范围”文本框中输入飓风商城的数据区域“B4:B15”，单击 确定 按钮即可看到插入的迷你图，如图 8-44 所示。

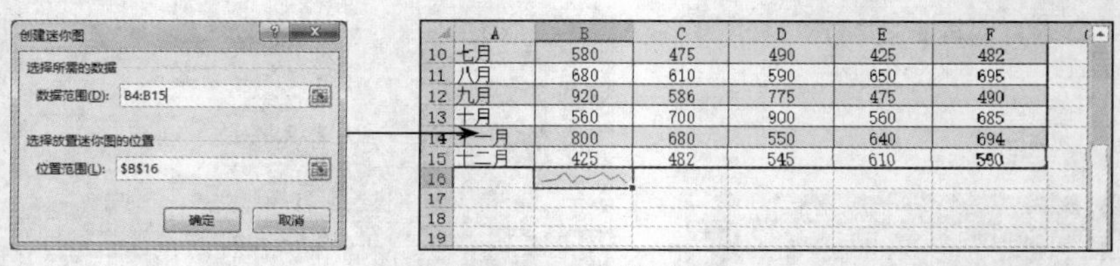

图 8-44 插入迷你图

（2）选择 B16 单元格，在【迷你图工具-设计】/【显示】组中单击勾选“高点”和“低点”复选框，在“样式”组中单击“标记颜色”按钮，在打开的下拉列表中选择【高点】/【红色】选项，如图 8-45 所示。

（3）用同样的方法将低点设置为“绿色”，拖动单元格控制柄为其他数据序列快速插入迷你图，如图 8-46 所示。

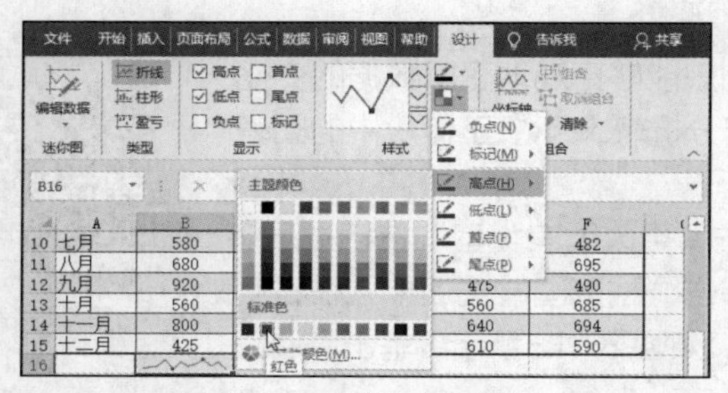

图 8-45 设置高点和低点

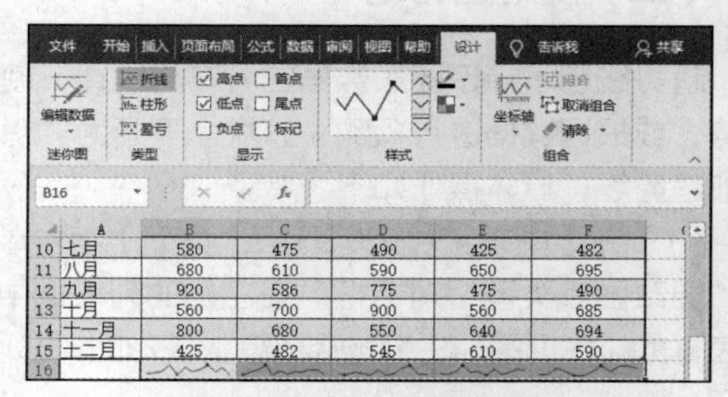

图 8-46 快速插入迷你图

提示 迷你图无法使用【Delete】键删除，正确的删除方法是：在【迷你图工具-设计】/【分组】组中单击“清除”按钮 清除 。

课后练习

1. 打开素材文件“员工工资表.xlsx”工作簿，按照下列要求对表格进行操作，参考效果如图 8-47 所示。

员工工资明细表

所属月份：　　发放日期：　　金额单位：元

姓名	部门	应发工资					代扣款项							实发金额	签名
		基本工资	效益提成	效益奖金	交通补贴	小计	迟到	事假	旷工	个人所得税	五险	其他	小计		
张明	财务	¥ 2,500.00	¥ 750.00	¥ 700.00	¥ 100.00	¥ 4,050.00	¥ 50.00	¥ -	¥ -	¥ -	¥ 202.18	¥ -	¥ 252.18	¥ 3,797.82	
陈爱国	销售	¥ 2,200.00	¥ 600.00	¥ 500.00	¥ 100.00	¥ 3,400.00	¥ -	¥ 100.00	¥ 100.00	¥ -	¥ 202.18	¥ -	¥ 402.18	¥ 2,997.82	
任雨	企划	¥ 2,800.00	¥ 1,200.00	¥ 800.00	¥ 100.00	¥ 4,900.00	¥ 50.00	¥ -	¥ -	¥ -	¥ 202.18	¥ -	¥ 252.18	¥ 4,647.82	
李小小	销售	¥ 2,200.00	¥ 1,000.00	¥ 600.00	¥ 100.00	¥ 3,900.00	¥ -	¥ -	¥ -	¥ -	¥ 202.18	¥ -	¥ 202.18	¥ 3,697.82	
伍天	广告	¥ 2,300.00	¥ 1,200.00	¥ 600.00	¥ 100.00	¥ 4,200.00	¥ -	¥ 150.00	¥ -	¥ -	¥ 202.18	¥ -	¥ 352.18	¥ 3,847.82	
桑玉	财务	¥ 2,500.00	¥ 1,300.00	¥ 700.00	¥ 100.00	¥ 4,600.00	¥ -	¥ -	¥ -	¥ -	¥ 202.18	¥ -	¥ 202.18	¥ 4,397.82	
黄名名	广告	¥ 2,300.00	¥ 1,000.00	¥ 500.00	¥ 100.00	¥ 3,900.00	¥ -	¥ 100.00	¥ -	¥ -	¥ 202.18	¥ -	¥ 302.18	¥ 3,597.82	
杨小环	销售	¥ 2,200.00	¥ 1,200.00	¥ 500.00	¥ 100.00	¥ 4,000.00	¥ -	¥ -	¥ -	¥ -	¥ 202.18	¥ -	¥ 202.18	¥ 3,797.82	
侯佳	销售	¥ 2,200.00	¥ 1,100.00	¥ 2,300.00	¥ 100.00	¥ 5,700.00	¥ 50.00	¥ -	¥ -	¥ 21.00	¥ 202.18	¥ -	¥ 273.18	¥ 5,426.82	
赵刚	后勤	¥ 2,200.00	¥ 1,500.00	¥ 1,000.00	¥ 100.00	¥ 4,800.00	¥ -	¥ -	¥ -	¥ -	¥ 202.18	¥ -	¥ 202.18	¥ 4,597.82	
王锐	企划	¥ 2,800.00	¥ 1,200.00	¥ 800.00	¥ 100.00	¥ 4,900.00	¥ 100.00	¥ -	¥ -	¥ -	¥ 202.18	¥ -	¥ 302.18	¥ 4,597.82	
李玉明	销售	¥ 2,200.00	¥ 2,000.00	¥ 1,500.00	¥ 100.00	¥ 5,800.00	¥ -	¥ -	¥ -	¥ 24.00	¥ 202.18	¥ -	¥ 226.18	¥ 5,573.82	
陈元	企划	¥ 2,800.00	¥ 2,400.00	¥ 1,200.00	¥ 100.00	¥ 6,500.00	¥ -	¥ 100.00	¥ -	¥ 45.00	¥ 202.18	¥ -	¥ 347.18	¥ 6,152.82	
合计值		¥31,200.00	¥ 16,450.00	¥ 11,700.00	¥ 1,300.00	¥ 60,650.00	¥ 250.00	¥ 450.00	¥ 100.00	¥ 90.00	¥ 2,628.34	¥ -	¥ 3,518.34	¥ 57,131.66	
平均值		¥ 2,400.00	¥ 1,265.00	¥ 900.00	¥ 100.00	¥ 4,665.00	¥ 19.00	¥ 35.00	¥ 8.00	¥ 7.00	¥ 202.00	¥ -	¥ 271.00	¥ 4,395.00	

图 8-47 “员工工资明细表”效果

（1）重命名工作表并设置工作表标签颜色，输入工资表的全部项目，调整列宽和行高，并设置表格的格式。

（2）使用引用同一工作簿数据的方法，引用应发工资数据。

（3）引用其他单元格数据，并通过公式计算应发工资合计。

（4）使用函数计算个人所得税以及实发金额。

查看“员工工资表”具体操作

2. 打开“固定资产统计表.xlsx”工作簿，按照下列要求对表格进行操作，参考效果如图 8-48 所示。

（1）打开已经创建并编辑完成的固定资产统计表，对其中的数据分别进行快速排序、组合排序和自定义排序。

（2）对工作表中的数据按照不同的条件进行自动筛选、自定义筛选和高级筛选，并在表格中使用条件格式。

（3）按照不同的设置字段，对表格中的数据创建分类汇总、嵌套分类汇总。

（4）继续使用汇总的方式，查看分类汇总的数据以及了解如何删除分类汇总的方法。

查看“固定资产统计表”具体操作

固定资产统计表

行号	固定资产名称	规格型号	生产厂家	计量单位	数量	购置日期	使用年限	已使用年份	残值率	月折旧额	累计折旧	固定资产净值	汇总日期
19	锅炉炉墙砌筑	AI－6301	市电建二公司	套	1000	2008/12	14	13	5%	¥5.65	¥882.14	¥117.86	2020/6
7	镍母线间隔棒垫	MRJ(JG)	长征线路器材厂	套	809	2005/12	26	16	5%	¥2.46	¥472.95	¥336.05	2020/6
8	变送器芯等设备	115/GP	远大采购站	套	38	2006/12	10	15	5%	¥0.30	¥54.15	(¥16.15)	2020/6
4	继电器	DZ-RL	市机电公司	套	59	2009/12	24	12	5%	¥0.19	¥28.03	¥30.98	2020/6
2	零序电流互感器	LX-LHZ	市机电公司	套	6	1998/7	21	23	5%	¥0.02	¥6.24	(¥0.24)	2020/6
17	单轨吊	10T*8M	神州机械厂	套	2	2010/12	8	11	5%	¥0.02	¥2.61	(¥0.61)	2020/6
				套 平均值							¥241.02		
				套 汇总						¥8.66	¥1,446.13	¥467.87	
5	母线桥	80*(45M)	章华高压开关厂	块	2	2009/12	14	12	5%	¥0.01	¥1.63	¥0.37	2020/6
10	稳压源	40A	光明发电厂	块	1	2011/1	10	10	5%	¥0.01	¥0.95	¥0.05	2020/6
18	汽轮机测振装置	WAC-2J/X	光明发电厂	块	1	2010/12	11	11	5%	¥0.01	¥0.95	¥0.05	2020/6
				块 平均值							¥1.18		
				块 汇总						¥0.03	¥3.53	¥0.47	
3	低压配电变压器	S7-500/10	章华变压器厂	台	1	2005/12	12	16	5%	¥0.01	¥1.27	(¥0.27)	2020/6
6	中频隔离变压器	MXY	九维蓄电池厂	台	1	2005/1	13	16	5%	¥0.01	¥1.17	(¥0.17)	2020/6
14	螺旋板冷却器及阀门更换	AF-FR/D	光明发电厂	台	1	2010/12	14	11	5%	¥0.01	¥0.75	¥0.25	2020/6
22	汽轮发电机	QFSN-200-2	南方电机厂	台	1	2008/7	15	13	5%	¥0.01	¥0.82	¥0.18	2020/6
1	高压厂用变压器	SFF7-31500/15	章华变压器厂	台	1	2005/7	17	16	5%	¥0.00	¥0.89	¥0.11	2020/6
21	凝汽器	N-11220型	南方汽轮机厂	台	1	2010/12	19	11	5%	¥0.00	¥0.55	¥0.45	2020/6
13	工业水泵改造频调速	AV-KU9	光明发电厂	台	1	2004/7	20	17	5%	¥0.00	¥0.81	¥0.19	2020/6
16	翻板水位计	B69H-16-23-Y	光明发电厂	台	1	2007/7	20	14	5%	¥0.00	¥0.67	¥0.34	2020/6
11	地网仪	AI－6301	空军电机厂	台	1	2012/7	29	9	5%	¥0.00	¥0.29	¥0.71	2020/6
15	盘车装置更换	QW-5	光明发电厂	台	1	2003/1	30	18	5%	¥0.00	¥0.57	¥0.43	2020/6
12	叶轮给煤机输电导线改为滑线	CD-3M	光明发电厂	台	1	2011/7	33	10	5%	¥0.00	¥0.29	¥0.71	2020/6
20	汽轮机	200-130/535/53	南方汽轮机厂	台	1	2010/12	35	11	5%	¥0.00	¥0.30	¥0.70	2020/6
				台 平均值							¥0.70		
				台 汇总						¥0.05	¥8.37	¥3.63	
9	UPS改造	D80*30*5	光明发电厂	只	1	2006/12	49	15	5%	¥0.00	¥0.29	¥0.71	2020/6
				只 平均值							¥0.29		
				只 汇总						¥0.00	¥0.29	¥0.71	
				总计平均值							¥66.29		
				总计						¥8.73	¥1,458.32	¥472.68	

图 8-48 “固定资产统计表”效果

3. 打开“销售额统计表.xlsx”工作簿，按照下列要求对表格进行操作，参考效果如图 8-49 所示。

（1）为表格中的数据制作迷你图，主要使用迷你图的柱形图。

（2）迷你图主要表现单行的数据状况，而销售额的状况需要使用图表的形式表现，要求创建与编辑柱状图样式的销售份额分析图。

（3）创建数据透视表，并对创建后的数据透视表进行编辑操作，包括设置图表样式。

（4）继续在数据透视表的基础上创建数据透视图，编辑创建的透视图，并对数据透视图进行美化操作。

查看“销售额统计表”具体操作

销售部销售额统计表

姓名	职称	上月销售额	本月销售额	计划回款额	实际回款额	任务完成率	销售增长率	回款完成率	评分
王超	B级	¥53,620.1	¥58,678.6	¥69,807.3	¥80,936.0	69.9%	9.4%	115.9%	69.9
赵子俊	A级	¥56,655.2	¥97,123.2	¥55,643.5	¥77,900.9	101.1%	71.4%	140.0%	101.1
李全友	C级	¥88,017.9	¥89,029.6	¥53,620.1	¥76,889.2	157.1%	1.1%	143.4%	157.1
王晓涵	B级	¥73,854.1	¥85,994.5	¥71,830.7	¥87,006.2	157.4%	16.4%	121.1%	157.4
杜海强	C级	¥58,678.6	¥61,713.7	¥55,643.5	¥91,053.0	119.6%	5.2%	163.6%	119.6
孙洪伟	A级	¥77,900.9	¥63,737.1	¥76,889.2	¥73,854.1	118.9%	-18.2%	96.1%	118.9
周羽	B级	¥91,053.0	¥100,158.3	¥56,655.2	¥62,725.4	106.5%	10.0%	110.7%	106.5
邓超	B级	¥70,819.0	¥83,971.1	¥94,088.1	¥88,017.9	129.7%	18.6%	93.5%	129.7
李琼	B级	¥76,889.2	¥70,819.0	¥70,819.0	¥91,053.0	118.6%	-7.9%	128.6%	118.6
张伟杰	C级	¥91,053.0	¥59,690.3	¥76,889.2	¥50,585.0	111.3%	-34.4%	65.8%	111.3
刘梅	C级	¥91,053.0	¥93,076.4	¥51,596.7	¥56,655.2	119.5%	2.2%	109.8%	119.5
张婷	B级	¥100,158.3	¥64,748.8	¥90,041.3	¥89,029.6	120.8%	-35.4%	98.9%	120.8

图 8-49 “销售额统计表”效果

项目九 制作幻灯片

09

PowerPoint 作为 Office 的三大核心组件之一，主要用于制作与播放幻灯片，该软件能够应用于各种演讲、演示场合。它可以通过图示、视频和动画等多媒体形式表现复杂的内容，帮助用户制作出图文并茂、富有感染力的演示文稿，使其更容易被观众理解。本项目将通过两个典型任务，介绍制作 PowerPoint 2016 演示文稿的基本操作，包括文件的基本操作、文本输入与美化，以及插入艺术字、图片、形状、表格和媒体文件等。

课堂学习目标

- 制作工作总结演示文稿。
- 编辑产品上市策划演示文稿。

任务一 制作工作总结演示文稿

任务要求

王林大学毕业后到一家公司工作，年底，公司要求员工结合自己的工作情况写一份工作总结，并在年终总结会议上演讲。王林知道用 PowerPoint 2016 来完成这个任务是再合适不过的了，但作为 PowerPoint 2016 新手，王林希望尽量通过简单的操作制作出演示文稿。图 9-1 所示为制作完成后的“工作总结”演示文稿，具体要求如下。

查看“工作总结”相关知识

- 启动 PowerPoint 2016，新建一个以“视差”为主题的演示文稿，然后以“工作总结.pptx”为名保存在桌面上。
- 在标题幻灯片中输入演示文稿标题和副标题。
- 新建一张“标题和内容”版式的幻灯片，作为演示文稿的目录，再在占位符中输入文本。
- 新建一张“标题和内容”版式的幻灯片，在占位符中输入文本后，添加一个横排文本框，再在文本框中输入文本。
- 新建 8 张“标题和内容”版式的幻灯片，然后分别在其中输入相应内容。
- 复制第 1 张幻灯片到最后，然后调整第 4 张幻灯片的位置至第 6 张幻灯片的后面。
- 在第 10 张幻灯片中移动文本的位置。
- 在第 10 张幻灯片中复制文本，再修改复制后的文本。
- 在第 12 张幻灯片中修改标题文本，删除副标题文本。

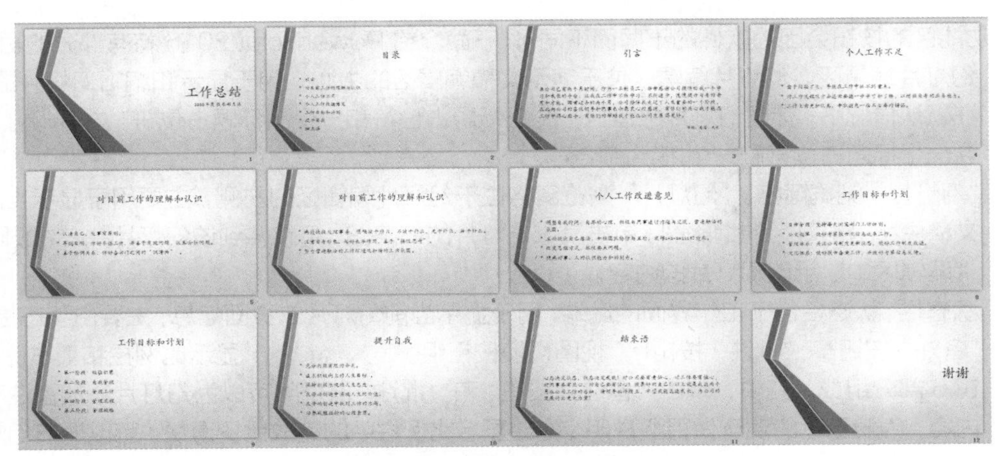

图 9-1 “工作总结”演示文稿

相关知识

（一）熟悉 PowerPoint 2016 工作界面

选择【开始】/【所有程序】/【PowerPoint】命令或双击计算机磁盘中保存的 PowerPoint 2016 演示文稿（其扩展名为.pptx）即可启动 PowerPoint 2016，并打开 PowerPoint 2016 工作界面，如图 9-2 所示。

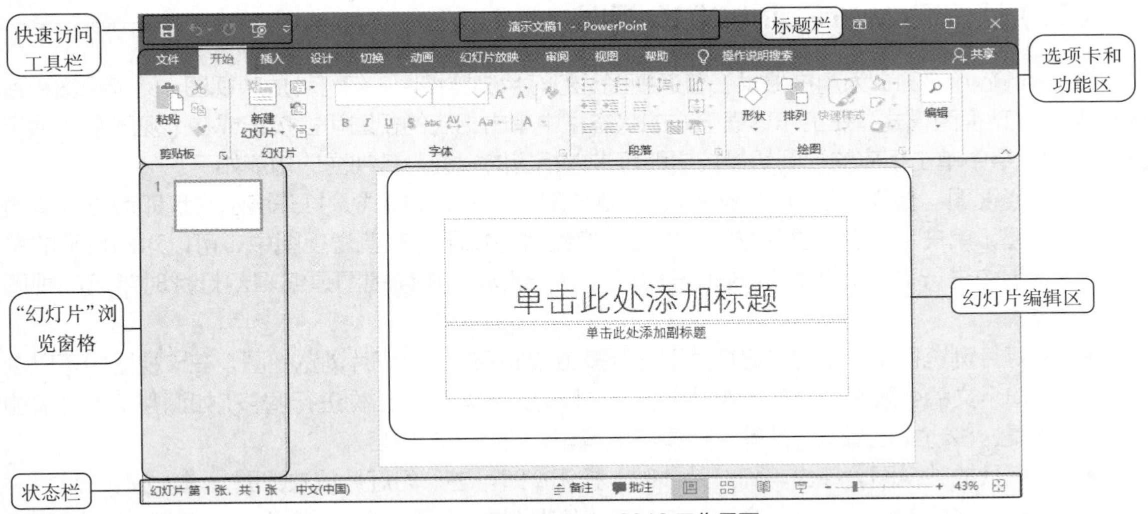

图 9-2 PowerPoint 2016 工作界面

提示 *以双击演示文稿的方式启动 PowerPoint 2016，将在启动的同时打开该演示文稿；以选择命令的方式启动 PowerPoint 2016，将在启动的同时自动生成一个名为“演示文稿 1”的空白演示文稿。Microsoft Office 的几个软件启动方法类似，用户可触类旁通。*

从图 9-2 中可以看出，PowerPoint 2016 工作界面与 Word 2016 和 Excel 2016 工作界面基本类似。其中，快速访问工具栏、标题栏、选项卡和功能区等的结构及作用也很接近（选项卡的名称以及功能区的按钮会因为软件的不同而不同），下面介绍 PowerPoint 2016 特有部分的功能。

- 幻灯片编辑区。幻灯片编辑区位于演示文稿编辑区的中心，用于显示和编辑幻灯片的内容。在默认情况下，标题幻灯片中包含一个正标题占位符和一个副标题占位符，内容幻灯片中包含一个标题占位符和一个内容占位符。
- "幻灯片"浏览窗格。"幻灯片"浏览窗格位于幻灯片编辑区的左侧，主要用于显示当前演示文稿中所有幻灯片的缩略图。单击某张幻灯片的缩略图，可跳转到该幻灯片并在右侧的幻灯片编辑区中显示该幻灯片的内容。
- 状态栏。状态栏位于工作界面的底端，用于显示当前幻灯片的页面信息，主要由状态提示栏、"备注"按钮、"批注"按钮、视图切换按钮组、显示比例栏和最右侧的按钮 6 部分组成。其中，单击"备注"按钮和"批注"按钮可以为幻灯片添加备注和批注内容，为演示者的演示做提醒说明。拖动显示比例栏中的缩放比例滑块，可以调节幻灯片的显示比例。单击状态栏最右侧的按钮，可以使幻灯片显示比例自动适应当前窗口的大小。

（二）认识演示文稿与幻灯片

演示文稿和幻灯片是相辅相成的两个部分，也是包含与被包含的关系。演示文稿由幻灯片组成，而且每张幻灯片有自己独立表达的主题。

演示文稿由"演示"和"文稿"两个词语组成，这说明它是用于演示某种效果而制作的文档，主要应用于会议、产品展示和教学课件等领域。

（三）认识 PowerPoint 2016 视图

PowerPoint 2016 为用户提供了普通视图、幻灯片浏览视图、幻灯片放映视图、阅读视图和备注页视图 5 种视图模式，在工作界面下方的状态栏中单击相应的视图切换按钮或在【视图】/【演示文稿视图】组中单击相应的视图切换按钮即可进入相应的视图。各视图的功能如下。

- 普通视图。普通视图是 PowerPoint 2016 默认的视图模式，打开演示文稿即可进入普通视图，单击"普通视图"按钮也可切换到普通视图。在普通视图中，可以对幻灯片的总体结构进行调整，也可以对单张幻灯片进行编辑。普通视图是编辑幻灯片时常用的视图模式。
- 幻灯片浏览视图。单击"幻灯片浏览"按钮即可进入幻灯片浏览视图。在该视图中可以浏览演示文稿中所有幻灯片的整体效果，并且可以对其整体结构进行调整，如调整演示文稿的背景、移动或复制幻灯片等，但是不能编辑幻灯片中的内容。
- 幻灯片放映视图。单击"幻灯片放映"按钮即可进入幻灯片放映视图。进入放映视图后，幻灯片将按放映设置进行全屏放映。在放映视图中，可以浏览每张幻灯片的放映情况，测试幻灯片中插入的动画和声音的效果，并可控制放映过程。
- 阅读视图。单击"阅读视图"按钮即可进入幻灯片阅读视图。进入阅读视图后，可以在当前计算机上以窗口方式查看演示文稿放映效果，单击"上一张"按钮和"下一张"按钮可切换幻灯片。
- 备注页视图。在【视图】/【演示文稿视图】组中单击"备注页"按钮，可进入备注页视图。备注页视图将"备注"窗格以整页格式进行查看和使用，在备注页视图中可以更加方便地编辑备注内容。

（四）演示文稿的基本操作

启动 PowerPoint 2016 后，就可以对 PowerPoint 文件（演示文稿）进行操作了。由于 Office 软件具有共通性，演示文稿的操作与 Word 文档的操作也有一定的相似之处。

1. 新建演示文稿

新建演示文稿的方法很多，如新建空白演示文稿、利用模板新建演示文稿、根据现有内容新建演示文稿等，用户可根据实际需求选择。

- 新建空白演示文稿。启动 PowerPoint 2016 后，在打开的界面中选择“空白演示文稿”选项，即可新建一个名为“演示文稿 1”的空白演示文稿。另外，也可选择【文件】/【新建】命令，打开“新建”列表框，其中显示了多种演示文稿类型，此时只需选择“空白演示文稿”选项，即可新建一个空白演示文稿，如图 9-3 所示，还可以直接按【Ctrl+N】组合键新建空白演示文稿。

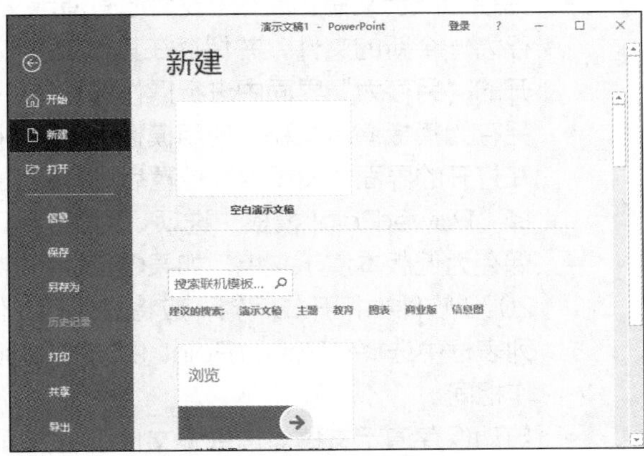

图 9-3　新建空白演示文稿

- 利用模板新建演示文稿。PowerPoint 2016 提供了 20 多种模板，用户可在预设模板的基础上快速新建带有内容的演示文稿。选择【文件】/【新建】命令，在打开的“新建”列表框中选择所需的模板选项，然后单击“创建”按钮，便可新建该样本模板样式的演示文稿。

2. 打开演示文稿

当需要对演示文稿进行编辑、查看或放映操作时，首先应将其打开。打开演示文稿的方法主要有以下 4 种。

- 打开演示文稿。启动 PowerPoint 2016 后，选择【文件】/【打开】命令或按【Ctrl+O】组合键，打开“打开”界面，在其中选择打开方式后，打开“打开”对话框，在其中选择需要打开的演示文稿，单击打开(O)按钮即可。
- 打开最近使用的演示文稿。PowerPoint 2016 提供了记录最近打开的演示文稿的功能，如果想打开最近打开过的演示文稿，可选择【文件】/【打开】命令，在“打开”界面的“最近”列表中查看最近打开的演示文稿，选择需打开的演示文稿即可将其打开。
- 以只读方式打开演示文稿。以只读方式打开的演示文稿只能浏览，不能编辑。打开“打开”对话框，在其中选择需要打开的演示文稿，单击打开(O)按钮右侧的下拉按钮，在打开的下拉列表中选择“以只读方式打开”选项。此时，打开的演示文稿标题栏中将显示“只读”字样。以只读方式打开的演示文稿在编辑后，不能直接保存。
- 以副本方式打开演示文稿。以副本方式打开演示文稿是指将演示文稿作为副本打开，在副本中编辑后，不会影响源文件的内容。在打开的“打开”对话框中选择需打开的演示文稿后，单击打开(O)按钮右侧的下拉按钮，在打开的下拉列表中选择“以副本方式打开”选项，此时演示文稿“标题”栏中将显示“副本”字样。

3. 保存演示文稿

制作好的演示文稿应及时保存在计算机中，同时用户应根据需要选择不同的保存方式。保存演示文稿的方法有很多，下面分别进行介绍。

- 直接保存演示文稿。直接保存演示文稿是很常用的保存方法，选择【文件】/【保存】命令或单击快速访问工具栏中的“保存”按钮，打开“另存为”界面，在右侧选择保存位置，打开“另存为”对话框，在其中输入文件名后，单击保存(S)按钮即可完成保存。当执行过一次保存操作后，再次选择【文件】/【保存】命令或单击“保存”按钮，可将两次保存操作之间编辑的内容再次保存。
- 另存为演示文稿。若不想改变原有演示文稿中的内容，可通过“另存为”命令将演示文稿另存为一个新的文件，并保存在其他位置或更改名称。选择【文件】/【另存为】命令，在打开的“另存为”界面中进行操作即可。
- 另存为模板演示文稿。使用模板可提高制作演示文稿的速度。选择【文件】/【保存】命令，在打开的界面中设置保存位置后，打开“另存为”对话框，在“保存类型”下拉列表框中选择“PowerPoint 模板”选项，单击保存(S)按钮。
- 保存为低版本演示文稿。如果希望保存的演示文稿可以在 PowerPoint 97 或 PowerPoint 2003 软件中打开或编辑，应将其保存为低版本。在“另存为”对话框的“保存类型”下拉列表框中选择“PowerPoint 97-2003 演示文稿”选项，其余操作与直接保存演示文稿操作相同。
- 自动保存演示文稿。选择【文件】/【选项】命令，打开“PowerPoint 选项”对话框，单击“保存”选项卡，在“保存演示文稿”栏中单击勾选前两个复选框，然后在“保存自动恢复信息时间间隔”复选框后面的数值框中输入自动保存的时间间隔，在“自动恢复文件位置”文本框中输入文件未保存就关闭时的临时保存位置，单击确定按钮。

4. 关闭演示文稿

当不再需要对演示文稿进行操作后，可将其关闭，关闭演示文稿的常用方法有以下 3 种。

- 通过单击按钮关闭。单击 PowerPoint 2016 工作界面标题栏右上角的“关闭”按钮，关闭演示文稿并退出 PowerPoint 2016 程序。
- 通过快捷菜单关闭。在 PowerPoint 2016 工作界面标题栏上单击鼠标右键，在弹出的快捷菜单中选择“关闭”命令。
- 通过快捷键关闭。默认按【Alt+F4】组合键。

（五）幻灯片的基本操作

幻灯片是演示文稿的重要组成部分，因为一个演示文稿一般由多张幻灯片组成，所以操作幻灯片就成了 PowerPoint 2016 中编辑演示文稿最主要的操作之一。

1. 新建幻灯片

在新建空白演示文稿或根据模板新建演示文稿时，一般默认只有一张幻灯片，这一般不能满足实际的编辑需要，因此需要用户手动新建幻灯片。新建幻灯片的方法主要有以下两种。

- 在“幻灯片”浏览窗格中新建。在“幻灯片”浏览窗格中的空白区域或是已有的幻灯片上单击鼠标右键，在弹出的快捷菜单中选择“新建幻灯片”命令。
- 通过“幻灯片”组新建。在普通视图或幻灯片浏览视图中选择一张幻灯片，在【开始】/【幻灯片】组中单击“新建幻灯片”按钮下方的下拉按钮，在打开的下拉列表中选择一种幻灯片版式即可。

2. 应用幻灯片版式

如果对新建的幻灯片版式不满意，可进行更改。在【开始】/【幻灯片】组中单击版式按钮右侧的下拉按钮，在打开的下拉列表中选择一种幻灯片版式，即可将其应用于当前幻灯片。

3. 选择幻灯片

选择幻灯片是编辑幻灯片的前提，选择幻灯片主要有以下 3 种方法。

- 选择单张幻灯片。在“幻灯片”浏览窗格中单击幻灯片缩略图即可选择当前幻灯片。
- 选择多张幻灯片。在幻灯片浏览视图或“幻灯片”浏览窗格中按住【Shift】键并单击幻灯片可选择多张连续的幻灯片，按住【Ctrl】键并单击幻灯片可选择多张不连续的幻灯片。
- 选择全部幻灯片。在幻灯片浏览视图或“幻灯片”浏览窗格中按【Ctrl+A】组合键，即可选择全部幻灯片。

4. 移动和复制幻灯片

当需要调整某张幻灯片的顺序时，可直接移动该幻灯片。当需要使用某张幻灯片中已有的版式或内容时，可直接复制该幻灯片进行更改，以提高工作效率。移动和复制幻灯片的方法主要有以下 3 种。

- 拖动鼠标。选择需移动的幻灯片，按住鼠标左键拖动鼠标指针到目标位置后释放鼠标完成移动操作。选择幻灯片，按住【Ctrl】键并拖动鼠标指针到目标位置，完成幻灯片的复制操作。
- 使用菜单命令。选择需移动或复制的幻灯片，在其上单击鼠标右键，在弹出的快捷菜单中选择“剪切”或“复制”命令。定位到目标位置，单击鼠标右键，在弹出的快捷菜单中选择“粘贴”命令，完成幻灯片的移动或复制。
- 使用快捷键。选择需移动或复制的幻灯片，按【Ctrl+X】组合键（剪切）或【Ctrl+C】组合键（复制），然后在目标位置按【Ctrl+V】组合键进行粘贴，完成移动或复制操作。另外，在“幻灯片”窗格或幻灯片浏览视图中选择幻灯片，用同样的快捷键操作，均可完成移动或复制操作。

5. 删除幻灯片

在“幻灯片”窗格或幻灯片浏览视图中均可删除幻灯片，方法如下。

- 选择要删除的幻灯片，然后单击鼠标右键，在弹出的快捷菜单中选择“删除幻灯片”命令。
- 选择要删除的幻灯片，按【Delete】键。

任务实现

（一）新建并保存演示文稿

下面将新建一个主题为“视差”的演示文稿，然后以“工作总结.pptx”为名保存在计算机桌面上，其具体操作如下。

微课：新建并保存演示文稿

（1）选择【开始】/【所有程序】/【PowerPoint】命令，启动 PowerPoint 2016。

（2）选择【文件】/【新建】命令，在“搜索联机模板”搜索框下方单击“主题”超链接，在打开的界面中选择“视差”模板，如图 9-4 所示。在打开的对话框中单击“创建”按钮，从互联网上下载该模板，然后通过该模板创建演示文稿。

（3）在快速访问工具栏中单击“保存”按钮，打开“另存为”界面，在其中选择保存位置为“这台电脑”选项中的“桌面”选项，打开“另存为”对话框。在“文件名”文本框中输入“工作总结”文本，在“保存类型”下拉列表框中选择“PowerPoint 演示文稿（*PPT）”选项，单击保存(S)按钮，如图 9-5 所示。

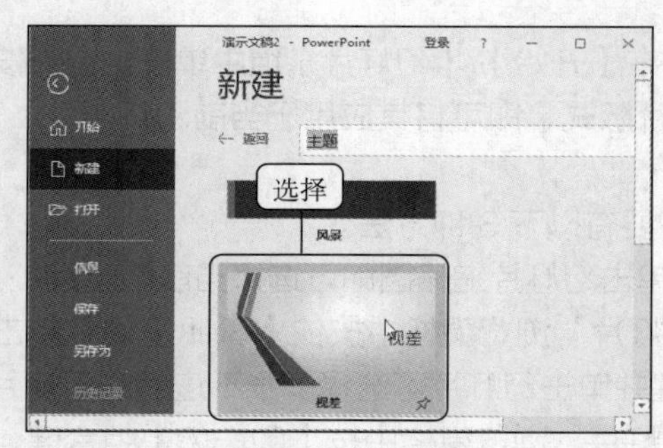

图 9-4　选择模板

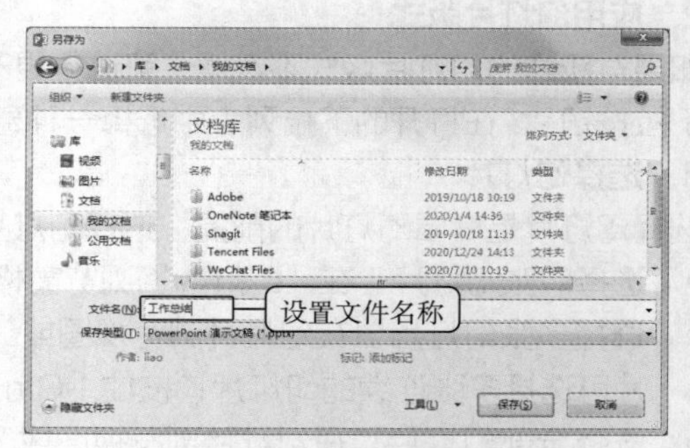

图 9-5　设置保存参数

（二）新建幻灯片并输入文本

微课：新建幻灯片并输入文本

下面将制作前两张幻灯片。首先在标题幻灯片中输入主标题和副标题文本，然后新建第 2 张幻灯片，其版式为“内容与标题”，再在各占位符中输入演示文稿的目录内容，具体操作如下。

（1）新建的演示文稿有一张标题幻灯片，在“单击此处添加标题”占位符中单击，其中的文字将自动消失，切换到中文输入法输入“工作总结”文本。

（2）在“单击此处添加副标题”占位符中单击，然后输入“2020 年度 技术部王林”文本，如图 9-6 所示。

（3）在“幻灯片”浏览窗格中将鼠标指针定位到标题幻灯片后，选择【开始】/【幻灯片】组，单击“新建幻灯片”按钮下方的下拉按钮，在打开的下拉列表中选择“标题和内容”选项，新建一张“标题和内容”版式的幻灯片。

（4）在各占位符中输入图 9-7 所示的文本。在“单击此处添加文本”占位符中输入文本时，系统将默认在文本前添加项目符号，用户无需手动完成。按【Enter】键对文本进行分段，完成第 2 张幻灯片的制作。

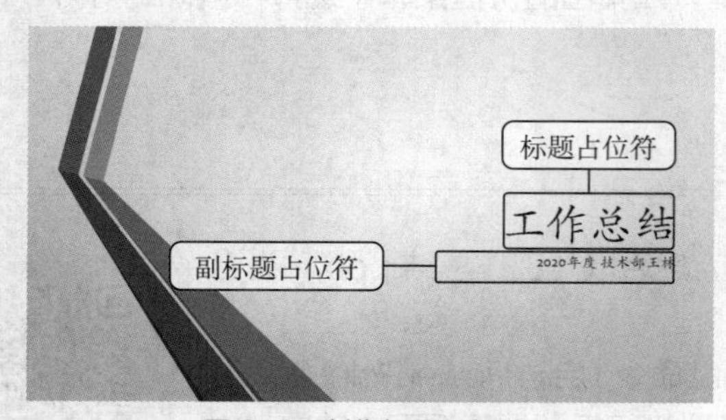

图 9-6　制作标题幻灯片

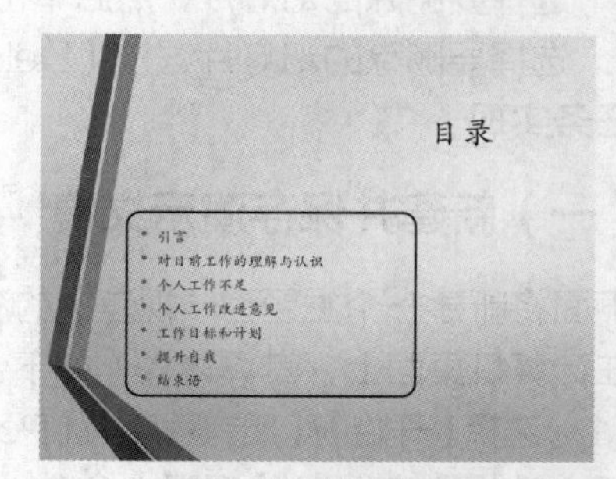

图 9-7　输入文本

（三）文本框的使用

下面制作第 3 张幻灯片。新建一张版式为“标题和内容”的幻灯片，在占位符中输入内容，并删除文本占位符前的项目符号，再在幻灯片右下角插入一个横排文本框，在其中输入文本内容，具体操作如下。

（1）在“幻灯片”浏览窗格中将鼠标指针定位到第 2 张幻灯片后，选择【开始】/【幻灯片】组，单击“新建幻灯片”按钮下方的下拉按钮，在打开的下拉列表中选择“标题和内容”选项，新建一张幻灯片，如图 9-8 所示。

微课：文本框的使用

（2）在标题占位符中输入“引言”文本，将鼠标指针定位到文本占位符中，按【Backspace】键，删除文本插入点前的项目符号。

（3）在文本框中输入“引言”文本下的文本内容，选择【插入】/【文本】组，单击“文本框”按钮下方的下拉按钮，在打开的下拉列表中选择“绘制横排文本框”选项。

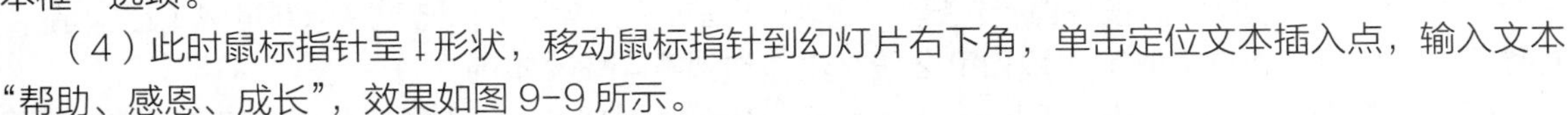

（4）此时鼠标指针呈↓形状，移动鼠标指针到幻灯片右下角，单击定位文本插入点，输入文本“帮助、感恩、成长”，效果如图 9-9 所示。

图 9-8　新建幻灯片

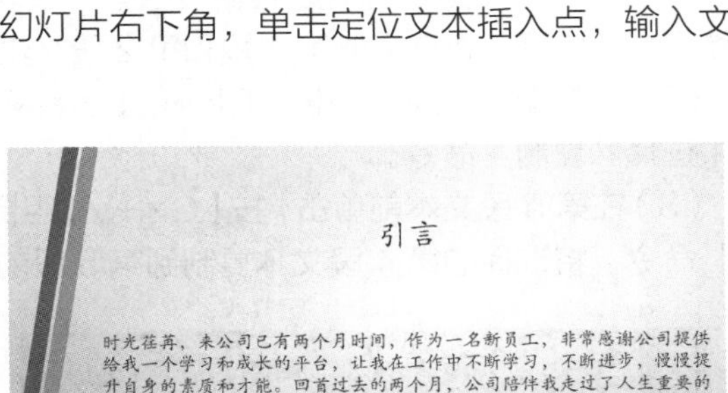

图 9-9　第 3 张幻灯片效果

（四）复制并移动幻灯片

下面将制作第 4～12 张幻灯片。首先新建 8 张版式为“标题和内容”的幻灯片，然后分别在其中输入需要的内容，再复制第 1 张幻灯片到最后，最后调整第 4 张幻灯片的位置到第 6 张后面，具体操作如下。

微课：复制并移动幻灯片

（1）在“幻灯片”浏览窗格中选择第 3 张幻灯片，按【Enter】键 8 次，新建 8 张幻灯片。

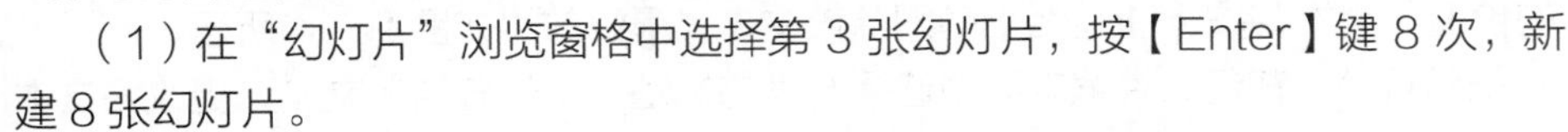

（2）分别在 8 张幻灯片的标题占位符和文本占位符中输入相应的内容。

（3）选择第 1 张幻灯片，按【Ctrl+C】组合键，将鼠标指针定位到第 11 张幻灯片后，按【Ctrl+V】组合键，在第 11 张幻灯片后复制一张幻灯片，其内容与第 1 张幻灯片完全相同，如图 9-10 所示。

（4）选择第 4 张幻灯片，按住鼠标，拖动到第 6 张幻灯片后释放鼠标，此时第 4 张幻灯片将移动到第 6 张幻灯片后，如图 9-11 所示。

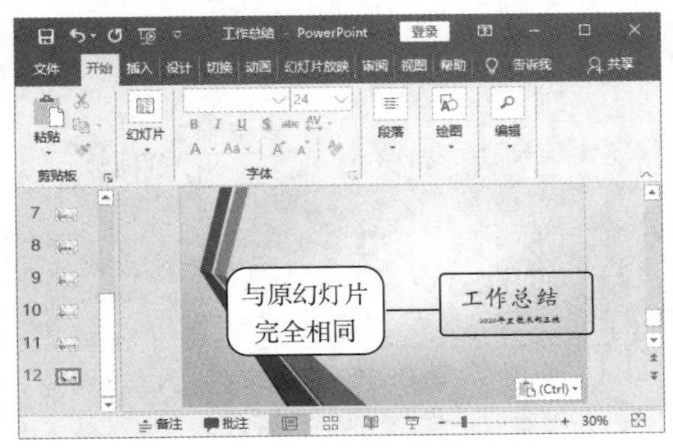

图 9-10　复制幻灯片

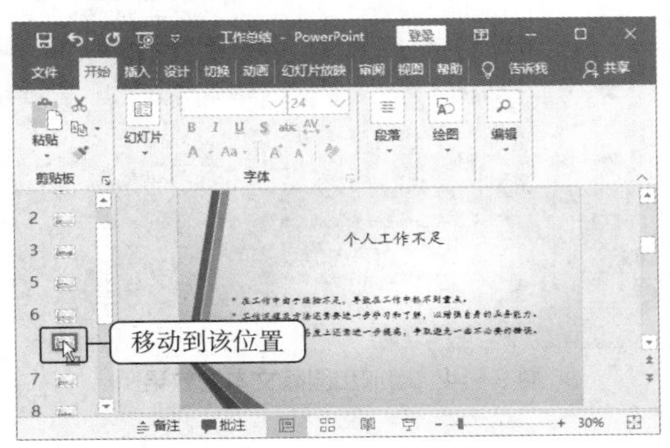

图 9-11　移动幻灯片

（五）编辑文本

微课：编辑文本

下面将编辑第 10 张和第 12 张幻灯片。首先在第 10 张幻灯片中移动文本的位置，复制文本并修改其内容，然后在第 12 张幻灯片中修改标题文本，再删除副标题文本，具体操作如下。

（1）选择第 10 张幻灯片，在右侧幻灯片编辑区中拖动鼠标选择第 1 段和第 2 段文本，按住鼠标左键，此时鼠标指针变为形状，拖动鼠标到第 4 段文本前，如图 9-12 所示。将选择的第 1 段和第 2 段文本移动到第 4 段文本前。

（2）选择第 4 段文本，按【Ctrl+C】组合键或在选择的文本上单击鼠标右键，在弹出的快捷菜单中选择"复制"命令。

（3）在第 5 段文本前单击，按【Ctrl+V】组合键或单击鼠标右键，在弹出的快捷菜单中选择"粘贴"命令，将选择的第 4 段文本复制到第 5 段前，成为新的第 5 段文本，如图 9-13 所示。

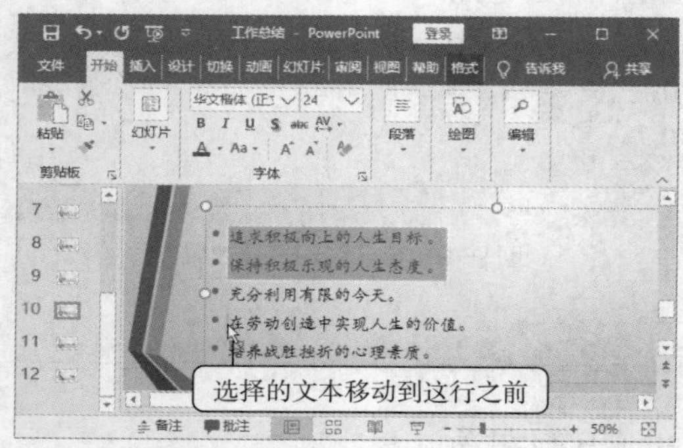

图 9-12　移动文本

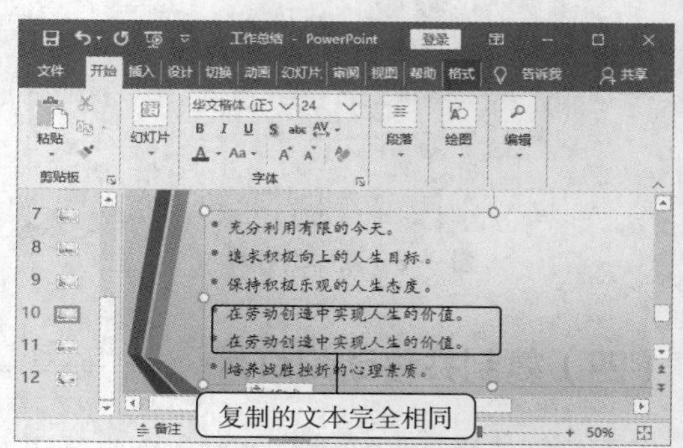

图 9-13　复制文本

（4）将鼠标指针定位到复制后的第 5 段文本的"中"字后，输入"找到工作的乐趣"文本，然后选择"实现人生的价值"文本，按【Delete】键删除该文本，最终效果如图 9-14 所示。

（5）选择第 12 张幻灯片，在幻灯片编辑区中选择原来的标题"工作总结"文本，更改为文本"谢谢"。

（6）选择副标题文本，如图 9-15 所示，按【Delete】键或【Backspace】键删除，完成制作。

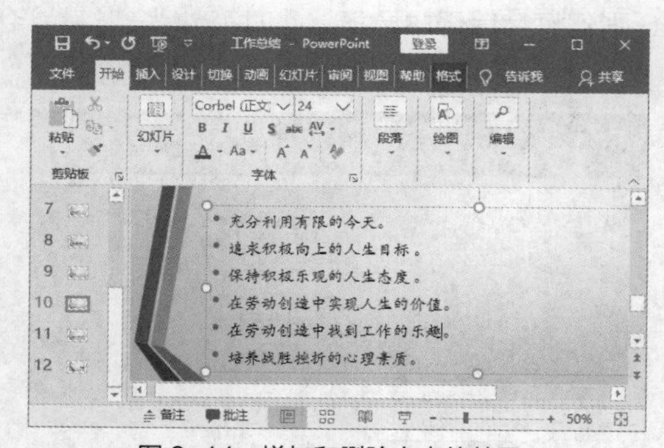

图 9-14　增加和删除文本的效果

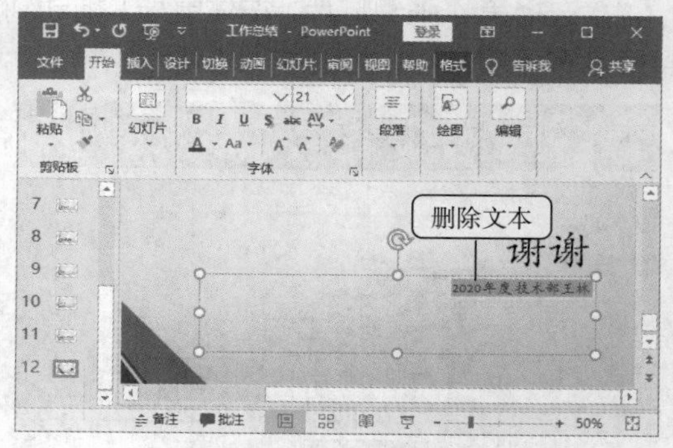

图 9-15　删除文本

提示 在副标题占位符中删除文本后，将显示“单击此处添加副标题”文本，在放映时将不会显示该内容。用户也可选择该占位符，按【Delete】键将其删除。

任务二 编辑产品上市策划演示文稿

任务要求

王林所在的公司最近开发了一款新的果汁饮品，不管是原材料、加工工艺，还是产品包装都无可挑剔，现在产品已准备上市。整个公司的目光都集中到了企划部，企划部为这次的上市产品进行了立体包装，希望产品“一炮而红”。现在方案已基本“出炉”，需要在公司内部审查。王林作为企划部的一员，承担了将方案制作为演示文稿的任务。图 9-16 所示为编辑完成后的“产品上市策划”演示文稿效果，具体要求如下。

查看“产品上市策划”相关知识

- 在第 4 张幻灯片中将 2、3、4、6、7、8 段正文文本降级，然后设置降级文本的字体格式为“楷体、22”，设置未降级文本的颜色为“红色”。
- 在第 2 张幻灯片中插入一个样式为“填充：橙色，主题色 1，阴影”的艺术字“目录”。移动艺术字到幻灯片顶部，再设置其字体为“华文琥珀”，使用图片“橙汁”填充艺术字，设置其映像效果为“半映像：接触”。
- 在第 4 张幻灯片中插入“饮料瓶”图片，缩小后放在幻灯片右边，图片向左旋转一点角度，再删除其白色背景，并设置阴影效果为“透视：左上对角透视”。
- 在第 6、7 张幻灯片中各新建一个 SmartArt 图形，分别为“分段循环”和“棱锥型列表”，并为其输入文字。在第 7 张幻灯片中的 SmartArt 图形中添加一个形状，并输入文字。接着将第 8 张幻灯片中的 SmartArt 图形布局改为“圆箭头流程”，设置 SmartArt 样式为“金属场景”，设置其艺术字样式为第一排、第 2 个选项。

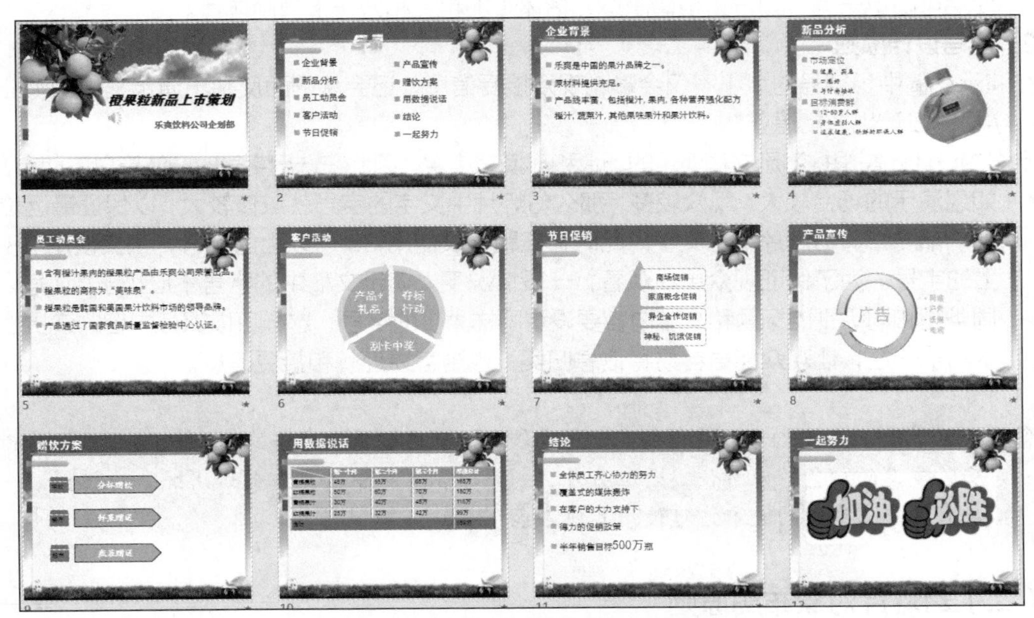

图 9-16 “产品上市策划”演示文稿效果

- 在第 9 张幻灯片中绘制“房子”，在矩形中输入“学校”，设置格式为“黑体、20、深蓝”；绘制五边形，输入“分杯赠饮”，设置格式为“楷体、加粗、28、白色、段落居中”；设置房子的快速样式为第 3 排第 3 个选项；组合绘制的图形，向下垂直复制两个，再分别修改其中的文字内容。
- 在第 10 张幻灯片中制作一个 5 行 4 列的表格，输入内容后增加表格的行距。在表格最后一列后增加一列，在最后一行后增加一行，并输入文本。合并最后一行中除最后一个单元格外的所有单元格，设置该行底纹颜色为“浅蓝”；为第一个单元格绘制一条白色的斜线，设置表格“单元格凹凸效果”为“圆”。
- 在第 1 张幻灯片中插入一个跨幻灯片循环播放的音乐文件，并设置声音图标在播放时不显示。

相关知识

（一）幻灯片文本设计原则

文本是制作演示文稿最重要的元素之一，文本不仅要求设计美观，而且要符合观众需求，如根据演示文稿的类型设置文本的字体，为了方便用户观看，设置相对较大的字号等。

1. 字体设计原则

字体搭配效果与演示文稿的可读性和感染力息息相关。实际上，字体设计也有一定的原则可循，下面介绍 5 种常见的字体设计原则。

- 幻灯片标题字体最好选用容易阅读的较粗的字体，正文则使用比标题细的字体，以区分主次。
- 在搭配字体时，标题和正文尽量选用常用的字体，而且要考虑标题字体和正文字体的搭配效果。
- 在演示文稿中若要使用英文字体，可选择 Arial 与 Times New Roman 这两种英文字体。
- PowerPoint 不同于 Word，其正文内容不宜过多，正文中只列出较重点的内容即可，其余的扩展内容可留给演讲者临场发挥。
- 在商业培训等较正式场合，可使用较正规的字体，如标题使用方正粗宋简体、黑体和方正综艺简体等，正文可使用微软雅黑、方正细黑简体和宋体等；在一些相对轻松的场合，字体的使用可随意一些，如方正粗倩简体、楷体（加粗）和方正卡通简体等。

2. 字号设计原则

在演示文稿中，字号的大小不仅会影响观众接受信息，还会从侧面反映出演示文稿的专业度，因此，字号的设计也非常重要。

字号的设计还需根据演示文稿演示的场合和环境来决定，因此在选用字号时要注意以下两点。

- 如果演示的场合较大，观众较多，那么幻灯片中文字的字号就应该较大，以保证最远位置的观众都能看清幻灯片中的文字。此时，标题建议使用 36 号以上的字号，正文使用 28 号以上的字号。为了保证观众更易观看，一般情况下，演示文稿中的字号不应小于 20 号。
- 同类型和同级别的标题和文本内容要设置同样大小的字号，这样可以保证内容的连贯性与文本的统一性，让观众能更容易将信息归类，也更容易理解和接受信息。

注意 除了字体、字号之外，对文本显示影响较大的元素还有颜色，文本一般使用与背景颜色反差较大的颜色，以方便查看。另外，一个演示文稿中的文本最好用统一的颜色，一般只有需重点突出的文本才可使用其他颜色。

（二）幻灯片对象布局原则

幻灯片中除了文本之外，还包含图片、形状和表格等对象。在幻灯片中合理、有效地将这些元素布局在各张幻灯片中，不仅可以提高演示文稿的表现力，还可以提高演示文稿的说服力。将幻灯片中的各个对象分布排列时，应遵循以下 5 个原则。

- 画面平衡。布局幻灯片时应尽量保持幻灯片页面的平衡，以避免左重右轻、右重左轻及头重脚轻等现象，使整个幻灯片画面更加协调。
- 布局简单。虽然说一张幻灯片是由多种对象组合在一起的，但在一张幻灯片中的对象不宜过多，否则幻灯片会显得很拥挤，不利于传递信息。
- 统一和谐。同一演示文稿中各张幻灯片标题文本的位置，文字采用的字体、字号、颜色和页边距等应尽量统一，不能随意设置，以免破坏幻灯片的整体效果。
- 强调主题。要想使观众快速、深刻地对幻灯片中表达的内容产生共鸣，可通过颜色、字体以及样式等手段，强调幻灯片中要表达的核心部分和内容。
- 内容简练。幻灯片只是辅助演讲者传递信息的一种方式，且人在短时间内可接收并记忆的信息量并不多，因此，在一张幻灯片中只需列出要点或核心内容。

任务实现

（一）设置幻灯片中的文本格式

下面将打开“产品上市策划.pptx”演示文稿，在第 4 张幻灯片中将第 2、3、4、6、7、8 段正文文本降级，然后设置降级文本的格式为“楷体、22”，设置未降级文本的颜色为“红色”，具体操作如下。

微课：设置幻灯片中的文本格式

（1）选择【文件】/【打开】命令，在“打开”界面中选择“浏览”选项，打开“打开”对话框，选择提供的“产品上市策划.pptx”演示文稿，单击 打开(O) 按钮将其打开。

（2）在“幻灯片”浏览窗格中选择第 4 张幻灯片，再在右侧窗格中选择第 2～4 段正文文本，按【Tab】键，将选择的文本降低一个级别。

（3）保持文本为选择状态，选择【开始】/【字体】组，在“字体”下拉列表框中选择“楷体”选项，在“字号”下拉列表框中输入“22”，如图 9-17 所示。

（4）保持文本为选择状态，选择【开始】/【剪贴板】组，单击“格式刷”按钮，此时指针变为形状，使用鼠标拖动选择第 6～8 段正文文本，为其应用第 2～4 段正文的格式，如图 9-18 所示。

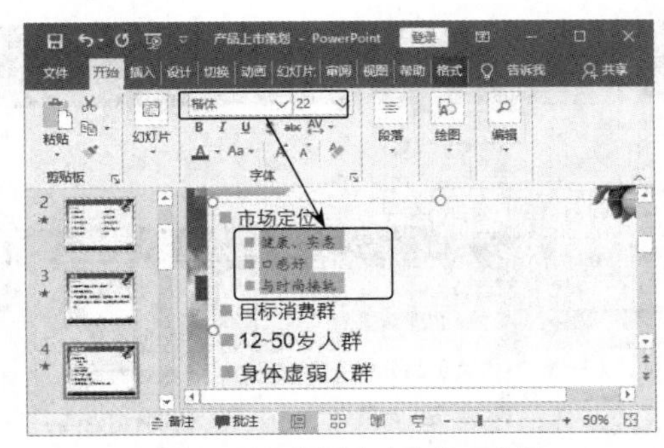

图 9-17　设置文本字体、字号

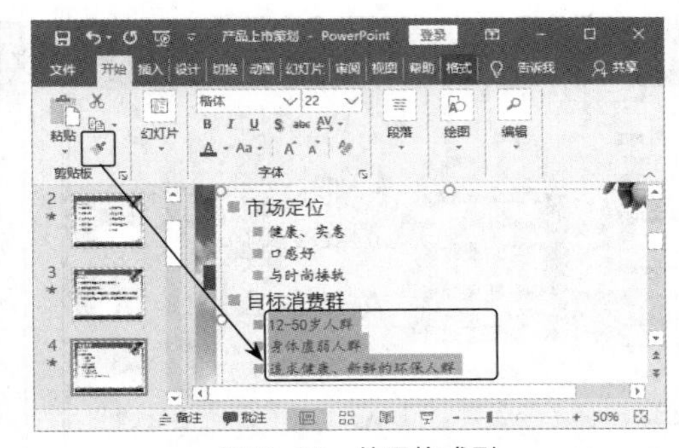

图 9-18　使用格式刷

（5）选择未降级的两段文本后，选择【开始】/【字体】组，单击“字体颜色”按钮右边的下拉按钮，在打开的下拉列表中选择“红色”选项，效果如图 9-19 所示。

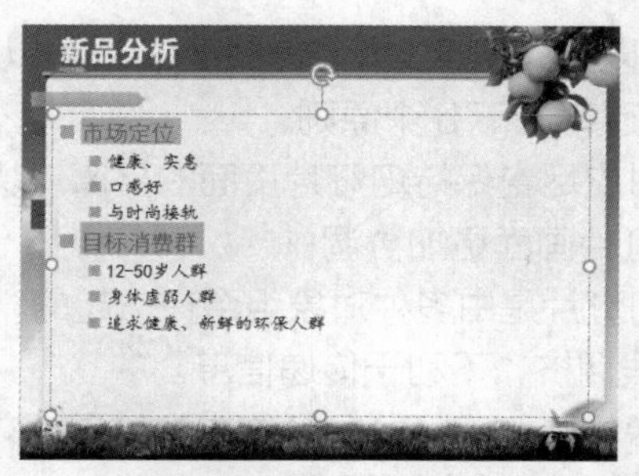

图 9-19　设置文本后的效果

提示　要想更细致地设置字体格式，可以打开“字体”对话框。其打开方法是：选择【开始】/【字体】组，单击右下角的 按钮，打开“字体”对话框，在“字体”选项卡中可设置字体格式，在“字符间距”选项卡中还可设置字符与字符之间的距离。

（二）插入艺术字

微课：插入艺术字

艺术字比普通文本拥有更多的美化和设置功能，如渐变的颜色、不同的形状效果、立体效果等。艺术字在演示文稿中的使用十分频繁。下面将在第 2 张幻灯片中输入艺术字“目录”，要求样式为“艺术字”中第一排、第 2 个选项的效果。将艺术字移动到幻灯片顶部，设置其字体为“华文琥珀”，设置艺术字的填充为图片“橙汁”，最后设置艺术字映像效果为“半映像：接触”，具体操作如下。

（1）选择【插入】/【文本】组，单击“艺术字”按钮，在打开的下拉列表中选择“填充：橙色，主题色 1；阴影”选项，如图 9-20 所示。

（2）此时出现一个艺术字占位符，将鼠标指针置入“请在此放置您的文字”占位符中，输入“目录”文本。

（3）将鼠标指针移动到“目录”文本框四周的非控制点上，鼠标指针变为 形状，按住鼠标左键并拖动鼠标指针至幻灯片顶部，艺术字“目录”将被移动到该位置。

（4）选择其中的“目录”文本后，选择【开始】/【字体】组，在“字体”下拉列表框中选择“华文琥珀”选项，修改艺术字的字体，如图 9-21 所示。

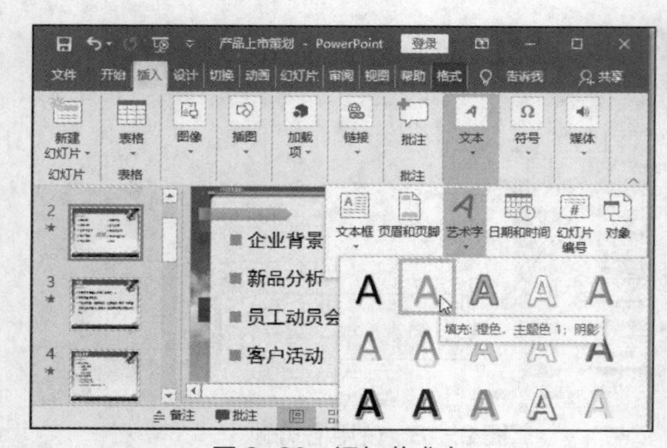

图 9-20　添加艺术字

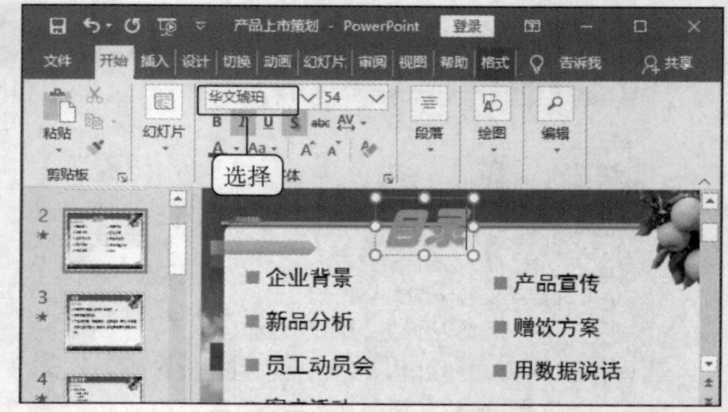

图 9-21　修改艺术字字体

（5）保持文本为选择状态，此时将自动激活“绘图工具”的“格式”选项卡。选择【格式】/【艺术字样式】组，单击 文本填充 按钮，在打开的下拉列表中选择“图片”选项，在打开的对话框中选择“从文件”选项，打开“插入图片”对话框，选择需要填充到艺术字的图片“橙汁”，单击插入(S)按钮。

（6）选择【格式】/【艺术字样式】组，单击文本效果按钮，在打开的下拉列表中选择【映像】/【半映像：接触】选项，如图 9-22 所示，最终效果如图 9-23 所示。

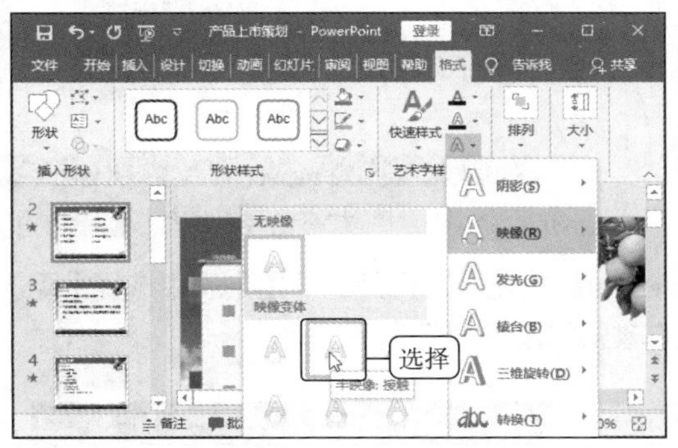

图 9-22　选择文本映像

图 9-23　艺术字最终效果

提示　选择输入的艺术字，在激活的“格式”选项卡中还可设置艺术字的多种效果，其设置方法基本类似，如选择【格式】/【艺术字样式】组，单击文本效果按钮，在打开的下拉列表中选择“转换”选项，在打开的子列表中将列出所有变形的艺术字效果，选择任意一个，即可为艺术字设置该变形效果。

（三）插入图片

图片是演示文稿中非常重要的一部分，在幻灯片中可以插入计算机中保存的图片。下面将在第 4 张幻灯片中插入“饮料瓶”图片。先选择图片，将其缩小后放在幻灯片右边，向左旋转一点角度，再删除白色背景，并设置阴影效果为“透视：左上对角透视”，具体操作如下。

微课：插入图片

（1）在“幻灯片”浏览窗格中选择第 4 张幻灯片，选择【插入】/【图像】组，单击“图片”按钮。

（2）打开“插入图片”对话框，选择需插入图片的保存位置，这里的位置为“桌面”，在中间选择图片“饮料瓶”，单击插入(S)按钮，如图 9-24 所示。

（3）返回 PowerPoint 2016 工作界面可看到插入图片后的效果。将鼠标指针移动到图片四角的圆形控制点上，拖动鼠标指针调整图片大小。

（4）选择图片，将鼠标指针移动到图片任意位置，当鼠标指针变为形状时，拖动鼠标到幻灯片右侧的空白位置，释放鼠标将图片移到该位置，如图 9-25 所示。

（5）将鼠标指针移动到图片上方的控制点上，当鼠标指针变为形状时，向左拖动鼠标使图片向左旋转一定角度。

（6）选择【格式】/【调整】组，单击“删除背景”按钮，在幻灯片中使用鼠标拖动图片每一边中间的控制点，使饮料瓶的所有内容均显示出来，如图 9-26 所示。

（7）在【背景消除】/【关闭】组单击“保留更改”按钮，饮料瓶的白色背景将消失。

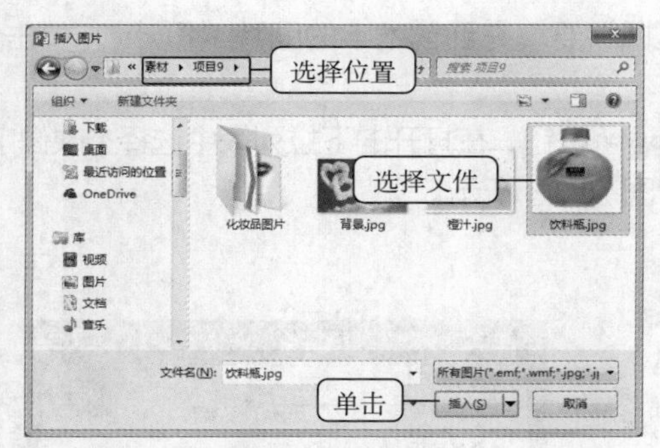

图 9-24 插入图片

图 9-25 移动图片

（8）选择【格式】/【图片样式】组，单击 图片效果 按钮，在打开的下拉列表中选择【阴影】/【透视：左上对角透视】选项，为图片设置阴影后的效果如图 9-27 所示。

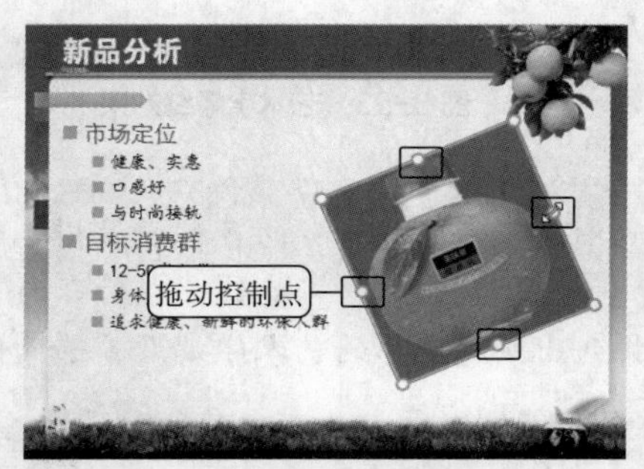

图 9-26 显示饮料瓶的所有内容

图 9-27 设置阴影后的效果

（四）插入 SmartArt 图形

SmartArt 图形常用于表明各种事物之间的关系，它在演示文稿中的使用非常广泛。SmartArt 图形是从 PowerPoint 2007 开始新增的功能。下面将在第 6、7 张幻灯片中各新建一个 SmartArt 图形，分别为“分段循环”和“棱锥型列表”，然后输入文字。其中第 7 张幻灯片中的 SmartArt 图形需要添加一个形状，并输入“神秘、饥饿促销”文本。接着编辑第 8 张幻灯片中已有的 SmartArt 图形，包括更改布局为“圆箭头流程”，设置 SmartArt 样式为“金属场景”，设置艺术字样式为“艺术字”中最后一排第 2 个，其具体操作如下。

微课：插入 SmartArt 图形

（1）在“幻灯片”浏览窗格中选择第 6 张幻灯片，在右侧单击占位符中的“插入 SmartArt 图形”按钮 。

（2）打开“选择 SmartArt 图形”对话框，在左侧选择“循环”选项，在右侧选择“分段循环”选项，单击 确定 按钮，如图 9-28 所示。

（3）此时在占位符处插入一个“分段循环”样式的 SmartArt 图形，该图形主要由 3 部分组成，在每一部分的文本框中分别输入“产品+礼品”“夺标行动”“刮卡中奖”文本，如图 9-29 所示。

（4）选择第 7 张幻灯片，在右侧选择占位符，按【Delete】键将其删除。选择【插入】/【插图】组，单击“SmartArt”按钮 。

（5）打开“选择 SmartArt 图形”对话框，在左侧选择“棱锥图”选项，在右侧选择“棱锥型列表”选项，单击 确定 按钮。

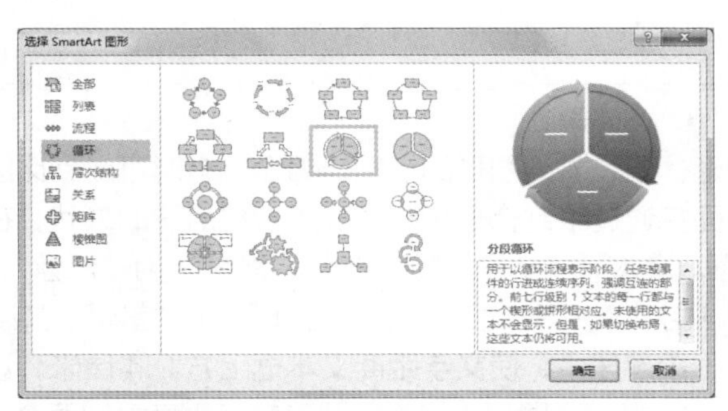

图 9-28　选择 SmartArt 图形

图 9-29　输入文本内容

（6）此时在幻灯片中插入一个带有 3 个文本提示框的棱锥型图形，分别在各个文本提示框中输入对应文字，然后在最后一项文本上单击鼠标右键，在弹出的快捷菜单中选择【添加形状】/【在后面添加形状】命令，如图 9-30 所示。

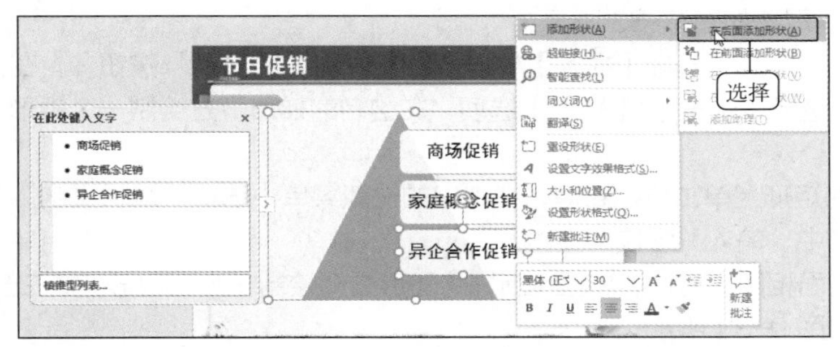

图 9-30　在后面添加形状

（7）在最后一项文本后添加形状，在该形状上单击鼠标右键，在弹出的快捷菜单中选择“编辑文字”命令。

（8）文本插入点自动定位到新添加的形状中，输入“神秘、饥饿促销”文本。

（9）选择第 8 张幻灯片，选择其中的 SmartArt 图形后，选择【设计】/【版式】组，在列表框中选择“圆箭头流程”选项。

（10）选择【设计】/【SmartArt 样式】组，在列表框中选择“金属场景”选项，如图 9-31 所示。

（11）选择【格式】/【艺术字样式】组，在列表框中选择最后一排、第 2 个选项，效果如图 9-32 所示。

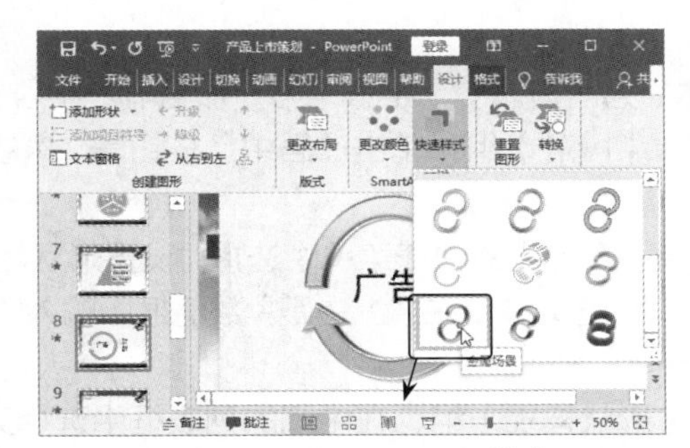

图 9-31　设置 SmartArt 样式

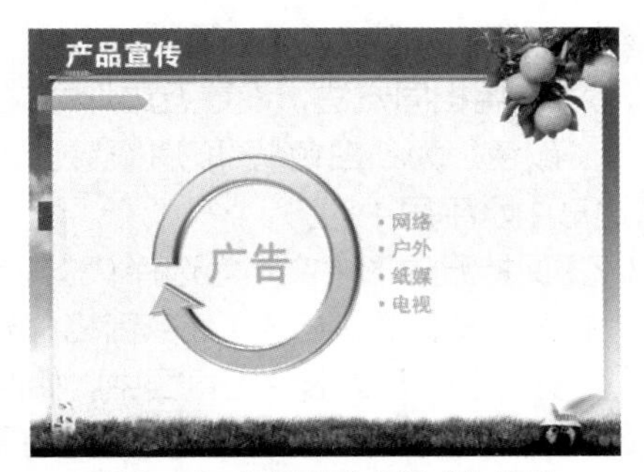

图 9-32　设置艺术字样式的效果

（五）插入形状

形状是 PowerPoint 2016 提供的基础图形，通过基础图形的绘制、组合，有时可达到比图片和系统预设的 SmartArt 图形更好的效果。下面将通过绘制梯形和矩形，组合成房子的形状，在矩形中输入文字“学校”，设置文字的“字体”为“黑体”，“字号”为“20”，“颜色”为“深蓝”，取消“倾斜”；绘制一个五边形，在五边形中输入文字“分杯赠饮”，设置“字体”为“楷体”，“字形”为“加粗”，“字号”为“28”，颜色为“白色”，段落居中，使文字距离文本框上方 0.4 厘米；设置房子的快速样式为第 3 排的第 3 个选项；组合绘制的 3 个图形，将组合图形向下垂直复制两个，再分别修改其中的文本，具体操作如下。

微课：插入形状

（1）选择第 9 张幻灯片，删除右侧的占位符，在【插入】/【插图】组中单击“形状”按钮，在打开的下拉列表框中选择“基本形状”栏中的“梯形”选项，此时鼠标指针变为十形状。在幻灯片左上方拖动鼠标指针绘制一个梯形，作为“房顶”，如图 9-33 所示。

（2）选择【插入】/【插图】组，单击“形状”按钮，在打开的下拉列表中选择【矩形】/【矩形】选项，在绘制的梯形下方绘制一个矩形，作为“房子”的主体。

（3）在绘制的矩形上单击鼠标右键，在弹出的快捷菜单中选择“编辑文字”命令，文本插入点将自动定位到矩形中，输入“学校”文本。

（4）使用与前面相同的方法，在已绘制好的图形右侧绘制一个五边形，并在五边形中输入“分杯赠饮”文本，如图 9-34 所示。

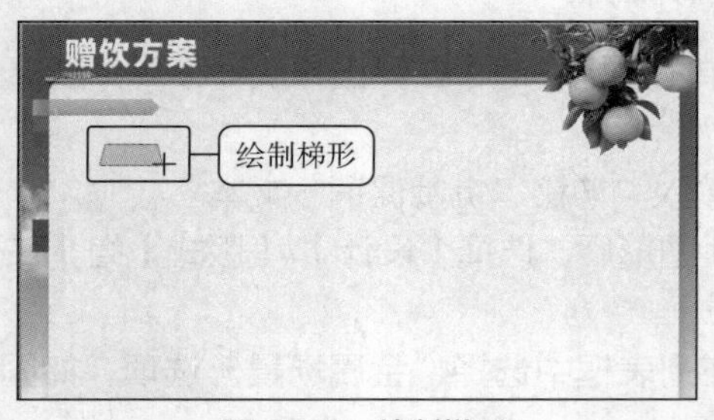

图 9-33　绘制梯形

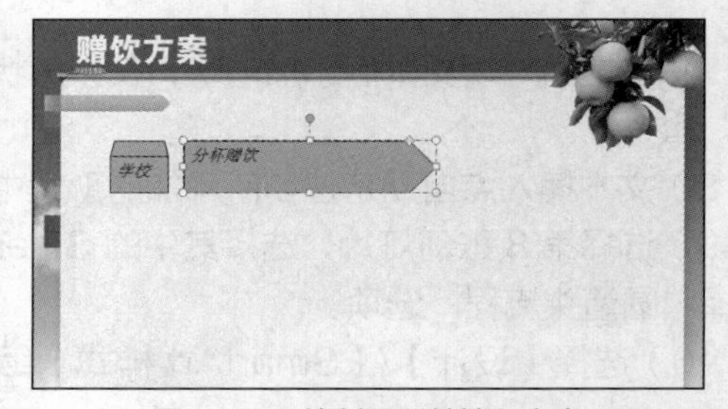

图 9-34　绘制图形并输入文字

（5）选择“学校”文本，选择【开始】/【字体】组，在“字体”下拉列表框中选择“黑体”选项，在“字号”下拉列表框中选择“20”选项，在“颜色”下拉列表框中选择“深蓝”选项，单击“倾斜”按钮 *I*，取消文本的倾斜状态。

（6）使用相同方法，设置五边形中文字的“字体”为“楷体”，“字形”为“加粗”，“字号”为“28”，“颜色”为“白色”，取消倾斜。选择【开始】/【段落】组，单击“居中”按钮，将文字在五边形中水平居中对齐。

（7）保持五边形中文本为选择状态，单击鼠标右键，在弹出的快捷菜单中选择“设置形状格式”命令，打开“设置形状格式”任务窗格，选择“文本选项”选项卡，在“上边距”数值框中输入“0.4 厘米”，使文字在五边形中垂直居中，如图 9-35 所示。

（8）选择左侧绘制的房子图形，选择【格式】/【形状样式】组，在中间的列表框中选择第 3 排的第 3 个选项，快速更改房子的填充颜色和边框颜色。

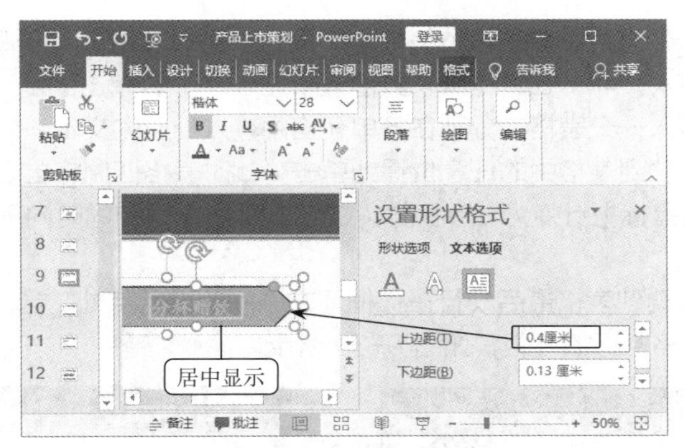

图 9-35　设置形状格式

（9）同时选择左侧的房子图形和右侧的五边形图形，单击鼠标右键，在弹出的快捷菜单中选择【组合】/【组合】命令，将绘制的 3 个形状组合为一个图形，如图 9-36 所示。

（10）选择组合的图形，按住【Ctrl】键和【Shift】键，向下拖动鼠标，将组合的图形再复制两个。

（11）修改所有复制图形中的文本，修改文本后的效果如图 9-37 所示。

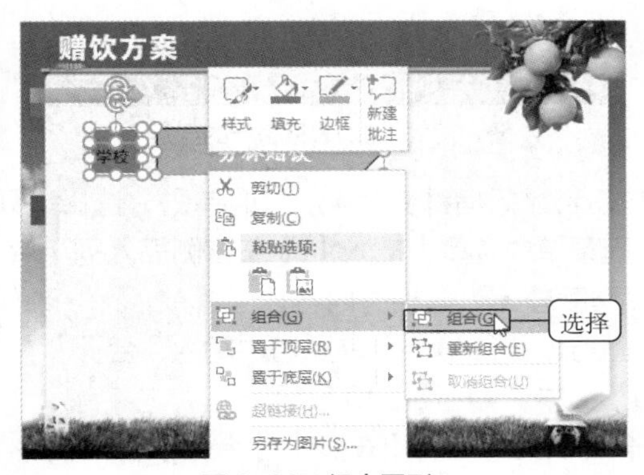

图 9-36　组合图形

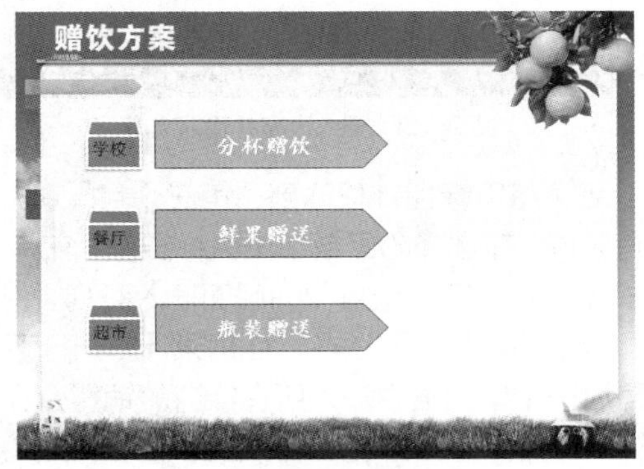

图 9-37　修改文本后的效果

提示　选择图形后，在拖动鼠标的同时按住【Ctrl】键是为了复制图形，按住【Shift】键则是为了使复制的图形与被选择的图形能够在一个方向平行或垂直，从而使最终制作完成的图形更加美观。在绘制形状的过程中，【Shift】键也是经常使用的一个键，在绘制线和矩形等形状的操作中，按住【Shift】键可绘制水平线、垂直线、正方形、圆等。

（六）插入表格

表格可直观、形象地表达数据，在 PowerPoint 2016 中，不仅可在幻灯片中插入表格，还可对插入的表格进行编辑和美化。下面将在第 10 张幻灯片中制作一个表格。首先插入一个 5 行 4 列的表格，输入表格内容后向下拖动鼠标，并增加表格的行距，然后在最后一列和最后一行后各增加一列和一行，并在其中输入文本；合并新增加的一行中除最后一个单元格外的所有单元格，设置该行的底纹颜色为“浅蓝”；为第一个单元格绘制一条白色的斜线，最后设置表格的“单元格凹凸效果”为“圆”。

微课：插入表格

（1）选择第 10 张幻灯片，单击占位符中的“插入表格”按钮，打开“插入表格”对话框，在“列数”数值框中输入“4”，在“行数”数值框中输入“5”，单击确定按钮。

（2）在幻灯片中插入一个表格，分别在各单元格中输入相应的文本，如图 9-38 所示。

（3）将鼠标指针移动到表格中的任意位置处单击，此时表格四周将出现一个操作框。将鼠标指针移动到操作框上，当鼠标指针变为形状时，按住【Shift】键的同时向下拖动鼠标，使表格垂直向下移动。

（4）将鼠标指针移动到表格最后一行操作框下方中间的控制点处，当鼠标指针变为形状时，向下拖动鼠标，增加表格各行的行距，如图 9-39 所示。

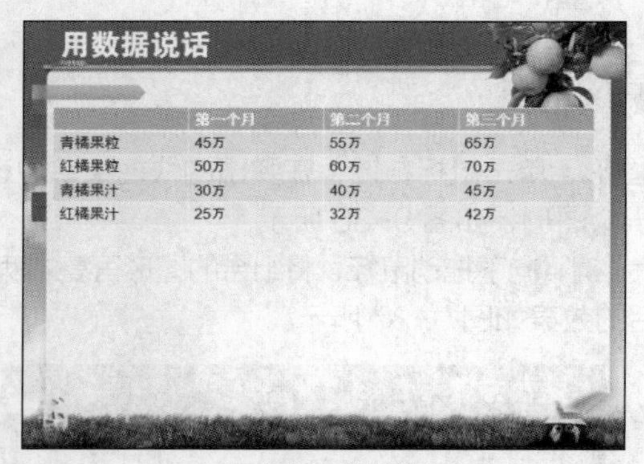

图 9-38　插入表格并输入文本

图 9-39　增加表格各行的行距

（5）将鼠标指针移动到“第三个月”所在列上方，当鼠标指针变为⬇形状时单击，选择该列的所有区域，在选择的区域单击鼠标右键，在弹出的快捷菜单中选择【插入】/【在右侧插入列】命令。

（6）在“第三个月”列后面插入新列，并输入“季度总计”的相关内容。

（7）使用相同方法在“红橘果汁”一行下方插入新行，并在第一个单元格中输入“合计”文本。在最后一个单元格中输入所有饮料的销量合计“559”文本，如图 9-40 所示。

（8）选择“合计”文本所在的单元格及其后的空白单元格，选择【布局】/【合并】组，单击“合并单元格”按钮来合并单元格，如图 9-41 所示。

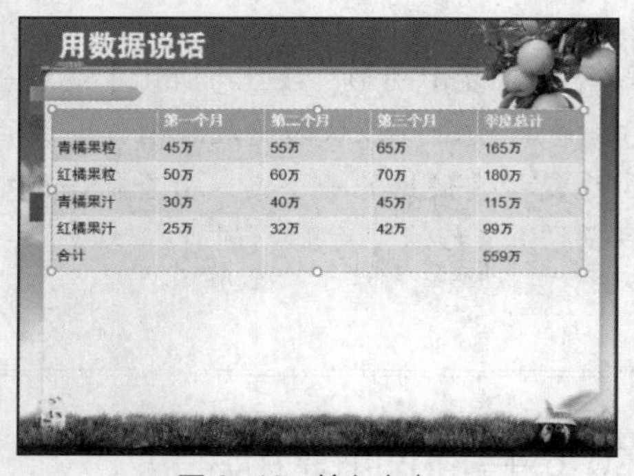

图 9-40　输入文本

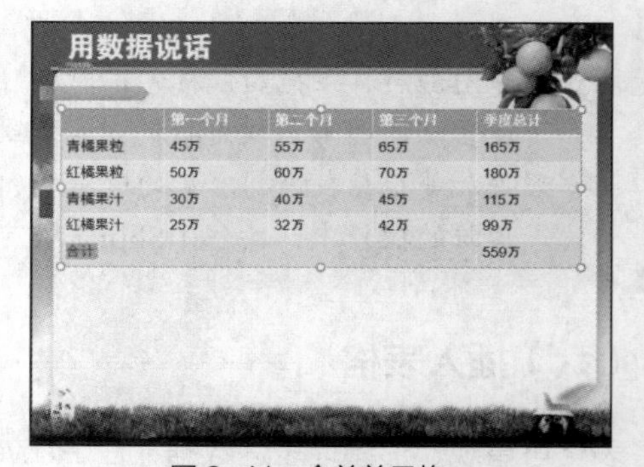

图 9-41　合并单元格

（9）选择“合计”文本所在的行，选择【设计】/【表格样式】组，单击底纹按钮，在打开的下拉列表中选择“浅蓝”选项。

（10）选择第一个单元格，选择【设计】/【绘制边框】组，单击“笔颜色”按钮，在打开的下拉列表框中选择“白色”选项，设计斜线的颜色为白色；选择【设计】/【表格样式】组，单击边框按钮，在打开的下拉列表中选择“斜下框线”选项，为表格绘制斜线表头，如图 9-42 所示。

（11）选择整个表格，选择【设计】/【表格样式】组，单击效果按钮，在打开的下拉列表中选择【单元格凹凸效果】/【圆】选项，为表格中的所有单元格应用该样式，最终效果如图 9-43 所示。

图 9-42　绘制斜线表头

图 9-43　设置单元格凹凸效果

提示　以上将表格的常用操作“串”在一起进行了简单讲解，用户在实际操作过程中，制作的表格会相对简单，只是其编辑的内容较多。此时可选择需要操作的单元格或表格，然后自动激活“设计”选项卡和“布局”选项卡，其中“设计”选项卡与美化表格相关，“布局”选项卡与表格的内容相关，在这两个选项卡中可设置不同的表格效果。

（七）插入媒体文件

媒体文件是指音频和视频文件，PowerPoint 2016 支持插入媒体文件。和插入图片类似，用户可根据需要插入剪贴画中的媒体文件，也可以插入计算机中保存的媒体文件。下面将在演示文稿中插入一个音乐文件，并设置该音乐跨幻灯片循环播放，以及在放映幻灯片时不显示声音图标，具体操作如下。

微课：插入媒体文件

（1）选择第 1 张幻灯片，选择【插入】/【媒体】组，单击“音频”按钮，在打开的下拉列表中选择“PC 上的音频”选项。

（2）打开“插入音频”对话框，选择背景音乐的存放位置后，在中间的列表框中选择“背景音乐”，单击按钮，如图 9-44 所示。

（3）将自动在幻灯片中插入一个声音图标，选择该声音图标，将激活音频工具。选择【播放】/【预览】组，单击“播放”按钮，将在 PowerPoint 2016 中播放插入的音乐。

（4）选择【播放】/【音频选项】组，单击勾选“放映时隐藏”“跨幻灯片播放”“循环播放，直到停止”复选框，在“开始”下拉列表框中选择“自动”选项，如图 9-45 所示。

提示　选择【插入】/【媒体】组，单击“音频”按钮，或单击“视频”按钮，在打开的下拉列表中选择相应选项，即可插入相应类型的音频和视频文件。插入音频文件后，选择声音图标，在图标下方将自动显示声音工具栏，单击对应的按钮，可对音频文件执行播放、前进、后退和调整音量大小的操作。插入视频文件后，选择视频文件，其下同样会出现一个声音栏，用于控制视频文件的播放。

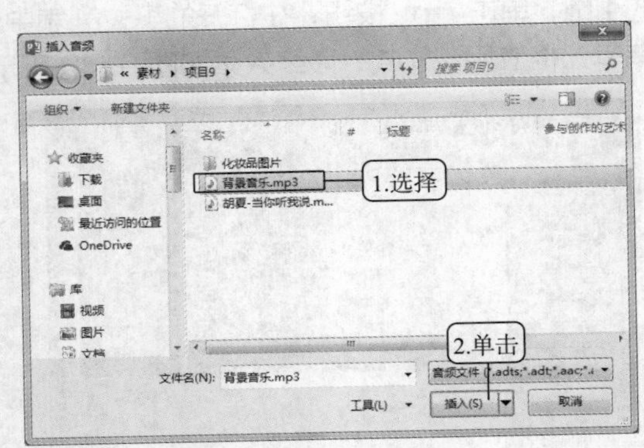

图 9-44　插入音频

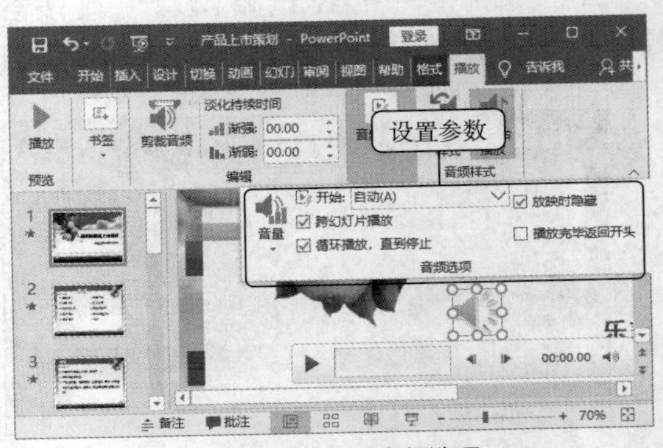

图 9-45　设置音频选项

课后练习

查看“产品推广”具体操作

1．按照下列要求制作一个“产品推广.pptx”演示文稿，并保存在桌面上，参考效果如图 9-46 所示。

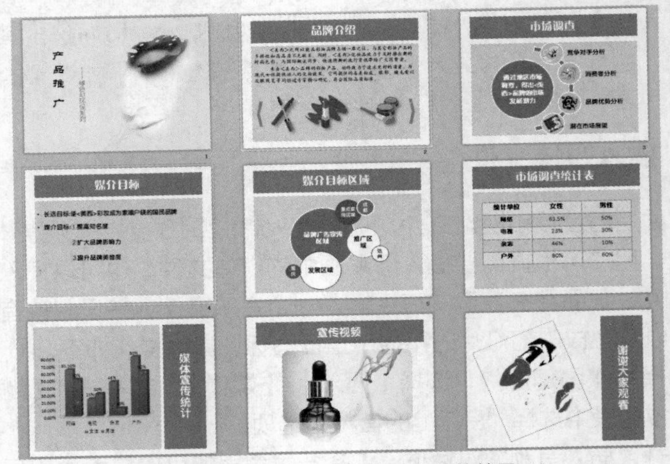

图 9-46　“产品推广”演示文稿的效果

（1）新建一个 PowerPoint 演示文稿，将其保存为“产品推广.pptx”，然后在其中插入背景，输入幻灯片标题等文字内容，并为其设置字符格式与文字显示方式。

（2）插入推广图片，为插入的图片应用图片样式，并调整版式。

（3）插入 SmartArt 图形，并设置其样式，在其中输入数据，插入并编辑剪贴画。

（4）使用形状工具创建新的形状，并在其中输入文本，使其更加美观。

（5）使用表格工具创建表格后，在表格中输入数据，根据需要在该数据的基础上创建图表，并对创建的图表进行美化。

（6）新建幻灯片，在其中插入视频，再对视频进行剪辑操作，并设置视频样式。

（7）完成制作后，按【F5】键播放制作好的幻灯片，查看播放效果。

2．打开“分销商大会.pptx”演示文稿，按照下列要求对演示文稿进行编辑并保存，参考效果如图 9-47 所示。

图 9-47 “分销商大会”演示文稿的效果

（1）打开“分销商大会.pptx”演示文稿，在其中插入表格。

（2）插入图片，将其设置为图片背景。

（3）设置表格的边框为白色，更改边框的粗细大小和样式。

（4）插入“标记的层次结构”样式的 SmartArt 图形。

（5）通过 3 种方法在 SmartArt 图形中输入文本。

（6）设置 SmartArt 图形的形状大小，使其完全显示出文本内容。

（7）设置 SmartArt 图形的样式，如形状样式、填充颜色、边框样式。

（8）更改不适合当前内容的形状，使 SmartArt 图形的形状样式符合当前需要。

查看“分销商大会”的具体操作

查看“工作计划”具体操作

3. 新建“工作计划.pptx”演示文稿，按照下列要求对演示文稿进行编辑并保存，参考效果如图 9-48 所示。

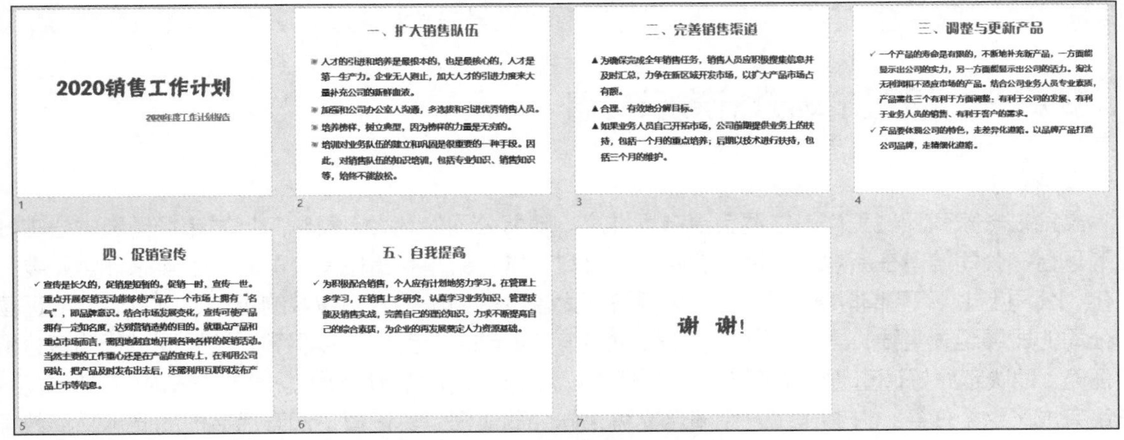

图 9-48 “工作计划”演示文稿的效果

（1）在 PowerPoint 2016 中新建一个空白演示文稿，并根据规划的内容创建相应数量的空白幻灯片。

（2）通过“幻灯片/大纲”浏览窗格创建需要的幻灯片。

（3）对内容进行梳理，并在每一张幻灯片中输入相应的内容。注意对内容量的控制，内容不宜太多或太少。

（4）分别设置每一张幻灯片中标题与正文内容的文本与段落格式，完成后将其保存。

项目十 设置并放映演示文稿

10

PowerPoint 作为主流的多媒体演示软件，在易学性、易用性等方面得到了广大用户的肯定，其中母版、主题和背景都是常用的功能，它们可以快速美化演示文稿，简化用户操作。PowerPoint 的“动画”与“幻灯片放映”两个功能正是区别于其他办公软件的重要功能。这两个功能可以让呆板的演示文稿变得灵活起来，从某种意义上可以说，这两个功能成就了 PowerPoint 多媒体软件的地位。本项目将通过两个典型任务，介绍 PowerPoint 2016 母版的使用、幻灯片切换动画、设置幻灯片动画效果，以及放映、输出幻灯片的方法等。

课堂学习目标

- 设置市场分析演示文稿。
- 放映并输出课件演示文稿。

任务一 设置市场分析演示文稿

任务要求

聂铭在一家商贸城工作，主要负责市场推广。随着公司的壮大以及响应批发市场搬离中心主城区的号召，公司准备在新规划的地块上新建一座商贸城。新建商贸城是公司近 10 年来非常重要的变化，公司上上下下都非常重视。在实体经济不大景气的情况下，商贸城的定位，以及后期的运营对公司的发展至关重要。聂铭作为一个在公司工作了多年的“老人”，接手了对这方面进行调查分析的任务。他决定好好调查周边的商家和人员情况，为正确定位商贸城出力。通过一段时间的努力后，聂铭完成了这个任务，并制作了一个演示文稿来向公司汇报，其设置、调整后完成的演示文稿效果如图 10-1 所示，具体要求如下。

查看“市场分析”相关知识

- 打开演示文稿，应用“切片”主题，设置“效果”为“乳白玻璃”，“颜色”为“蓝色”。
- 为演示文稿的标题页设置背景图片为“首页背景”。
- 在幻灯片母版视图中设置正文占位符的“字号”为“28”，向下移动标题占位符，调整正文占位符的高度。插入名为“标志”的图片并去除图片的白色背景；插入艺术字，设置“字体”为“Arial”，“字号”为“24”；设置幻灯片的页眉页脚效果；退出幻灯片母版视图。
- 适当调整幻灯片中各个对象的位置，使其符合应用主题和设置幻灯片母版后的效果。
- 为所有幻灯片设置“旋转”切换效果，设置切换声音为“照相机”。
- 为第 1 张幻灯片中的标题设置“浮入”动画，为副标题设置“基本缩放”动画，并设置效果为“按段落”。

- 为第 1 张幻灯片中的副标题添加一个名为“对象颜色”的强调动画，修改效果为“红色”，设置动画开始方式为“上一动画之后”，“持续时间”为“01:00”，“延迟”为“00:50”。最后将标题动画的顺序调整到最后，并设置播放该动画时的声音为“电压”。

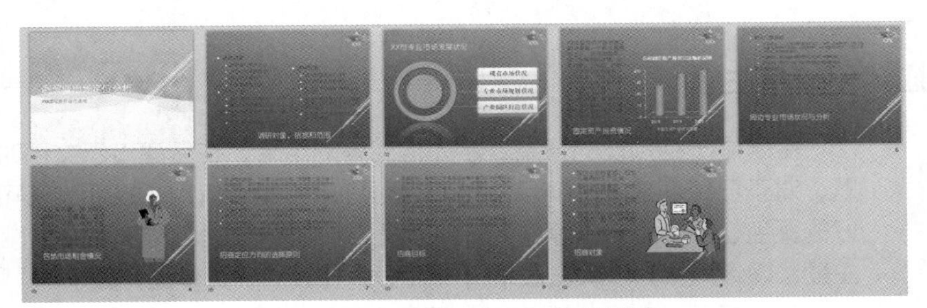

图 10-1 “市场分析”演示文稿的效果

相关知识

（一）认识母版

母版是演示文稿中特有的概念，通过设计、制作母版，可以快速使设置的内容在多张幻灯片、讲义或备注中生效。在 PowerPoint 2016 中存在 3 种母版：幻灯片母版、讲义母版和备注母版。其作用分别如下。

- 幻灯片母版。幻灯片母版是用于存储关于模板信息的设计模板。这些模板信息包括字形、占位符大小和位置、背景设计和配色方案等，只要在母版中更改了样式，对应幻灯片中相应的样式也会随之改变。
- 讲义母版。讲义是指为方便演讲者在演示演示文稿时使用的纸稿，纸稿中显示了每张幻灯片的大致内容、要点等。讲义母版就是设置该内容在纸稿中的显示方式。制作讲义母版主要包括设置每页纸张上显示的幻灯片数量、排列方式以及页面和页脚的信息等。
- 备注母版。备注是指演讲者在幻灯片下方输入的内容，可根据需要将这些内容打印出来。备注母版是指为将这些备注信息打印在纸张上，而对备注进行的相关设置。

（二）认识幻灯片动画

演示文稿能够成为演示、演讲领域的主流软件，幻灯片动画起了非常重要的作用。在 PowerPoint 2016 中，幻灯片动画有两种类型，即幻灯片切换动画和幻灯片对象动画。动画效果在幻灯片放映时才能看到并生效。

幻灯片切换动画是指放映幻灯片时幻灯片进入、离开屏幕时的动画效果；幻灯片对象动画是指为幻灯片中添加的各对象设置动画效果，多种不同的对象动画组合在一起可形成复杂而自然的动画效果。PowerPoint 2016 中的幻灯片切换动画种类较简单，而对象动画相对较复杂，对象动画主要有以下 4 种。

- 进入动画。进入动画是指对象从幻灯片显示范围之外，进入幻灯片内部的动画效果，如对象从左上角“飞入”幻灯片中指定的位置，对象在指定位置以翻转效果由远及近地显示出来等。
- 强调动画。强调动画是指对象本身已显示在幻灯片之中，然后以指定的动画效果突出显示，从而起到强调作用，如将已存在的图片放大显示或旋转等。

- 退出动画。退出动画是指对象本身已显示在幻灯片之中，然后以指定的动画效果离开幻灯片，如对象从显示位置左侧飞出幻灯片，对象从显示位置以弹跳方式离开幻灯片等。
- 路径动画。路径动画是指对象按用户自己绘制的或系统预设的路径移动的动画，如对象按圆形路径移动等。

任务实现

（一）应用幻灯片主题

微课：应用幻灯片主题

主题是一组预设的背景、字体格式等的组合，在新建演示文稿时可以使用主题，对于已经创建好的演示文稿，也可应用主题。应用主题后，还可以修改搭配好的颜色、效果及字体等。下面将打开“市场分析.pptx”演示文稿，应用“切片”主题，设置效果为“乳白玻璃”，颜色为“蓝色”，具体操作如下。

（1）打开“市场分析.pptx”演示文稿，选择【设计】/【主题】组，在中间的列表框中选择“切片”选项，为该演示文稿应用“切片”主题。

（2）选择【设计】/【变体】组，单击“其他”按钮，在打开的下拉列表中选择【效果】/【乳白玻璃】选项，如图 10-2 所示。

（3）选择【设计】/【变体】组，单击“其他”按钮，在打开的下拉列表中选择【颜色】/【蓝色】选项，如图 10-3 所示。

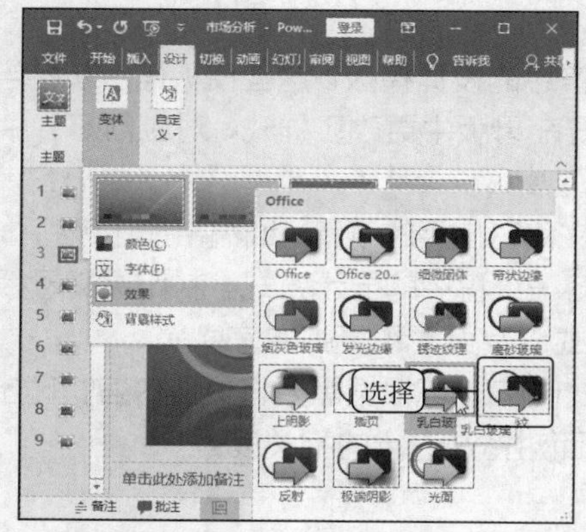

图 10-2　选择主题效果

图 10-3　选择主题颜色

（二）设置幻灯片背景

微课：设置幻灯片背景

幻灯片的背景可以是一种颜色，也可以是多种颜色，还可以是图片。设置幻灯片背景是快速改变幻灯片效果的方法之一。下面将“首页背景”图片设置成标题页幻灯片的背景，具体操作如下。

（1）选择标题幻灯片，在幻灯片的空白处单击鼠标右键，在弹出的快捷菜单中选择“设置背景格式”命令。

（2）打开“设置背景格式”任务窗格，在“填充”栏中单击选中“图片或纹理填充”单选项。在“图片源”栏中单击插入(R)...按钮，打开“插入图片”提示框，在其中选择“从文件”选项，如图 10-4 所示。

（3）打开“插入图片”对话框，找到图片的保存位置后，选择“首页背景”选项，单击插入(S)按钮，如图 10-5 所示。

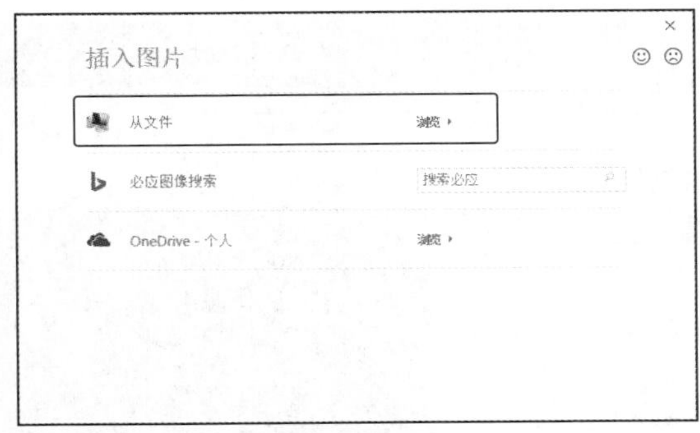

图 10-4　选择“从文件”选项

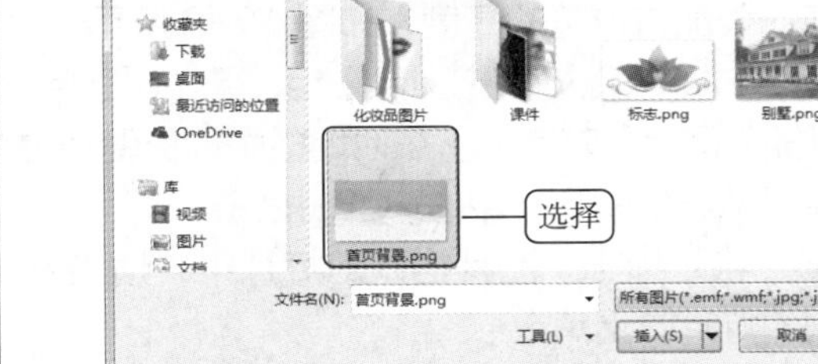

图 10-5　选择背景图片

（4）返回“设置背景格式”任务窗格，单击“关闭”按钮×关闭任务窗格，设置标题幻灯片背景的效果如图 10-6 所示。

图 10-6　设置标题幻灯片背景的效果

提示　设置幻灯片背景后，在“设置背景格式”任务窗格中单击 应用到全部(L) 按钮，可将该背景应用到演示文稿的所有幻灯片中，否则该背景将只应用到选中的幻灯片中。

（三）制作并使用幻灯片母版

母版在幻灯片的编辑过程中使用频率非常高，在母版中编辑的每一项操作，都会影响使用该版式的所有幻灯片。下面进入幻灯片母版视图，设置正文占位符的“字号”为“26”，向下移动标题占位符，调整正文占位符的高度。插入标志图片和艺术字，并编辑标志图片，删除白色背景，设置艺术字的“字体”为“隶书”，“字号”为“28”，然后设置幻灯片的页眉页脚效果，最后退出幻灯片母版视图，查看应用母版后的效果，并调整幻灯片中各对象的位置，使其符合应用主题、幻灯片母版后的效果。具体操作如下。

微课：制作并使用幻灯片母版

（1）选择【视图】/【母版视图】组，单击“幻灯片母版”按钮，进入幻灯片母版编辑状态。

（2）选择第 1 张幻灯片母版，表示在该幻灯片下的编辑将应用于整个演示文稿。将鼠标指针移动到标题占位符右侧中间的控制点处，按住鼠标左键向右拖动，使占位符中的所有文本内容都显示出来。

（3）选择正文占位符的第 1 项文本，选择【开始】/【字体】组，在“字号”下拉列表框中输入“28”，如图 10-7 所示。

（4）选择标题占位符，将其向下拖动至正文占位符的下方，再将鼠标指针移动到正文占位符下方中间的控制点，向下拖动增加占位符的高度，如图 10-8 所示。

（5）选择【插入】/【图像】组，单击“图片”按钮，打开“插入图片”对话框，在地址栏中选择图片位置，在中间选择“标志”图片，单击插入(S)按钮。

（6）将“标志”图片插入幻灯片中，适当缩小后将其移动到幻灯片右上角。

（7）选择【格式】/【调整】组，单击“删除背景”按钮，激活“背景消除”选项卡，在幻灯片中拖动图片每一边中间的控制点，使“标志”的所有内容均显示出来。

（8）单击“关闭”功能区的“保留更改”按钮，“标志”的白色背景消失，如图 10-9 所示。

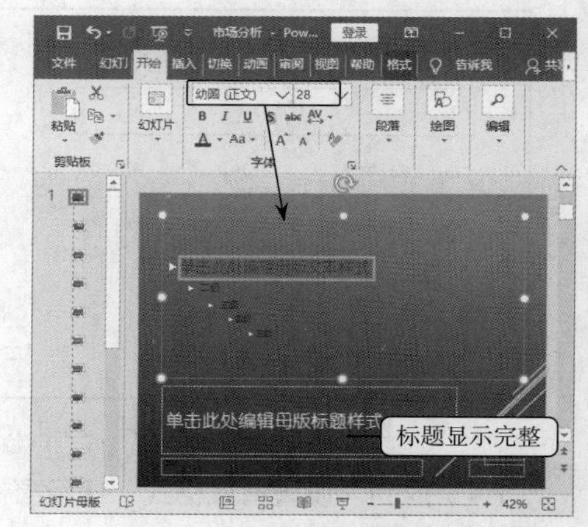

图 10-7　设置正文占位符字号

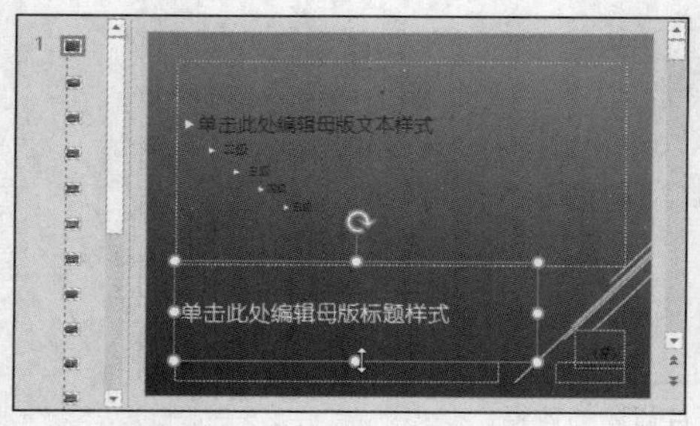

图 10-8　调整占位符的高度

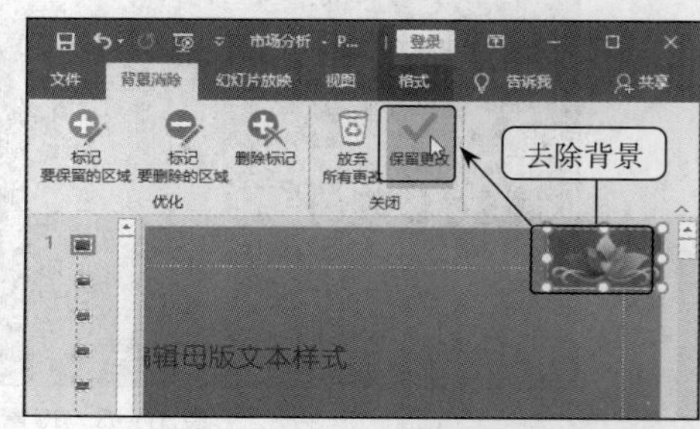

图 10-9　插入并调整标志

（9）选择【插入】/【文本】组，单击“艺术字”按钮，在打开的下拉列表框中选择第 1 列的第 1 个艺术字效果。

（10）在艺术字占位符中输入“XXX”，选择【开始】/【字体】组，在“字体”下拉列表框中选择“Arial”选项，在“字号”下拉列表框中选择“24”选项，移动艺术字到“标志”图片下方。

（11）选择【插入】/【文本】组，单击“页眉和页脚”按钮，打开“页眉和页脚”对话框。

（12）单击“幻灯片”选项卡，单击选中“日期和时间”复选框，其中的“日期和时间”选项将自动激活。再单击选中“自动更新”单选项，在每张幻灯片下方显示日期和时间，系统会根据每次打开日期的不同而自动更新。

（13）单击选中“幻灯片编号”复选框，将根据演示文稿幻灯片的顺序显示编号。

（14）单击选中“页脚”复选框，下方的文本框将自动激活，在其中输入“市场定位分析”文本。

（15）单击选中“标题幻灯片中不显示”复选框，所有的设置都不会在标题幻灯片中生效，单击全部应用(Y)按钮。步骤（11）～步骤（15）的操作如图 10-10 所示。

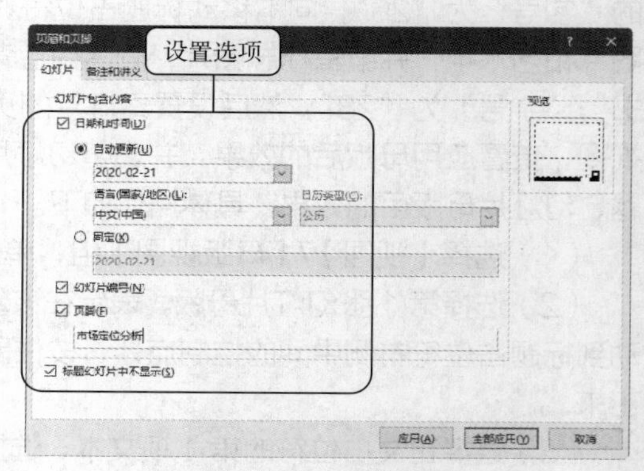

图 10-10　设置选项

（16）在【幻灯片母版】/【关闭】组中单击“关闭母版视图”按钮，退出该视图，此时可发现设置已应用于各张幻灯片，图 10-11 所示为前两页修改后的效果。

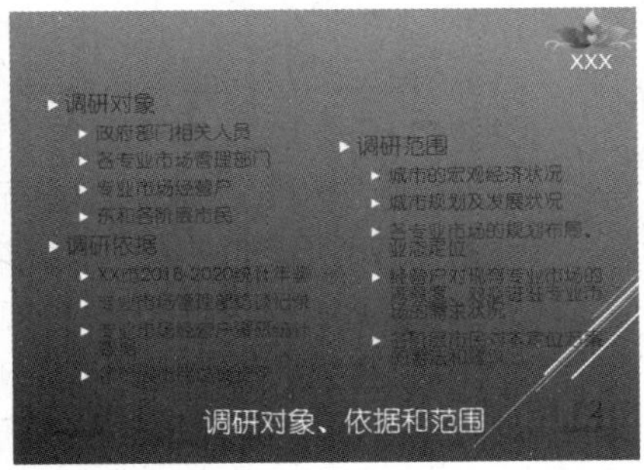

图 10-11　前两页修改后的效果

（17）依次查看每一页幻灯片，适当调整标题、正文和图片等对象之间的位置，使幻灯片中各对象的显示效果更和谐。

提示　选择【视图】/【母版视图】组，单击“讲义母版”按钮或“备注母版”按钮，进入讲义母版视图或备注母版视图，然后在其中设置讲义页面或备注页面的版式。

（四）设置幻灯片切换动画

微课：设置幻灯片切换动画

PowerPoint 2016 提供了多种预设的幻灯片切换动画，在默认情况下，上一张幻灯片和下一张幻灯片之间没有设置切换动画，但在制作演示文稿的过程中，用户可根据需要为幻灯片添加合适的切换动画。下面将为所有幻灯片设置“旋转”切换动画，然后设置切换声音为“照相机”，具体操作如下。

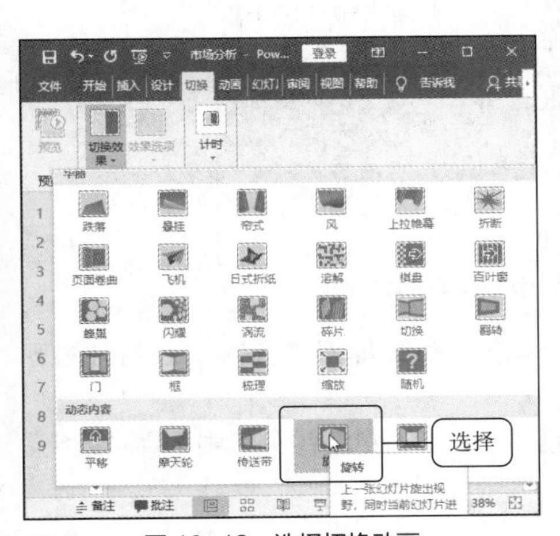

图 10-12　选择切换动画

（1）在“幻灯片”浏览窗格中按【Ctrl+A】组合键，选择演示文稿中的所有幻灯片，选择【切换】/【切换到此幻灯片】组，在中间的列表框中选择“旋转”选项，如图 10-12 所示。

（2）选择【切换】/【计时】组，在“声音”下拉列表框中选择“照相机”选项，将设置应用到所有幻灯片中。

（3）选择【切换】/【计时】组，在“换片方式”栏下单击勾选“单击鼠标时”复选框，表示在放映幻灯片时，单击将进行切换操作。

提示　选择【切换】/【计时】组，单击“应用到全部”按钮，可将设置的切换动画应用到当前演示文稿的所有幻灯片中，其效果与选择所有幻灯片再设置切换动画的效果相同。设置幻灯片切换动画后，选择【切换】/【预览】组，单击“预览”按钮，可查看设置的切换动画。

（五）设置幻灯片动画效果

微课：设置幻灯片动画效果

设置幻灯片动画效果即为幻灯片中的各对象设置动画效果，这能在很大程度上提升演示文稿的演示效果。下面为第 1 张幻灯片中的各对象设置动画。首先为标题设置“浮入”动画，为副标题设置“基本缩放”动画，设置效果为“按段落”。为副标题再次添加一个“对象颜色”强调动画，其效果选项为“红色”。设置好新增加的动画的开始方式、持续时间和延迟时间，最后将标题动画的顺序调整到最后，并设置播放该动画时有“电压”声音，具体操作如下。

（1）选择第 1 张幻灯片的标题，选择【动画】/【动画】组，在其列表框中选择“浮入”动画效果。

（2）选择副标题，选择【动画】/【高级动画】组，单击“添加动画”按钮，在打开的下拉列表中选择“更多进入效果”选项。

（3）打开“添加进入效果”对话框，选择“温和型”栏的“基本缩放”选项，单击确定按钮，如图 10-13 所示。

（4）选择【动画】/【动画】组，单击“效果选项”按钮，在打开的下拉列表中选择“按段落”选项，修改动画效果，如图 10-14 所示。

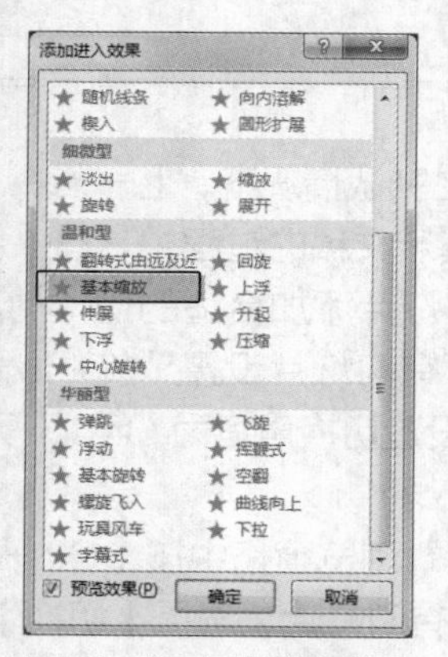

图 10-13　添加进入效果

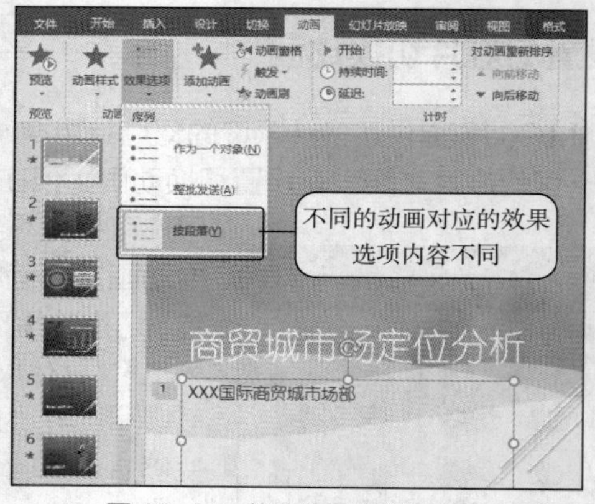

图 10-14　修改动画的效果选项

（5）继续选择副标题，选择【动画】/【高级动画】组，单击“添加动画”按钮，在打开的下拉列表中选择“强调”栏的“对象颜色”选项。

（6）选择【动画】/【动画】组，单击“效果选项”按钮，在打开的下拉列表中选择“红色”选项。

提示　通过第（5）步和第（6）步操作，即可为副标题再增加一个“对象颜色”动画，用户也可根据需要为一个对象设置多个动画。设置动画后，在对象前方将显示一个数字，它表示动画的播放顺序。

（7）选择【动画】/【高级动画】组，单击动画窗格按钮，在工作界面右侧将增加一个窗格，其中显示了当前幻灯片中所有对象已设置的动画。

（8）选择第 3 个选项，选择【动画】/【计时】组，在“开始”下拉列表中选择“上一动画之后”选项，在“持续时间”数值框中输入“01.00”，在“延迟”数值框中输入“00.50”，如图 10-15 所示。

提示 选择【动画】/【计时】组，在"开始"下拉列表中各选项的含义如下："单击时"表示单击时开始播放动画；"与上一动画同时"表示播放前一动画的同时播放该动画；"上一动画之后"表示前一动画播放完之后，到设定的时间自动播放该动画。

（9）选择动画窗格中的第一个选项，按住鼠标，将其拖动到最后，调整动画的播放顺序。

（10）在调整后的最后一个动画选项上单击鼠标右键，在弹出的快捷菜单中选择"效果选项"命令。

（11）打开"上浮"对话框，在"声音"下拉列表中选择"电压"选项，单击其后的按钮，可在打开的列表中拖动滑块，调整音量大小，单击 确定 按钮，如图 10-16 所示。

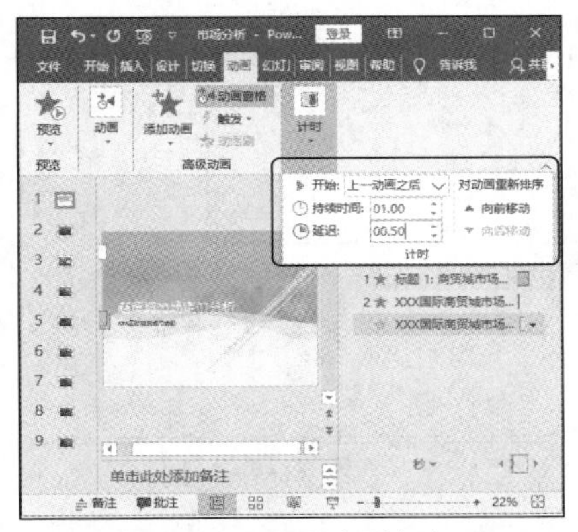

图 10-15　设置动画计时

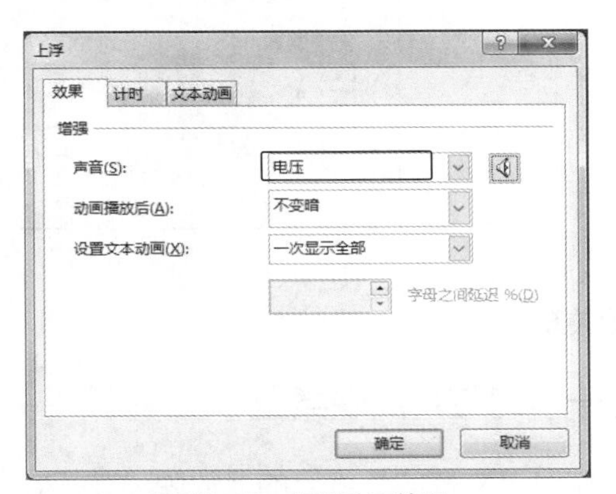

图 10-16　设置动画效果

任务二　放映并输出课件演示文稿

任务要求

刘一是一名刚参加工作的语文老师，作为新时代的老师，她深知课堂教学不能生搬硬套，"填鸭式"的教学难以起到应有的作用。在学校学习和实习的过程中，刘一喜欢在课堂上借助 PowerPoint 2016 制作课件，将需要讲解的内容以多媒体文件的形式演示出来，这样不仅能让学生感到新鲜，还更容易被学生接受。这次刘一准备对李清照的重点诗词进行赏析，课件内容已经制作完毕，只需在计算机上"放映"预演一下，以免在课堂上出现意外。图 10-17 所示为"课件"演示文稿，具体要求如下。

- 根据第 4 张幻灯片的各项文本的内容创建超链接，并链接到对应的幻灯片中。
- 在第 4 张幻灯片右下角插入一个动作按钮，并链接到第 2 张幻灯片中；在动作按钮下方插入艺术字"作者简介"。
- 放映制作好的演示文稿，并使用超链接快速定位到"一剪梅"所在的幻灯片，然后返回上一次查看的幻灯片，依次查看各幻灯片和对象。
- 在最后一页使用红色的"荧光笔"标记"要求"下的文本，最后退出幻灯片放映视图。
- 隐藏最后一张幻灯片，然后再次进入幻灯片放映视图，查看隐藏幻灯片后的效果。
- 对演示文稿中的各动画进行排练。
- 将课件打印出来，要求一页纸上显示两张幻灯片，两张幻灯片四周加框，并且幻灯片的大小需根据纸张的大小进行调整。
- 将设置好的课件打包到文件夹中，并命名为"课件"。

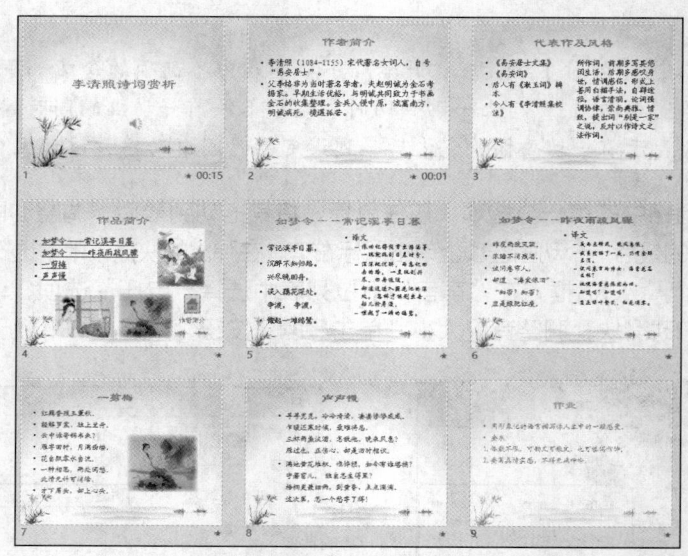

图 10-17 “课件”演示文稿

相关知识

（一）幻灯片放映类型

制作演示文稿的最终目的是放映，在 PowerPoint 2016 中，用户可以根据实际的演示场合选择不同的幻灯片放映类型，PowerPoint 2016 提供了 3 种放映类型。其选择方法为：选择【幻灯片放映】/【设置】组，单击“设置幻灯片放映”按钮，打开“设置放映方式”对话框，在“放映类型”栏中单击选中不同的单选项，选择相应的放映类型，如图 10-18 所示，设置完成后单击 确定 按钮即可。各种放映类型的作用和特点如下。

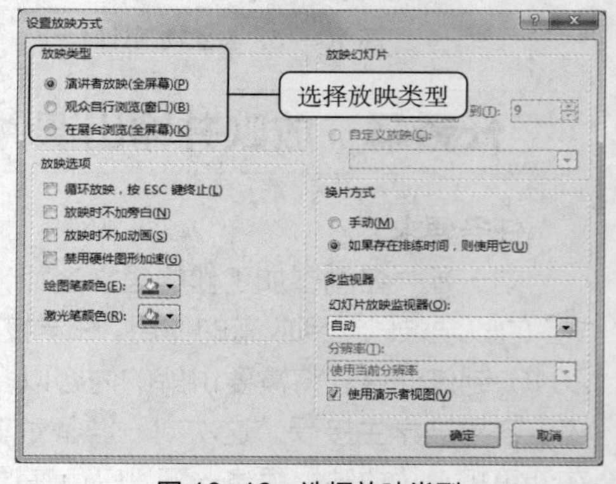

图 10-18 选择放映类型

- 演讲者放映（全屏幕）。演讲者放映（全屏幕）是默认的放映类型，此类型将以全屏幕的状态放映演示文稿。在演示文稿放映过程中，演讲者具有完全的控制权，演讲者可手动切换幻灯片和动画效果，也可以将演示文稿暂停、添加细节等，还可以在放映过程中录下旁白。
- 观众自行浏览（窗口）。此类型将以窗口形式放映演示文稿，在放映过程中可利用滚动条、【PageDown】键、【PageUp】键切换幻灯片，但不能通过单击放映。
- 在展台浏览（全屏幕）。此类型是很简单的一种放映类型，不需要人为控制，系统将自动全屏循环放映演示文稿。使用这种放映方式时，不能单击切换幻灯片，但可以单击幻灯片中的超链接和动作按钮来切换，按【Esc】键可结束放映。

（二）幻灯片输出格式

在 PowerPoint 2016 中除了可以将制作的文件保存为演示文稿外，还可以将其输出为其他格式。操作方法较简单，选择【文件】/【另存为】命令，打开“另存为”对话框，选择文件的保存位置，在“保存类型”下拉列表框中选择需要输出的格式选项，单击保存(S)按钮即可。下面讲解 4 种常见的输出格式。

- 图片。选择“GIF 可交换的图形格式（*.gif）”“JPEG 文件交换格式（*.jpg）”“PNG 可移植网络图形格式（*.png）”“TIFF Tag 图像文件格式（*.tif）”选项，单击保存(S)按钮，根据提示进行相应操作，可将当前演示文稿中的幻灯片保存为一张对应格式的图片。如果要在其他软件中使用，还可以将这些图片插入对应的软件中。
- 视频。选择“Windows Media 视频（*.wmv）”选项，可将演示文稿保存为视频，如果在演示文稿中排练了所有幻灯片，则保存的视频将自动播放这些幻灯片。保存为视频文件后，文件播放的随意性更强，且不受字体、PowerPoint 版本的限制，只要计算机中安装了视频播放软件，就可以播放，这对于一些需要自动展示演示文稿的场合非常适用。
- 自动放映的演示文稿。选择“PowerPoint 放映（*.ppsx）”选项，可将演示文稿保存为自动放映的演示文稿，以后双击该演示文稿将不再打开 PowerPoint 2016 的工作界面，而是直接启动放映模式，开始放映幻灯片。
- 大纲文件。选择“大纲/RTF 文件（*.rtf）”选项，可将演示文稿中的幻灯片保存为大纲文件，生成的大纲文件中将不再包含幻灯片中的图形、图片以及文本框中的内容。

任务实现

（一）创建超链接与动作按钮

在浏览网页的过程中，如果单击某段文本或某张图片，会自动弹出另一个相关的网页，通常这些被单击的对象称为超链接，在 PowerPoint 2016 中也可为幻灯片中的图片和文本创建超链接。下面将为第 4 张幻灯片的各项文本创建超链接，然后插入一个动作按钮，并链接到第 2 张幻灯片中，最后在动作按钮下方插入艺术字“作者简介”，具体操作如下。

微课：创建超链接与动作按钮

（1）打开“课件.pptx”演示文稿，选择第 4 张幻灯片，选择第 1 段正文文本，选择【插入】/【链接】组，单击“超链接”按钮。

（2）打开“编辑超链接”对话框，单击“链接到”列表框中的“本文档中的位置”按钮，在“请选择文档中的位置”列表框中选择要链接到的第 5 张幻灯片，单击确定按钮，如图 10-19 所示。

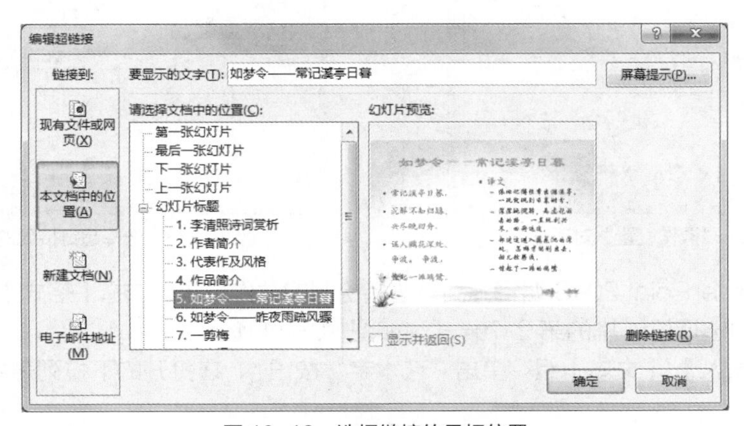

图 10-19　选择链接的目标位置

（3）返回幻灯片编辑区可看到设置超链接的文本颜色已发生变化，并且文本下方有一条蓝色的线。使用相同方法，依次为文本设置超链接。

（4）选择【插入】/【插图】组，单击“形状”按钮，在打开的下拉列表框中选择“动作按钮”栏的第 5 个选项，如图 10-20 所示。

（5）此时鼠标指针变为+形状，在幻灯片右下角空白位置按住鼠标左键并拖动鼠标，绘制一个动作按钮，如图 10-21 所示。

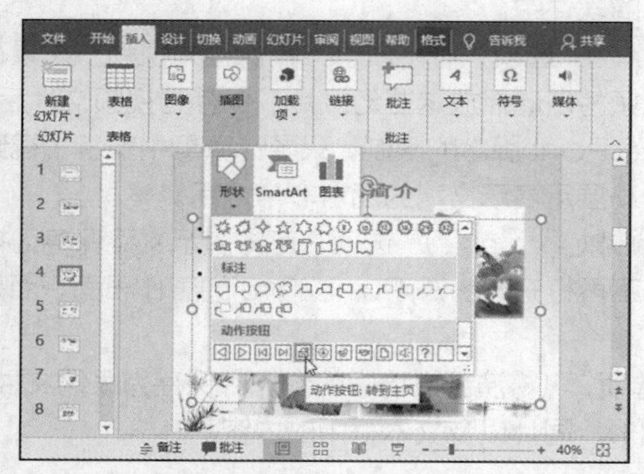

图 10-20　选择动作按钮类型

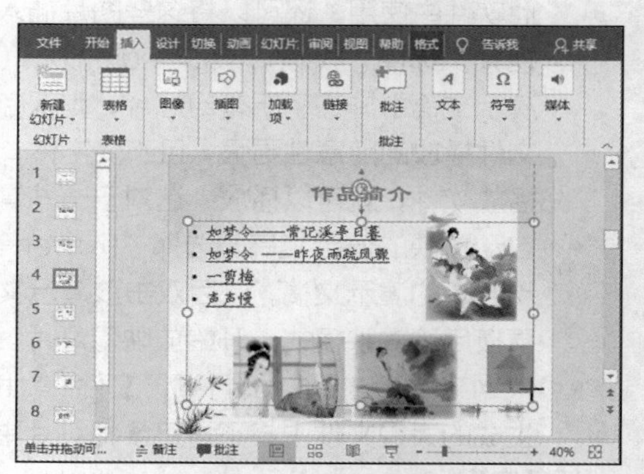

图 10-21　绘制动作按钮

（6）绘制动作按钮后会自动打开“操作设置”对话框，单击选中“超链接到”单选项，在下方的下拉列表中选择“幻灯片...”选项，如图 10-22 所示。

（7）打开“超链接到幻灯片”对话框，选择第 2 张幻灯片，如图 10-23 所示，依次单击确定按钮，使超链接生效。

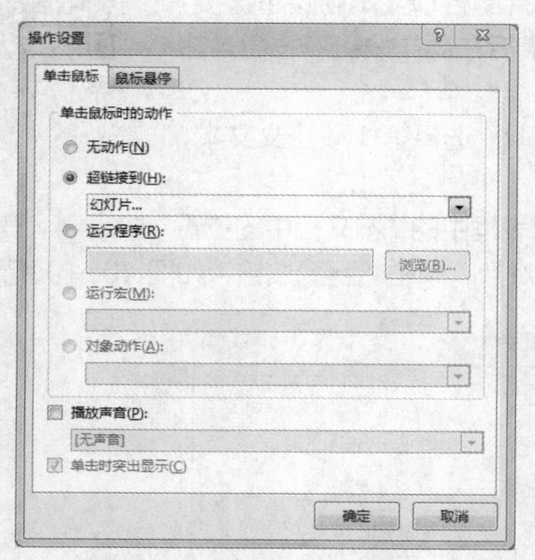

图 10-22　“操作设置”对话框

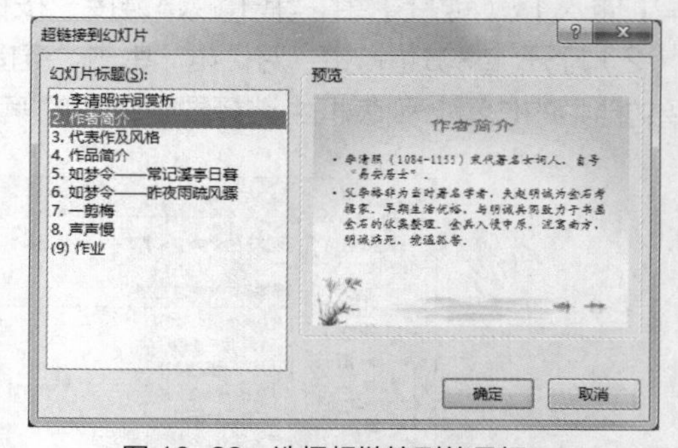

图 10-23　选择超链接到的目标

（8）返回 PowerPoint 2016 编辑界面，选择绘制的动作按钮，选择【格式】/【形状样式】组，在中间的列表框中选择第 4 排的第 2 个样式，如图 10-24 所示。

（9）选择【插入】/【文本】组，单击“艺术字”按钮，在打开的下拉列表中选择第 1 排的第 2 个样式。

（10）在艺术字占位符中输入文字“作者简介”，设置“字号”为“24”，然后将设置好的艺术字移动到动作按钮下方，如图 10-25 所示。

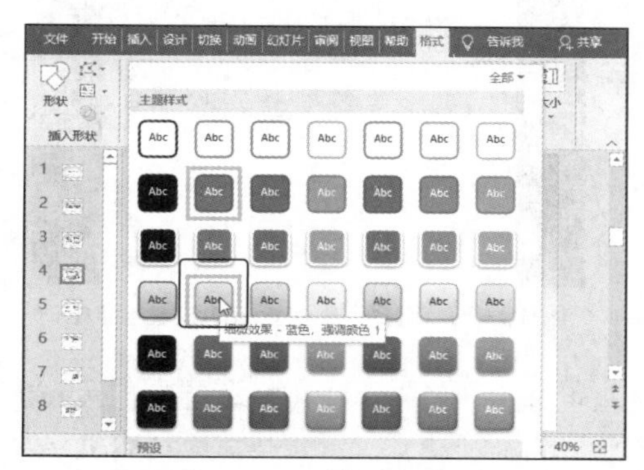

图 10-24　选择形状样式

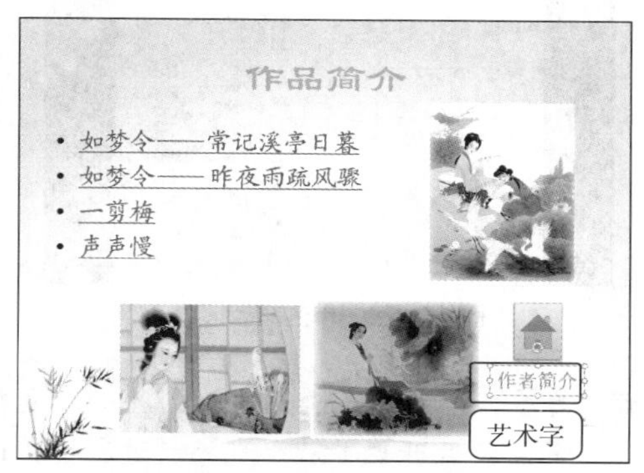

图 10-25　移动艺术字

提示　如果进入幻灯片母版，在其中绘制动作按钮，并创建好超链接，该动作按钮将应用到该幻灯片版式对应的所有幻灯片中。

（二）放映幻灯片

制作演示文稿的最终目的就是将制作完成的演示文稿展示给观众，即放映演示文稿。下面将放映制作好的演示文稿，并使用超链接快速定位到"一剪梅"所在的幻灯片，然后返回上一次查看的幻灯片，依次查看各幻灯片和对象。在最后一页标记重要内容，最后退出幻灯片放映视图，具体操作如下。

微课：放映幻灯片

（1）选择【幻灯片放映】/【开始放映幻灯片】组，单击"从头开始"按钮，进入幻灯片放映视图。

（2）从演示文稿的第 1 张幻灯片开始放映，如图 10-26 所示。单击或利用滚动条依次放映下一个动画或下一张幻灯片，如图 10-27 所示。

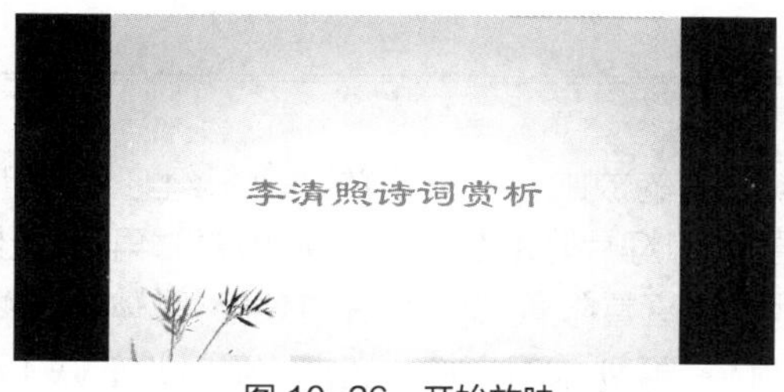

图 10-26　开始放映

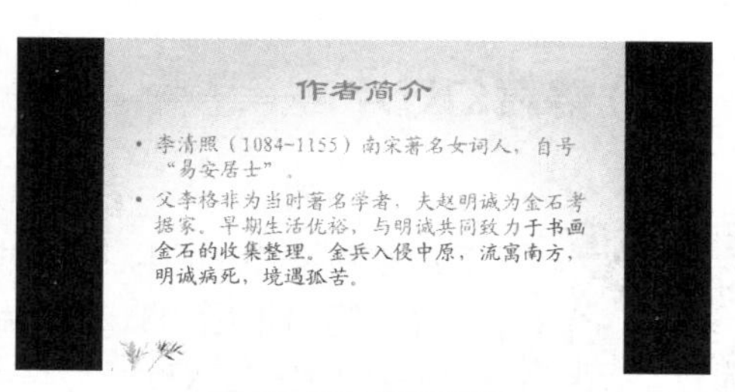

图 10-27　放映动画

（3）当播放到第 4 张幻灯片时，将鼠标指针移动到"一剪梅"文本上，此时鼠标指针变为形状，单击，如图 10-28 所示。

（4）此时切换到超链接的目标幻灯片，使用前面的方法单击即可继续放映幻灯片。在幻灯片上单击鼠标右键，在弹出的快捷菜单中选择"上次查看的位置"命令，如图 10-29 所示。

（5）返回上一次查看的幻灯片，然后依次播放幻灯片中的各个对象，当播放到最后一张幻灯片时，单击鼠标右键，在弹出的快捷菜单中选择【指针选项】/【荧光笔】命令，如图 10-30 所示，然后再次单击鼠标右键，在弹出的快捷菜单中选择【指针选项】/【墨迹颜色】/【红色】命令。

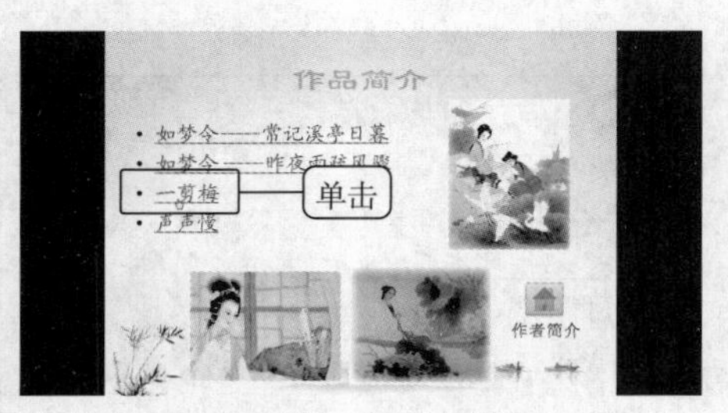

图 10-28　单击超链接

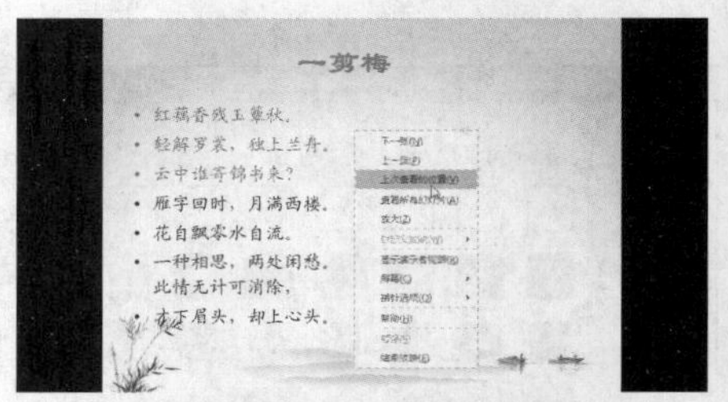

图 10-29　选择“上次查看的位置”命令

提示　单击“从当前幻灯片开始”按钮或在状态栏中单击“幻灯片放映”按钮，可从选择的幻灯片开始播放。在播放过程中，通过右击弹出的快捷菜单，可快速定位到上一张、下一张或具体某张幻灯片。

（6）此时鼠标指针变为形状，按住鼠标左键并拖动鼠标，标记重要的内容。播放完最后一张幻灯片后，单击，将打开一个黑色页面，提示“放映结束，单击鼠标退出。”，单击即可退出。

（7）由于前面标记了内容，将打开是否保留墨迹注释的提示对话框。单击放弃(D)按钮，删除绘制的注释，如图 10-31 所示。

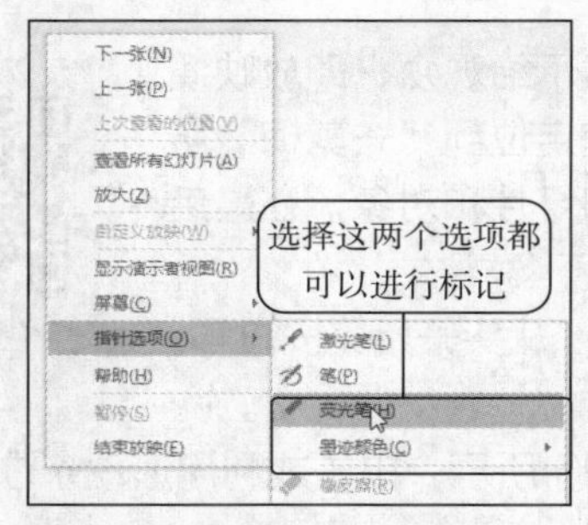

图 10-30　选择标记使用的笔

图 10-31　删除绘制的注释

（三）隐藏幻灯片

微课：隐藏幻灯片

放映幻灯片时，系统将自动按设置的放映方式依次放映每张幻灯片，但在实际放映过程中，可以将暂时不需要的幻灯片隐藏起来，等到需要时再显示出来。下面将隐藏最后一张幻灯片，然后放映查看隐藏幻灯片后的效果，具体操作如下。

（1）在“幻灯片”浏览窗格中选择第 9 张幻灯片，选择【幻灯片放映】/【设置】组，单击“隐藏幻灯片”按钮，隐藏幻灯片，如图 10-32 所示。

（2）在“幻灯片”浏览窗格中选择的幻灯片上将出现标志。选择【幻灯片放映】/【开始放映幻灯片】组，单击“从头开始”按钮，开始放映幻灯片，此时隐藏的幻灯片将不再被放映出来。

提示　若要显示隐藏的幻灯片，可在放映幻灯片时，单击鼠标右键，在弹出的快捷菜单中选择“查看所有幻灯片”命令，再在弹出的页面中选择已隐藏的幻灯片的名称。如要取消隐藏幻灯片，可再次执行隐藏操作，即选择【幻灯片放映】/【设置】组，单击“隐藏幻灯片”按钮。

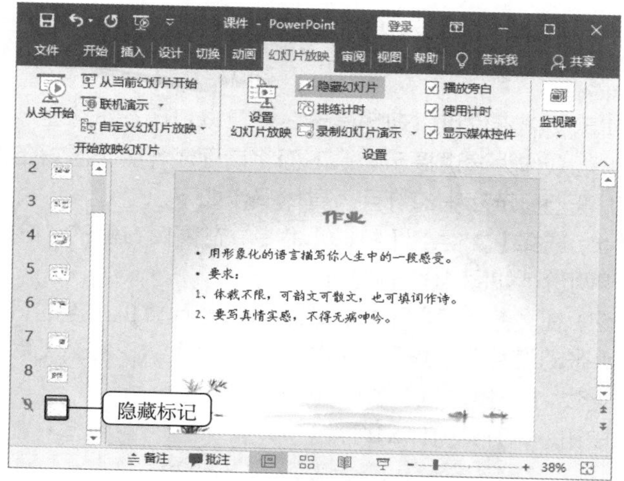

图 10-32　隐藏幻灯片

（四）排练计时

对于某些需要自动放映的演示文稿，用户在设置动画效果后，可以设置排练计时，在放映时可根据排练的时间和顺序放映。下面将在演示文稿中对各动画进行排练计时，具体操作如下。

微课：排练计时

（1）选择【幻灯片放映】/【设置】组，单击“排练计时”按钮，进入放映排练状态，同时打开“录制”工具栏自动为该幻灯片计时，如图 10-33 所示。

（2）可通过单击或按【Enter】键控制幻灯片中下一个动画出现的时间，如果用户确认该幻灯片的播放时间，可直接在“录制”工具栏的时间框中输入时间值。

（3）一张幻灯片播放完成后，单击切换到下一张幻灯片，“录制”工具栏将从头开始为该张幻灯片的放映计时。

（4）放映结束后，打开提示对话框，提示排练计时，并询问是否保留新的幻灯片计时，单击 是(Y) 按钮保存，如图 10-34 所示。

（5）打开“幻灯片浏览”视图样式，每张幻灯片的右下角将显示幻灯片的播放时间，如图 10-35 所示。

图 10-33　“录制”工具栏

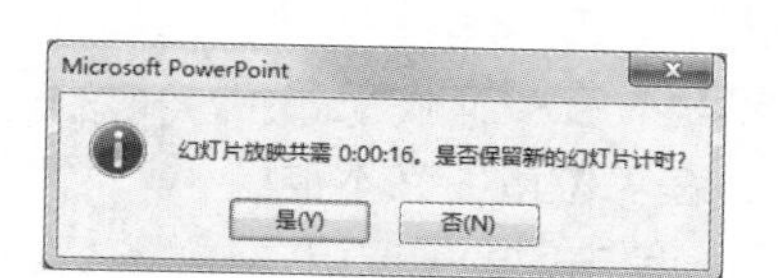

图 10-34　是否保留新的幻灯片计时

图 10-35　显示播放时间

提示　如果不想使用排练好的时间自动放映该幻灯片，可选择【幻灯片放映】/【设置】组，取消勾选“使用计时”复选框，这样在放映幻灯片时能手动进行切换。

（五）打印演示文稿

微课：打印演示文稿

演示文稿不仅可以现场演示，还可以打印在纸张上，便于演讲者手执演讲或分发给观众作为演讲提示等。下面将前面制作并设置好的演示文稿打印出来，要求一页纸上显示两张幻灯片，具体操作如下。

（1）选择【文件】/【打印】命令，在窗口右侧的“份数”数值框中输入“2”，即打印两份，如图 10-36 所示。

（2）在“打印机”下拉列表中选择与计算机相连的打印机。

（3）在幻灯片的“1 张幻灯片”下拉列表中选择【讲义】/【2 张幻灯片】选项，单击勾选“幻灯片加框”“根据纸张调整大小”复选框，如图 10-37 所示。

（4）单击“打印”按钮，开始打印幻灯片。

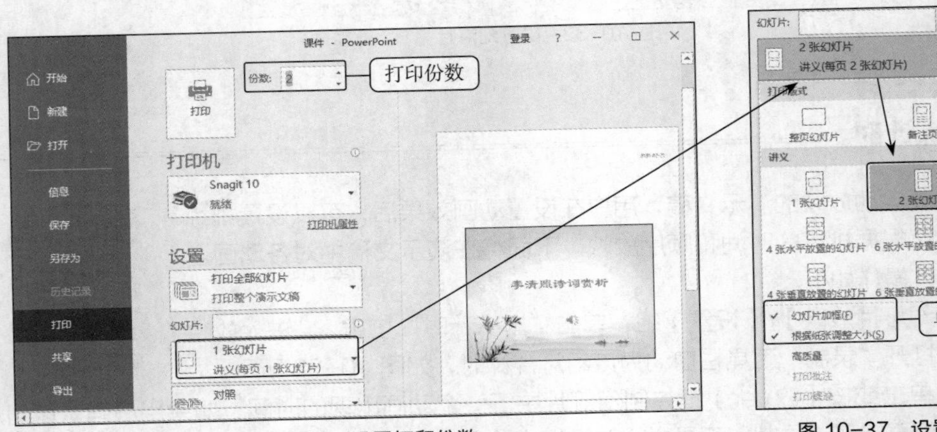

图 10-36　设置打印份数

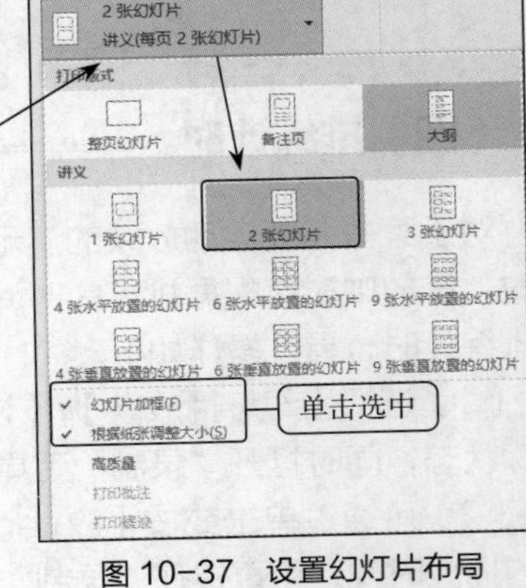

图 10-37　设置幻灯片布局

（六）打包演示文稿

微课：打包演示文稿

演示文稿制作好后，有时需要在其他计算机上放映，若想一次性传输演示文稿及其相关的音频、视频文件，可将制作好的演示文稿打包。下面将前面设置好的演示文稿打包到文件夹中，并命名为“课件”，具体操作如下。

（1）选择【文件】/【导出】命令，在工作界面左侧选择“将演示文稿打包成 CD”选项，然后单击“打包成 CD”按钮。

（2）打开“打包成 CD”对话框，单击复制到文件夹(F)...按钮，打开“复制到文件夹”对话框，在“文件夹名称”文本框中输入“课件”文本，在“位置”文本框中输入打包后的文件夹的保存位置，单击确定按钮，如图 10-38 所示。

（3）打开提示对话框，提示是否保存链接文件，单击是(Y)按钮，如图 10-39 所示，完成打包操作。

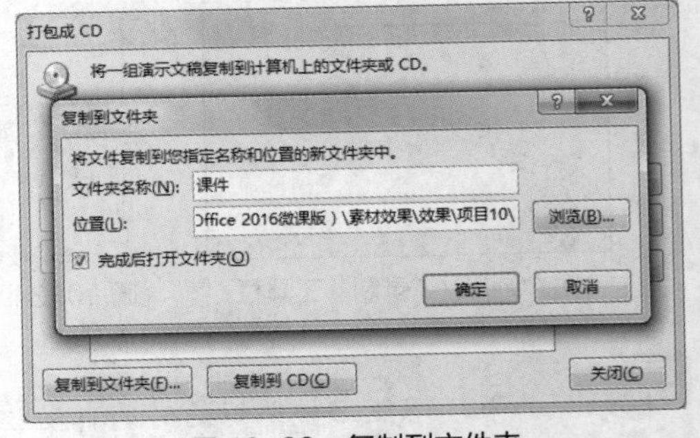

图 10-38　复制到文件夹

图 10-39　提示是否保存链接文件

课后练习

1. 新建“教学课件.pptx”演示文稿，按照下列要求对演示文稿进行操作，参考效果如图 10-40 所示。

（1）在 PowerPoint 2016 中新建一个空白演示文稿并设置和调整幻灯片主题。

（2）进入母版视图，调整幻灯片主题和母版样式，以及设置标题占位符和文本。

查看“教学课件”具体操作

（3）为幻灯片添加背景，并输入与编辑数据。使用图形编辑目录。

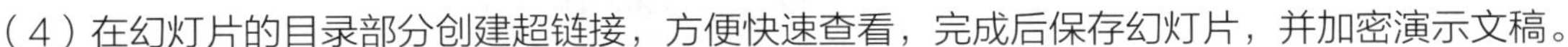

（4）在幻灯片的目录部分创建超链接，方便快速查看，完成后保存幻灯片，并加密演示文稿。

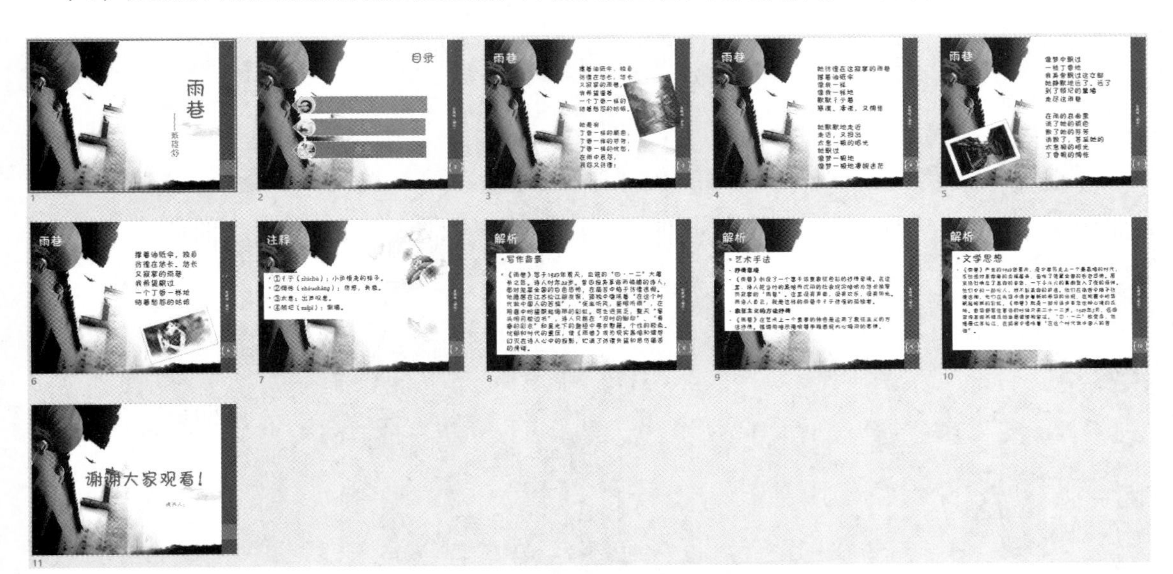

图 10-40　“教学课件”演示文稿的效果

2. 打开“电话营销培训.pptx”演示文稿，按照下列要求对演示文稿进行编辑，参考效果如图 10-41 所示。

（1）为幻灯片中的对象添加动画效果，并为幻灯片设置不同的切换效果。

（2）设置幻灯片的交互动作，使幻灯片能够按照移动的顺序播放。

（3）添加声音并对设置好的幻灯片设置放映方式，完成后，设置幻灯片的放映时间以方便查看。

（4）设置幻灯片的放映方式，对幻灯片进行打包操作，并使用播放器播放打包后的幻灯片。

查看“电话营销”具体操作

图 10-41 “电话营销培训”演示文稿的效果

项目十一 认识并使用计算机网络

11

随着信息技术的不断发展，计算机网络应用成为计算机应用的重要领域。计算机网络将计算机连入网络，然后共享网络中的资源并进行信息传输。现在常用的网络是因特网（Internet），它是一个全球性的网络，将全世界的计算机联系在一起，通过这个网络，用户可以实现多种功能。本项目将通过 3 个典型任务，介绍计算机网络的基础知识、Internet 的基础知识，以及在 Internet 中浏览信息、下载文件、收发邮件、使用流媒体文件、远程登录、网上求职等。

课堂学习目标

- 认识计算机网络。
- 认识 Internet。
- 应用 Internet。

任务一　认识计算机网络

任务要求

肖磊最近被调到了公司的行政岗位上做行政工作。行政工作的内容本身不太复杂，用大学学习的知识加上勤学苦干，肖磊相信自己一定可以做得很好。在日常的工作中，肖磊经常需要与网络接触，因此，他决定先了解计算机网络的基础知识。

本任务要求了解计算机网络的定义、网络中的硬件设备、软件设备，以及无线局域网。

任务实现

（一）计算机网络定义

在计算机网络发展的不同阶段，对计算机网络的理解和侧重点不同，针对不同的观点，人们提出了不同的定义。就目前的计算机网络来看，从资源共享的观点出发，通常将计算机网络定义为以能够相互共享资源的方式连接起来的独立计算机系统的集合。也就是说，将相互独立的计算机系统以通信线路相连接，按照全网统一的网络协议进行数据通信，从而实现网络资源共享。

微课：计算机网络的发展

从计算机网络的定义可以看出，构成计算机网络有以下 4 点要求。

- 计算机相互独立。从分布的地理位置来看，它们是独立的，既可以相距很近，也可以相隔千里；从数据处理功能上来看，它们也是独立的，既可以联网工作，也可以脱离网络独立工作，而且联网工作时，也没有明确的主从关系，即网内的一台计算机不能强制性地控制另一台计算机。

- 通信线路相连接。各计算机系统必须用传输介质和互连设备实现互连，传输介质可以是双绞线、同轴电缆、光纤、微波和无线电等。
- 采用统一的网络协议。全网中的各计算机在通信过程中必须共同遵守“全网统一”的通信规则，即网络协议。
- 资源共享。计算机网络中一台计算机的资源，包括硬件、软件和信息可以提供给全网其他计算机系统共享。

（二）网络中的硬件

要形成一个能传输信号的网络，必须有硬件设备的支持。由于网络的类型不一样，使用的硬件设备可能有所差别，总体说来，网络中的硬件设备有传输介质、网卡、路由器和交换机等。

1. 传输介质

传输介质是连接网络中各节点的物理通路。目前，常用的网络传输介质有双绞线、同轴电缆、光缆与无线传输介质等。对其分别介绍如下。

- 双绞线。双绞线由 2 根、4 根或 8 根绝缘导线组成，2 根为一线对来作为一条通信链路。为了减少各线对之间的电磁干扰，各线对以均匀对称的方式，以螺旋状的方式扭绞在一起。线对的绞合程度越高，抗干扰能力越强。
- 同轴电缆。同轴电缆由内导体、外屏蔽层、绝缘层及外部保护层组成。同轴电缆可连接的地理范围较双绞线更大，抗干扰能力较强，使用与维护也方便，但其价格较双绞线高。
- 光缆。一条光缆中包含多根光纤。每根光纤由玻璃或塑料拉成极细的、能传导光波的纤芯和包层构成，外面再包裹多层保护材料。光纤通过内部的全反射来传输经过编码的光信号。光缆因其数据传输速率高、抗干扰性强、误码率低及安全保密性好的特点，被认为是一种非常有前途的传输介质。光缆价格高于同轴电缆与双绞线。
- 无线传输介质。无线传输介质使用特定频率的电磁波作为传输介质，可以“挣脱”有线介质（双绞线、同轴电缆、光缆）的束缚，组成无线局域网。目前计算机网络中常用的无线传输介质有无线电波（信号频率为 30 MHz~1 GHz）、微波（信号频率为 2GHz~40 GHz）、红外线（信号频率为 3×10^{11}Hz~2×10^{14} Hz）。

2. 网卡

网卡的全称是网络接口卡（Network Interface Card，NIC），用于连接计算机和传输介质，从而实现信号传输。网卡包括帧的发送与接收、帧的封装与拆封、介质访问控制、数据的编码与解码以及数据缓存等功能。网卡是计算机连接到局域网的必备设备，一般分为有线网卡和无线网卡两种。

3. 路由器

路由器（Router，意为“转发者”）是各局域网、广域网连接因特网的设备，它会根据信道的情况自动选择和设定路由，以最佳路径，按前后顺序发送信号。由此可见，选择最佳路径的策略是路由器发送信号的关键所在。路由器保存着各种传输路径的相关数据——路径表，供选择时使用。路径表可以由系统管理员固定设置好，也可以由系统动态修改，还可以由路由器自动调整，更可以由主机控制。

4. 交换机

交换机（Switch，意为“开关”）是一种用于转发电信号的网络设备。它可以为接入交换机的任意两个网络节点提供独享的电信号通路，支持端口连接节点之间的多个并发连接（类似于电路中的“并联”效应)，从而增加网络带宽，改善局域网的性能。交换机的主要功能包括物理编址、网络拓扑结构、错误校验、帧序列以及流控等。交换机分为以太网交换机、电话语音交换机和光纤交换机等。

提示 路由器和交换机之间的主要区别就是交换机发生在 OSI（Open System Interconnection，开放式系统互联）参考模型第 2 层（数据链路层），而路由器发生在第 3 层，即网络层。这一区别决定了路由器和交换机在移动信息的过程中需使用不同的控制信息，所以两者实现各自功能的方式是不同的。

（三）网络中的软件

与硬件相对的是软件，要在网络中实现资源共享以及一些需要的功能就必须得到软件的支持。网络软件一般是指网络操作系统、网络通信协议和应用级的提供网络服务功能的专用软件，下面分别进行讲解。

- 网络操作系统。网络操作系统用于管理网络软硬件资源，常见的网络操作系统有 UNIX、Netware、Windows NT 和 Linux 等。
- 网络通信协议是网络中计算机交换信息时的约定，规定了计算机在网络中互通信息的规则。互联网采用的协议是 TCP/IP。
- 提供网络服务功能的专用软件。该类软件用于提供一些特定的网络服务功能，如文件的上传与下载服务、信息传输服务等。

（四）无线局域网

随着技术的发展，无线局域网（Wireless Local Area Networks，WLAN）已逐渐代替有线局域网，成为现在家庭、小型公司主流的局域网组建方式。无线局域网利用射频技术，使用电磁波取代由双绞线构成的局域网络。

WLAN 的实现技术很多，其中应用较为广泛的是无线保真（Wi-Fi）技术，它是一种能够将各种终端都使用无线进行互连的技术。要实现无线局域网功能，目前一般需要一台无线路由器，以及多台有无线网卡的计算机和手机等可以上网的设备。

无线路由器可以看作一个转发器，它将宽带网络信号通过天线转发给附近的无线网络设备，同时它还具有其他网络管理功能，如 DHCP（Dynamic Host Configuration Protocol）服务、NAT（Network Address Translation，网络地址转换）防火墙、MAC（Media Access Control，媒体访问控制）地址过滤和动态域名等。

任务二　认识 Internet

任务要求

肖磊在学习了一些基本的计算机网络知识后，同事告诉他，计算机网络不等同于 Internet。Internet 是目前使用最为广泛的一种网络，也是现在世界上最大的一种网络，在该网络上可以实现很多特有的功能。肖磊决定再好好补补 Internet 的基础知识。

本任务要求认识 Internet 与万维网，了解 TCP/IP，认识 IP 地址和域名系统，掌握连入 Internet 的各种方法。

任务实现

（一）认识 Internet 与万维网

Internet 和万维网是两种不同类型的网络，其功能也各不相同。

1. Internet

Internet 俗称互联网，也称国际互联网，它是全球最大、连接能力最强、由遍布全世界的众多大大小小的网络相互连接而成的计算机网络，它是由美国军方的高级研究计划局的阿帕网（ARPAnet）发展起来的。目前，Internet 可通过全球的信息资源和覆盖全世界多个国家和地区的海量网点，可以在网上提供软件分发、商业交易、视频会议以及视频节目点播等服务。Internet 在全球范围内提供了极为丰富的信息资源。一旦连接到 Web 节点，就意味着你的计算机已经进入 Internet。

Internet 将全球范围内的网站连接在一起，形成一个资源十分丰富的信息库。Internet 在人们的工作、生活和社会活动中起着越来越重要的作用。

2. 万维网

万维网（World Wide Web，WWW），又称环球信息网、环球网和全球浏览系统等。WWW 起源于位于瑞士日内瓦的欧洲粒子物理实验室。WWW 是一种基于超文本的、方便用户在 Internet 上搜索和浏览信息的信息服务系统。它通过超链接把世界各地不同 Internet 节点上的相关信息有机地组织在一起，用户只需发出检索要求，就能自动进行定位并找到相应的检索信息。用户可用 WWW 在 Internet 上浏览、传递和编辑超文本格式的文件。WWW 是 Internet 上非常受欢迎、非常流行的信息检索工具，它能把各种类型的信息（如文本、图像、声音和影像等）集成起来供用户查询。WWW 为全世界的人们提供了查找和共享知识的手段。

WWW 还具有连接 FTP 和 BBS 等能力。总之，WWW 的应用和发展已经远远超出网络技术的范畴，影响着新闻、广告、娱乐、电子商务和信息服务等诸多领域。可以说，WWW 的出现是 Internet 应用的一个革命性的里程碑。

（二）了解 TCP/IP

微课：ping 命令

计算机网络要有网络协议，网络中每个主机系统都应配置相应的协议软件，以确保网络中不同系统之间能够可靠、有效地相互通信和合作。TCP/IP（Transmission Control Protocol/Internet Protocol）是 Internet 最基本的协议之一，它译为传输控制协议/网际协议，又名网络通信协议，也是 Internet 国际互联网络的基础。

TCP/IP 由网络层的 IP 和传输层的 TCP 组成。它定义了电子设备如何连入 Internet，以及数据在它们之间传输的标准。

TCP 即传输控制协议，位于传输层，负责向应用层提供面向连接的服务，确保网上发送的数据包可以完整接收。如果发现传输有问题，则要求重新传输，直到所有数据安全正确地传输到目的地。IP 即网络协议，负责给 Internet 的每一台设备规定一个地址，即常说的 IP 地址。同时，IP 还有另一个重要的功能，即路由选择功能，用于选择从网上一个节点到另一个节点的传输路径。

TCP/IP 共分为 4 层——网络接口层、互连网络层、传输层和应用层，分别介绍如下。

- 网络接口层（Host-to-Network Layer）。网络接口层用于规定数据包从一个设备的网络层传输到另一个设备的网络层的方法。

- 互连网络层（Internet Layer）。互连网络层负责提供基本的数据封包传送功能，让每一块数据包都能够到达目的主机，使用网络协议、网际控制报文协议（Internet Control Message Protocol，ICMP）。
- 传输层（Transport Layer）。传输层用于为两台联网设备之间提供端到端的通信，在这一层有传输控制协议和用户数据报协议（User Datagram Protocol，UDP）。其中传输控制协议是面向连接的协议，它能提供可靠的报文传输和对上层应用的连接服务；用户数据报协议是面向无连接的不可靠传输的协议，主要用于不需要传输控制协议的排序和流量控制等功能的应用程序。
- 应用层（Application Layer）。应用层包含所有的高层协议，用于处理特定的应用程序数据，为应用软件提供网络接口，包括文件传输协议（File Transfer Protocol，FTP）、简单电子邮件传输协议（Simple Mail Transfer Protocol，SMTP）、域名服务（Domain Name Service，DNS）、网上新闻传输协议（Network News Transfer Protocol，NNTP）等。

（三）认识 IP 地址和域名系统

Internet 连接了众多的计算机，如何有效地分辨这些计算机，就需要通过 IP 地址和域名来实现。

1. IP 地址

IP 地址即网络协议地址。连接在 Internet 上的每台主机都有一个在全世界范围内唯一的 IP 地址。一个 IP 地址由 4 字节（32 bit）组成，通常用小圆点分隔，其中每字节都可用一个十进制数来表示。例如，192.168.1.51 就是一个 IP 地址。

IP 地址通常可分成两部分，第一部分是网络号，第二部分是主机号。

Internet 的 IP 地址可以分为 A、B、C、D 和 E 共 5 类。其中，0~127 为 A 类地址，128~191 为 B 类地址，192~223 为 C 类地址，D 类地址留给 Internet 体系结构委员会使用，E 类地址保留供今后使用。也就是说，每字节的数字由 0~255 组成，大于或小于该数字的 IP 地址都不正确，通过数字所在的区域可判断该 IP 地址的类别。

微课：设置 IP 地址

提示 由于网络的迅速发展，已有协议（IPv4）规定的 IP 地址已不能满足用户的需要。IPv6 采用 128 位地址长度，几乎可以不受限制地提供地址。IPv6 除解决了地址短缺问题以外，还解决了在 IPv4 中存在的其他问题，如端到端 IP 连接、服务质量（QoS）、安全性、多播、移动性和即插即用等。IPv6 成为新一代的网络协议标准。

2. 域名系统

数字形式的 IP 地址难以记忆，故在实际使用时常采用字符形式来表示 IP 地址，即域名系统（Domain Name System）。域名系统由若干子域名构成，子域名之间用小圆点来分隔。

域名的层次结构如下。

……三级子域名.二级子域名.顶级子域名

每一级的子域名都由英文字母和数字组成（不超过 63 个字符，并且不区分大小写字母），级别最低的子域名写在最左边，而级别最高的顶级域名写在最右边。一个完整的域名不超过 255 个字符，其子域级数一般不予限制。

例如，西南财经大学的 www 服务器的域名是 www.swufe.edu.cn。在这个域名中，顶级域名是 cn（中国），第二级子域名是 edu（教育部门），第三级子域名是 swufe（西南财经大学），最左边的 www 则表示某台主机名称。

提示 在顶级域名下，二级域名又分为类别域名和行政区域名。类别域名共 6 个，包括用于科研机构的 ac，用于工商金融企业的 com，用于教育机构的 edu，用于政府部门的 gov，用于互联网络信息中心和运行中心的 net，用于非营利组织的 org。我国的行政区域名有 34 个。

（四）连入 Internet

用户的计算机连入 Internet 的方法有多种，一般都是先联系 Internet 服务提供商（Internet Service Protocol，ISP），对方派专人根据当前的情况实际查看、连接后，分配 IP 地址、设置网关及域名系统等，从而实现上网。

目前，连入 Internet 的方法主要有 ADSL（Asymmetric Digital Subscriber Line，非对称数字用户线路）拨号上网和光纤宽带上网两种，下面对其分别介绍。

- ADSL。ADSL 可直接利用现有的电话线路，通过 ADSL Modem 传输数字信息，理论上 ADSL 连接速率可达到 1Mbit/s~8Mbit/s。它具有速率稳定、带宽独享、语音数据不干扰等优点，适用于家庭、个人等用户的大多数网络应用需求。它可以与普通电话线共存于一条线上，接听、拨打电话的同时能进行 ADSL 传输，互不影响。
- 光纤宽带。光纤宽带是目前宽带网络多种传输媒介中较为理想的一种，它具有传输容量大、传输质量高、损耗小、中继距离长等优点。光纤连入 Internet 一般有两种方法，一种是通过光纤接入小区节点或楼道，再由网线连接到各个共享点上；另一种是“光纤到户”，将光缆一直扩展到每个用户所需的地方。

任务三　应用 Internet

任务要求

通过一段时间的基础知识的学习，肖磊迫不及待地想进入 Internet 的神奇世界。老师告诉他，Internet 可以实现的功能很多，不仅可以查看和搜索信息，还可以下载资料等。在信息化技术如此深入发展的今天，不管是办公工作还是日常生活，都离不开 Internet。肖磊决定系统地学习 Internet 的使用方法。

本任务需要掌握常见的 Internet 操作，包括 IE 的使用、搜索信息、下载资源、网上流媒体的使用、远程登录和网上求职等。

相关知识

（一）Internet 的相关概念

使用 Internet 之前，用户可以先了解 Internet 的相关概念，以便后期学习。

1. 浏览器

浏览器是用于浏览 Internet 显示信息的工具。Internet 中的信息种类繁多，有文字、图像、多媒体，还有连接到其他网址的超链接。通过浏览器，用户可迅速浏览各种信息，并可将用户反馈的信息转换为计算机能够识别的命令。在 Internet 中，这些信息一般都集中在 HTML 格式的网页上显示。

浏览器的种类众多，常用的有 Internet Explorer （简称 IE）、QQ 浏览器、Firefox、Safari、Opera、百度浏览器、搜狗浏览器、360 浏览器、UC 浏览器等。

2. URL

URL（Uniform Resource Locator，统一资源定位符）用于表示网页地址，简称网址，是Internet上标准的资源的地址。一个完整的URL由“协议名称”“服务器名称或IP地址”“路径和文件名”组成，下面分别进行介绍。

- 协议名称。协议名称用于命令浏览器如何处理将要打开的文件。常用的模式是超文本传输协议（Hypertext Transfer Protocol，HTTP），除此之外还有HTTPS（Hypertext Transfer Protocol Secure，超文本传输安全协议）、FTP等。
- 服务器名称或IP地址。服务器名称或IP地址用于指定指向的位置，后面有时还跟一个冒号和一个端口号。
- 路径和文件名。路径和文件名用于打开指定地址的文件或文件夹，各具体路径之间用斜线（/）分隔。

3. 超链接

超链接是超级链接的简称，网页中包含的信息众多，这些信息不可能在一个页面中全部显示出来，超链接就出现了。超链接是指从一个网页指向一个目标的连接关系，这个目标可以是另一个网页，也可以是相同网页上的不同位置，还可以是一张图片、一个电子邮件地址、一个文件，甚至是一个应用程序等。而在一个网页中用来超链接的对象，可以是一段文本或者是一张图片等。

在一些较大型的综合网站中，首页一般都是超链接的集合，单击这些超链接，就能一步步指定具体可以阅读的网页内容。

4. FTP

FTP可将一个文件从一台计算机传送到另一台计算机中，而不管这两台计算机使用的操作系统是否相同，相隔的距离有多远。

在使用FTP的过程中，经常会遇到两个概念，即下载（Download）和上传（Upload）。下载就是将文件从远程计算机复制到本地计算机上，上传就是将文件从本地计算机复制到远程主机上。用Internet语言来说，用户可通过客户机程序向（从）远程主机上传（下载）文件。

提示 使用FTP时必须先登录，在远程主机上获得相应的权限以后，才能下载或上传文件，这就要求用户必须有对应的账户和密码，这样虽然安全，但不太方便使用。通常使用账号“anonymous”（匿名），密码为任意的字符串，也可以实现上传和下载功能，这个账号即为匿名FTP。

（二）认识IE窗口

IE是目前主流的浏览器之一。在Windows 7操作系统中双击桌面上的IE图标或单击“开始”按钮，在打开的菜单中选择【所有程序】/【Internet Explorer】命令启动该程序，将打开图11-1所示的窗口。

IE窗口中的标题栏、前进/后退按钮和状态栏的作用与前面章节中介绍的应用程序的窗口中相关功能区的作用类似，下面介绍IE窗口中的特有部分。

- 地址栏。地址栏用来显示用户当前所打开网页的地址，也就是常说的网站的网址。单击地址栏右边的▾按钮，在打开的下拉列表中可以快速打开曾经访问过的网址。单击地址栏右侧的“刷新”按钮，浏览器将重新下载当前网页的内容；单击“停止”按钮×，可以停止下载当前网页。

图 11-1 IE 窗口

- 网页选项卡。网页选项卡可以使用户在单个浏览器窗口中查看多个网页，即当打开多个网页时，单击不同的选项卡可以在打开的网页间快速切换。
- 工具栏。工具栏中包含浏览网页时所需的常用工具按钮，单击相应的按钮可以快速对浏览的网页进行相应的设置或操作。
- 网页浏览窗口。所有的网页文字、图片、声音和视频等信息都显示在网页浏览窗口中。

（三）流媒体

流媒体是一种以“流”的方式在网络中传输音频、视频和多媒体文件的形式。它将视频和音频等多媒体文件经过特殊的压缩方式分成一个个压缩包，由服务器向用户计算机连续、实时传送。在流媒体传输方式的系统中，用户不必像非流式传输那样，必须整个文件全部下载完毕才能看到当中的内容，而只需要经过很短的时间，即可在计算机上边播放边下载视频或音频等流式媒体文件。

1. 实现流媒体的条件

实现流媒体需要两个条件，一是传输协议，二是缓存，其作用分别如下。

- 传输协议。流式传输有实时流式传输和顺序流式传输两种。实时流式传输适合现场直播，需要另外使用 RTSP（Real Time Streaming Protocol，实时流传输协议）或 MMS（Microsoft Media Server，微软媒体服务器）传输协议；顺序流式传输适合已有媒体文件，这时用户可观看已下载的那部分，但不能跳到还未下载的部分。由于标准的 HTTP 服务器可以直接发送已有媒体文件，所以无需使用其他特殊协议。
- 缓存。流媒体技术可以实现，是因为它首先在使用者的计算机上创建一个缓冲区，在播放前预先下载一段数据作为缓存，在网络实际连线速度小于播放所耗用数据的速度时，播放程序会取用缓冲区内的数据，从而避免播放中断，以达到流媒体连续不断的目的。

2. 流媒体传输过程

流媒体在服务器和客户端之间传输的过程如下。

（1）客户端 Web 浏览器与媒体服务器之间交换控制信息，检索出需要传输的实时数据。

（2）Web 浏览器启动客户端的音频/视频程序，并初始化该程序，包括目录信息、音频/视频数据的编码类型和相关的服务地址等信息。

（3）客户端的音频/视频程序和媒体服务器之间运行流媒体传输协议，交换音频/视频传输所需的控制信息，实时流协议提供播放、快进、快退和暂停等功能。

（4）媒体服务器通过传输协议将音频/视频数据传输给客户端，数据到达客户端时，客户端程序即可播放流媒体。

任务实现

（一）使用 IE

IE 的最终目的是浏览 Internet 的信息，并实现信息交换的功能。IE 作为 Windows 操作系统集成的浏览器，拥有浏览网页、保存信息、使用历史记录和收藏网页等多种功能。

1. 浏览网页

使用 IE 对于个人用户而言，实际上就是打开网页，并查看网页中的内容。

下面使用 IE 打开网易网页，然后进入“旅游”专题，查看其中感兴趣的网页内容。

微课：浏览网页

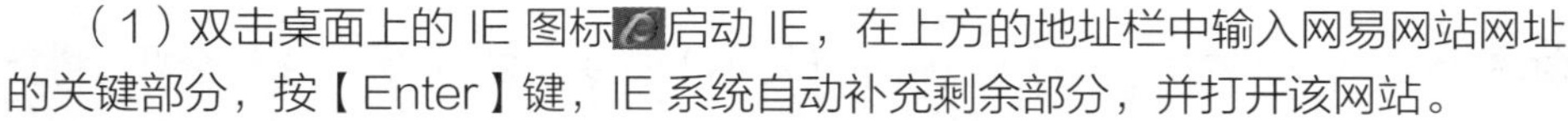
（1）双击桌面上的 IE 图标启动 IE，在上方的地址栏中输入网易网站网址的关键部分，按【Enter】键，IE 系统自动补充剩余部分，并打开该网站。

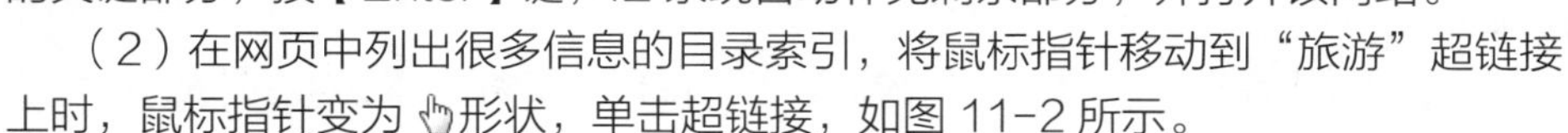
（2）在网页中列出很多信息的目录索引，将鼠标指针移动到“旅游”超链接上时，鼠标指针变为形状，单击超链接，如图 11-2 所示。

图 11-2　打开网页并单击超链接

提示　启动 IE 后自动打开的网页称为主页，用户可对其进行修改，方法是：在工具栏中单击「工具(O)」按钮，在打开的下拉列表中选择“Internet 选项”选项，在打开对话框的“主页”文本框中输入需要设置的网址，或者打开一个网页后，单击该对话框中的「使用当前页(C)」按钮，将打开的网页设置为主页。

（3）打开“旅游”专题，可在其中滚动鼠标滚轮上下移动网页，在该网页中浏览到自己感兴趣的内容超链接后，再次单击，如图 11-3 所示，可在打开的网页中浏览其具体内容，如图 11-4 所示。

图 11-3　单击超链接

图 11-4　浏览具体内容

提示 在浏览网页的过程中，可以通过 IE 中的前进和后退按钮浏览网页前后的内容。当在同一个窗口中打开两个以上的网页时，单击按钮，可以快速返回到上一个网页。单击按钮后，再单击按钮，可返回到单击按钮之前的网页。

微课：保存网页中的资料

2. 保存网页中的资料

IE 提供了信息保存功能，当用户浏览的网页中有自己需要的内容时，可将其长期保存在计算机中，以备随时调用。

下面保存打开网页中的文字信息和图片信息，最后保存整个网页内容。

（1）打开一个需要保存资料的网页，使用鼠标选择需要保存的文字，在选择的文字区域单击鼠标右键，在弹出的快捷菜单中选择"复制"命令或按【Ctrl+C】组合键。

（2）启动记事本程序或 Word 软件，选择【编辑】/【粘贴】命令或按【Ctrl+V】组合键，将复制的文字粘贴到该软件中。

（3）选择【文件】/【保存】命令，在打开的对话框中进行设置后，将文档保存在计算机中。

（4）在需要保存的图片上单击鼠标右键，在弹出的快捷菜单中选择"图片另存为"命令，打开"保存图片"对话框。

（5）在"保存为"下拉列表中选择图片的保存位置，在"文件名"文本框中输入要保存图片的名称，这里输入"马尔代夫"，单击保存(S)按钮，将图片保存在计算机中。

（6）在当前打开的网页的工具栏中单击页面(P)按钮，在打开的下拉列表中选择"另存为"选项，打开"保存网页"对话框。选择保存网页的地址，设置名称，在"保存类型"下拉列表中选择"网页，全部"选项，单击保存(S)按钮，系统将显示保存进度，保存后即可在相应的文件夹内找到该网页文件。

提示 保存网页后，在网页的保存位置有一个网页文件和与网页文件同名的文件夹，双击网页文件，可快速打开该网页进行浏览。文件夹中保存了该网页中的所有图片和视频等信息。

3. 使用历史记录

用户使用 IE 查看的网页将被记录在 IE 中，当需要再次打开该网页时，可通过历史记录进入。

微课：使用历史记录

下面使用历史记录查看今天曾经打开过的一个网页。

（1）在窗口右侧单击"收藏夹"按钮，在网页右侧打开"收藏夹"窗格，单击上方的"历史记录"选项卡。

（2）在下方以星期形式列出日期列表，选择"今天"选项，在展开的子列表中列出今天查看的所有网页文件夹。

（3）选择一个网页文件夹，在下方会显示在该网站查看的所有网页列表，选择一个网页选项，即可在网页浏览窗口中显示该网页内容。

微课：使用收藏夹

4. 使用收藏夹

对于需要经常浏览的网页，可以将其添加到收藏夹中，以便快速打开。

下面将"京东"网页添加到收藏夹的"购物"文件夹中。

（1）在地址栏中输入京东网页的网址，按【Enter】键打开该网页，在右侧单击"收藏夹"按钮。

（2）在网页右侧打开“收藏夹”窗格，单击上方的 添加到收藏夹 按钮，打开“添加收藏”对话框，在“名称”文本框中输入“京东”，单击 新建文件夹(E) 按钮，如图 11-5 所示。

（3）打开“创建文件夹”对话框，在“文件夹名”文本框中输入“购物”，依次单击 创建(A) 按钮和 添加(A) 按钮，完成设置，如图 11-6 所示。

（4）再次打开收藏夹，可发现其中多了一个“购物”文件夹，选择该文件夹，下面将显示保存的“京东”网页选项，如图 11-7 所示，单击该选项即可将其打开。

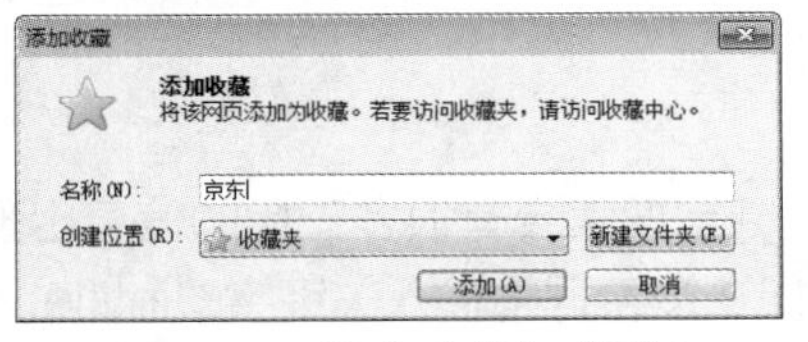

图 11-5 “添加收藏”对话框

图 11-6 “创建文件夹”对话框

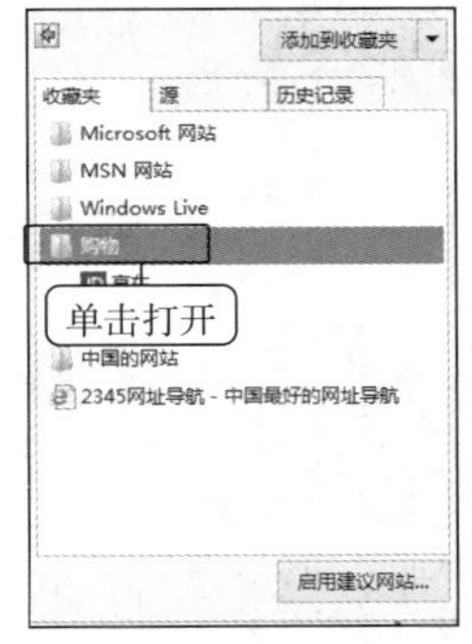

图 11-7 收藏后的网页

（二）使用搜索引擎

搜索引擎是专门用来查询信息的网站，这些网站可以提供全面的信息查询功能。目前，常用的搜索引擎有百度、搜狗、必应、360 搜索等。使用搜索引擎搜索信息的方法有很多，下面介绍常用的方法。

微课：只搜索标题含有关键词的信息

1. 只搜索标题含有关键词的信息

输入关键词后，搜索引擎会拆分输入的词语。不管是标题还是内容，只要包含了拆分的关键词，相关信息就都会显示在其中，导致搜索到很多无用的信息。要想避免这种情况，可通过输入括号来解决。

下面在百度搜索引擎中只搜索包含“计算机等级考试”的内容。

（1）在地址栏中输入百度网页地址，按【Enter】键打开“百度”网站首页。

（2）在文本框中输入搜索的关键词“(计算机等级考试)”，如图 11-8 所示，然后单击 百度一下 按钮。

（3）如图 11-9 所示，在打开的网页中列出搜索结果，单击任意一个超链接，即可在打开的网页中查看具体内容。

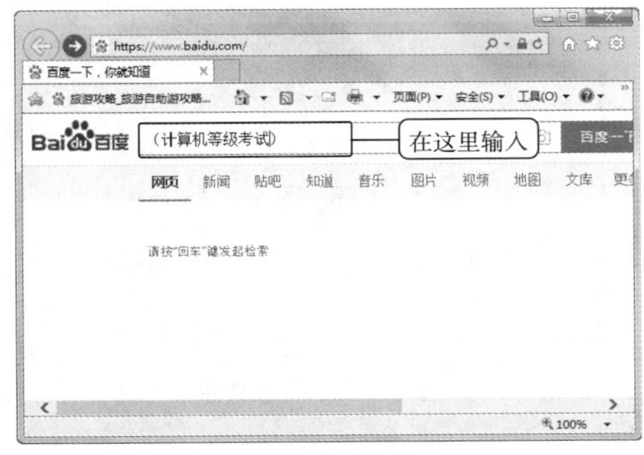

图 11-8 输入关键词

图 11-9 搜索结果

提示 在搜索引擎网页的上部单击不同的超链接可在对应的内容下搜索信息，如搜索视频信息和地图信息等，从而帮助用户更加精确地搜索到需要的信息。

微课：避免同音字干扰搜索结果

2. 避免同音字干扰搜索结果

通过默认输入的关键字使用搜索引擎搜索时，还会搜索出与它同音的关键字信息，为了避免这一情况，可输入双引号。

下面在百度搜索引擎中搜索“赵丽英”的相关资料。

（1）打开“百度”网站首页，在文本框中输入搜索的关键字“赵丽英”，单击百度一下按钮，此时将出现同音字“赵丽颖”的相关信息。

微课：只搜索标题含有关键字的内容

（2）在文本框中输入搜索的关键字为““赵丽英””，然后单击百度一下按钮，即可查找到赵丽英的相关信息。

3. 只搜索标题含有关键字的内容

若希望搜索一些文献，通常直接输入关键字搜索会有很多无用的信息出现，此时可通过“intitle:标题”的方法来完成。如在搜索框中输入关键字“intitle:人间四月天”，单击百度一下按钮，即可显示标题含有“人间四月天”这几个关键字的相关信息。

（三）下载资源

微课：下载资源

Internet的网站中有很多资源，除了在FTP站点中可以下载这些资源之外，在日常的生活和工作中，人们更多是在普通的网站中下载。

将“搜狗输入法”软件下载到本地计算机中。

（1）在IE的地址栏中输入百度网址，搜索“搜狗输入法下载”信息，然后单击ZOL软件下载超链接，在打开的页面中单击高速下载按钮。

（2）在浏览器的下方将打开提示框，在其中单击保存(S)按钮右侧的下拉按钮，在打开的下拉列表中选择“另存为”选项，如图11-10所示。

（3）打开“另存为”对话框，设置文件的保存位置和文件名后，单击保存(S)按钮，如图11-11所示。开始下载软件，下载完成后，在保存位置可查看下载的资源。

图11-10 搜索下载资源

图11-11 保存文件

（四）使用流媒体

微课：使用流媒体

现在很多网站都提供了音频/视频在线播放服务，如优酷、爱奇艺等。它们的使用方法基本相同，只是每个网站中保存的音频/视频文件各有不同。

在爱奇艺网站中观看一部动画片，使用方法如下。

（1）在浏览器中打开爱奇艺网站，单击首页的“儿童”超链接，打开儿童频道。

（2）依次单击超链接，选择喜欢看的视频文件，视频文件将在网页的窗口中显示，如图 11-12 所示。

（3）在窗口右侧还可以选择需要播放的视频文件，在视频播放窗口下方拖动进度条或单击进度条的某一个时间点，可从该时间点开始播放该视频文件，如图 11-13 所示。在进度条下方有一个时间表，表示当前视频的播放时长和总时长。

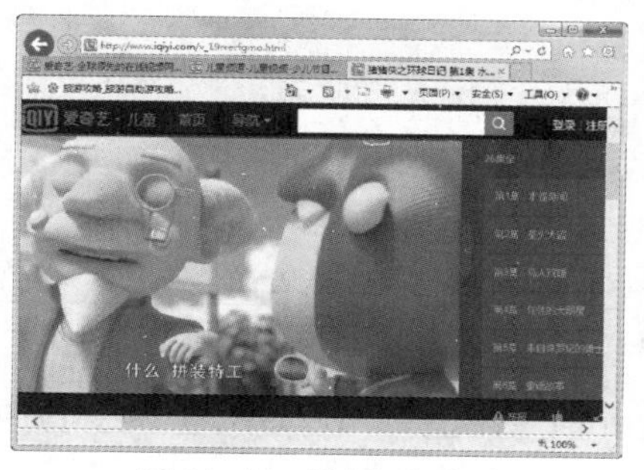

图 11-12　选择视频文件

图 11-13　播放任意时间点的视频

（4）单击▶按钮可播放视频文件，单击“全屏”按钮将以全屏模式播放视频文件。

（五）远程登录桌面

微课：远程登录桌面

设置远程登录桌面可以让用户在两台计算机之间轻松实现桌面连接，便于查阅资料。下面介绍设置远程登录桌面的具体操作。

（1）在桌面上的“计算机”图标上单击鼠标右键，在弹出的快捷菜单中选择“属性”命令，打开“系统”控制面板，在左侧单击“高级系统设置”超链接，如图 11-14 所示。

（2）打开“系统属性”对话框，单击“远程”选项卡，在“远程桌面”栏中单击选中“允许运行任意版本远程桌面的计算机连接”单选项，如图 11-15 所示。

图 11-14　单击“高级系统设置”超链接

图 11-15　选中单选项

提示 选中单选项后可能会打开“远程桌面”提示框，在其中单击“电源选项”超链接，在打开的窗口中单击“更改计算机睡眠时间”超链接，在打开的窗口中将“关闭显示器”和“使计算机进入睡眠时间”下拉列表都设置为“从不”选项，单击保存修改按钮确认修改，返回“系统属性”对话框。

（3）在桌面右下角单击“网络”图标，在打开的面板上单击“打开网络和共享中心”超链接，如图 11-16 所示。

（4）在打开的窗口左侧单击“更改适配器设置”超链接，在打开窗口中的“本地连接”上单击，在弹出的快捷菜单中选择“属性”命令，如图 11-17 所示。

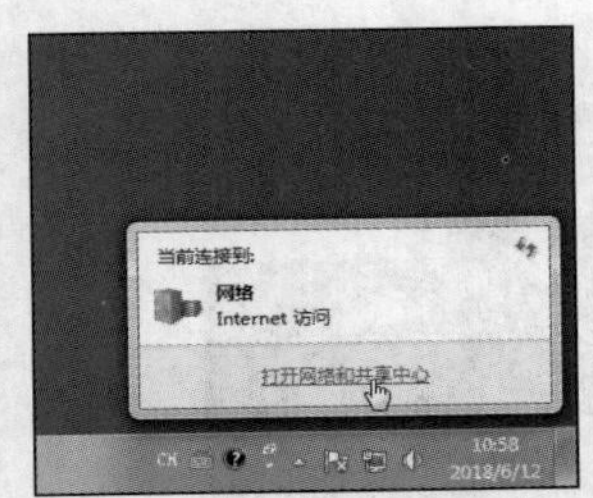

图 11-16　单击超链接

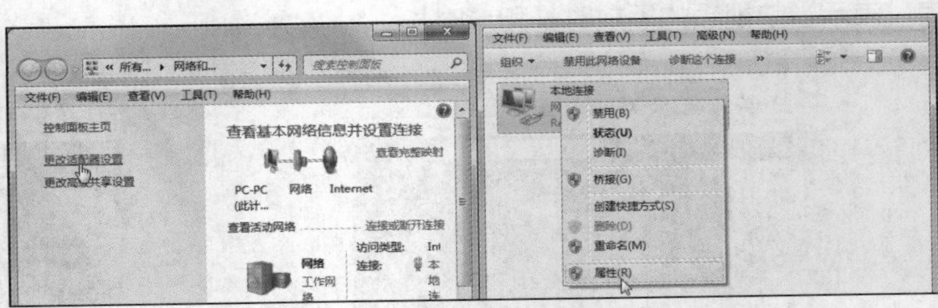

图 11-17　选择“属性”命令

（5）打开“本地连接属性”对话框，双击“Internet 协议版本 4”复选框，在打开的对话框中可查看当前计算机的 IP 地址，如图 11-18 所示。

（6）在另外一台计算机上选择【开始】/【所有程序】/【附件】/【远程桌面连接】命令，打开“远程桌面连接”对话框，在其中输入需要连接的 IP 地址，如图 11-19 所示。

（7）单击连接(N)按钮，稍等片刻即可连接到远程计算机桌面，若连接的计算机设置了密码，输入密码即可，如图 11-20 所示。

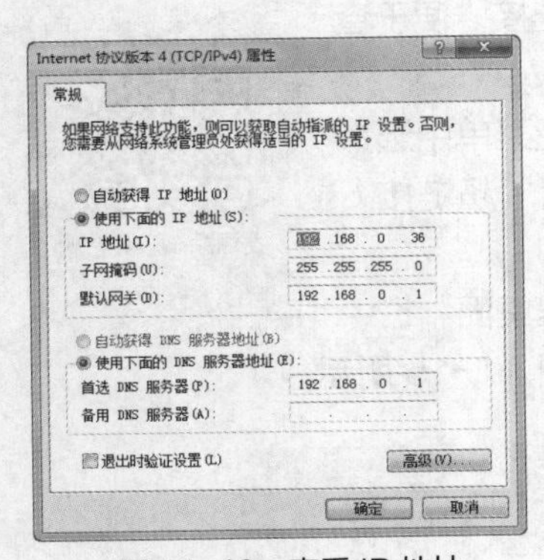

图 11-18　查看 IP 地址

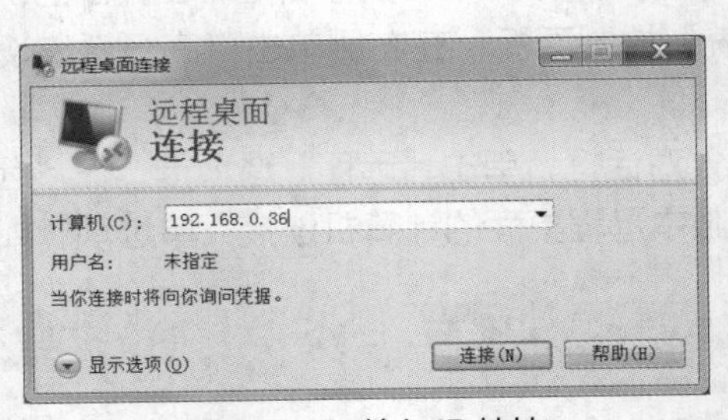

图 11-19　输入 IP 地址

图 11-20　远程连接桌面

（六）网上求职

随着互联网的发展，许多企业的招聘工作转向互联网，通过网络来招聘人员，不但节约成本，而且人员选择性也更高。

1. 注册并填写简历

现在的招聘求职网站非常多，如智联招聘、前程无忧和猎聘网等。要通过这些网站进行网络求职，还需要注册成为该网站的用户，并创建电子简历，下面介绍具体操作。

（1）在浏览器中打开前程无忧网站，在右侧单击注册按钮，在打开的页面中根据提示输入相关的注册信息，然后单击注册按钮，如图 11-21 所示。

（2）稍等片刻即可完成注册，并打开提示对话框提示创建简历。单击“马上创建简历”超链接，在打开的窗口中根据提示信息填写简历的基本信息部分，如图 11-22 所示。

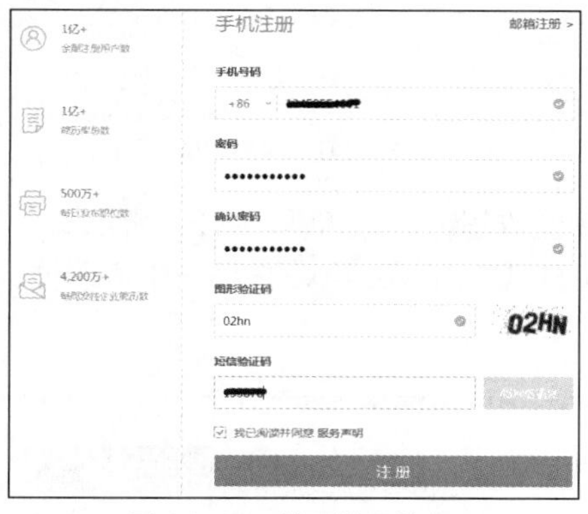

图 11-21 填写注册信息

图 11-22 填写基本信息

（3）单击下一步按钮，在打开的窗口中根据提示填写工作经验信息，如图 11-23 所示。

（4）单击下一步按钮，在打开的窗口中根据提示填写求职意向信息，完成后单击创建完成按钮，如图 11-24 所示，完成简历的创建。

图 11-23 填写工作经验

图 11-24 填写求职意向

2. 投递简历

在网站中创建简历后，就可以搜索感兴趣的职位，然后投递简历，下面介绍具体操作。

（1）打开前程无忧网站首页，在右侧单击登录按钮，输入登录信息，然后单击登录按钮登录网站，在网页中的“城市求职”栏中选择需要求职的城市，这里单击“成都”超链接，如图 11-25 所示。

（2）在打开的页面搜索框中输入“编辑”文本，单击搜索按钮来搜索职位，如图 11-26 所示。

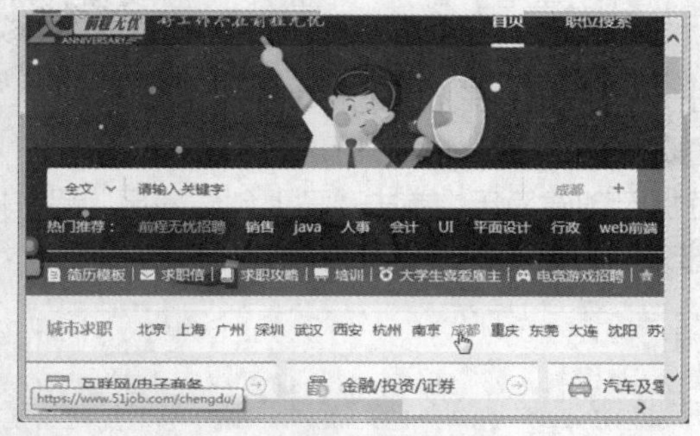

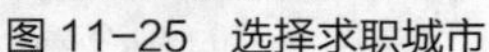

图 11-25　选择求职城市

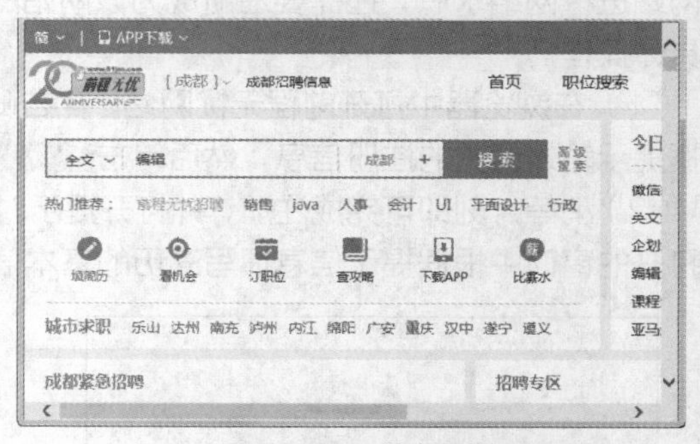

图 11-26　搜索职位

（3）此时需根据搜索的内容显示职位，单击需要的职位的超链接，如图 11-27 所示。

（4）在打开的窗口左侧可浏览该职位的相关介绍，在右侧单击申请职位按钮可申请职位，如图 11-28 所示。

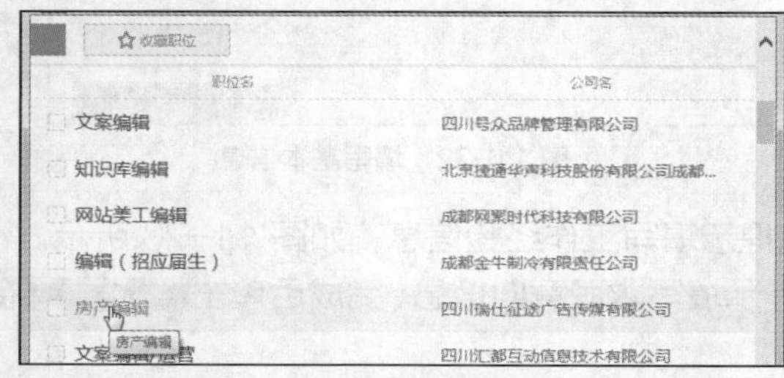

图 11-27　单击职位超链接

图 11-28　申请职位

（5）在打开的提示框中选择需要投递的简历，然后单击立即申请按钮申请职位，如图 11-29 所示。

（6）返回职位介绍窗口，此时“申请职位”按钮将变为“已申请”状态，如图 11-30 所示。

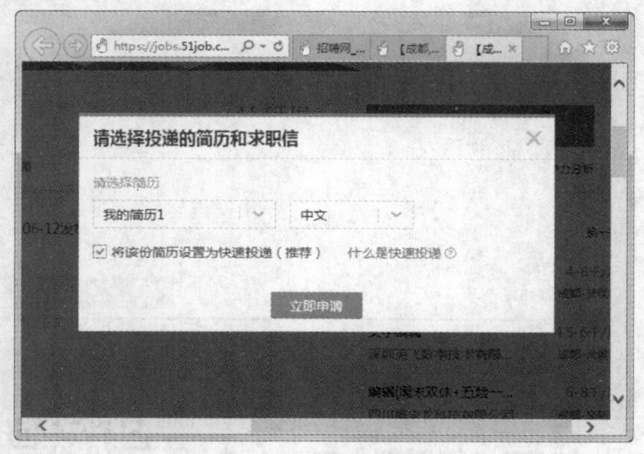

图 11-29　立即申请职位

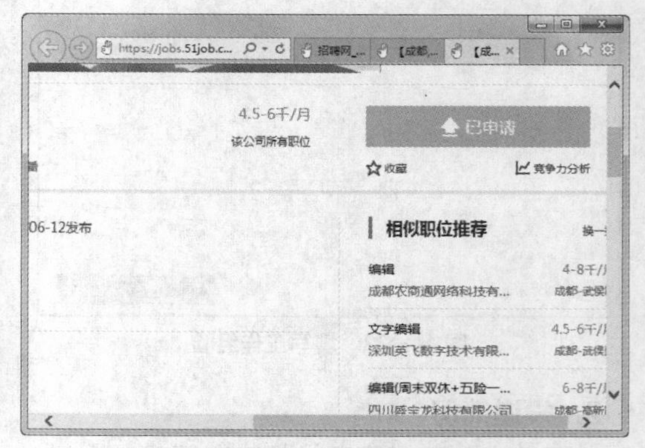

图 11-30　完成申请

（7）在网页上方的用户名处单击，在打开的下拉列表中选择“我的 51Job”选项，在打开的界面中可以查看职位的申请情况和反馈意见等，如图 11-31 所示。

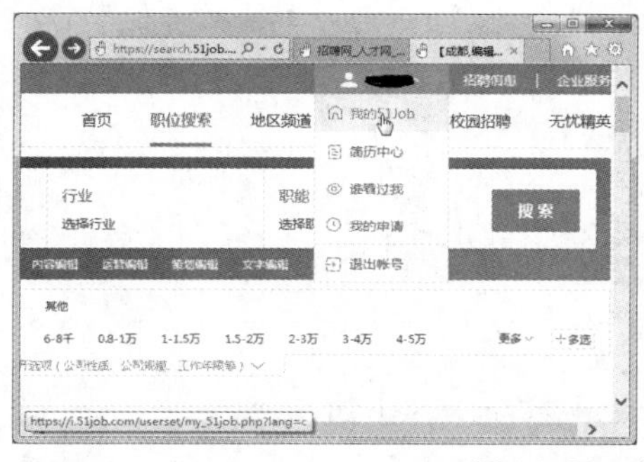

图 11-31　查看申请和反馈

课后练习

1. 选择题

查看答案与解析

（1）以下正确的 IP 地址是（　　）。

A. 323.112.0.1　　B. 134.168.2.10.2

C. 202.202.1　　D. 202.132.5.168

（2）以下选项中，不属于网络传输介质的是（　　）。

A. 电话线　　B. 光纤　　C. 网桥　　D. 双绞线

（3）以下各项中不能作为域名的是（　　）。

A. www.ryjaoyu.com　　B. www,baidu.com

C. www.rymooc.com　　D. mail.qq.com

（4）不属于 TCP/IP 层次的是（　　）。

A. 网络访问层　　B. 交换层　　C. 传输层　　D. 应用层

（5）未来的 IP 是（　　）。

A. IPv4　　B. IPv5　　C. IPv6　　D. IPv7

（6）下面关于流媒体的说法，错误的是（　　）。

A. 流媒体将视频和音频等多媒体文件经过特殊的压缩方式分成一个个压缩包，由服务器向用户计算机连续、实时传送

B. 使用流媒体技术观看视频，用户只有将文件全部下载完毕才能看到其中的内容

C. 实现流媒体需要两个条件，一是传输协议的支持，二是缓存

D. 使用流媒体技术观看视频，用户可以执行播放、快进、快退和暂停等功能

2. 操作题

（1）打开网易网站的主页，进入体育频道，浏览其中的任意一条新闻。

（2）在百度网页中搜索“流媒体”的相关信息，然后将流媒体的信息复制到记事本中，保存到桌面。

（3）将百度网站添加到收藏夹中。

（4）在百度网页中搜索“FlashFXP”的相关信息，然后将该软件下载到计算机的桌面上。

（5）将家里的计算机设置为可以远程登录，然后在办公室使用远程登录方式登录家里的计算机。

（6）在智联招聘网站注册账号，然后创建简历，并将其投递到你感兴趣的职位上。

项目十二 做好计算机维护与安全

12

计算机的功能强大，因此维护操作不能缺少。在日常工作中，计算机的磁盘、系统都需要进行相应的维护和优化操作，在保证计算机正常运行的情况下，还可适当提高效率。随着网络的深入发展，计算机安全也成为用户关注的重点之一，病毒和木马等都是计算机面临的各种不安全的因素。本项目将通过两个典型任务，介绍计算机磁盘和系统维护的基础知识、计算机病毒的基础知识、磁盘的常用维护操作、设置虚拟内存、管理自启动程序、自动更新系统、启动 Windows 防火墙以及使用第三方的软件保护系统等。

课堂学习目标

- 维护磁盘与计算机系统。
- 防治计算机病毒。

任务一 维护磁盘与计算机系统

任务要求

肖磊使用计算机办公也有一段时间了，他深知计算机的磁盘和系统对工作的重要性，于是决定学好磁盘与系统维护的相关知识，如遇到简单问题时也可以自行处理，不用再求助于系统管理员。

本任务要求了解磁盘维护和系统维护的基础知识，如认识常见的系统维护工具。同时要求用户可以进行简单的磁盘与系统维护操作，包括创建硬盘分区、整理磁盘碎片、关闭未响应的程序、设置虚拟内存和关闭随系统自动启动的程序等。

相关知识

（一）磁盘维护基础知识

磁盘是计算机中使用频率非常高的硬件设备，在日常的使用中应注意对其进行维护，下面讲解磁盘维护过程中需要了解的一些基础知识。

1. 认识磁盘分区

一个磁盘由若干个磁盘分区组成，磁盘分区可分为主分区和扩展分区，其含义分别如下。

- 主分区。主分区通常位于硬盘的第一个分区中，即 C 磁盘。主分区主要用于存放当前计算机操作系统的内容，其中的主引导程序用于检测硬盘分区的正确性，并确定活动分区，同时负责把引导权移交给活动分区的 Windows 或其他操作系统。在一个硬盘中最多只能存在 4 个主分区。

- 扩展分区。除主分区以外的分区都是扩展分区，扩展分区不是一个实际意义上的分区，而可以理解为指向下一个分区的指针。在扩展分区中可建立多个逻辑分区，逻辑分区可以理解为实际存储数据的 D 盘、E 盘等。

2. 认识磁盘碎片

计算机使用时间长了之后，磁盘上会保存大量文件，并分散在不同的磁盘空间上，这些零散的文件被称作“磁盘碎片”。由于硬盘读取文件时需要在多个磁盘碎片之间跳转，因此磁盘碎片过多会降低硬盘的运行速度，从而降低整个 Windows 操作系统的运行性能。磁盘碎片产生的原因主要有以下两种。

- 下载。在下载电影之类的大文件时，用户可能也在使用计算机处理其他工作，因此下载的文件会被分割成若干个碎片存储于硬盘中。
- 文件的操作。在删除文件、添加文件和移动文件时，如果文件空间不够大，就会产生大量的磁盘碎片，随着对文件的频繁操作，磁盘碎片也会日益增多。

（二）系统维护基础知识

计算机安装操作系统后，用户需要时常对其进行维护。操作系统的维护一般有固定的设置场所，下面讲解 4 个常用的系统维护场所。

- “系统配置”对话框。系统配置可以帮助用户确定可能阻止 Windows 操作系统正确启动的问题，使用它可以在禁用服务和程序的情况下启动 Windows 操作系统，从而提高系统运行速度。选择【开始】/【运行】命令，打开“运行”对话框，在“打开”文本框中输入“msconfig”，单击 确定 按钮或按【Enter】键，打开“系统配置”对话框。
- “计算机管理”窗口。“计算机管理”窗口中集合了一组管理本地或远程计算机的 Windows 操作系统管理工具，如任务计划程序、事件查看器、设备管理器和磁盘管理等。在桌面的“计算机”图标上单击鼠标右键，在弹出的快捷菜单中选择“管理”命令，或打开“运行”对话框，在其中输入“compmgmt.msc”，按【Enter】键，打开“计算机管理”窗口。
- “Windows 任务管理器”窗口。Windows 任务管理器提供了计算机性能的信息和在计算机上运行的程序和进程的详细信息，如果连接到网络，还可以查看网络状态。按【Ctrl+Shift+Esc】组合键或在任务栏的空白处单击鼠标右键，在弹出的快捷菜单中选择“启动任务管理器”命令，均可打开“Windows 任务管理器”窗口。
- “注册表编辑器”窗口。注册表是 Windows 操作系统中的一个重要数据库，用于存储系统和应用程序的设置信息，在整个系统中起着核心作用。选择【开始】/【运行】命令，打开“运行”对话框，在“打开”文本框中输入“regedit”，按【Enter】键，打开“注册表编辑器”窗口。

任务实现

（一）硬盘分区与格式化

一个新硬盘默认只有一个分区，要使硬盘能够储存数据，必须为硬盘分区并进行格式化。下面使用“计算机管理”窗口将 E 盘划分出一部分新建一个 H 分区，然后对其进行格式化，具体操作如下。

微课：硬盘分区与格式化

（1）在桌面的“计算机”图标上单击鼠标右键，在弹出的快捷菜单中选择“管理”命令，打开“计算机管理”窗口。

（2）展开左侧的“存储”目录，选择“磁盘管理”选项，打开磁盘列表窗口，在E盘上单击鼠标右键，在弹出的快捷菜单中选择“压缩卷”命令，如图12-1所示。

（3）打开“压缩 E:”对话框，在“输入压缩空间量”数值框中输入划分出的空间大小，单击 压缩(S) 按钮，如图12-2所示。

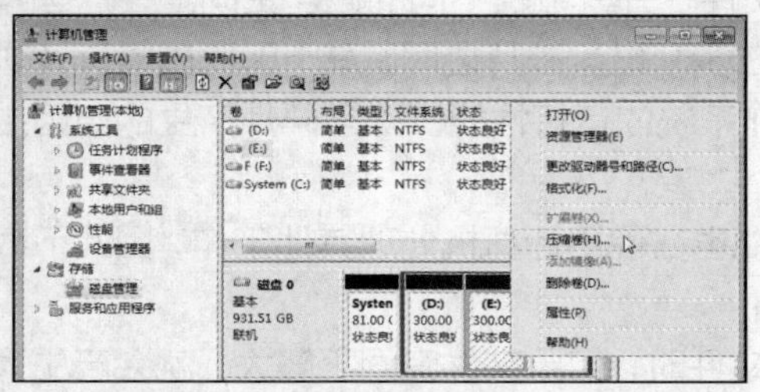

图12-1 选择“压缩卷”命令

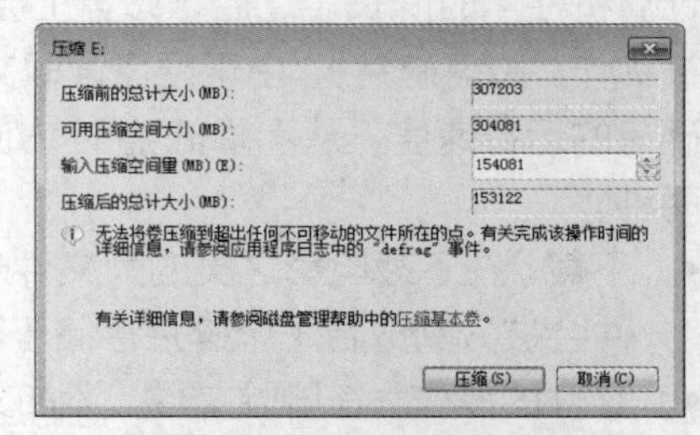

图12-2 设置划分的空间大小

（4）返回“计算机管理”窗口，此时将增加一个可用空间，在该空间上单击鼠标右键，在弹出的快捷菜单中选择“新建简单卷”命令，打开“新建简单卷向导”对话框，单击 下一步(N) > 按钮。

（5）打开“指定卷大小”对话框，默认新建分区的大小，单击 下一步(N) > 按钮，打开“分配驱动器号和路径”对话框。单击选中“分配以下驱动器号”单选项，在其后的下拉列表框中选择新建分区的驱动器号，单击 下一步(N) > 按钮，如图12-3所示。

（6）打开“格式化分区”对话框，保持默认值即使用NTFS文件格式化，单击 下一步(N) > 按钮，如图12-4所示。打开完成向导对话框，单击 完成 按钮。

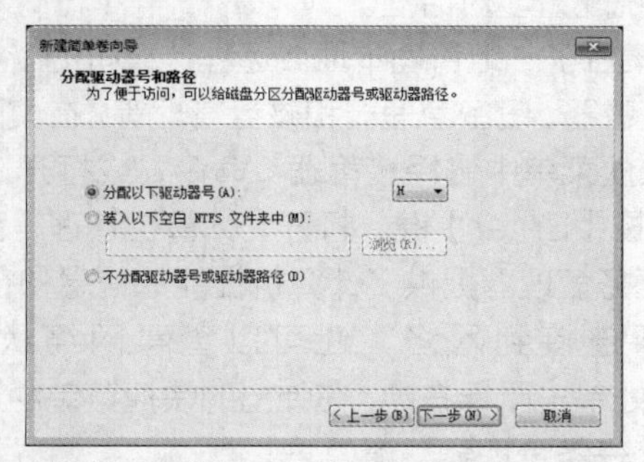

图12-3 “分配驱动器号和路径” 对话框

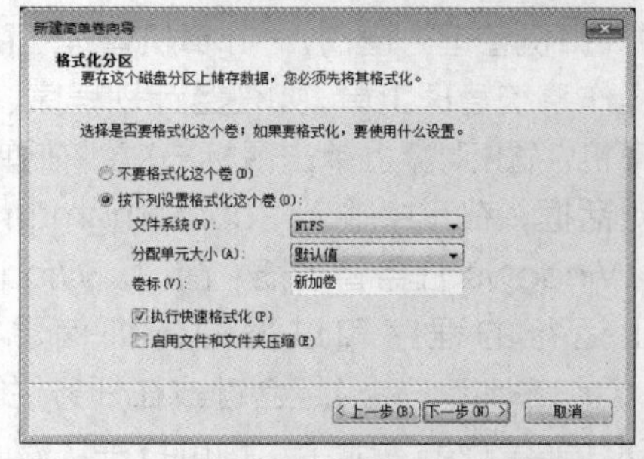

图12-4 “格式化分区”对话框

（二）清理磁盘

在使用计算机的过程中会产生一些垃圾文件和临时文件，这些文件会占用磁盘空间，定期清理可提高系统运行速度。下面清理计算机中的C盘，具体操作如下。

（1）选择【开始】/【控制面板】命令，打开“控制面板”窗口，单击“性能信息和工具”超链接。在打开窗口的左侧单击“打开磁盘清理”超链接，打开“磁盘清理:驱动器选择”对话框，在中间的下拉列表中选择C盘，单击 确定 按钮，如图12-5所示。

（2）在打开的对话框中提示计算磁盘释放的空间大小。打开C盘对应的“System(C:)磁盘清理”对话框，在“要删除的文件”列表框中单击选中需要删除的文件对应的复选框，单击 确定 按钮。弹出“磁盘清理”提示对话框，询问是否永久删除这些文件，单击 删除文件 按钮，然后单击 确定 按钮，如图12-6所示。

（3）系统将执行删除命令，并打开对话框提示文件的清理进度，完成后自动关闭该对话框。

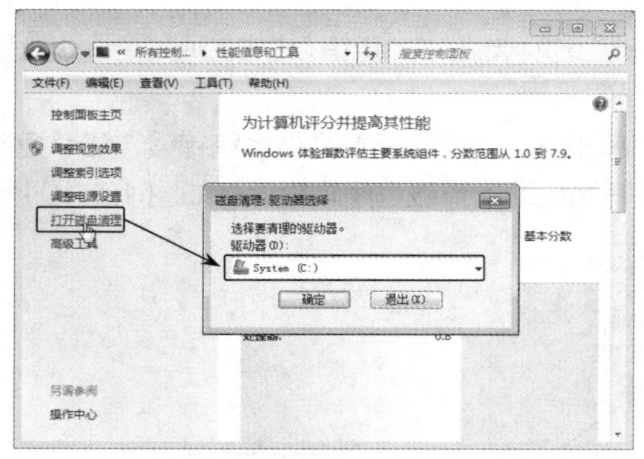

图 12-5　选择需清理的磁盘

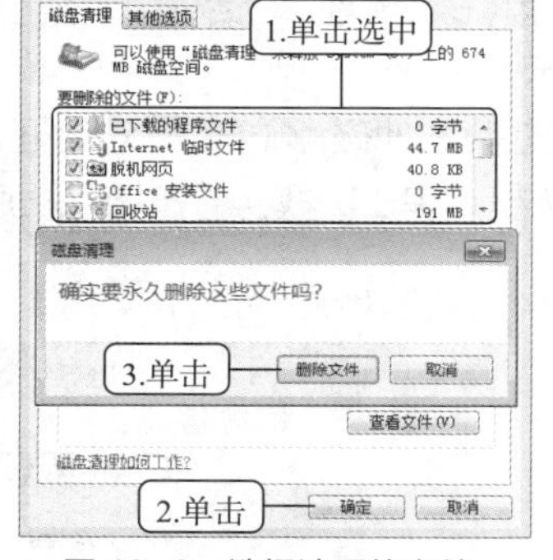

图 12-6　选择清理的文件

提示　打开"计算机"窗口，在需要清理的磁盘上单击鼠标右键，在弹出的快捷菜单中选择"属性"命令，在打开的对话框中单击 磁盘清理(D) 按钮，也可完成磁盘清理操作。

（三）整理磁盘碎片

磁盘碎片的存在将影响计算机的运行速度，定期清理磁盘碎片无疑会提高系统运行速度。下面对 F 盘进行碎片整理，具体操作如下。

（1）打开"计算机"窗口，在 F 盘上单击鼠标右键，在弹出的快捷菜单中选择"属性"命令。

（2）打开"属性"对话框，单击"工具"选项卡，单击 立即进行碎片整理(D)... 按钮，如图 12-7 所示。

（3）打开"磁盘碎片整理程序"对话框，在中间的列表框中选择 F 盘，如图 12-8 所示，单击 磁盘碎片整理(D) 按钮，系统先分析磁盘，然后进行优化整理。

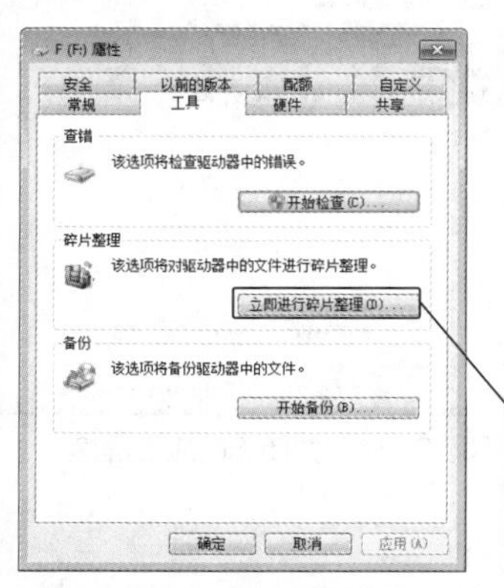

图 12-7　进入碎片整理程序

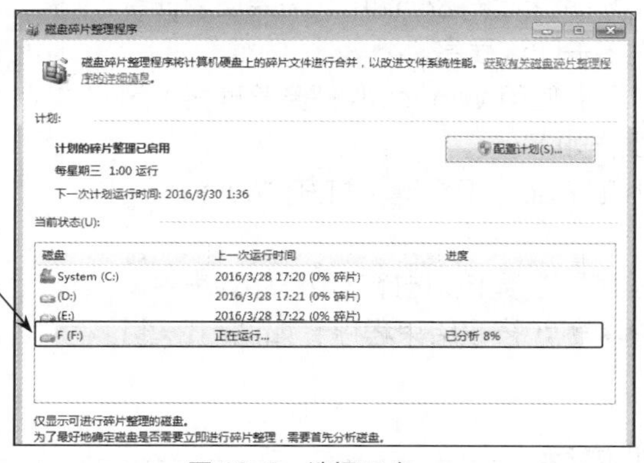

图 12-8　选择 F 盘

（4）整理完成后，在"磁盘碎片整理程序"对话框中单击 关闭(C) 按钮。

（四）检查磁盘

当计算机出现频繁死机、蓝屏或者系统运行速度变慢时，可能是因为磁盘出现了逻辑错误。这时可以使用 Windows 7 自带的磁盘检查程序检查系统中是否存在逻辑错误，当磁盘检查程序检查到逻辑错误时，还可以使用该程序修复逻辑错误。下面检查磁盘 E，具体操作如下。

（1）打开“计算机”窗口，在需检查的磁盘 E 上单击鼠标右键，在弹出的快捷菜单中选择“属性”命令。

（2）打开“本地磁盘（E:）属性”对话框，单击“工具”选项卡，单击“查错”栏中的 开始检查(C)... 按钮，如图 12-9 所示。

（3）打开“检查磁盘 本地磁盘（E:）”对话框，单击选中“自动修复文件系统错误”和“扫描并尝试恢复坏扇区”复选框，单击 开始(S) 按钮，程序开始自动检查磁盘逻辑错误，如图 12-10 所示。

微课：检查磁盘

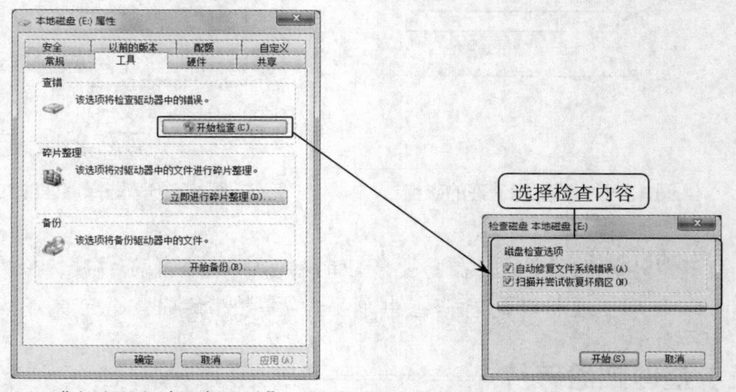

图 12-9 “本地磁盘（E:）属性”对话框　　图 12-10 设置磁盘检查选项

（五）关闭无响应的程序

微课：关闭无响应的程序

在使用计算机的过程中，可能会遇到某个应用程序无法操作的情况，即程序无响应。此时通过正常的方法已无法关闭程序，程序也无法继续使用，需要使用任务管理器关闭该程序。

下面使用 Windows 任务管理器关闭无响应的程序，具体操作如下。

（1）按【Ctrl+Shift+Esc】组合键，打开“Windows 任务管理器”窗口。

（2）单击“应用程序”选项卡，选择应用程序列表中没有响应的选项，单击 结束任务(E) 按钮结束程序，如图 12-11 所示。

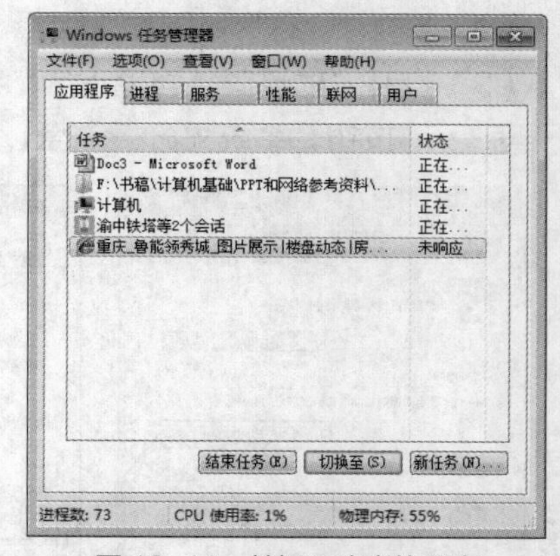

图 12-11 关闭无响应的程序

（六）设置虚拟内存

微课：设置虚拟内存

计算机中的程序均需经由内存执行，若执行的程序占用内存过多，则可能会导致计算机运行缓慢甚至死机。设置 Windows 的虚拟内存，可将部分硬盘空间划分出来充当内存。下面为 C 盘设置虚拟内存，具体操作如下。

（1）在“计算机”图标上单击鼠标右键，在弹出的快捷菜单中选择“属性”命令，打开“系统”窗口，单击左侧导航窗格中的“高级系统设置”超链接。

（2）打开“系统属性”对话框，单击“高级”选项卡，单击“性能”栏的 设置(S)...

按钮，如图 12-12 所示。

（3）打开“性能选项”对话框，单击“高级”选项卡，单击“虚拟内存”栏中的 更改(C)... 按钮，如图 12-13 所示。

（4）打开“虚拟内存”对话框，取消选中“自动管理所有驱动器的分页文件大小”复选框，在“每个驱动器的分页文件大小”栏中选择“C:”选项。单击选中“自定义大小”单选项，在“初始大小”文本框中输入数值（如 1000），在“最大值”文本框中输入数值（如 5000），如图 12-14 所示，依次单击 设置(S) 按钮和 确定 按钮完成设置。

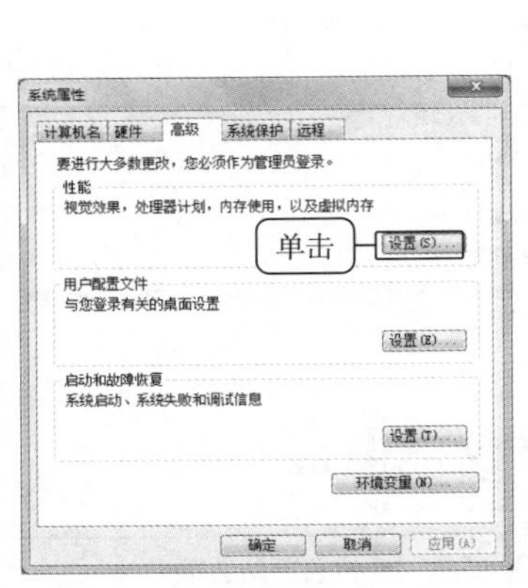

图 12-12 “系统属性”对话框

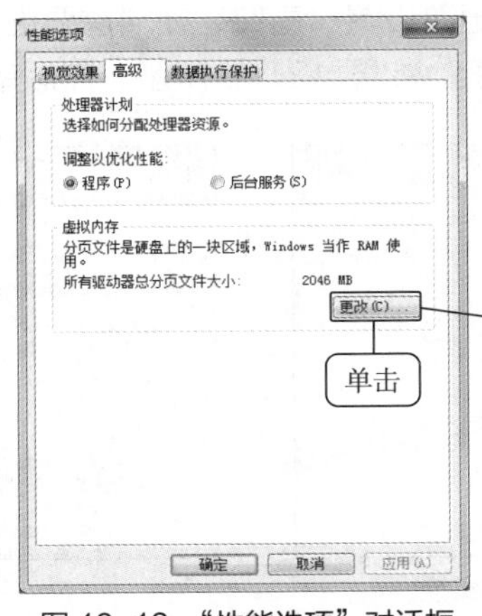

图 12-13 “性能选项”对话框

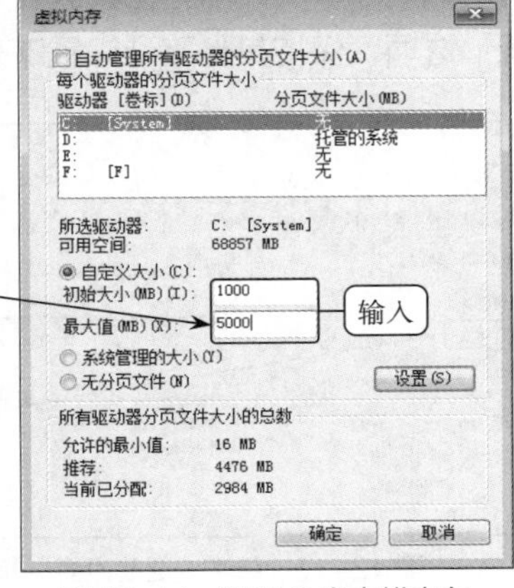

图 12-14 设置 C 盘虚拟内存

（七）管理自启动程序

微课：管理自启动程序

在安装软件时，有些软件会自动设置为随计算机启动时一起启动，这种方式虽然方便用户的操作，但如果计算机启动的软件过多，会使开机速度变慢，而且即使开机成功，也会消耗过多的内存。下面设置部分软件在开机时不自动启动，具体操作如下。

（1）选择【开始】/【运行】命令，打开“运行”对话框，在“打开”文本框中输入“msconfig”，单击 确定 按钮或按【Enter】键，如图 12-15 所示。

（2）打开“系统配置”对话框，单击“启动”选项卡，在中间的列表框中取消选中不随计算机启动的程序前的复选框，单击 应用(A) 按钮和 确定 按钮，如图 12-16 所示。

（3）将打开提示对话框提示用户需要重启计算机使设置生效，单击 重新启动(R) 按钮。

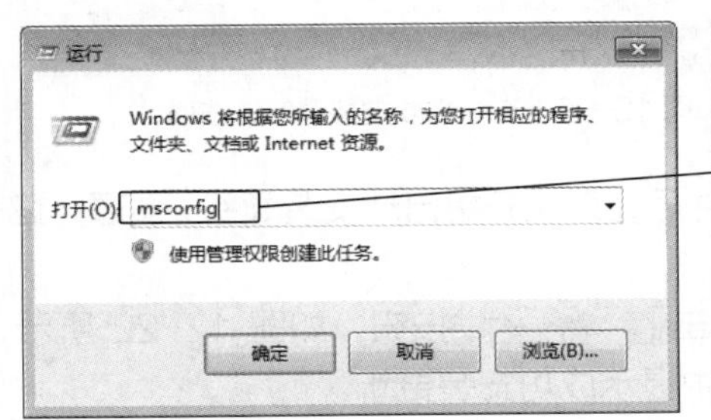

图 12-15 输入命令

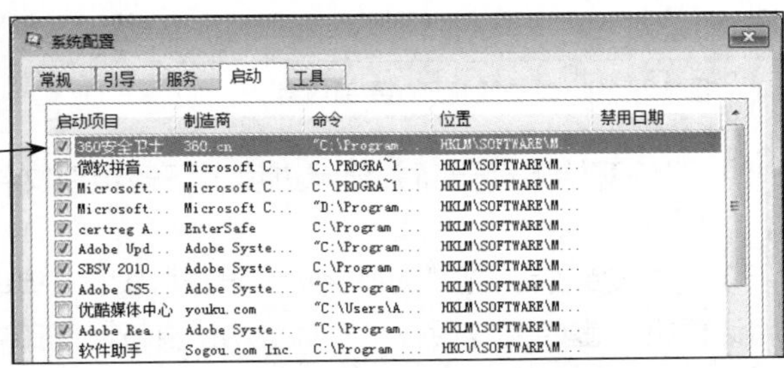

图 12-16 设置开机时不自动启动程序

（八）自动更新系统

微课：自动更新系统

系统的漏洞容易让计算机被病毒或木马程序入侵，使用 Windows 7 操作系统的 Windows 更新功能可以检索发现漏洞并将其修复，达到保护系统安全的目的。下面使用 Windows 更新功能检查并安装更新，具体操作如下。

（1）打开“控制面板”窗口，单击“Windows Update”超链接，打开“Windows Update”窗口，单击“更改设置”超链接，如图 12-17 所示。

（2）打开“更改设置”窗口，在“重要更新”下拉列表框中选择“自动安装更新”选项，保持其他默认设置不变，如图 12-18 所示，然后单击 确定 按钮。

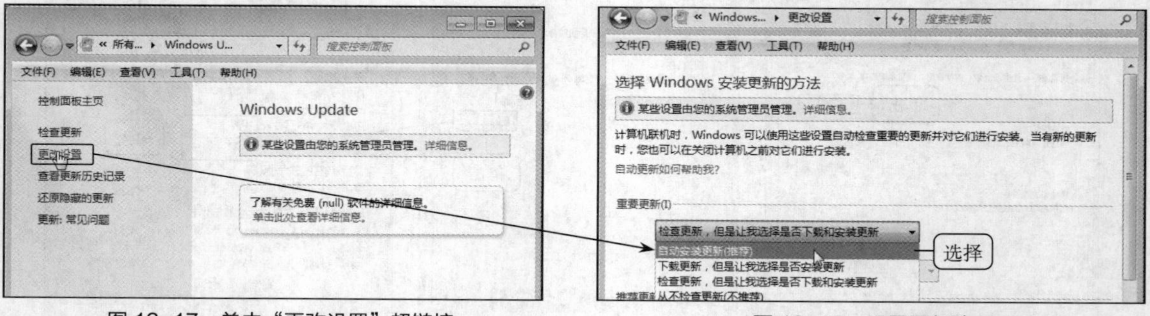

图 12-17　单击“更改设置”超链接　　　图 12-18　设置更新选项

（3）返回“Windows 更新”窗口，自动检查更新，检查更新完成后，将显示需要更新内容的数量，单击“34 个重要更新可用”超链接，如图 12-19 所示。

（4）打开“选择要安装的更新”窗口，在列表框中显示了需要更新的内容，单击选中需要更新内容前面的复选框，如图 12-20 所示，再单击 安装 按钮。

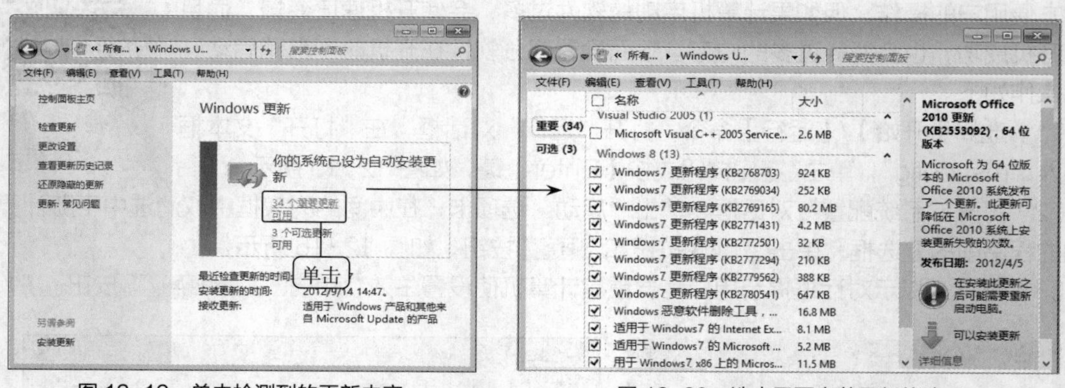

图 12-19　单击检测到的更新内容　　　图 12-20　选中需要安装更新的选项

（5）系统开始下载更新并显示进度，下载更新文件后，系统开始自动安装更新，如图 12-21 所示。

（6）完成安装后，在“Windows 更新”窗口中单击 立即重新启动(R) 按钮，如图 12-22 所示，立刻重启计算机，重启完成后在“Windows 更新”窗口中提示成功安装更新。

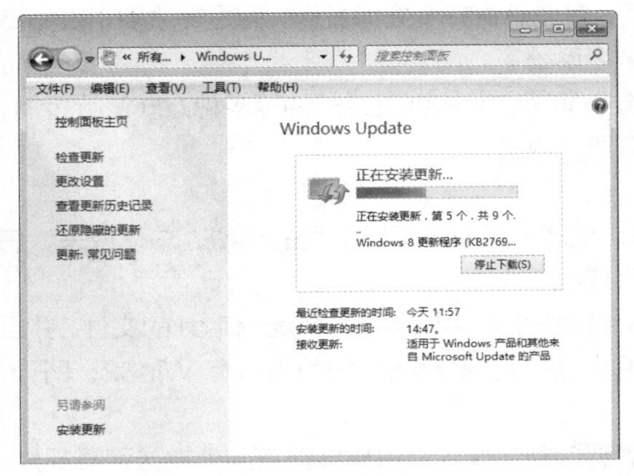

图 12-21　安装更新

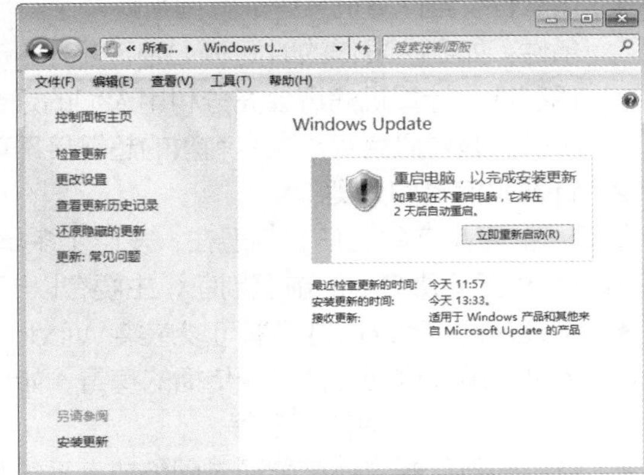

图 12-22　重新启动计算机

任务二　防治计算机病毒

任务要求

通过前面的学习，肖磊对磁盘和系统的维护已经有了一定的认识，简单的问题也可以自行解决了。同时，他也明白了计算机中存储的有些文件非常重要，保障计算机的信息安全也是非常重要的工作。肖磊工作时，很多事情都需要在网上处理，Internet 给了他一个广阔的空间，有很多资源可以共享，可以拉近朋友之间的距离。但另一方面，Internet 也让计算机面临被病毒感染的风险。如何在享用 Internet 带来的便捷的同时使计算机不受侵害，是肖磊面临的新问题。

本任务要求认识计算机病毒的特点、分类、计算机感染病毒的表现和防治方法，然后通过实际操作了解防治计算机病毒的各种途径。

相关知识

（一）计算机病毒的特点和分类

计算机病毒是一种具有破坏计算机功能或数据、影响计算机使用，并且能够自我复制和传播的计算机程序代码，它常常寄生于系统启动区、设备驱动程序以及一些可执行文件内，并能利用系统资源进行自我复制和传播。计算机“中毒”后会出现运行速度突然变慢、自动打开不知名的窗口或者对话框、突然死机、自动重启、无法启动应用程序和文件被损坏等情况。

1. 计算机病毒的特点

计算机病毒虽然是一种程序，但是和普通的计算机程序有很大的区别，计算机病毒通常具有以下特点。

- 传染性。计算机病毒具有极强的传染性，一旦侵入计算机，就会不断地自我复制，占据磁盘空间，寻找适合其传染的介质，向与该计算机联网的其他计算机传播。
- 危害性。计算机病毒的危害性是显而易见的，计算机一旦感染上病毒，将会影响系统的正常运行，造成运行速度变慢，存储数据被破坏，甚至系统瘫痪等。
- 隐蔽性。计算机病毒具有很强的隐蔽性，它通常是一个没有文件名的程序，计算机被感染上病毒一般是无法事先知道的，因此只有定期对计算机进行病毒扫描和查杀才能最大限度降低病毒入侵的风险。

- 潜伏性。当计算机系统或数据被病毒感染后，有些病毒并不立即发作，而是等达到引发病毒条件（如到达发作的时间等）时，才开始破坏系统。
- 诱惑性。计算机病毒会充分利用人们的好奇心理通过网络浏览或邮件等多种方式进行传播，所以一些看似免费或内容刺激的超链接不可贸然点击。

2. 计算机病毒的分类

计算机病毒从产生之日起到现在，发展了多年，也产生了很多不同类型的病毒，总体说来，病毒的分类可根据病毒名称的前缀判断，主要有以下9种。

- 系统病毒。系统病毒是指可以感染Windows操作系统中扩展名为.exe和.dll的文件，并且还可以通过这些文件进行传播的病毒，如CIH病毒。系统病毒的前缀名有Win32、PE、Win95、W32和W95等。
- 蠕虫病毒。蠕虫病毒能通过网络或者系统漏洞传播，很多蠕虫病毒都有向外发送带毒邮件、阻塞网络的特性，如冲击波病毒和小邮差病毒。蠕虫病毒的前缀名为Worm。
- 木马病毒、黑客病毒。二者通常一起出现，木马病毒负责入侵用户的计算机，即通过网络或者系统漏洞进入用户的系统，然后向外界泄露用户信息的病毒。而黑客病毒则通过该木马病毒来对用户的计算机进行远程控制。木马病毒的前缀名为Trojan，黑客病毒的前缀名一般为Hack。
- 脚本病毒。脚本病毒是使用脚本语言编写，通过网页传播的病毒，如红色代码（Script.Redlof）。脚本病毒的前缀名一般为Script，有时还会有表明以何种脚本编写的前缀名，如VBS、JS等。
- 宏病毒。宏病毒主要用于感染Office系列文档，然后通过Office模板进行传播，如美丽莎（Macro.Melissa）。宏病毒也属于脚本病毒的一种，其前缀名有Macro、Word、Word 97、Excel和Excel 97等。
- 后门病毒。后门病毒能通过网络传播找到系统，会给用户的计算机带来安全隐患。后门病毒的前缀名为Backdoor。
- 病毒种植程序病毒。该病毒的特征是运行时，从病毒体内释放出一个或几个新的病毒到系统目录下，由释放出来的新病毒进行破坏，如冰河播种者（Dropper.BingHe2.2C）、MSN射手（Dropper.Worm.Smibag）等。病毒种植程序病毒的前缀名为Dropper。
- 破坏性程序病毒。该病毒能通过好看的图标来引诱用户单击，从而对用户计算机进行破坏，如格式化C盘（Harm.formatC.f）、杀手命令（Harm.Command.Killer）等。破坏性程序病毒的前缀名为Harm。
- 捆绑机病毒。该病毒能使用特定的捆绑程序将病毒与应用程序捆绑起来，当用户运行这些程序时，表面上看只是运行一个正常的应用程序，实际上同时还运行捆绑在一起的病毒，从而给用户的计算机造成危害，如捆绑QQ（Binder.QQPass.QQBin）、系统杀手（Binder.killsys）等。捆绑机病毒的前缀名为Binder。

（二）计算机感染病毒的表现

计算机在感染病毒之后，不一定会立刻影响到计算机的正常工作，这时可以通过计算机在运行方面的细微变化，来判断计算机是否感染了病毒。计算机感染病毒后的症状很多，以下几种是较为常见的。

- 磁盘文件的数量无故增多。

- 计算机系统的内存空间明显变小，运行速度明显减慢。
- 文件的日期或时间被修改。
- 经常无缘无故地死机或重新启动。
- 丢失文件或文件损坏。
- 打开某网页后弹出大量对话框。
- 文件无法正常读取、复制或打开。
- 以前能正常运行的软件经常发生内存不足的错误，甚至死机。
- 出现异常对话框，要求用户输入密码。
- 显示器屏幕出现花屏、奇怪的信息或图像。
- 浏览器自动链接到一些陌生的网站。
- 鼠标或键盘不受控制等。

（三）计算机病毒的防治方法

预防计算机病毒是保护计算机的主要方式，一旦计算机出现了感染病毒的症状，就要清除计算机病毒。

1. 预防计算机病毒

计算机病毒通常通过移动存储介质（如 U 盘、移动硬盘等）和计算机网络两大途径传播。对计算机病毒的防治，以预防为主，从而堵塞病毒的传播途径。对计算机病毒的防治应遵循以下原则。

- 安装杀毒软件，并进行安全设置。及时升级杀毒软件的病毒库，开启病毒实时监控。
- 扫描系统漏洞，及时更新系统补丁。
- 下载文件、浏览网页时，选择正规的网站。
- 禁用远程功能，关闭不需要的服务。
- 分类管理数据。
- 尽量使用具有查毒功能的电子邮箱，尽量不要打开陌生的、可疑的邮件。
- 关注目前流行的计算机病毒的感染途径、发作形式及防范方法，做到预先防范，感染后及时查毒，以避免更大的损失。
- 有效管理系统内创建的 Microsoft 账户、Guest 账户以及用户创建的账户，包括密码管理、权限管理等。
- 修改浏览器中与安全相关的设置。
- 未经过病毒检测的文件、光盘、U 盘及移动存储设备在使用前，应首先使用杀毒软件查毒。
- 按照反病毒软件的要求制作应急盘/急救盘/恢复盘，以便恢复系统时急用。
- 不要使用盗版软件。
- 有规律地制作备份，养成备份重要文件的习惯。
- 注意计算机有没有异常现象，发现可疑情况及时通报以获取帮助。
- 若硬盘资料已经遭到破坏，不必急着格式化，因为病毒不可能在短时间内破坏全部硬盘资料，故可利用“灾后重建”程序加以分析和重建。

2. 清除计算机病毒

清除计算机病毒的方法有用防病毒软件清除病毒、重载系统并格式化硬盘清除病毒和手工清除病毒 3 种。用杀毒软件检测和清除病毒是当前比较流行的方法，下面分别对这 3 种方法进行介绍。

- 用防病毒软件清除病毒。如果发现计算机感染了计算机病毒，需要立即关闭计算机，因为如果继续使用则会使更多的文件感染。对于已经感染病毒的计算机，最好使用防病毒软件进行全面杀毒，此类软件都具有清除病毒并恢复原有文件内容的功能。杀毒后，被破坏的文件有可能恢复成正常的文件。对于未感染的文件，用户可以打开系统中防病毒软件的“系统监控”功能，从注册表、系统进程、内存、网络等多方面对各种操作进行主动防御。一般来说，使用杀毒软件是能清除病毒的，但考虑到病毒在正常模式下比较难清理，所以需要重新启动计算机，然后在安全模式下查杀。若遇到比较顽固的病毒可下载专杀工具来清除，再恶劣的病毒则只能通过重装系统进行彻底清除。
- 重装系统并格式化硬盘清除病毒。对硬盘进行格式化会破坏硬盘上的所有数据，包括病毒，所以对重装系统并格式化硬盘是一种比较彻底的清除计算机病毒方法。但是，在格式化硬盘之前必须确定硬盘中的数据是否还需要保留，对于重要的文件要先做好备份工作。另外，一般建议进行高级格式化，最好不要轻易进行低级格式化，因为低级格式化是一种损耗性操作，它对硬盘寿命有一定的影响。
- 手工清除病毒。手工清除计算机病毒对技术要求高，需要熟悉机器指令和操作系统，难度比较大，一般只能由专业人员操作。

任务实现

（一）启用 Windows 防火墙

微课：启用 Windows 防火墙

防火墙是协助确保信息安全的硬件或者软件，使用防火墙可以过滤不安全的网络访问服务，提升上网的安全性。Windows 7 操作系统提供了防火墙功能，用户应将其开启。

下面启用 Windows 7 的防火墙，具体操作如下。

（1）选择【开始】/【控制面板】菜单命令，打开“所有控制面板项”窗口，单击“Windows 防火墙”超链接。

（2）打开“Windows 防火墙”窗口，单击左侧的“打开或关闭 Windows 防火墙”超链接，如图 12-23 所示。

（3）打开“自定义设置”窗口，在“专用网络设置”和“公用网络设置”栏中单击选中“启用 Windows 防火墙”单选项，单击 确定 按钮，如图 12-24 所示。

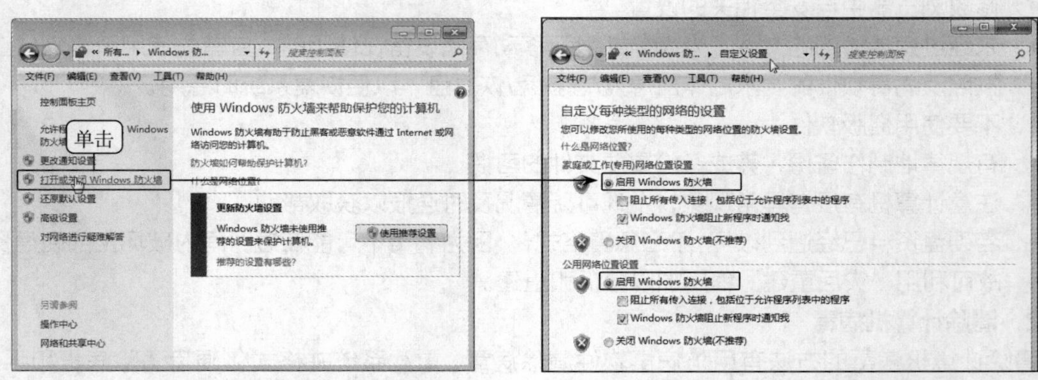

图 12-23 单击超链接　　图 12-24 开启 Windows 防火墙

（二）使用第三方软件保护系统

对于普通用户而言，有效、直接的防范计算机病毒、保护计算机措施是使用第三方软件。一般使用两类软件即可满足需求，一是安全管理软件，如腾讯电脑管家、360 安全卫士等；二是杀毒软件，如 360 杀毒和百度杀毒等。这些杀毒软件的使用方法类似，下面以 360 杀毒软件为例，具体操作如下。

微课：使用第三方软件保护系统

（1）安装 360 杀毒软件后，启动计算机的同时会默认自动启动该软件。其图标在状态栏右侧的通知栏中显示，单击状态栏中的“360 杀毒”图标。

（2）打开 360 杀毒工作界面，选择扫描方式，这里选择“快速扫描”选项，如图 12-25 所示。

（3）软件开始扫描指定位置的文件，将疑似病毒文件和对系统有威胁的文件都扫描出来，并显示在打开的窗口中，如图 12-26 所示。

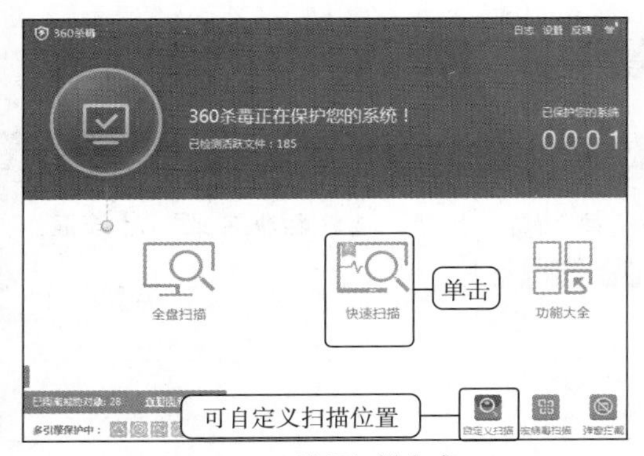

图 12-25　选择扫描方式

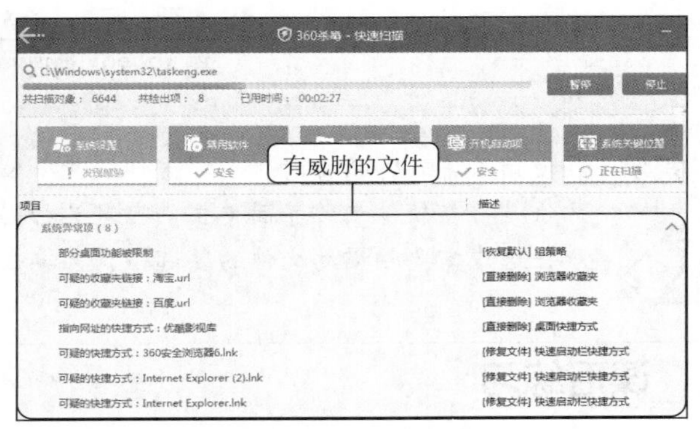

图 12-26　扫描文件

（4）扫描完成后，单击选中要清理的文件前的复选框，再单击立即处理按钮，如图 12-27 所示。在打开的提示对话框中单击确认按钮确认清理文件。清理完成后，将打开对话框提示本次扫描和清理文件的结果，并提示需要重新启动计算机，单击立即重启按钮。

（5）单击状态栏中的“360 安全卫士”图标，启动 360 安全卫士并打开其工作界面，单击中间的立即体检按钮，软件自动运行并扫描计算机中的各个位置，如图 12-28 所示。

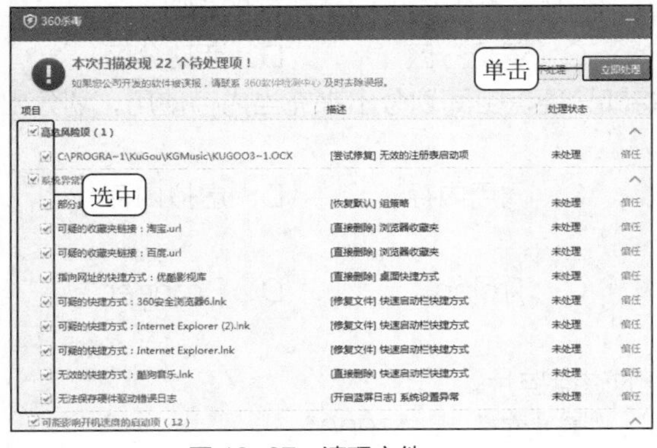

图 12-27　清理文件

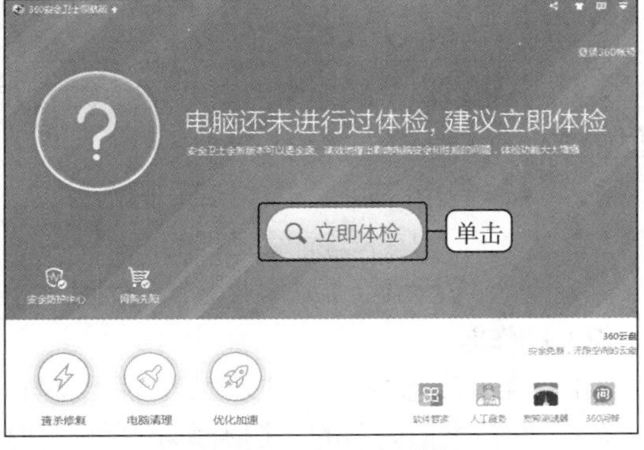

图 12-28　扫描计算机

（6）360 安全卫士将检测到的不安全的选项列在窗口中显示，可单击一键修复按钮，对其进行清理，如图 12-29 所示。

(7)返回 360 工作界面，单击左下角的“查杀修复”按钮，在打开的界面中单击“快速扫描”按钮，开始扫描计算机中的文件，查看其中是否存在木马文件，如存在，则根据提示单击相应的按钮进行清除。

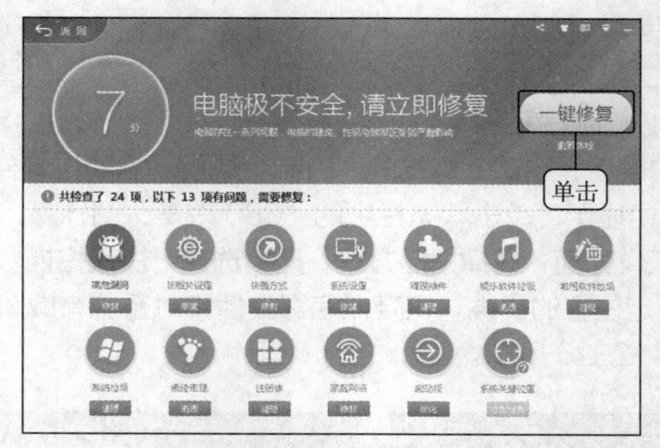

图 12-29 清理不安全的选项

提示 在使用杀毒软件杀毒时，用户若怀疑某个位置可能有病毒，可只针对该位置查杀病毒，方法是：在软件工作界面单击“自定义扫描”按钮，打开“选择扫描目录”对话框，单击选中需要扫描的文件的复选框，再单击扫描按钮。

课后练习

1. 选择题

查看答案与解析

(1)下列关于计算机病毒的说法中，正确的是(　　)。

A. 计算机病毒发作后，将造成计算机硬件损坏

B. 计算机病毒可通过计算机传染计算机操作人员

C. 计算机病毒是一种有编写错误的程序

D. 计算机病毒是一种影响计算机使用并且能够自我复制传播的计算机程序代码

(2)硬盘的(　　)不是一个实际意义的分区，而是一个指向下一个分区的指针。

A. 主分区　　B. 扩展分区　　C. 逻辑分区　　D. 活动分区

(3)计算机执行的程序占用内存过多时，可将部分硬盘空间划分出来充当内存使用，划分出来的内存叫作(　　)。

A. 借用内存　　B. 假内存　　C. 调用内存　　D. 虚拟内存

(4)(　　)是木马病毒名称的前缀。

A. Worm　　B. Script　　C. Trojan　　D. Dropper

2. 操作题

(1)清理 C 盘中的无用文件，然后整理 D 盘的磁盘碎片。

(2)设置虚拟内存的“初始大小”为“2000”，“最大值”为“7000”。

(3)开启计算机的自动更新功能。

(4)扫描 F 盘中的文件，如有病毒则将其清理。

(5)使用 360 安全卫士对计算机进行“体检”，修复体检有问题的部分。